水库温室气体通量与过程

肖尚斌　康满春　雷　丹　刘　佳　等著

科学出版社

北京

内 容 简 介

本书是一本探讨水库温室气体机制与过程的专著，为作者十余年来在该领域研究工作的较系统总结和凝练成果。全书共9章，分别从当前全球变化与水库碳循环的关系、水库水-气界面碳通量的观测方法、水库温室气体的扩散释放、水库水-气界面冒泡通量研究、水库坝下消气、水库消落带温室气体排放、水库沉积物温室气体产生与氧化、水体中温室气体的氧化消耗，以及水库碳通量与管理的关系等方面，以理论结合实际的方式，对有关水库等水体温室气体的通量及其相关过程的研究理论、观测方法和目前所取得的最新研究进展进行较为详尽的介绍。

本书适合从事如水库、湖泊、池塘等淡水水体碳通量研究的科研人员、工程技术人员、研究生等相关领域的专业人士阅读和参考。

图书在版编目(CIP)数据

水库温室气体通量与过程/肖尚斌等著. -- 北京：科学出版社，2025.4.
ISBN 978-7-03-081361-9

Ⅰ. X511

中国国家版本馆 CIP 数据核字第 20258RC102 号

责任编辑：郑述方　李小锐／责任校对：彭　映
责任印制：罗　科／封面设计：墨创文化

科学出版社出版

北京东黄城根北街16号
邮政编码：100717
http://www.sciencep.com

成都锦瑞印刷有限责任公司 印刷
科学出版社发行　各地新华书店经销
*

2025年4月第 一 版　开本：787×1092 1/16
2025年4月第一次印刷　印张：22 1/2
字数：534 000

定价：348.00 元
（如有印装质量问题，我社负责调换）

前　言

真实世界的复杂远超我们的认知，科学研究中实际情况与理论总是存在着差距。正因如此，具备"纸上得来终觉浅，绝知此事要躬行"的思想认知，方能提升科学研究的水平和对事物的认识水平。

本书的主要研究对象为水库，其作为内陆水体重要的组成部分，是人类活动改变土地利用的典型方式之一。当前，人类活动影响下内陆水体的温室气体排放是全球温室气体的重要排放源，探明水库等水体的温室气体排放机制和估算其排放水平对于评估人类活动对气候变化的影响、预测未来气候和制定气候政策至关重要。但是，我们目前对水库温室气体排放的相关过程和机制认识有限，对其排放水平的估算存在极大的不确定性；也缺乏从观测方法、释放规律及影响因素等方面出发系统分析、阐述水库温室气体通量过程和影响机制的参考书籍。鉴于此，本书在总结团队多年观测、研究结果的基础上形成，是作者在该领域多年研究结果的阶段性总结。我们期望本书能发挥抛砖引玉之效用，推进水库温室气体通量与过程的深入研究，从而提升温室气体排放水平估算的准确性。

本书主要基于我们对水库等淡水水体的实际观测数据和结果，通过结合实际案例来分析和呈现水库温室气体在不同界面的通量、过程以及主要的影响机制。其中，第 1 章综述全球气候变化大背景下进行水库温室气体研究的必要性和当前研究所取得的进展；第 2 章总结和对比当前水库等淡水水体水-气界面碳通量观测的通用方法，同时结合实例，对比不同观测方法下的碳通量；第 3 章主要以不同类型的水库为例，分析总结水-气界面上 CO_2、CH_4 等温室气体扩散通量的水平、时空变化特征、规律及其影响因素；第 4 章探讨水体沉积物物理结构对 CH_4 气泡产生、储存、迁移等过程的作用以及水库等水体中 CH_4 冒泡通量的时空变化特征及影响因素；第 5 章分析过坝下泄水体消气通量估算的原理、进展，并以三峡水库为例估算其过坝下泄水体的温室气体释放通量及影响因素；第 6 章介绍水库消落带 CO_2、CH_4 气体的排放规律和影响因素；第 7、8 章主要分析水库中 CH_4 在沉积物中产生、氧化通量以及在水柱中的氧化速率及其时空变化规律；第 9 章则扩展有关水库管理方式对其碳通量的影响方面的内容。

本书由多人的工作汇聚而成，在本书即将付梓之际，谨向所有关怀、支持的领导、学者和参与编辑工作的研究生表示诚挚的感谢。特别感谢刘德富、王从锋、杨正健、纪道斌、王玙浩、刘流、张成、郭小娟、雷丹、刘佳、张军伟、段玉杰、王亮、陈文重、彭峰、李迎晨、龙丽、李元正、胡子龙、胡芳芳、陈巍、王雪竹、郑祥旺、许浩霆等参与相关工作。并诚恳地欢迎读者对书中存在的疏漏给予批评和指正。

　　书中相关研究得到国家自然科学基金(41273110、51979148、51709149)、湖北省自然科学基金创新发展联合基金(2022CFD032)、湖北省自然科学基金创新群体项目(2019CFA032)、中国长江三峡集团公司、科技部国家重点基础研究计划"973"专项等项目资助。本专著出版由三峡库区生态环境教育部工程研究中心、三峡水库生态系统湖北省野外科学观测研究站联合资助。

目　　录

第1章 全球变化与水库碳循环

1.1 全球变化

全球气候变化已经对自然生态系统以及社会经济系统产生影响,并深刻影响人类的生存和发展,国际社会已日益意识到气候变暖对人类当代及未来生存空间的严重威胁和挑战,以及共同采取应对措施减少和防范气候风险的重要性和紧迫性。为此,联合国政府间气候变化专门委员会(Intergovernmental Panel on Climate Change,IPCC)[由世界气象组织(World Meteorological Organization,WMO)和联合国环境规划署(United Nations Environment Programme,UNEP)于 1988 年建立]应运而生,旨在为决策者定期提供针对气候变化的科学基础及其影响和未来风险的评估,以及适应和缓和的可选方案。IPCC 成立的三十多年中,阐明了气候变化问题及其原因和后果,提出了适应和缓解风险管理的备选办法。但在这三十多年中,全球变暖有增无减,海平面加速上升。作为全球变暖的根本原因,人类活动造成的温室气体排放年复一年地持续增加。2021 年全球平均大气 CO_2 浓度和海平面高度等气候变化核心指标均创下新纪录[1]。气候系统变暖趋势仍在持续,高温热浪、极端降水、强风暴、区域性气象干旱等高影响和极端气候事件频发,气候变化危及人类福祉和地球健康。

1.1.1 气候变化

近百年来,受人类活动和自然因素的共同影响,世界正经历着以全球变暖为显著特征的气候变化,工业革命以来全球平均温度已上升约 1.0℃[2]。据 IPCC 第六次评估报告,全球气候正经历着前所未有的变化。相对于工业化前(1850~1900 年),2001~2020 年,这 20 年全球平均地表温度升高了 0.99℃;而 2011~2020 年,这 10 年全球平均地表温度已经上升约 1.09℃。1850 年以后的 40 年,每 10 年的全球地表温度都相继比此前的任何一个 10 年要暖[3]。2021 年,全球平均地表温度较工业化前高出 1.11℃[4];2002~2021 年,全球平均地表温度较工业化前高出 1.01℃[1]。根据现场观测、扩展再分析和第六次国际耦合模式比较计划(the 6th phase of the coupled model intercomparison project,CMIP6)模式输出结果的比较研究,至 21 世纪末在 2 种共享社会经济路径(shared socioeconomic pathways,SSPs)SSP2-4.5 和 SSP5-8.5 情景下,预计空气表观温度将分别比工业化前增加 3.9℃和 6.7℃(图 1-1),且低纬度地区的人群更易受影响[5]。

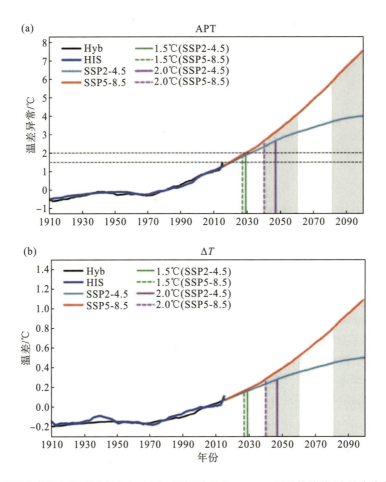

图 1-1　在不同共享社会经济路径(SSPs)下，观测结果和 CMIP6 预测的陆地(a)地表空气表观温度
(apparent temperature，APT)和(b)ΔT 异常相对于 1850～1900 年(工业化前)的气候平均值[5]

　　2010～2020 年，超过 1/3 的地球表面(即欧洲、美国、南部非洲、西伯利亚北部和澳大利亚大部分地区)是开展现代测量以来最温暖的十年。自 1980 年以来，欧洲大部分地区、东亚和北美东部都出现了新的最高/最低温度纪录。自 2020 年有记录以来，2020 年是最热的一年，而 2010 年是北美部分地区(约 34%的面积)最热的一年。2010 年以后，大约 60%的地方有地球地表记录新的最高年平均温度[6]。每个月的超高温事件数量变化很大。总的来说，大多数超高温事件记录在 9 月、6 月和 3 月，而 1 月和 5 月似乎更稳定。超高温事件出现最多的地区位于东非、北非和西亚；其次是在中非和西非、东南亚等[6]。

　　中国是全球气候变化的敏感区和影响显著区之一。20 世纪中叶以来，中国区域升温率高于同期全球平均水平；2021 年，我国平均气温为 1901 年以来的最高值，地表平均气温较常年值偏高 0.97℃，高温、暴雨洪涝、强对流、干旱等极端天气气候事件多发重发；华北地区平均降水量为 1961 年以来最多[1]。2022 年夏季，全球大范围创下高温纪录，中国、美国等大多数北半球国家出现了 40℃以上极端高温天气，多地最高气温突破历史极值。2022 年 6 月 13 日至 8 月 30 日，我国中东部出现自 1961 年有完整气象观测记录以来综合强度最强的高温过程，高温持续时间长，极端性强[7]。1961～2021 年，中国极端强降水事件呈增多趋势；20 世纪 90 年代后期以来，极端高温事件明显增多，登陆中国台风的平均强度波动增强[1]。线性趋势分析表明，1961～2015 年中国暴雨雨量和雨日从东南沿海向西北内陆呈明显"增—减—增"的空间分布格局，且呈增长趋势的站点占主导，分别高达 80.88%和 79.81%。从西北内陆到东南沿海的年代剖面分析，表明中国暴雨雨量和雨日随着年代推移在迅速增长[8]。美国 1900～2018 年降水总量、降水日数和降水强度总体上都在增加，轻、中、强三种强度类型的降水均存在不均匀变化，强度越大的事件发生频次和总量变化速率越大，导致弱降水对全年总降水的贡献较小，强降水对全年总降水的贡献较大[9]。

对 1983～2019 年全球热带气旋降水的时空特征研究表明，东北太平洋、南太平洋、西北太平洋和北大西洋四个区域的区域平均和极端热带气旋降水总量有所增加。北大西洋区域的极端热带气旋降水总量[0.37mm/(d·a)]的最高增幅出现在 RI(rapid intensification，快速增强)_ocean(海洋)类，是所有盆地平均正增强趋势的 2.6 倍；北大西洋、东北太平洋和南太平洋区域的 RI_land(陆地)类均表现出区域平均热带气旋降水空间范围的显著增加[10]。

对全球未来极端降水的模型预测表明，1.5℃和 2℃升温这两个变暖目标都将加剧全球大部分地区的极端湿润事件和降水强度，并加剧热带地区的连续干旱日[11]；而撒丁岛的 EURO-CORDEX(欧洲协调区域降尺度试验)未来(2071～2100 年)平均降水量将普遍减少，撒丁岛西南部的年平均降水量将减少 25%，同时极端降水事件将增加，特别是在东部和南部地区，极端事件预计将增加 30%[12]。在 RCP8.5(representative concentration pathway 8.5，代表性浓度路径 8.5)情景下，地中海南部和马格里布地区的日极端降水幅度有显著下降的趋势(达到-10mm/10a)，而北部则呈不显著增加的趋势。尽管未来趋势截然不同，但预计整个地区 50 年逐日降水极端值将大幅增加(高达 100%)，这种百年一遇的极端情况随时可能发生在地中海的任何地方，全年最湿日对全年总降水量的贡献预计将增加(5%～30%)[13]。

未来在全球增温 1.5℃时，中国夏天暖湿事件的平均风险将分别增加 2.3 倍和 1.16 倍；增温 2℃时的平均风险将分别增加 2.83 倍和 1.29 倍，而中国大部分地区暖干事件风险降低。升温 1.5℃和 2℃时，中国暖湿事件平均增加 5.48 倍和 10.01 倍；华北和华南地区的风险增加最多，约为 8 倍以上。两种变暖气候下的暖干事件增加幅度较小，分别为 1.82 倍和 2.04 倍；风险增加最多的地区主要是中国北方；在大多数地区，温暖/潮湿事件的风险显著增加，并且大于温暖/干燥事件的风险[14]。随着气候变暖，处于亚洲中部的天山极端降水将发生强劲变化(与 1976～2005 年相比)。当气温从 2.0℃上升到 3.0℃时，天山地区受到的极端影响将大幅上升，近 85.70%和 60.19%的土地将分别受到年总湿日降水量和小雨日数的强劲增长的影响，而将气候变暖控制在 2.0℃而不是 3.0℃，可以显著降低极端降水发生的频率、强度和持续时间的影响[15]。

1.1.2　全球冰川与海平面变化

全球冰川整体处于消融退缩状态，20 世纪 80 年代中期以来消融加速。在人为增加大气中 CO_2 浓度导致的全球变暖的情况下，北极地表空气温度的上升速度是全球平均水平的两倍多，被称为"北极放大"现象[16]。北极冰川和冰帽的质量正在迅速减少，2010～2017 年，北极海冰损失（609±7）亿 t 冰，对全球海平面上升的贡献为（0.240±0.007）mm/a[17]；1979～2021 年，北极海冰范围呈显著减少趋势，3 月和 9 月北极海冰范围平均每 10 年分别减少 2.6% 和 12.7%[1]。由于气候变暖的极地放大，这一过程将在 21 世纪持续下去[17]。

2003～2013 年，格陵兰岛东南和西北部产生损失［（280±58）Gt/a］的 70% 主要来自冰动力，西南占总损失加速度的 54%［（25.4±1.2）Gt/a］，其次是西北（34%）。2020 年 9 月至 2021 年 8 月，格陵兰冰盖损失约 1660 亿 t 冰[4]。在南极洲，阿蒙森海和南极半岛分别占冰动力总损失［（180±10）Gt/a］的 64% 和 17%。阿蒙森海区域对加速损失贡献最大［（11±4）Gt/a］，而由于表面质量平衡局部增加［（63±5）Gt/a］，南极洲东部的毛德皇后地是唯一质量增加显著的区域[18]。

南极冰盖储存的水分足以使全球海平面上升 58m[19]，最近的证据表明，南极冰盖的边缘冰流失正在加速[18]。中国天山乌鲁木齐河源 1 号冰川、阿尔泰山区木斯岛冰川、祁连山区老虎沟 12 号和长江源区小冬克玛底冰川均呈加速消融趋势。2021 年，乌鲁木齐河源 1 号冰川东、西支末端分别退缩了 6.5m 和 8.5m，其中西支末端退缩距离为有观测记录以来的最大值[1]。

全球气温升高从海水恒温膨胀和大陆冰川融化两个方面影响全球海平面上升。由于冰盖和深海温度的响应时间尺度长，即使在表面大气温度稳定之后这些过程也将持续数百年[20]。全球海洋上层 2000m 持续增暖，2021 年海洋热含量达历史新高[4]。根据全球潮汐统计网络的数据，自 1880 年以来，全球平均海平面上升了 0.21～0.24m，而且在过去几十年里上升速度加快[21,22]，这威胁着全世界的沿海社区和生态系统。1993～2021 年，全球平均海平面的上升速率为 3.3mm/a；2021 年，全球平均海平面达到有卫星观测记录以来的最高位[1]。2006～2018 年的海平面上升处于加速状态（3.7mm/a），并会在未来持续上升，且呈现不可逆的趋势[23]。全球海平面上升具有区域差异，我国位于海平面上升速率相对较大的西太平洋区域，受水文气象要素和地面沉降的影响[24]，上升速率高于全球平均水平。1980～2021 年，中国沿海海平面上升速率为 3.4mm/a，高于同期全球平均水平[1]。

不同的全球增温情景导致未来不同幅度的全球海平面上升。Jevrejeva 等给出了至 2100 年全球平均温度在 21 世纪 3 种不同变暖程度的情景：①变暖 1.5℃，海平面上升 52（中位数）～87cm（95%）；②变暖 2.0℃，海平面上升 63（中位数）～112cm（95%）；③RCP8.5 的高排放情景下，海平面上升 86（中位数）～180cm（95%）[25]。一些分析预测冰融化的速度会更快，例如，Bamber 等[26]认为，到 2100 年海平面上升可能超过 3m；到 2200 年，在 +5℃ 的情景下，由于南极洲西部和东部的不稳定，冰盖对海平面上升的贡献约为 7.5m。南极冰盖不稳定性是影响未来海平面上升预估的最大不确定性因素之一。

1.1.3 对自然和人类系统的影响

气候变化已经对自然和人类系统造成了广泛的不利影响,随着气候变暖以及生态脆弱性的加剧,将对人类和生态系统造成更加普遍和不可逆的影响。

气候变化造成的影响还广泛存在于生态系统、健康、生计、关键基础设施、经济以及人道主义危机等多方面。在气候变化影响下,评估的全球超过 4000 个物种中,约一半的物种已经向更高纬度或更高海拔转移,并且 2/3 的春季物候已经提前[23]。气候变化将使香脂的原产地范围向北转移,而将其欧洲种群的范围转移到西北;美洲适宜草兔 (L. capensis) 生存的生态位覆盖范围将扩大,而欧洲种群将面临 31%~95% 的栖息地损失[27]。红树林作为一种喜欢温暖气候的植物,随着全球变暖效应的加剧,红树林的生长将向高纬度地区转移,从而对温度的升高产生正反馈响应[28]。

自 IPCC 第五次评估报告 (AR5) 以来,观测到的极端天气气候事件频率和强度增加,包括陆地和海洋极端高温、强降水事件、干旱和火灾天气,对自然和人类系统造成了广泛、普遍的影响。全球受极端降水增加影响的人口约占 10%。自 20 世纪 50 年代以来,越来越多的人 (约 7 亿人) 经历了长时间的干旱,全球约有 40 亿人每年至少会经历 1 个月的严重缺水。干旱、洪水和海洋热浪导致粮食供应减少、价格上涨,威胁粮食安全和人类生计[23]。

基于共同体土地模型第五版 1951~2014 年的历史模拟结果表明,全球陆地降水的 14.4% 在 3 天内停留在表层土壤中。与 20 世纪末的表层土壤储存降水分数相比,100 年后 (SSP2-4.5),全球土地面积的 29% (16%) 显著增加 (减少)。全球变暖将使亚马孙、欧洲大部分地区、美国西部和西藏高原的表层土壤储存降水分数显著增加,而由于降水和土壤湿度的增加,印度和西非的表层土壤储存降水分数显著减少;在非缓解情景 (SSP5-8.5) 中,表层土壤储存降水分数的变化更为显著[29]。

全球有 33 亿~36 亿人生活在气候变化高脆弱环境中。2010~2012 年,相对于脆弱性非常低的区域,洪涝、干旱和风暴在高脆弱区造成的人口死亡率高达 15 倍。人类对生态系统的破坏和当前不可持续的发展模式 (包括不可持续的消费和生产,不断增加的人口压力,以及对土地、海洋和水资源的不可持续使用和管理) 等人为因素增加了当前生态系统对于气候变化的脆弱性和暴露度[30]。

在 RCP8.5 排放情景下,2020~2049 年,中国除北部和东北部分地区外,气象、水文和农业干旱将比 1971~2000 年更严重、更持久和更频繁。长期农业干旱 (持续时间大于 4 个月) 的频率将高于短期干旱 (持续时间小于 4 个月) 频率,气象和水文干旱则相反。在极端情况下,持续时间最长的农业干旱从 6 个月增到 26 个月,而持续时间最长的气象和水文干旱变化不大[31]。

研究表明,到 2100 年,全球海平面上升中位数分别为 52cm (25~87cm,5%~95%) 和 63cm (27~112cm,5%~95%),即对应气温上升分别为 1.5℃ 和 2.0℃,如果在基准年的模拟适应基础上不假设额外的适应措施,2100 年全球海平面上升 11cm 的差异可能导致每年 1.4 万亿美元的额外损失 [占全球生产总值的 0.25%]。如果升温不控制在 2℃ 内,而是遵循 RCP8.5,且不采取额外的适应措施,全球洪水成本可能增加到每年 14 万亿美元和每年 27 万亿美元，分别对应于全球海平面上升 86cm（中位数）和 180cm（95%），占 2100 年全球生产总值的 2.8%。预计中上收入国家的年度洪水损失增幅最大（高达国内生产总值的 8%），其中很大一部分来自中国。高收入国家预计洪水成本较低，部分原因是它们目前的保护标准较高[25]。

机场可提供重要的经济、社会和医疗生命线。然而，全球主要机场已经面临沿海洪水的风险，如果全球平均气温上升 2℃，海平面上升将使 100 个机场低于平均海平面，而 1238 个机场位于低海拔海岸带[32]。欧洲、北美和大洋洲的大量机场面临洪水风险，但东南亚和东亚的风险最高。这些沿海机场对全球航空网络格外重要，到 2100 年，10% 到 20% 的航线将面临中断的风险[32]。

1.2　碳循环概念模式

1.2.1　大气温室气体浓度

CO_2 和 CH_4 是大气中最重要的温室气体，且 CH_4 的全球变暖效率（红外吸收能力）是 CO_2 的 $28\sim36$ 倍[33]；CH_4 对温室效应的贡献达 20% 左右[34]，是大气中含量仅次于 CO_2 的温室气体。

IPCC 第六次评估报告指出，工业革命以来，全球人类活动累积 CO_2 排放量持续攀升，大气 CO_2 浓度由 290ppm① 增长到了 419ppm[35]。作为仅次于 CO_2 的温室气体，大气 CH_4 浓度至 2021 年 11 月为 1909.3ppb②（https://gml.noaa.gov/ccgg/trends/），但其单分子在百年尺度上的增温效应是 CO_2 的 $28\sim36$ 倍[36-38]。自工业革命以来，大气中 CH_4 浓度逐年递增，其对温室效应的贡献达到了 23%[39,40]。《巴黎协定》指出[41]："把全球平均气温升幅控制在工业化前水平以上 2℃ 之内，并努力将气温升幅限制在工业化前水平以上 1.5℃ 之内，同时认识到这将大大减少气候变化的风险和影响"[42]。在气候模型中唯一能实现《巴黎协定》目标的排放情景是假设 CH_4 水平自 2010 年以来一直在下降，而实际上受粮食生产影响及其对气候变化的敏感性，导致自 2007 年以来大气 CH_4 浓度一直在上升，因此需要更大幅度地削减其他温室气体来抵消 CH_4 增长导致的温室效应[43,44]。为了更好地评估并削减全球 CH_4 排放，了解 CH_4 排放的主要来源及其如何影响气候变化，始终是近年来最为迫切的目标[40,45,46]。大气 CH_4 的主要来源包括自然排放和人为排放[47,48]，其中人为排放在各国协力下已经得到有效控制，但人类影响和改造自然的能力不断增强，使得自然源 CH_4 释放机制更加复杂[35,40]。

1.2.2　碳收支估算

碳是生命的关键元素，碳循环是所有生物活动的必要条件。地壳中碳含量约为 0.1%，

---

① ppm 为浓度单位，表示百万分之一。
② ppb 为浓度单位，表示十亿分之一。

即 $6×10^{10}$ 亿 t，其中大部分以碳酸盐形式赋存于灰岩或白云岩中[49]。全球主要碳储库的碳含量见表 1-1。

表 1-1　全球主要碳储库的碳含量[49]

	碳储库	碳含量/(10^{15}gC)
大气	CO_2	648
	CH_4	6.24
	CO	0.23
	未知的	3.4
	小计	657.87
陆地	活的生物量(植物)	827
	其他活的生物量和死亡的有机体	1200
	小计	2027
海洋	活的生物量(植物)	17.4
	颗粒性有机碳(particulate organic carbon, POC, 假定 20μg/L)	30
	溶解有机碳(dissolved organic carbon, DOC, 假定 700μg/L)	1000
	CO_2/HCO_3^-	38400
	小计	39447.4
岩石圈	碳酸盐岩	$60.9×10^6$
	有机质	$12.48×10^6$

Bolin 等[50]对全球碳循环研究作出了里程碑式的总结。碳循环可大致分为 2 类，即生物循环和地质循环。在人类开始使用化石燃料之前，地质循环是平衡的。通过岩石风化释放的 CO_2 以 $CaCO_3$ 的形式等量沉淀下来。生物循环虽然很短，但是强度很大，因此非常重要。几乎所有被同化的 CO_2 都从生物圈返回到其他圈层，其循环基本上是闭合的。绿色植物将简单的无机化学物质通过光合作用合成其有机体，并通过食物链等生化过程形成更复杂且种类繁多的有机分子，而所有生物死后又被微生物矿化[49]。

工业革命以来，1850～2019 年 CO_2 的净排放量已达到 (24000±2400) 亿 t(单位：CO_2eq)，其中 58%是 1990 年前产生的。从历史排放趋势来看，2010～2019 年全球主要行业温室气体排放量继续上升。截至 2019 年，能源行业依旧是全球 CO_2 直接排放的主要贡献者(200 亿 t，占 34%)，其次是工业(140 亿 t，占 24%)，然后是农业、林业和其他行业(130 亿 t，22%)，最后是交通(87 亿 t，15%)和建筑部门(33 亿 t，5%)[23,51]。2020 年，全球大气 CO_2 平均浓度达到 (412.45±0.1) ppm。2020 年，全球化石 CO_2 排放较 2019 年下降 5.4%，2021 年较 2020 年反弹 4.8%(4.2%～5.4%)[52]。

Pan 等[53]利用改进的基于过程的陆地生态系统模型，估算了由多种环境因子引起的全球陆地净初级生产力，2000～2009 年平均为 $54.6×10^{15}$gC/a；在全球水平上，降水解释了陆地净初级生产力约 63%的变化，而其余的变化归因于温度和其他环境因素的变化。Running 等[54]估计的 2001 年全球陆地净初级生产力约为 $57.7×10^{15}$gC。

海洋初级生产基本上支持了海洋中的所有生命，并深刻影响着全球生物地球化学循环和气候[55]。全球海洋净初级生产力估计为 $50×10^{15}$gC/a[56]，与陆地生态系统大致相等[56,57]。

据估计，南大洋（>30°S）的年初级产量为 $14.2×10^{15}gC$，其中大部分产量（约 80%）发生在 30°S～50°S 的中纬度地区，纬度>50°S 的初级产量估计为 $2.9×10^{15}gC/a$[58]。

1.2.3　碳预算失衡

准确评估气候变化中人为 CO_2 排放及其在大气、海洋和陆地生物圈中的再分布，对于更好地理解全球碳循环、制定相应的气候政策和预测未来气候变化至关重要（图 1-2）。2011～2020 年，全球化石排放为 $(9.5±0.5)GtC/a$[包括水泥碳化汇时为 $(9.3±0.5)GtC/a$]，土地使用变化为 $(0.9±0.7)GtC/a$，人为 CO_2 排放总量为 $(10.2±0.8)GtC/a$[$(37.4±2.9)GtCO_2$]。2011～2020 年，大气 CO_2 浓度增长率为 $(5.0±0.2)GtC/a$[$(2.4±0.1)ppm/a$]，海洋 CO_2 汇为 $(3.0±0.4)GtC/a$，陆地 CO_2 汇为 $(2.9±1)GtC/a$，碳预算失衡为 $-0.8GtC/a$[52]。

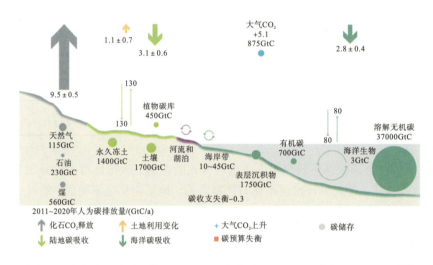

图 1-2　由人类活动引起的 2011～2020 年全球平均碳循环整体扰动示意图[52]

图 1-2 中，大气 CO_2 增长速度的不确定性非常小（为 $±0.02GtC/a$），在图中可忽略。人为扰动标注在碳循环过程的顶部，通量和储量呈现在背景中，除海岸的碳储量来自关于海岸海洋沉积物的文献综述[59]外，其余所有通量和储量数值来自 Canadell 等[60]的研究成果。

1850～2018 年，累计碳预算失衡 30GtC，表明碳排放被高估或陆地、海洋的碳汇水平被低估了。再加上由于森林覆盖减少损失约 $(20±15)GtC$ 额外碳汇，进一步加剧预算不平衡[61]。在 1959～2020 年，全球碳预算存在每年 10 亿 t 碳当量的差异（表 1-2）。对多种方法和观测的比较表明：①对土地利用变化排放的碳估计持续存在很大的不确定性；②不同方法对热带外北部陆地 CO_2 通量大小的估计不一致；③不同方法对过去十年海洋碳汇强度的估计存在差异[52]。估算全球 CO_2 排放和碳汇是碳循环研究的一项重要工作，需要对测量结果、统计估计和模型结果进行汇编和综合[61]。

表 1-2　全球碳预算[62]

	碳源及碳汇	规模/(PgC/a)	时段	文献来源
碳源	化石 CO_2 释放	9.5±0.5	2009~2018 年	Friedlingstein 等[61] Boden 等[63]
	陆地使用的改变	1.5±0.7		Friedlingstein 等[61]
碳汇	大气 CO_2 浓度	4.9±0.02	2009~2018 年	Friedlingstein 等[61]
	海洋碳汇	2.5±0.6(总)	2009~2018 年	Friedlingstein 等[61]
		1.4±0.5(净)	1990~2007 年	Landschützer 等[64]
	陆地碳汇	3.2±0.6(总)	2009~2018 年	Friedlingstein 等[61]
		2.4±0.4(森林)	1998~2011 年	Pan 等[65]
碳失衡		0.1~0.6	2007~2019 年	Friedlingstein 等[66]； Le Quéré 等[67]

1.3　水库碳循环

淡水水体(包括湖泊、水库、河流和溪流)尽管是陆地景观的组成部分,但是它们并未被纳入陆地温室气体预算平衡。土壤有机碳通过横向水文搬运到淡水中,随着时间的推移,它们可能埋藏在淡水沉积物中,或运输到海洋,或以 CO_2 或 CH_4 的形式进入大气。

内陆水域(淡水)CH_4 排放是 CH_4 自然源排放评估中最大的不确定性来源之一[35]。现有研究表明,淡水是大气 CO_2[68,69]和 CH_4[70,71]的重要来源,每年释放进入大气约为 1.4PgC[69]。Bastviken 等[70]的研究表明,以 CO_2 当量表示的全球淡水 CH_4 排放量至少约为 0.65PgC,相当于估计的陆地温室气体汇的 25%。

水库作为人类活动改变土地利用的典型方式之一,是内陆水域的重要组成部分[72]。全球水库表面积估计约为 $1.5×10^6km^{2[73]}$,与天然湖泊表面积[74]大致相当。当前水库提供了全球 30%~40% 的灌溉用水[75]和 16.6% 的电力供应[72]。未来,在《巴黎协定》和对清洁能源需求的推动下,大坝修建仍将继续,至 2030 年,全球河流的破碎化程度将会翻倍,全球超过 1000km 的长河流约 2/3 将不再自由流动[76,77],这使得水库成为河流中营养物质的反应器和储存库,也促进河流中营养物质从溶解到颗粒物形式的转变[78]。水库中温室气体的排放量短期内还将因全球更多大坝的修建而快速上升[40,79-81]。其中,相较于水库干流,水库支流营养物质循环对水环境的影响特征更为明显[82-84]。水库蓄水引起水位抬升,流速降低,沉积速率提高[85,86],营养物富集,进而引起支流库湾内水华的暴发;同时两岸居民排放的富含有机物的污水等都使水库支流成为 CH_4 排放的敏感区[80,87]。当前,受水库时空异质性的影响,对水库 CH_4 排放的估算存在极大的不确定性,例如,最近估算的全球人工水库 CH_4 释放量为 214Mt/a[81],较 17 年前估计的 70Mt/a 高出 2 倍多[88]。不同学者对水库 CH_4 释放量的估算巨大差异性的主要原因是受到研究条件的限制。

修建水库改变了水环境，特别是水域面积、水深、营养状态和其他理化条件，并向大气中释放 CO_2 和 CH_4[89,90]。水库修建对温室气体释放的全球影响引起了越来越多的关注，也成为国际水电协会（International Hydropower Association，IHA）关注的热点问题。为推动水库温室气体相关问题研究，IHA 和联合国教科文组织共同发布了 GHG *Measurement Guidelines for Freshwater Reservoirs*《淡水水库 GHG 测量指南》。

1.3.1　水库 CO_2 和 CH_4 产生

水域 CO_2 和 CH_4 主要生成于沉积物有机质的分解过程和水体有机碳的氧化降解等。它们的产生与可利用的 O_2、NO_3^- 和 SO_4^{2-} 即末端电子受体密切相关。沉积物有机质的分解主要通过氧化反应进行，此时有机碳被 O_2、NO_3^- 和 SO_4^{2-} 氧化为 CO_2。在缺少这些氧化剂的条件下，有机碳在各种发酵过程中降解生成 CH_4 和 CO_2[91]。另外，水体中生长的水生、浮游生物的呼吸作用也释放温室气体[92]。在自养状态下，水体中植物的光合初级生产大于呼吸消耗，碳被固定，导致水体中 CO_2 分压降低；而在异养状态下，呼吸作用较强，CO_2 分压会相应地增加[93]。大部分影响水-气界面 CO_2 通量变化的因素如光照、风速、水体透明度等都与浮游植物初级生产有关[94,95]。

CH_4 只能在严格厌氧还原条件下才能产生，并在产甲烷菌的参与下来完成。硫酸盐还原和产 CH_4 是有机质矿化分解作用的最后两个过程，在大多数情况下，硫酸盐还原菌竞争沉积物代谢产物（如乙酸、氢气及一些低分子的有机化合物）的能力远大于产甲烷菌。因此，只有当间隙水中硫酸盐被这些代谢产物氧化消耗完毕后，产 CH_4 过程才可以进行，并有可能在沉积物中形成较高浓度的 CH_4[96]。富营养化湖泊沉积物的室内培养实验表明，富营养化湖泊的缺氧导致 CH_4 生成，水体富氧时比缺氧时 CH_4 的释放量要小得多[97]。

有机物进入水库沉积后，沉积物中水解性微生物菌群通过水解作用，以好氧、厌氧或兼性的方式将复杂的有机物分解成单体有机碳，例如，糖、挥发性短链脂肪酸和氨基酸等。厌氧或兼性发酵菌群的酸化作用进而将这些单体和中间化合物降解为脂肪酸和醇等有机碳。随后，这些化合物在兼性发酵菌群的作用下分解为可产生 CH_4 的底物，最终在厌氧和低氧还原电位条件下经产甲烷菌的作用产生 CH_4[91]。

产甲烷菌属于广古菌门，分布十分广泛，从土壤到湖泊沉积物，从陆地到海洋，从零下低温环境到 100℃以上的高温环境[98,99]。一般来说，产甲烷菌主要有 5 目：甲烷杆菌目（Methanobacteriales）、甲烷球菌目（Methanococcales）、甲烷八叠球菌目（Methanosarcinales）、甲烷微菌目（Methanomicrobiales）和甲烷火菌目（Methanopyrales）；2007 年发现产甲烷菌的新种，并将其确定为一个新目：甲烷胞菌目（Methanocellales）；2012 年又发现新的产甲烷菌目，即第七产甲烷古菌目（Methanomassiliicoccales）[98]。

自然环境产 CH_4 途径可分为三种：氢营养型产 CH_4、乙酸发酵型产 CH_4 和甲基营养型产 CH_4[100,101]，其中：①氢营养型（$CO_2+4H_2 \longrightarrow CH_4+2H_2O$），即氢气（$H_2$）还原 CO_2 产生 CH_4；②乙酸发酵型（$CH_3COOH \longrightarrow CH_4+CO_2$），乙酸中的羧基氧化成 CO_2，甲基还原成 CH_4；③甲基营养型，甲基先被还原为甲基辅酶 M，然后被还原为 CH_4，

相应的另一个甲基被氧化成 CO_2[101]。通常，淡水中产生甲基化合物的基质含量少，因而 CH_4 主要来自 H_2 还原 CO_2 和乙酸发酵两条途径[102]。同位素动力学效应导致较轻的 ^{12}C 同位素反应速度快于 ^{13}C 同位素，使得 H_2 还原 CO_2 和乙酸发酵两条途径中 CH_4 的 C、H 稳定同位素存在差别，因此可利用碳化合物的同位素组成（δ-^{13}C）来区分 CH_4 的来源[103]。乙酸发酵产生 CH_4 过程会引起 ^{13}C-CH_4 的氧化和 ^{13}C-CO_2 的富集，如果再考虑到 H_2 还原 CO_2 过程产生的 CH_4，CH_4 和 CO_2 的同位素差异更大，通过同位素组成和质量平衡分析，可以更好地确定其产生途径和 CH_4 来源。理想情况下，乙酸发酵途径 δ^{13}C-CH_4 为 -70‰～-50‰，H_2 还原 CO_2 途径 δ^{13}C-CH_4 为 -110‰～-60‰；表征同位分离程度的分馏系数（α_C）也显示出乙酸发酵途径 α_C 为 1.04～1.06，H_2 还原 CO_2 途径 α_C 为 1.06～1.09[104]。在实际的淡水沉积物中，H_2 还原 CO_2 和乙酸发酵两条途径共同存在，通常乙酸发酵途径产生的 CH_4 占自然界 CH_4 来源的 67%，H_2 还原 CO_2 途径为 33%[105,106]；分馏系数 α_C 也用于初步判断沉积物 CH_4 产生的具体途径（当 $\alpha_C > 1.065$ 时，说明沉积物 CH_4 的产生途径以氢营养型产 CH_4 为主；当 $\alpha_C < 1.055$ 时，说明沉积物 CH_4 的产生途径以乙酸发酵产 CH_4 为主）[107]。

尽管在大部分环境中，乙酸发酵途径产生的 CH_4 是 CH_4 的主要来源，然而，受限于底层沉积物贫营养环境，实际监测结果常常会偏移这一规律。CH_4 产率与沉积物中有机碳含量显著相关[107,108]，有机碳是 CH_4 产生的主要限制因素。有机碳的差异影响产甲烷菌的代谢，进而影响微生物的群落组成。当基质（有机碳）不足，不能供应产甲烷菌时，其产 CH_4 能力将会受到限制。一般来说，高有机物含量有利于 CH_4 的产生，CH_4 产生速率与沉积物中有机碳含量通常呈正相关关系[109]。实际上，沉积物中有机组分才是决定 CH_4 产量的主要因素。有机组分的差异致使产甲烷菌分布差异，进而影响产生过程。沉积物中易降解的有机碳被分解，经发酵菌产生乙酸盐，有利于乙酸发酵途径产 CH_4。当不稳定有机碳耗尽后，更多难以分解的有机碳将会促进沉积物中氢营养途径产 CH_4。所以，富营养水体中内源有机碳比陆源有机碳更能促进 CH_4 产生，而贫营养环境中 CH_4 产生速率偏低，且多以 H_2 还原 CO_2 途径产 CH_4 为主[110]。

化学计量学表明，当 CH_4 产生为以碳水化合物为主的有机碳进行厌氧降解的最终步骤时，CO_2 和 CH_4 的生成比例为 1∶1。然而，通常观察到的 CO_2 产生远多于 CH_4。这是因为 CH_4 主要来源于沉积物有机碳的分解过程，其产生与可利用的 O_2、NO_3^- 和 SO_4^{2-} 量（即末端电子受体）密切相关[103]。电子受体由于竞争基质、提高氧化还原电位，以及某些电子受体或其产物对产甲烷菌有毒害作用，因而在一定程度上抑制了 CH_4 的产生[101,111]，所以在沉积物垂向剖面中电子受体遵循着一定规律的分布，分别为 O_2、NO_3^-、Mn^{4+}、Fe^{3+} 和 SO_4^{2-}，然后才是 CH_4 的产生区域（图 1-3）[103]。使用不同浓度的 O_2、NO_3^- 和 SO_4^{2-} 作为氧化剂对湖泊沉积物影响的模拟研究表明，当可利用电子受体减少时，更多的有机碳被产甲烷菌利用，CH_4 的产量增加；反之，当电子受体增加时，有机碳则通过更易发生的氧化作用而被降解，CH_4 的产量随之降低[112]。在自然状态下未受污染的淡水环境中，可利用的 NO_3^- 和 SO_4^{2-} 很少，因而 CH_4 产生主要受 O_2 浓度影响[112]，好氧条件下 CH_4 的产生速率比厌氧条件要低出一个数量级[113]。受人类活动影响，酸沉降的 NO_3^- 和 SO_4^{2-}、土壤淋滤和废水排放的 NO_3^- 均可进入淡水生态系统中，导致淡水生态系统总体表现出

NO_3^- 浓度增加而 SO_4^{2-} 浓度降低的趋势，同时，O_2 浓度则随着水体富营养化而降低，进而影响淡水生态系统中 CH_4 的产生和排放水平[92]。

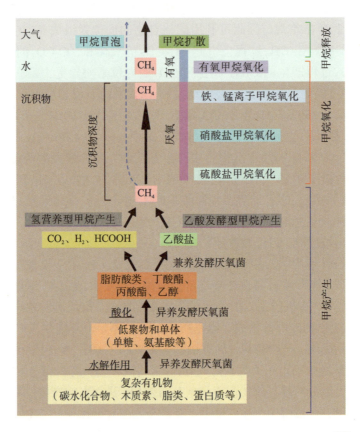

图 1-3   水库 CH_4 产生、氧化和释放的生物地球化学过程示意图[103]

温度对 CH_4 产生的影响主要体现在对 CH_4 产生途径、有机物分解和产甲烷菌活性等方面。不同生态系统中均观测到 CH_4 产生速率随温度升高而增加[114-118]。但是温度与其他因素的相互作用，使得其对 CH_4 产生的影响在不同生态系统间存在着显著差异[119]。在低温条件下，产 CH_4 主要依靠甲烷毛菌，该菌种只能利用乙酸生成 CH_4；而在高温条件下 CH_4 的产生主要依靠甲烷八叠球菌，该菌种可以利用乙酸和 H_2/CO_2 共同生成 CH_4，且产 CH_4 效率大于前者[120]。当温度较低时（4～10℃），CH_4 产生速率变化幅度小，而高温时（20～30℃）CH_4 产生速率变化幅度大[121]。Fuchs 等[122]对西欧两个中度营养-贫营养湖泊沉积物进行培养实验结果显示，在 4℃、8℃和 12℃时，日内瓦（Geneva）湖泊沉积物 CH_4 产生速率均随温度升高而增加，但施特希林（Stechlin）湖泊沉积物 CH_4 产生速率随温度的变化并没有明显改变。北方湖泊、湿地和北极苔原带的研究表明，随着温度的升高，产甲烷菌活性增强，但 CH_4 氧化速率的变化随温度升高更强烈，使得温度与 CH_4 的产生速率呈非线性的正相关关系[123]。

1.3.2　水库 CH₄ 氧化

CH₄ 氧化是自然界 CH₄ 减排的唯一途径，水库 CH₄ 氧化在沉积物和水体中均可发生，在有氧和缺氧条件下由甲烷氧化菌完成，CH₄ 的氧化作用使沉积物产生的 CH₄ 有 30%～90% 在进入大气前被氧化[113]。在采用二氟甲烷抑制 CH₄ 氧化后，观测到了更高的 CH₄ 释放速率，证实了沉积物中 90% 以上的 CH₄ 被氧化。日本平均水深为 3.8m 的霞浦(Kasumigaura)湖约 74% 的溶解性 CH₄ 在水柱中被氧化[124]；美国威斯康星州的 3 个淡水湖泊在夏季有 51%～80% 的溶解性 CH₄ 在水柱中被氧化[125]；Wang 等[126]在对三峡水库沉积物的培养实验中发现，表层沉积物和上覆水体分别氧化了 CH₄ 产出的 51.8% 和 46.7%；在香溪河库湾，随着水深的季节性变化，水库底部产生的 CH₄ 有 68%～98% 在水柱中被氧化[127]。

在水体有氧环境中，甲烷氧化菌利用 CH₄ 和其他一些化合物作为它们的碳源，最终通过中间体(如甲醇、甲醛和甲酸盐)，依靠脱氢酶转导将 CH₄ 转化为 CO_2[128]。CH₄ 有氧氧化的过程为 $CH_4 \rightarrow CH_3OH \rightarrow HCHO \rightarrow HCOOH \rightarrow CO_2$，被氧化的 CH₄ 有 50%～60% 转化为 CO_2，剩余的 40%～50% 被甲烷氧化菌同化吸收[103]。好氧甲烷氧化菌通常可以分为三类：γ 变形菌门、α 变形菌门、疣微菌门，其中 γ 变形菌门属于 I 型好氧甲烷氧化菌，α 变形菌门属于 II 型好氧甲烷氧化菌[129]。在淡水水体中均检测出 I 型和 II 型好氧甲烷氧化菌这两种类型的菌株，I 型好氧甲烷氧化菌通常被认为是 CH₄ 氧化的"先锋队"，在一些水体表层沉积物中 I 型好氧甲烷氧化菌数量甚至比 II 型高出 1～2 个数量级；II 型好氧甲烷氧化菌尽管不占优势，但表现出对生境胁迫(温度、溶解氧、pH 等)的高耐受性，具有更强的"弹性"或稳定性以应对生境变化[130]。CH₄ 的有氧氧化主要有两种形式，分别为高亲和力氧化和低亲和力氧化。高亲和力氧化是指 CH₄ 浓度小于 $12 \times 10^{-6} \mu L/L$ 时发生的氧化，主要由高亲和力甲烷氧化菌来实现；低亲和力氧化是指 CH₄ 浓度大于 $40 \times 10^{-6} \mu L/L$ 时发生的氧化，主要由低亲和力甲烷氧化菌完成[102]。

自 1976 年首次发现海洋沉积物中 CH₄ 厌氧氧化[131]之后，该现象得到了来自地球化学和生物地球化学等领域学者的关注。在沉积物厌氧环境中，CH₄ 浓度随深度、放射性示踪、稳定同位素分布和成岩模式的变化研究等均表明缺氧沉积物中可发生 CH₄ 的厌氧氧化[132]。相较于 CH₄ 的有氧氧化，CH₄ 厌氧氧化更为复杂，主要由厌氧甲烷氧化古菌完成[113]。根据最终电子受体的不同，CH₄ 厌氧氧化可分为三类：第一类以 SO_4^{2-} 为最终电子受体，被称为硫酸盐还原型 CH₄ 厌氧氧化[133]；第二类是以 NO_2^-、NO_3^- 为最终电子受体，被称为反硝化型 CH₄ 厌氧氧化[134]；第三类是以 Fe^{3+}、Mn^{4+}、Cr^{5+}、MnO_4^- 等金属离子为电子受体的 CH₄ 厌氧氧化，该过程被称为金属离子耦合 CH₄ 厌氧氧化[135]。三类电子受体对 CH₄ 的氧化能力不同，从沉积物表层向下一般分为氧化带(含 O_2)、亚氧化带(含 NO_3^-、Mn^{4+}、Fe^{3+})、硫酸盐还原带(含 SO_4^{2-})和 CH₄ 产生带[133-135]。

在天然状态下未受污染的淡水环境中，可利用的 NO_3^- 和 SO_4^{2-} 很少，因而 CH₄ 生成主要受 O_2 浓度支配[112]。这几种电子受体自由能大小顺序为：$O_2 > NO_3^- > SO_4^{2-}$[112]，其中 O_2 和 SO_4^{2-} 对沉积物中 CH₄ 生成影响的研究相对较多，NO_3^- 对沉积物中 CH₄ 生成影响的报道则少得多。

CH_4 的氧化受限于环境的氧化还原电位，因此 O_2 (以及其他电子受体)是 CH_4 氧化的限制因子。富氧系统的 CH_4 产量与厌氧系统的差别可达 10 倍以上，CH_4 在严格的厌氧环境中生成，富氧环境中电子受体浓度较高，将底物氧化，使得 CH_4 的产生受到抑制[81]。作为基质，CH_4 的浓度对 CH_4 氧化速率的影响显著。在通常情况下，在基质浓度较低时，CH_4 氧化速率与基质浓度呈现一级或者混合级反应关系；而当基质浓度较高时，CH_4 氧化速率与基质浓度为零级反应关系[136]。NH_4^+ 含量高的水体能明显抑制 CH_4 氧化，从而增强 CH_4 的释放[137]。NH_4^+ 和 NO_2^- 均对 CH_4 的氧化产生竞争性抑制，但是受到 NH_4^+/CH_4 的调节[138,139]。水稻土培养实验发现，尿素化肥的添加延迟了 CH_4 氧化的时间，但是随着时间的延长，甲烷氧化菌的活性增强，CH_4 氧化速率提高，因此孔隙水中 $C(NH_4^+)/C(CH_4)$ 比值可能是影响 CH_4 氧化的一个关键因素[139]。

温度升高可以增加微生物的活性，虽然 CH_4 氧化对温度的响应没有 CH_4 产生对温度的响应敏感[121]，但是 CH_4 氧化对温度的耐受性更强，在 -4℃ 的环境里，仍可以监测到 CH_4 的氧化反应[140]。所以，在适宜的温度范围内，CH_4 净生成量一般会随着温度的升高而增大[138]。温度的升高可以促进 CH_4 的有氧氧化，但这种结论是建立在水体 CH_4 充足的前提下[141]。已有研究表明，当水体 CH_4 供应不足时，CH_4 氧化便与温度无关，而是受控于 CH_4 的供应[142]。

1.3.3 水库温室气体释放

CO_2 和 CH_4 排放通量是由气体产生过程和传输过程共同决定的，排放途径包括水库内水-气界面的扩散、气泡排放、水轮机和下游河道的脱气等[72]，如图 1-4 所示。排放方式和通量受气象、水库特征、水体理化性质、生物作用、水动力条件等多种因素的影响[143,144]。

有关 CH_4 碳稳定同位素组成的研究表明，大量来自深水库沉积物的具有轻同位素值的 CH_4 被氧化，而产自浅水水库沉积物的 CH_4 或水库浅水区 CH_4 气泡在被氧化之前能够到达水面，排放大量 CH_4[145]。一般而言，深水环境中由于上层水体的静水压力过大，导致沉积物中气泡难以形成，因此 CH_4 排放以扩散为主；而浅水环境中，CH_4 气泡容易形成且在传输过程中溶解及氧化有限，因而气泡是其主要排放途径[146]。

水库 CH_4 的释放与水库大小、形态、地理位置以及水、气象环境条件等多种因素有关，而这些因素之间可能存在相互制约的关系[71]。不同水体环境中 CH_4 的排放量与水体溶解氧的变化呈现显著的负相关关系。研究表明，水体中的溶解氧不仅可以抑制沉积物中 CH_4 的产生，而且也可以将沉积物中向上层扩散的 CH_4 氧化，从而减少水-气界面的 CH_4 释放[147]。但是在水深较浅，水体滞留时间较短，且水体全年含氧的沃伦(Wohlen)水库中发现 CH_4 释放通量极高，几乎是中纬度地区水库中发现的最高值，由此说明溶解氧作为影响 CH_4 释放的关键因素可能受限于水深。

水库 CH_4 主要产生于有机碳无氧降解过程，一般认为随着水库年龄增长，有机碳含量减少，水库的 CH_4 释放量会越来越低，经过 10～15 年后，水库 CH_4 释放量会稳定在一个低值[101]。但是瑞士的沃伦(Wohlen)水库库龄已达 90 年，CH_4 释放量依然很高[146]。因此，水库库龄也可能不是 CH_4 释放的决定性因素。

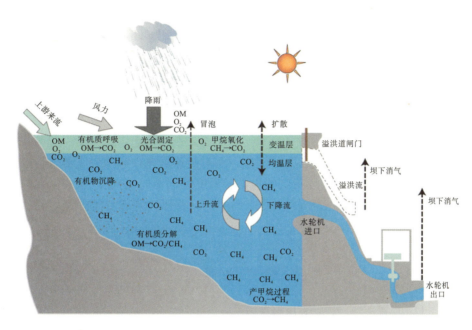

图 1-4　水库 CH_4、氧化和释放的主要生物地球化学过程[148]

温度对 CH_4 的产生、氧化及释放皆存在影响。当水柱出现热分层时，水体对流减弱，CH_4 在底部累积；热分层减弱或消失后，水体混合作用增强，CH_4 向上扩散加快。由于 CH_4 在向上扩散时大部分会在水柱中被氧化，因此，温度对水库 CH_4 释放的影响机制尚不清晰。对三峡水库澎溪河库湾年内每月 1 次的采样研究发现，库湾 CH_4 排放高值出现在低水位运行初期，可能是夏季暴雨洪水对水温分层的破坏导致排放量升高[149]。如果泄水期泄水和来流过程扰动和破坏了水体分层，促进水体表层、底层垂向掺混，致使深水层高浓度 CH_4 迁移至水-气界面，从而加大 CH_4 的释放量[150]。

水体中浮游生物响应于温度和光强的变化，呼吸作用和光合作用交替，也会释放温室气体。白天，在水体表层，浮游植物通过光合作用将水体中溶解无机碳转化为有机碳；夜晚，光合作用生产的有机碳通过藻类死亡、沉降或经食物链转化后再沉降到水底形成沉积物，为温室气体的生成提供新的有机碳来源。

1.3.4　相关研究的不足之处

水库生态系统的碳循环研究日渐发展，尤其是近年来含氧水体中 CH_4 产生的研究成果更丰富了对淡水生态碳循环过程和 CH_4 成因机制的认识。然而，现有研究多数仍以有限时空分辨率通量监测为主，针对水库碳循环过程和机制的研究还需深入。

（1）水-气界面气体扩散通量的不确定性。水库温室气体排放估算不确定性的根本原因在于其复杂的时空差异性，有限点位的调查仍难以获得对整个水库的认识。因此，半经验模型的薄边界层法成为学者们更倾向于使用的方法，特别是气体传输速率/气体扩散系数研究取得的进展，为更准确地估计扩散通量提供了基础，只需要监测水体溶解气体浓度和相关气象环境因素就可以实现水-气界面通量的估算。即便如此，传统监测水体溶解 CH_4 浓度的顶空平衡方法复杂烦琐且耗时长，对于实验人员操作水平和要求都较高，也极大地限制了水-气界面通量的发展。提升调查的分辨率才是解决这一差异的有效途径。

（2）水库 CH_4 的产生及氧化机制认识的局限性。已有研究表明，水库沉积物有机碳含量和质量、环境温度、氧化还原条件对沉积物 CH_4 产生和氧化速率有重要影响，但绝大部分的研究都是将水库考虑为湖泊状态进行分析，很少考虑水库调度引起的水文水动力改变带来的影响。尤其是在峡谷型水库中，两岸陡岸居多，水深较大等条件严重制约了对沉积物-水-气整体 CH_4 循环机制的探索和调度过程中的 CH_4 产生和氧化的定量认识。已有研究多关注水库碳循环过程中的某一个环节，少有从产生到消耗、溶存规律、释放的系统研究。

参 考 文 献

[1] 中国气象局气候变化中心. 中国气候变化蓝皮书(2022)[M]. 北京: 科学出版社, 2022.

[2] IPCC. Global Warming of 1.5℃. An IPCC Special Report on the Impacts of Global Warming of 1.5℃ Above Pre-industrial Levels and Related Global Greenhouse Gas Emission Pathways, in the Context of Strengthening the Global Response to the Threat of Climate Change, Sustainable Development, and Efforts to Eradicate Poverty[M]. Cambridge: Cambridge University Press, 2018.

[3] Abbaspour K C, Yang J, Maximov I, et al. Modelling hydrology and water quality in the pre-alpine/alpine Thur watershed using SWAT[J]. Journal of Hydrology, 2007, 333 (2-4): 413-430.

[4] World Meteorological Organization. State of the Global Climate 2021[R]. Geneva: World Meteorological Organization, 2022.

[5] Huang J Y, Li Q X, Song Z Y. Historical global land surface air apparent temperature and its future changes based on CMIP6 projections[J]. Science of The Total Environment, 2022, 816: 151656.

[6] Nita I-A, Sfîcă L, Voiculescu M, et al. Changes in the global mean air temperature over land since 1980[J]. Atmospheric Research, 2022, 279: 106392.

[7] 孙博, 王会军, 黄艳艳, 等. 2022 年夏季中国高温干旱气候特征及成因探讨[J]. 大气科学学报, 2023, 46(1): 1-8.

[8] 孔锋, 方建, 吕丽莉. 1961—2015 年中国暴雨变化诊断及其与多种气候因子的关联性研究[J]. 热带气象学报, 2018, 34(1): 34-47.

[9] Li M, Sun Q H, Lovino M A, et al. Non-uniform changes in different daily precipitation events in the contiguous United States[J]. Weather and Climate Extremes, 2022, 35: 100417.

[10] Tan X Z, Liu Y X, Wu X X, et al. Examinations on global changes in the total and spatial extent of tropical cyclone precipitation relating to rapid intensification[J]. Science of The Total Environment, 2022, 853: 158555.

[11] Ju J L, Wu C H, Yeh P J F, et al. Global precipitation-related extremes at 1.5℃ and 2℃ of global warming targets: projection and uncertainty assessment based on the CESM-LWR experiment[J]. Atmospheric Research, 2021, 264: 105868.

[12] Marras P A, Lima D C A, Soares P M M, et al. Future precipitation in a Mediterranean island and streamflow changes for a small basin using EURO-CORDEX regional climate simulations and the SWAT model[J]. Journal of Hydrology, 2021, 603: 127025.

[13] Zittis G, Bruggeman A, Lelieveld J. Revisiting future extreme precipitation trends in the Mediterranean[J]. Weather and Climate Extremes, 2021, 34: 100380.

[14] Aihaiti A, Jiang Z H, Zhu L H, et al. Risk changes of compound temperature and precipitation extremes in China under 1.5℃ and 2℃ global warming[J]. Atmospheric Research, 2021, 264: 105838.

[15] Zhang X Q, Chen Y N, Fang G H, et al. Future changes in extreme precipitation from 1.0 ℃ more warming in the Tienshan Mountains, Central Asia[J]. Journal of Hydrology, 2022, 612: 128269.

[16] Yamanouchi T, Takata K. Rapid change of the Arctic climate system and its global influences-overview of GRENE Arctic climate change research project（2011–2016）[J]. Polar Science, 2020, 25: 100548.

[17] Tepes P, Gourmelen N, Nienow P, et al. Changes in elevation and mass of Arctic glaciers and ice caps, 2010–2017[J]. Remote Sensing of Environment, 2021, 261: 112481.

[18] Velicogna I, Sutterley T C, van den Broeke M R. Regional acceleration in ice mass loss from Greenland and Antarctica using GRACE time-variable gravity data[J]. Geophysical Research Letters, 2014, 41（22）: 8130-8137.

[19] Morlighem M, Rignot E, Binder T, et al. Deep glacial troughs and stabilizing ridges unveiled beneath the margins of the Antarctic ice sheet[J]. Nature Geoscience, 2020, 13（2）: 132-137.

[20] Brown S, Nicholls R J, Goodwin P, et al. Quantifying land and people exposed to sea-level rise with no mitigation and 1.5℃ and 2.0℃ rise in global temperatures to year 2300[J]. Earth's Future, 2018, 6（3）: 583-600.

[21] Oppenheimer M, Hinkel J. Sea level rise and implications for low lying islands, coasts and communities supplementary material[C]//IPCC Special Report on the Ocean and Cryosphere in a Changing Climate, 2019.

[22] Nerem R S, Beckley B D, Fasullo J T, et al. Climate-change-driven accelerated sea-level rise detected in the altimeter era[J]. Proceedings of the National Academy of Sciences, 2018, 115（9）: 2022-2025.

[23] IPCC. Climate Change 2021: the Physical Science Basis[R]. Cambridge: Cambridge University Press, 2021.

[24] Liu S H, Chen C L, Liu K X, et al. Vertical motions of tide gauge stations near the Bohai Sea and Yellow Sea[J]. Science China Earth Sciences, 2015, 58（12）: 2279-2288.

[25] Jevrejeva S, Jackson L P, Grinsted A, et al. Flood damage costs under the sea level rise with warming of 1.5℃ and 2 ℃[J]. Environmental Research Letters, 2018, 13（7）: 074014.

[26] Bamber J L, Oppenheimer M, Kopp R E, et al. Ice sheet contributions to future sea-level rise from structured expert judgment[J]. Proceedings of the National Academy of Sciences, 2019, 116（23）: 11195-11200.

[27] Rewicz A, Myśliwy M, Rewicz T, et al. Contradictory effect of climate change on American and European populations of Impatiens capensis Meerb. — is this herb a global threat?[J]. Science of The Total Environment, 2022, 850: 157959.

[28] Wang Y S, Gu J D. Ecological responses, adaptation and mechanisms of mangrove wetland ecosystem to global climate change and anthropogenic activities[J]. International Biodeterioration & Biodegradation, 2021, 162: 105248.

[29] Liu X Y, Yuan X, Zhu E D. Global warming induces significant changes in the fraction of stored precipitation in the surface soil[J]. Global and Planetary Change, 2021, 205: 103616.

[30] 王蕾, 张百超, 石英, 等. IPCC AR6 报告关于气候变化影响和风险主要结论的解读[J]. 气候变化研究进展, 2022, 18（4）: 389-394.

[31] Leng G Y, Tang Q H, Rayburg S. Climate change impacts on meteorological, agricultural and hydrological droughts in China[J]. Global and Planetary Change, 2015, 126: 23-34.

[32] Yesudian A N, Dawson R J. Global analysis of sea level rise risk to airports[J]. Climate Risk Management, 2021, 31: 100266.

[33] IPCC. Climate Change[M]. Cambridge: Cambridge University Press, 1994.

[34] 赵静, 张桂玲, 吴莹, 等. 长江中溶存甲烷的分布与释放[J]. 环境科学, 2011, 32（1）: 18-25.

[35] Saunois M, Stavert A R, Poulter B, et al. The Global Methane Budget 2000–2017[J]. Earth Syst Sci Data Discussions, 2020, 12（3）: 1561-1623.

[36] Edenhofer O, Seyboth K. Intergovernmental panel on climate change（IPCC）[J]. Encyclopedia of Energy Natural Resource & Environmental Economics, 2013, 26（2）: 48-56.

[37] Wilkinson J, Maeck A, Alshboul Z, et al. Continuous seasonal river ebullition measurements linked to sediment methane formation[J]. Environmental Science & Technology, 2015, 49（22）: 13121-13129.

[38] De Richter R, Caillol S. Fighting global warming: the potential of photocatalysis against CO_2, CH_4, N_2O, CFCs, tropospheric O_3, BC and other major contributors to climate change[J]. Journal of Photochemistry and Photobiology C: Photochemistry Reviews, 2011, 12（1）: 1-19.

[39] Myhre G, Shindell D. anthropogenic and natural radiative forcing[C]//Intergovernmental Panel on Climate C. Climate Change 2013-The Physical Science Basis: Working Group I Contribution to the Fifth Assessment Report of the Intergovernmental Panel on Climate Change. Cambridge: Cambridge University Press. 2014: 659-740.

[40] Kirschke S, Bousquet P, Ciais P, et al. Three decades of global methane sources and sinks[J]. Nature Geoscience, 2013, 6（10）: 813-823.

[41] Blau J. The Paris Agreement[M]. Berlin: Springer. 2017.

[42] Rogelj J, Den Elzen M, Höhne N, et al. Paris agreement climate proposals need a boost to keep warming well below 2 ℃[J]. Nature, 2016, 534（7609）: 631-639.

[43] Schaefer H, Mikaloff Fletcher S E, Veidt C, et al. A 21st-century shift from fossil-fuel to biogenic methane emissions indicated by $^{13}CH_4$[J]. Science, 2016, 352（6281）: 80-84.

[44] Schuur E A G, McGuire A D, Schädel C, et al. Climate change and the permafrost carbon feedback[J]. Nature, 2015, 520（7546）: 171-179.

[45] Dlugokencky E J, Nisbet E G, Fisher R, et al. Global atmospheric methane: budget, changes and dangers[J]. Philosophical Transactions of the Royal Society A: Mathematical, Physical and Engineering Sciences, 2011, 369（1943）: 2058-2072.

[46] Rigby M, Prinn R G, Fraser P J, et al. Renewed growth of atmospheric methane[J]. Geophysical Research Letters, 2008, 35（22）: L22805.

[47] Bousquet P, Ciais P, Miller J B, et al. Contribution of anthropogenic and natural sources to atmospheric methane variability[J]. Nature, 2006, 443（7110）: 439-443.

[48] Bousquet P, Ringeval B, Pison I, et al. Source attribution of the changes in atmospheric methane for 2006–2008[J]. Atmospheric Chemistry and Physics, 2011, 11（8）: 3689-3700.

[49] Bolle H J, Fukai R, Leeuw J W, et al. The Natural Environment and the Biogeochemical Cycles[M]. Berlin: Springer-Verlag, 1982.

[50] Bolin B, Degens E T, Kempe S, et al. The Global Carbon Cycle（Scope 13）[M]. New York: Wiley, 1979.

[51] 谭显春, 戴瀚程, 顾佰和, 等. IPCC AR6 报告历史排放趋势和驱动因素核心结论解读[J]. 气候变化研究进展, 2022, 18（5）: 538-545.

[52] Friedlingstein P, Jones M W, O' sullivan M, et al. Global carbon budget 2021[J]. Earth System Science Data, 2022, 14（4）: 1917-2005.

[53] Pan S F, Tian H Q, Dangal S R S, et al. Impacts of climate variability and extremes on global net primary production in the first decade of the 21st century[J]. Journal of Geographical Sciences, 2015, 25(9): 1027-1044.

[54] Running S W, Nemani R R, Heinsch F A, et al. A continuous satellite-derived measure of global terrestrial primary production[J]. BioScience, 2004, 54(6): 547-560.

[55] Chavez F P, Messié M, Pennington J T. Marine primary production in relation to climate variability and change[J]. Annual Review of Marine Science, 2011, 3(1): 227-260.

[56] Field C B, Behrenfeld M J, Randerson J T, et al. Primary production of the biosphere: integrating terrestrial and oceanic components[J]. Science, 1998, 281(5374): 237-240.

[57] Zhao M S, Running S W. Drought-induced reduction in global terrestrial net primary production from 2000 through 2009[J]. Science, 2010, 329(5994): 940-943.

[58] Moore J K, Abbott M R. Phytoplankton chlorophyll distributions and primary production in the Southern Ocean[J]. Journal of Geophysical Research: Oceans, 2000, 105(C12): 28709-28722.

[59] Price J, Warren R. Literature review of the potential of "blue carbon" activities to reduce emissions[R]. Environmental Science, 2016.

[60] Canadell J G, Monteiro P M S, Costa M H, et al. Global Carbon and other Biogeochemical Cycles and Feedbacks[M]. Cambridge: Cambridge University Press, 2022.

[61] Friedlingstein P, Jones M W, O'sullivan M, et al. Global carbon budget 2019[J]. Earth System Science Data, 2019, 11(4): 1783-1838.

[62] Xi H P, Wang S J, Bai X Y, et al. The responses of weathering carbon sink to eco-hydrological processes in global rocks[J]. Science of The Total Environment, 2021, 788: 147706.

[63] Boden T, Andres R, Marland G. Global, regional, and national fossil-fuel CO_2 emissions (1751-2014)(v.2017)[R]. Environmental System Science Data Infrastructure for a Virtual Ecosystem, 2017.

[64] Landschützer P, Gruber N, Bakker D C E, et al. Recent variability of the global ocean carbon sink[J]. Global Biogeochemical Cycles, 2014, 28(9): 927-949.

[65] Pan Y D, Birdsey R A, Fang J Y, et al. A large and persistent carbon sink in the world's forests[J]. Science, 2011, 333(6045): 988-993.

[66] Friedlingstein P, O'sullivan M, Jones M W, et al. Global carbon budget 2020[J]. Earth System Science Data, 2020, 12(4): 3269-3340.

[67] Le Quéré C, Andrew R M, Friedlingstein P, et al. Global carbon budget 2017[J]. Earth System Science Data, 2018, 10(1): 405-448.

[68] Battin T J, Luyssaert S, Kaplan L A, et al. The boundless carbon cycle[J]. Nature Geoscience, 2009, 2(9): 598-600.

[69] Tranvik L J, Downing J A, Cotner J B, et al. Lakes and reservoirs as regulators of carbon cycling and climate[J]. Limnology and Oceanography, 2009, 54: 2298-2314.

[70] Bastviken D, Tranvik L J, Downing J A, et al. Freshwater methane emissions offset the continental carbon sink[J]. Science, 2011, 331(6013): 50.

[71] Bastviken D, Cole J, Pace M, et al. Methane emissions from lakes: dependence of lake characteristics, two regional assessments, and a global estimate[J]. Global Biogeochemical Cycles, 2004, 18(4): GB4009.

[72] Maavara T, Chen Q W, Van Meter K, et al. River dam impacts on biogeochemical cycling[J]. Nature Reviews Earth & Environment, 2020, 1(2): 103-116.

[73] Khandelwal A, Karpatne A, Ravirathinam P, et al. ReaLSAT, a global dataset of reservoir and lake surface area variations[J]. Scientific Data, 2022, 9(1): 356.

[74] Shiklomanov I A. World fresh water resources[C]//GLEICK P H. Water in Crisis: A Guide to the World's Fresh Water Resources. Oxford: Oxford University Press, 1993: 13-24.

[75] Yoshikawa S, Cho J, Yamada H G, et al. An assessment of global net irrigation water requirements from various water supply sources to sustain irrigation: rivers and reservoirs (1960—2050)[J]. Hydrology and Earth System Sciences, 2014, 18(10): 4289-4310.

[76] Grill G, Lehner B, Lumsdon A E, et al. An index-based framework for assessing patterns and trends in river fragmentation and flow regulation by global dams at multiple scales[J]. Environmental Research Letters, 2015, 10(1): 015001.

[77] Hermoso V. Freshwater ecosystems could become the biggest losers of the Paris agreement[J]. Global Change Biology, 2017, 23(9): 3433-3436.

[78] Poff N L, Olden J D, Merritt D M, et al. Homogenization of regional river dynamics by dams and global biodiversity implications[J]. Proceedings of the National Academy of Sciences, 2007, 104(14): 5732-5737.

[79] Zarfl C, Lumsdon A E, Berlekamp J, et al. A global boom in hydropower dam construction[J]. Aquatic Sciences, 2015, 77(1): 161-170.

[80] Paranaíba J R, Barros N, Mendonça R, et al. Spatially resolved measurements of CO_2 and CH_4 concentration and gas-exchange velocity highly influence carbon-emission estimates of reservoirs[J]. Environmental Science & Technology, 2018, 52(2): 607-615.

[81] Deemer B R, Harrison J A, Li S Y, et al. Greenhouse gas emissions from reservoir water surfaces: a new global synthesis[J]. BioScience, 2016, 66(11): 949-964.

[82] Sha Y K, Wei Y P, Li W P, et al. Artificial tide generation and its effects on the water environment in the backwater of Three Gorges Reservoir[J]. Journal of Hydrology, 2015, 528: 230-237.

[83] 刘德富, 杨正健, 纪道斌, 等. 三峡水库支流水华机理及其调控技术研究进展[J]. 水利学报, 2016, 47(3): 443-454.

[84] Yang Z J, Cheng B, Xu Y Q, et al. Stable isotopes in water indicate sources of nutrients that drive algal blooms in the tributary bay of a subtropical reservoir[J]. Science of The Total Environment, 2018, 634: 205-213.

[85] 朱玲玲, 许全喜, 鄢丽丽. 三峡水库不同类型支流河口泥沙淤积成因及趋势[J]. 地理学报, 2019, 74(1): 131-145.

[86] 纪道斌, 刘德富, 杨正健, 等. 三峡水库香溪河库湾水动力特性分析[J]. 中国科学: 物理学·力学·天文学, 2010, 40(1): 101-112.

[87] Yang P, Yang H, Sardans J, et al. Large spatial variations in diffusive CH_4 fluxes from a subtropical coastal reservoir affected by sewage discharge in southeast china[J]. Environmental Science & Technology, 2020, 54(22): 14192-14203.

[88] St Louis V L, Kelly C A, Duchemin É, et al. Reservoir Surfaces as sources of greenhouse gases to the atmosphere: a global estimate reservoirs are sources of greenhouse gases to the atmosphere, and their surface areas have increased to the point where they should be included in global inventories of anthropogenic emissions of greenhouse gases[J]. Bioscience, 2000, 50(9): 766-775.

[89] Fearnside P M. Greenhouse gas emissions from hydroelectric dams: reply to Rosa Et al.[J]. Climatic Change, 2006, 75(1): 103-109.

[90] Liu X L, Liu C Q, Li S L, et al. Spatiotemporal variations of nitrous oxide（N$_2$O）emissions from two reservoirs in SW China[J]. Atmospheric Environment, 2011, 45（31）: 5458-5468.

[91] Liikanen A, Flojt L, Martikainen P. Gas dynamics in eutrophic lake sediments affected by oxygen, nitrate, and sulfate[J]. Journal of Environmental Quality, 2002, 31（1）: 338-349.

[92] Rosa L P, Santos M A. Certainty and Uncertainty in the Science of Greenhouse Gas Emissions from Hydroelectric Reservoirs（part II）[R]. Cape Town: World Commission on Dams, 2000.

[93] Carpenter S R, Cole J J, Hodgson J R, et al. Trophic cascades, nutrients, and lake productivity: whole-lake experiments[J]. Ecological Monographs, 2001, 71（2）: 163-186.

[94] Smith V H, Tilman G D, Nekola J C. Eutrophication: impacts of excess nutrient inputs on freshwater, marine, and terrestrial ecosystems[J]. Environmental Pollution, 1999, 100（1-3）: 179-196.

[95] Duchemin E, Lucotte M, Canuel R. Comparison of static chamber and thin boundary layer equation methods for measuring greenhouse gas emissions from large water bodies[J]. Environmental Science & Technology, 1999, 33（2）: 350-357.

[96] Burns S J. Carbon isotopic evidence for coupled sulfate reduction-methane oxidation in amazon fan sediments[J]. Geochimica et Cosmochimica Acta, 1998, 62（5）: 797-804.

[97] Liikanen A, Martikainen P J. Effect of ammonium and oxygen on methane and nitrous oxide fluxes across sediment-water interface in a eutrophic lake[J]. Chemosphere, 2003, 52（8）: 1287-1293.

[98] 丁吉娟, 刘飞, 顾航, 等. 甲烷代谢古菌分离培养研究进展[J]. 微生物学通报, 2022, 49（6）: 2266-2280.

[99] 王洁, 袁俊吉, 刘德燕, 等. 滨海湿地甲烷产生途径和产甲烷菌研究进展[J]. 应用生态学报, 2016, 27（3）: 993-1001.

[100] Zinder S H. Physiological ecology of methanogens[M]. Berlin: Springer, 1993.

[101] Borrel G, Jézéquel D, Biderre-Petit C, et al. Production and consumption of methane in freshwater lake ecosystems[J]. Research in Microbiology, 2011, 162（9）: 832-847.

[102] 李玲玲, 薛滨, 姚书春. 湖泊沉积物甲烷的产生和氧化研究的意义及应用[J]. 矿物岩石地球化学通报, 2016, 35（4）: 634-645.

[103] Whiticar M J. The biogeochemical methane cycle[C]//Wilkes H. Hydrocarbons, Oils and Lipids: Diversity, Origin, Chemistry and Fate. Cham: Springer International Publishing, 2020: 669-746.

[104] Whiticar M J, Faber E. Methane oxidation in sediment and water column environments: isotope evidence[J]. Organic Geochermistry, 1986, 10（4-6）: 759-768.

[105] Conrad R. Contribution of hydrogen to methane production and control of hydrogen concentrations in methanogenic soils and sediments[J]. Fems Microbiology Ecology, 1999, 28（3）: 193-202.

[106] Li J J, Xiao L L, Zheng S L, et al. A new insight into the strategy for methane production affected by conductive carbon cloth in wetland soil: beneficial to acetoclastic methanogenesis instead of CO$_2$ reduction[J]. Science of the Total Environment, 2018, 643: 1024-1030.

[107] Berberich M E, Beaulieu J J, Hamilton T L, et al. Spatial variability of sediment methane production and methanogen communities within a eutrophic reservoir: importance of organic matter source and quantity[J]. Limnology and Oceanography, 2020, 65（3）: 1-23.

[108] Conrad R, Noll M, Claus P, et al. Stable carbon isotope discrimination and microbiology of methane formation in tropical anoxic lake sediments[J]. Biogeosciences, 2011, 8（3）: 795-814.

[109] Crawford J T, Stanley E H, Spawn S A, et al. Ebullitive methane emissions from oxygenated wetland streams[J]. Global Change Biology, 2014, 20 (11): 3408-3422.

[110] Grasset C, Mendonça R, Villamor Saucedo G, et al. Large but variable methane production in anoxic freshwater sediment upon addition of allochthonous and autochthonous organic matter[J]. Limnology and Oceanography, 2018, 63 (4): 1488-1501.

[111] Nüsslein B, Chin K J, Eckert W, et al. Evidence for anaerobic syntrophic acetate oxidation during methane production in the profundal sediment of subtropical Lake Kinneret (Israel)[J]. Environmental Microbiology, 2001, 3 (7): 460-470.

[112] Capone D G, Kiene R P. Comparison of microbial dynamics in marine and freshwater sediments: contrasts in anaerobic carbon catabolism[J]. Limnology and Oceanography, 1988, 33 (4): 725-749.

[113] Segers R. Methane production and methane consumption: a review of processes underlying wetland methane fluxes[J]. Biogeochemistry, 1998, 41 (1): 23-51.

[114] Pelletier L, Moore T R, Roulet N T, et al. Methane fluxes from three peatlands in the La Grande Riviere watershed, James Bay lowland, Canada[J]. Journal of Geophysical Research: Biogeosciences, 2007, 112: G01018.

[115] Turetsky M R, Treat C C, Waldrop M P, et al. Short-term response of methane fluxes and methanogen activity to water table and soil warming manipulations in an Alaskan peatland[J]. Journal of Geophysical Research: Biogeosciences, 2008, 113: G00A10.

[116] Treat C C, Wollheim W M, Varner R K, et al. Temperature and peat type control CO_2 and CH_4 production in Alaskan permafrost peats[J]. Global Change Biology, 2014, 20 (8): 2674-2686.

[117] Yvon-Durocher G, Allen A P, Bastviken D, et al. Methane fluxes show consistent temperature dependence across microbial to ecosystem scales[J]. Nature, 2014, 507 (7493): 488-491.

[118] Cui M M, Ma A Z, Qi H Y, et al. Warmer temperature accelerates methane emissions from the Zoige wetland on the Tibetan Plateau without changing methanogenic community composition[J]. Scientific Reports, 2015, 5: 11616.

[119] Stanley E H, Casson N J, Christel S T, et al. The ecology of methane in streams and rivers: patterns, controls, and global significance[J]. Ecological Monographs, 2016, 86 (2): 146-171.

[120] Morrissey L A, Livingston G P. Methane emissions from Alaska Arctic tundra: an assessment of local spatial variability[J]. Journal of Geophysical Research Atmospheres, 1992, 97 (D15): 16661-16670.

[121] Duc N T, Crill P, Bastviken D. Implications of temperature and sediment characteristics on methane formation and oxidation in lake sediments[J]. Biogeochemistry, 2010, 100 (1-3): 185-196.

[122] Fuchs A, Lyautey E, Montuelle B, et al. Effects of increasing temperatures on methane concentrations and methanogenesis during experimental incubation of sediments from oligotrophic and mesotrophic lakes[J]. Journal of Geophysical Research: Biogeosciences, 2016, 121 (5): 1394-1406.

[123] Zheng J Q, Roychowdhury T, Yang Z M, et al. Impacts of temperature and soil characteristics on methane production and oxidation in Arctic tundra[J]. Biogeosciences, 2018, 15 (21): 6621-6635.

[124] Utsumi M, Nojiri Y, Nakamura T, et al. Oxidation of dissolved methane in a eutrophic, shallow lake: Lake Kasumigaura, Japan[J]. Limnology and Oceanography, 1998, 43 (3): 471-480.

[125] Bastviken D, Cole J J, Pace M L, et al. Fates of methane from different lake habitats: Connecting whole-lake budgets and CH_4 emissions[J]. Journal of Geophysical Research Biogeosciences, 2008, 113 (G2): 61-74.

[126] Wang C H, Xiao S B, Li Y C, et al. Methane formation and consumption processes in Xiangxi Bay of the Three Gorges Reservoir[J]. Scientific Reports, 2014, 4: 4449.

[127] Lei D, Liu J, Zhang J W, et al. Methane oxidation in the water column of Xiangxi Bay, Three Gorges Reservoir[J]. CLEAN-Soil, Air, Water, 2019, 47(9): 1800516.

[128] Rosa L P, Dos Santos M A, Matvienko B, et al. Biogenic gas production from major Amazon reservoirs, Brazil[J]. Hydrological Processes, 2003, 17(7): 1443-1450.

[129] Tsutsumi M, Iwata T, Kojima H, et al. Spatiotemporal variations in an assemblage of closely related planktonic aerobic methanotrophs[J]. Freshwater Biology, 2011, 56(2): 342-351.

[130] 秦宇, 黄璜, 李哲, 等. 内陆水体好氧甲烷氧化过程研究进展[J]. 湖泊科学, 2021, 33(4): 1004-1017.

[131] Barnes R O, Goldberg E D. Methane production and consumption in anoxic marine sediments[J]. Geology, 1976, 4(5), 297-300.

[132] Valentine D L. Biogeochemistry and microbial ecology of methane oxidation in anoxic environments: a review[J]. Antonie Van Leeuwenhoek, 2002, 81(1-4): 271-282.

[133] Boetius A, Ravenschlag K, Schubert C J, et al. A marine microbial consortium apparently mediating anaerobic oxidation of methane[J]. Nature, 2000, 407(6804): 623-626.

[134] 沈李东, 胡宝兰, 郑平. 甲烷厌氧氧化微生物的研究进展[J]. 土壤学报, 2011, 48(3): 619-628.

[135] Crowe S A, Katsev S, Leslie K, et al. The methane cycle in ferruginous Lake Matano[J]. Geobiology, 2011, 9(1): 61-78.

[136] 赵慧敏, 丁海兵, 吕丽娜, 等. 胶州湾海水甲烷氧化速率的水平与垂直变化初步研究[J]. 中国海洋大学学报(自然科学版), 2016, 46(6): 90-99.

[137] Conrad R, Rothfuss F. Methane oxidation in the soil surface layer of a flooded rice field and the effect of ammonium[J]. Biology and Fertility of Soils, 1991, 12(1): 28-32.

[138] Dunfield P, Knowles R. Kinetics of inhibition of methane oxidation by nitrate, nitrite, and ammonium in a humisol[J]. Applied and Environmental Microbiology, 1995, 61(8): 3129-3135.

[139] Wei M, Qiu Q F, Qian Y X, et al. Methane oxidation and response of Methylobacter/Methylosarcina methanotrophs in flooded rice soil amended with urea[J]. Applied Soil Ecology, 2016, 101: 174-184.

[140] King G M, Adamsen A P. Effects of temperature on methane consumption in a forest soil and in pure cultures of the methanotroph methylomonas rubra[J]. Applied and Environmental Microbiology, 1992, 58(9): 2758-2763.

[141] He R, Wooller M J, Pohlman J W, et al. Shifts in identity and activity of methanotrophs in arctic lake sediments in response to temperature changes[J]. Applied and Environmental Microbiology, 2012, 78(13): 4715-4723.

[142] Lofton D D, Whalen S C, Hershey A E. Effect of temperature on methane dynamics and evaluation of methane oxidation kinetics in shallow Arctic Alaskan lakes[J]. Hydrobiologia, 2014, 721(1): 209-222.

[143] 赵小杰, 赵同谦, 郑华, 等. 水库温室气体排放及其影响因素[J]. 环境科学, 2008, 29(8): 2377-2384.

[144] 程炳红, 郝庆菊, 江长胜. 水库温室气体排放及其影响因素研究进展[J]. 湿地科学, 2012, 10(1): 121-128.

[145] Jones J B, Mulholland P J. Influence of drainage basin topography and elevation on carbon dioxide and methane supersaturation of stream water[J]. Biogeochemistry, 1998, 40(1): 57-72.

[146] Delsontro T, Mcginnis D F, Sobek S, et al. Extreme methane emissions from a Swiss hydropower reservoir: contribution from bubbling sediments[J]. Environmental Science & Technology, 2010, 44(7): 2419-2425.

[147] Yang L, Lu F, Wang X K, et al. Spatial and seasonal variability of diffusive methane emissions from the Three Gorges Reservoir[J]. Journal of Geophysical Research: Biogeosciences, 2013, 118(2): 471-481.

[148] Hu Y A, Cheng H F. The urgency of assessing the greenhouse gas budgets of hydroelectric reservoirs in China[J]. Nature Climate Change, 2013, 3(8): 708-712.

[149] Huang Y, Yasarer L M W, Li Z, et al. Air-water CO_2 and CH_4 fluxes along a river-reservoir continuum: case study in the Pengxi River, a tributary of the Yangtze River in the Three Gorges Reservoir, China[J]. Environmental Monitoring and Assessment, 2017, 189(5): 223.

[150] Guérin F, Deshmukh C, Labat D, et al. Effect of sporadic destratification, seasonal overturn, and artificial mixing on CH_4 emissions from a subtropical hydroelectric reservoir[J]. Biogeosciences, 2016, 13(12): 3647-3663.

第2章 水库水-气界面碳通量观测方法

水库水体 CO_2 和 CH_4 的超饱和状态，证明水库的确是温室气体的净排放源[1,2]。水库碳排放途径包括水库内水-气界面的扩散、水库内的气泡排放（主要为 CH_4）、大坝和下游河道脱气、植物传输等。排放方式和通量受气象、水库特征、水体理化性质、生物作用、水动力条件等多种因素的影响[3,4]。

水-气界面气体扩散通量的观测方法包括静态通量箱法（static floating chambers，SFC）[5]、薄边界层法（boundary layer method，BLM）[6]和微气象学法（micrometeorological method，MM）[7]。静态通量箱法因使用方便、成本低和直接测量的特性而为多数研究者使用，且该方法特别适合于过程研究[8]，常被用来揭示小尺度范围内气体通量过程的空间差异性[9]。但是静态通量箱法十分耗时，因而对异质性较强水域进行气体通量估算需要结合多种采样观测方法[8,9]。薄边界层法也称为薄边界层模型，是采用水-气界面气体传输速率（k）及空气和水体的浓度差作为驱动建立的[10]，具有简单、灵活等特点，通常应用于全球碳排放估计。相较于静态通量箱法，薄边界层法是一种相对半经验模型方法，其在扩散过程中的原理与驱动机制仅用 k 完全代表，其结果的不确定性主要来源于 k。微气象学法一般包括涡度相关法（eddy covariance method，ECM）和通量梯度法（flux-gradient method，FGM），均为观测温室气体通量的重要方法[8]，应用于一定空间尺度范围内水-气界面气体通量的连续观测[11]，而且在单点上观测的通量信号是通量贡献区内不同位置地面通量的加权平均，可以代表一定区域的通量交换信息。

由于水-气界面气体通量的确定直接关系到碳预算，因此准确地估算水-气界面的气体通量就极其重要。基于我们野外开展的大量监测工作，本章初步探讨了应用不同方法观测水-气界面气体通量的差异性。

2.1 静态通量箱法

静态通量箱法最早是测量陆地生态系统温室气体排放通量应用最广泛的方法，随后被应用到水-气界面气体通量监测中。静态通量箱法通过在通量箱两侧安装一定的漂浮物（图2-1），让通量边缘淹没在水中 $10\sim15cm$，以维持在监测中箱体与水面之间的密闭和稳定，箱体一般设置为圆柱形，以防止有气体难以交换的死角，通量箱内部装有小型风扇用以加速箱体内气体混合均匀。试验之前，一般会让箱体内气体与大气完全混合均匀，再轻轻放置于水面上，通过监测单位时间段箱体内气体浓度变化梯度以获取水-气界面气体交换通量速率值，计算公式为

$$\text{Flux} = (V/A)\text{slope} \tag{2-1}$$

式中，Flux 为水-气界面气体交换通量速率；slope 是箱内的气体浓度梯度；V 是箱内体积；A 是箱体覆盖水面的面积。对于圆柱形箱体，V/A 即为其高度。

图 2-1　通量箱实物图[12]

　　除了通量箱之外，加上一个可以检测箱体内的设备即可完成相应通量测量，因此在静态通量箱法中气体浓度梯度是其测量准确性的核心。长期以来，很多学者就野外调查开展了大量研究，并且极其依赖于监测的手段和方法。通常，传统的静态通量箱法通过气袋或气瓶采样收集通量箱中气体，并带回实验室中，采用气相色谱等监测技术获得其浓度。然而，首先静态通量箱法无法进行长时间的连续测定，测量过程中较长的测量时间也会造成静态通量箱中气体浓度过度累积，从而导致温室气体通量被严重低估，影响最终结果。其次，由于野外采样耗时耗力，无法获得连续的数据资源；样品的多次转移不仅对室内分析要求高，也可能影响待测气体浓度。因此传统方法获得的数据很难在揭示生态系统变化规律时具有较强的代表性，存在一定的局限性。

　　红外激光测量技术略过了野外的采样和室内分析，直接在原位观测温室气体通量，测量中不仅可以捕捉通量过程的动态变化，还可根据监测需要延长监测时间、扩大监测范围，大大提高了监测的时空精度。在此基础上，各类型升级通量箱使得监测的结果更为准确，包括通量箱自动开合、压力自动平衡、腔内压力自动平衡、黑白通量箱(透明与不透明)，对水域生态系统通量的时空差异及驱动机制的认识更为深入。而在此基础上，更多学者开始对辅助指标进行监测，以提高通量数据的可解释性，提升通量观测数据在模型研究中的价值。通常这些数据为监测点位的地理属性、监测水体的环境水化学因子、气象条件以及监测水域的岸边和沉积物情况等。

　　尽管应用静态通量箱法对水域水-气界面气体交换的相关监测已经很多，但对于该方法本身的适用性及其影响因素仍待进一步研究，基于我们野外开展的相关工作，本小节主要初步探讨静态通量箱法的影响因素。

2.1.1 不同拟合方法对通量估算结果的影响

1. 静态通量箱观测水-气界面气体扩散通量的理论模型

1978 年，Matthias 等采用数字模拟方法比较了静态箱的不同大小对土壤-大气界面 N_2O 通量估算的影响，得出静态通量箱内气体浓度随时间呈指数形式变化[13]。然而，后续大多数的研究者仍然采用了最为简单的线性拟合方法来确定或估算界面气体的扩散速率。Lambert 和 Fréchette[14]系统描述了利用静态箱方法观测水库水-气界面气体扩散通量的野外采样和室内通量估算方法，并特别推荐了利用线性回归相关系数值需要满足的阈值。室内通量估算方法即根据箱内气体浓度随时间的变化来计算[14,15]，计算方式见式(2-1)。

气体在大气与水体之间发生扩散交换的主要原因是该气体在表层水和空气之间的浓度(或分压)差，这也是薄边界层法估算水-气界面气体扩散通量的原理[16]：

$$Flux = k \times (c_w - c_{sat}) \tag{2-2}$$

式中，c_w 为该气体在表层水体中的浓度，mol/L；k 为气体传输速率，cm/h；c_{sat} 是该气体与水面之上的大气平衡时在水中的浓度[17]，mol/L。

因子 k 主要受水-气界面靠水一侧的湍流混合控制[18]，在深水环境受风主导[16,18,19]，在水体流动的浅水环境还受到床底剪应力的影响[20]。假设式(2-2)中的 k 和 c_w 在短时观测期内基本保持不变，则水-气界面的气体通量 Flux 由 c_{sat} 决定。在采样分析得到该气体在水面之上大气中的背景值后，由式(2-3)的亨利定律即可计算 c_{sat}[21]：

$$c_{sat} = k_H RT \times c_a \tag{2-3}$$

式中，c_a 是采样初始时刻静态箱中该气体的浓度，mol/L；R 是气体常数，8.31J/(mol·K)；T 是温度，K，k_H 是亨利常数，标准条件下($T^\ominus$= 298.15K) k_H 表示为 $k_H^\ominus$。

显然，应用式(2-1)来估算水-气界面气体通量的关键是量化参数 slope。已有计算气体通量的研究几乎均采用线性回归(linear regression，LR)的方法来估算该参数，且 slope 值是否可以接受，可由回归曲线的相关系数(R^2)来判定[14]。然而，覆盖于特定水面之上的静态箱内的气体浓度不可能无止境地上升(水体向大气释放)或降低(水体从大气中吸收气体，比如光合作用主导的水面)。因此，采用线性拟合方法来估算水-气界面的气体扩散通量从原理上无法解释。经过详细对比线性回归(LR)拟合、二次项回归(quadratic regression，QR)拟合和指数回归(exponential regression，ER)拟合的结果，以及基于大量实测数据的统计分析(回归系数、方差等)表明，在水体向大气释放气体时，绝大多数情况下指数回归的拟合度最好[22]。理论上，基于物理模型的静态通量箱内气体浓度随时间变化的公式如下[22]：

$$c_a(t) = b_2 + b_1 e^{-tkf/(V/A)} \tag{2-4}$$

式中，$f = RTk_H$；b_2 为静态箱内气体与下方水体达到平衡时的浓度；b_1 为积分常数；k 为气体传输速率；t 为时间。

在静态箱放置水面时的初始时刻 $c_a(t)_{t=0} = b_2 + b_1$，由式(2-4)亦可以得到 b_1。

将式(2-4)对时间 t 求导，即得到静态箱内气体随时间的变化速率：

$$\text{slope}(t) = -kfb_1 / (V / A) e^{-tkf / (V/A)} \qquad (2\text{-}5)$$

静态箱放置水面初始时刻的气体释放速率 $\text{slope}(0)$［即令式$(2\text{-}5)$中 $t =0$］，才是应用静态箱方法来估算水-气界面通量时该参数的理论取值。

2. 不同拟合方法估算结果的对比

本书从观测数值的拟合效果和延长拟合模型时间两个方面来对比线性回归拟合、二次项回归拟合和指数回归拟合结果的优劣及差异性。

1）观测数值的拟合效果

图 2-2 和图 2-3 分别为水体向大气释放气体和水体吸收大气中 CO_2 状态下（即水体为大气的源），不同数学模型拟合静态通量箱观测数据的对比。由图 2-2 和图 2-3 可以看出，相关系数、残差平方和（residual sum of squares，RSS）均显示，指数回归拟合和二次项回归拟合的结果明显优于线性回归拟合的结果，且指数回归拟合略优于二次项回归拟合［图 2-2（a）］。

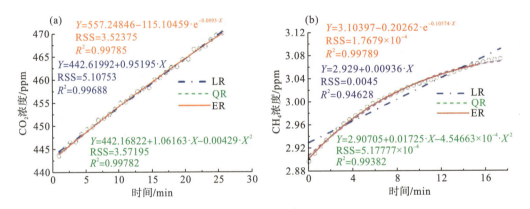

图 2-2　水体向大气释放气体状态下不同拟合方法的对比

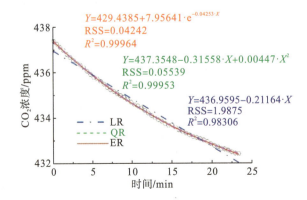

图 2-3　水体吸收大气中 CO_2 状态下不同拟合方法的对比

Xiao 等[22]和王炜等[23]对大量观测结果的随机统计均表明，大多数的通量测量指数回归拟合的效果最佳(图 2-4)，其次为二次项回归拟合，线性回归拟合对少数观测具有最好的拟合效果。出现这种现象的原因，可能与观测过程中环境条件的不稳定有关，包括风速的变化、水流速度的变化以及水流动导致的表层水体溶解气体浓度的变化等。

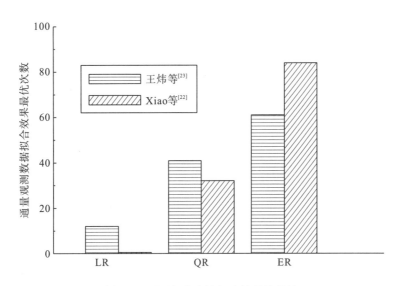

图 2-4　不同拟合方法拟合效果的统计

2) 不同拟合方法对估算结果的对比

王炜等[23]对约 70 次水-气界面 CO_2 通量观测和近 50 次 CH_4 通量观测数据采用 3 种方法拟合的结果表明，采用线性回归拟合模型估算得到的水-气界面 CH_4 和 CO_2 通量平均分别占采用指数回归拟合模型估算所得气体通量值的 77%和 80%，最低甚至达到 43%和 27%，远远低于理论值和实测值，即线性回归拟合模型估算气体通量的方法远远低估了水-气界面气体的通量。二次项回归拟合模型估算水-气界面 CH_4 和 CO_2 通量平均分别占指数回归拟合模型估算值的 89%和 95%，两种模型估算结果相差不大。

Xiao 等[22]对单次通量观测时间在 5~25min 的数据对比分析表明，所统计的 59 次 CH_4 通量观测和 57 次 CO_2 中，采用线性回归拟合方法估算得到的通量平均分别约占指数回归拟合通量的 67.4%和 71.6%；而采用二次项回归拟合得到的结果则分别约占指数回归拟合估计通量的 91.0%和 91.4%。

杜鹏程[24]对比 22 次不同的回归拟合方法所得的水-气界面 CO_2 和 CH_4 通量结果(图 2-5)，指出指数回归拟合所得通量最大，其次为二次项回归拟合和线性回归拟合。对于 CO_2 通量，线性回归拟合和二次项回归拟合与指数回归拟合的最大差值分别占指数拟合通量结果的 42%和 18%；而对于 CH_4 通量，不同的回归拟合模型差值占指数回归拟合的 37%和 15%，说明指数拟合模型与二次项拟合模型结果相差不大。

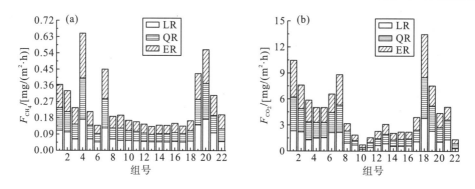

图 2-5　不同回归拟合 CH_4 通量 (a) 和 CO_2 通量 (b) 结果

此外,线性回归拟合估算通量与指数回归拟合估算通量的比值还与静态通量箱的观测时长有关。图 2-6 分别为单次观测和 26 次观测平均值的情形,可以看出随着观测时间的延长,二者的比值越来越小,即观测时间越长采用线性拟合方法估算的水-气界面通量越小(与实际值相差越大)。

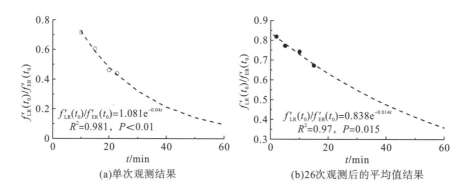

图 2-6　线性回归拟合估算通量结果与指数回归拟合估算通量结果比值随观测时间的变化

3) 二次项拟合的不合理性

对于线性回归拟合,从 0 时刻开始到监测结束,通量箱内的气体浓度随时间的变化率为一个恒定的值。对于二次项非线性回归拟合,通量箱内气体浓度随时间的变化率先增大,达到峰值后减小。对于指数回归拟合,通量箱内气体浓度随时间的变化率一直在减小,逐步趋近于一个极限值。根据实际分析结果,指数回归拟合最符合实际情况。如前所述,尽管采用二次项回归拟合估算水-气界面气体通量的结果与采用指数回归拟合方法的结果十分接近,但是前者无法从原理上得到解释和支持。延长拟合模型的时间以预测后续观测时段内通量箱内气体浓度的变化,可以得到更加形象和直观的效果(图 2-7)。无论是水体向通量箱内释放气体,还是气体从通量箱内扩散进入下方水体,线性回归拟合模型和二次项回归拟合模型均无法得到理论上可以预见的水体与通量箱内气体之间的平衡状态。此外,二次项回归拟合模型的常数项和其他系数没有物理意义。

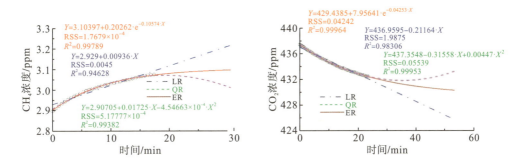

图 2-7　延长不同拟合模型的时间预测的通量箱内气体浓度变化

2.1.2　透光/不透光通量箱对通量的影响

为了探究通量箱的透光性对水-气界面通量的影响，本书选择在通量箱外安装一个立方体围格(高 2.5m，长和宽均为 1.5m)，围格顶部设置一个长 2m 的不密闭伞状顶盖，遮挡顶部光照且便于围格内与外界气体交换，并在围格四周同样以黑色遮光聚乙烯膜覆盖，围格底部嵌于沉积物底部，且在围格四周安装一个孔径 0.45μm 的纤维素混合水相膜，便于围格内外水体交换(图 2-8)。同时，在不透光围格旁设置透明聚乙烯膜覆盖的围格，设计方案同不透光围格一致，以此作为对照组。为了减少对水面的扰动，本书采取改良后的通量箱，通量箱箱体内部体积为 56.67L，底面积约为 $0.113m^2$，直径和高度分别为 0.38m 和 0.50m(图 2-8)。将通量箱两侧固定两个自动推杆连接顶部不锈钢盖，顶盖与箱体间以硅胶软垫密封，并连接控制器控制推杆轨迹。当观测结束时，以控制器连接的推杆会自动缓慢上升，从而使箱体内部气体与环境一致。实验单次测量频率为 30min，其中包含 25min 仪器测量时间和 5min 推杆上升后箱体内的气体与空气交换的时间，同时以电磁阀控制温室气体分析仪对两个通量箱内气体浓度的交替进行测量。

通量箱的透光/不透光主要会影响围格内初级生产情况，对 CO_2 通量的影响最为明显，本书通过野外原位监测四季变化对透光/不透光通量箱监测结果，初步评估透光/不透光通量箱对水-气界面气体通量的影响。

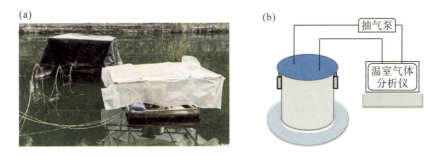

图 2-8　透光/不透光围格(a)和通量箱(b)

1. 春季透光/不透光通量箱监测差异

春季透光/不透光围格下的莲心湖池塘春季水-气界面 CO_2 通量变化情况如图 2-9 所示。在透光围格环境下，2017 年 3～5 月的莲心湖 CO_2 的日扩散通量的变化为-22.5～$20.7mg/(m^2·h)$，变化幅度为$43.2mg/(m^2·h)$。在春季，水-气界面 CO_2 日通量既有吸收又有释放，在 3～5 月，水-气界面的 CO_2 通量整体上呈不断下降的趋势，如表 2-1 所示，3 月、4 月、5 月的平均 CO_2 通量分别是 $5.21mg/(m^2·h)$、$3.08mg/(m^2·h)$和$-7.68mg/(m^2·h)$，产生这种情况的原因是随着温度的上升，4 月和 5 月浮游植物的光合作用逐渐增强，更多地利用水体的溶解性 CO_2，使大气中的 CO_2 向水体中扩散。在春季的 92 天中，日平均 CO_2 扩散通量为 $0.20mg/(m^2·h)$，整个池塘在春季呈微弱的 CO_2 源。春季水-气界面 CO_2 通量从 3 月开始呈先平稳再下降的趋势，在 5 月达到了最小值。

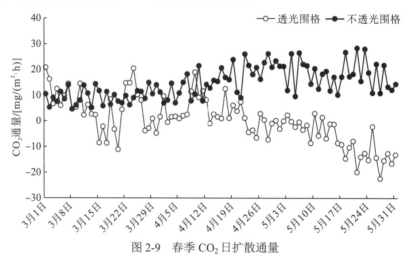

图 2-9　春季 CO_2 日扩散通量

表 2-1　春季水-气界面日 CO_2 通量统计

月份	类型	最大值/[mg/(m²·h)]	最小值/[mg/(m²·h)]	平均值/[mg/(m²·h)]	标准偏差/[mg/(m²·h)]	变异系数
3 月	透光	20.7	1.1	5.21	8.3	1.6
	不透光	14.9	4.6	9.54	2.9	0.3
4 月	透光	18.9	−7.3	3.08	5.8	1.9
	不透光	26.1	7	15.98	5.8	0.4
5 月	透光	2.9	−22.5	−7.68	6.9	−0.9
	不透光	28.3	9.6	18.04	5.5	0.3

不透光围格由于其不透光性，抑制浮游植物的光合作用。在透光围格的 CO_2 通量下降的同时，不透光围格中的通量保持稳定且有略微上升趋势，3 月、4 月、5 月的日平均通量分别为 $9.54mg/(m^2·h)$、$15.98mg/(m^2·h)$和 $18.04mg/(m^2·h)$，均高于透光围格通量的 $5.21mg/(m^2·h)$、$3.08mg/(m^2·h)$和$-7.68mg/(m^2·h)$，产生这种情况的原因是透光围格中的水体在有光环境下进行了光合作用，在 5 月时，光照强度增强且环境温度上升，使微生物活

性增加，导致呼吸作用、有机质矿化速率加强，故在透光围格下通量呈负值的时候，不透光围格中没有光合作用消耗使 CO_2 通量上升。不透光围格春季的平均通量为 14.52mg/(m²·h)，且变化为 4.6～28.3mg/(m²·h)，变化幅度为 23.7mg/(m²·h)，变化幅度大约是透光通量箱的 54.9%，远小于透光围格下 CO_2 通量的 43.2mg/(m²·h)。

2. 夏季透光/不透光通量箱监测差异

夏季透光/不透光围格下水-气界面 CO_2 通量变化情况如图 2-10 所示。2017 年 6～8 月，透光围格下的莲心湖 CO_2 的日扩散通量的变化为 −27.93～8.31mg/(m²·h)，变化幅度为 36.24mg/(m²·h)。在夏季的 92 天中，日平均 CO_2 扩散通量为 −5.28mg/(m²·h)，有 57 天池塘表现为水体吸收大气中的 CO_2，约占夏季总天数的 62%，此情况下的日平均 CO_2 扩散通量为 −10.68mg/(m²·h)。从图 2-10 中可以看出，夏季水-气界面 CO_2 通量从 6 月开始呈先缓慢上升再下降的趋势。监测结果显示，在 6 月至 8 月中旬，气温和水温呈不断上升的趋势，8 月中旬至 8 月底温度保持稳定并有小幅下降，如表 2-2 所示，三个月的平均通量分别为 −2.02mg/(m²·h)、0.45mg/(m²·h)、−14.27mg/(m²·h)。高温导致水体沉积物中微生物活跃，有机质矿化作用和微生物呼吸作用增强，丰富的氮、磷等营养物质促进水体中藻类生长，所以在阳光强烈的天气下，水体中浮游植物的光合作用强烈，消耗水体中的溶解性 CO_2，导致水体中的 CO_2 呈不饱和状态，大气中的 CO_2 向水体中扩散。

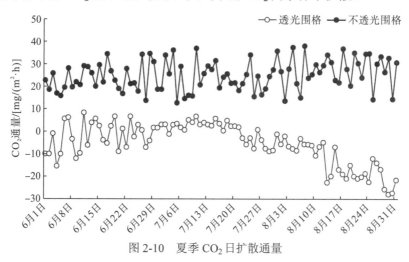

图 2-10　夏季 CO_2 日扩散通量

表 2-2　夏季水-气界面日 CO_2 通量统计

月份	类型	最大值/[mg/(m²·h)]	最小值/[mg/(m²·h)]	平均值/[mg/(m²·h)]	标准偏差/[mg/(m²·h)]	变异系数
6 月	透光	8.31	−15.43	−2.02	6.45	−3.18
	不透光	34.64	13.75	23.54	5.72	0.24
7 月	透光	6.61	−8.80	0.45	4.30	9.51
	不透光	36.97	12.68	24.14	6.75	0.28
8 月	透光	−2.10	−27.93	−14.27	7.68	−0.54
	不透光	38.10	13.58	27.39	6.90	0.25

不透光围格的通量变化如图 2-10 所示，6 月、7 月、8 月的日平均通量分别为 23.54mg/(m²·h)、24.14mg/(m²·h) 和 27.39mg/(m²·h)，CO_2 通量随着时间表现出略微增大的趋势，在夏季通量的变化为 12.68~38.10mg/(m²·h)，变化幅度为 25.42mg/(m²·h)，平均通量为 25.02mg/(m²·h)，相比于春季的不透光围格水-气界面 CO_2 通量上升了约 72.3%，与春季不透光围格类似，但小于透光围格下的通量变化幅度。从图 2-10 中可以明显看出，在整个夏季时段，CO_2 日平均通量均为不透光围格环境的通量明显高于透光围格下的通量，且随着环境温度、环境光照强度的上升，二者的差距变得更加明显。

3. 秋季透光/不透光通量箱监测差异

秋季透光/不透光围格下水-气界面 CO_2 通量变化情况如图 2-11 所示。在 2017 年 9~11 月，透光围格下的莲心湖水-气界面 CO_2 日平均扩散通量的变化为 −31.36~27.36mg/(m²·h)，变化幅度为 58.72mg/(m²·h)，高于春季和夏季。秋季水-气界面 CO_2 通量随着时间呈不断上升的趋势，如表 2-3 所示，9 月、10 月、11 月的 CO_2 日平均通量分别是 −15.37mg/(m²·h)、3.01mg/(m²·h) 和 13.18mg/(m²·h)。监测结果显示，9 月平均温度为全年最高，强烈的光合作用使大气中的 CO_2 不断向池塘的水体中扩散，故 CO_2 通量呈负值，随着环境温度降低和浮游植物光合作用减弱，呼吸作用占据主导，使池塘逐渐变成一个 CO_2 的源。在秋季，CO_2 日平均扩散通量为 0.27mg/(m²·h)，与春季相差不大。在秋季的 91 天中，有 42 天为大气中的 CO_2 向水体中扩散，池塘呈现出 CO_2 的汇，占到了整个季节的 46%。

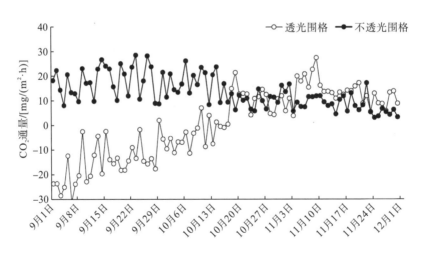

图 2-11 秋季 CO_2 日扩散通量

秋季不透光围格下莲心湖水-气界面 CO_2 通量如图 2-11 所示，在 9 月、10 月、11 月呈略微减小的趋势，平均通量分别为 17.88mg/(m²·h)、13.78mg/(m²·h) 和 8.46mg/(m²·h)。在 9 月和 10 月上旬天气炎热且光照充足的日期，不透光围格下的通量普遍高于透光围格，且随着环境温度的下降，二者的差距逐渐缩小。10 月下旬至 10 月末，两个围格内的通量基本保持一致；11 月，不透光围格的日平均通量 [8.46mg/(m²·h)] 略低于透光围格

［13.18mg/（m²·h）］，产生这种情况的原因是在光照不强烈且环境温度过低的时期，不透光围格内的无光环境导致围格内的水体中藻类无法生长，而透光围格内的藻类等浮游植物在这种天气环境下的呼吸作用强度是大于光合作用的，导致透光围格内的植物表现为 CO_2 的源，向外界释放 CO_2。不透光围格在 9 月、10 月的变化为 5.71～28.45mg/（m²·h），最大值远高于 11 月的 17.11mg/（m²·h），且由于温度下降，前者低值也高于 11 月的日平均通量 3.01mg/（m²·h）。整个秋季的平均通量为 13.37mg/（m²·h），仅为夏季不透光围格通量的 53.44%，且略低于春季不透光围格的通量。

表 2-3　秋季水-气界面日 CO_2 通量统计

月份	类型	最大值/[mg/（m²·h）]	最小值/[mg/（m²·h）]	平均值/[mg/（m²·h）]	标准偏差/[mg/（m²·h）]	变异系数
9 月	透光	1.91	−31.36	−15.37	8.16	−0.53
	不透光	28.45	7.95	17.88	6.31	0.35
10 月	透光	21.28	−11.49	3.01	8.97	2.98
	不透光	26.12	5.71	13.78	5.53	0.40
11 月	透光	27.36	3.73	13.18	5.16	0.39
	不透光	17.11	3.01	8.46	3.70	0.44

4. 冬季透光/不透光通量箱监测差异

图 2-12 为莲心湖池塘冬季水-气界面 CO_2 通量变化情况，以透光围格的水-气界面通量为例，2017 年 12 月至 2018 年 2 月的莲心湖 CO_2 的日扩散通量的变化为−3.73～22.49mg/（m²·h），变化幅度为 26.22mg/（m²·h），是四个季节中变化幅度最小的，且最大值、最小值都不显著。冬季水-气界面 CO_2 通量随着时间无明显变化规律，在冬季的 90 天中，有 88 天表现为池塘中的 CO_2 向大气中扩散，占到了冬季的 98%，所占比例为四个季节中最大，其原因在于冬季光照强度低，池塘水体中的浮游植物较少，导致光合作用仅消耗了

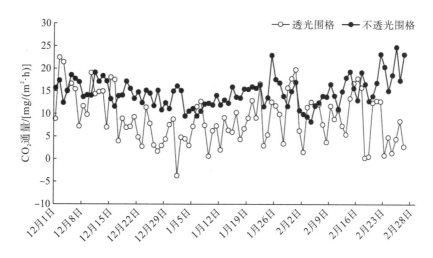

图 2-12　冬季 CO_2 日扩散通量

小部分的 CO_2，但环境温度较低，呼吸作用也十分微弱，导致通量的最大值也低于其他季节。在冬季，日平均 CO_2 扩散通量为 9.06mg/$(m^2 \cdot h)$，远高于春季的 0.20mg/$(m^2 \cdot h)$，夏季的 −5.28mg/$(m^2 \cdot h)$ 及秋季的 0.27mg/$(m^2 \cdot h)$。

不透光围格内的水-气界面 CO_2 通量在整体上高于透光围格内的通量，如表 2-4 所示，12 月、1 月、2 月的 CO_2 日平均通量分别为 14.85mg/$(m^2 \cdot h)$、13.96mg/$(m^2 \cdot h)$ 和 15.54mg/$(m^2 \cdot h)$，呈先略微下降再上升的趋势。由图 2-12 可以看出，冬季不透光围格的 CO_2 变化趋势在整体上和透光围格保持一致，其中 12 月和 1 月两个围格内的通量呈显著相关（$r = 0.323$，$P < 0.05$），这说明在冬季的低温天气，在极少藻类等浮游植物的影响下，不透光围格和透光围格的整体趋势是一致的。2 月末随着温度回升，透光围格内的 CO_2 通量下降。整个冬季不透光围格的 CO_2 日平均通量为 14.78mg/$(m^2 \cdot h)$，变化为 8.27～24.80mg/$(m^2 \cdot h)$，在 2 月初达到了最低值，由观测数据可以看出 2 月初的环境温度极低，日平均温度约为 1℃，这同样也导致透光围格内的通量呈较低的水平，这个时期的变化幅度仅有 16.53mg/$(m^2 \cdot h)$，为四季中最低。

表 2-4　冬季水-气界面日 CO_2 通量统计

月份	类型	最大值 /[mg/$(m^2 \cdot h)$]	最小值 /[mg/$(m^2 \cdot h)$]	平均值 /[mg/$(m^2 \cdot h)$]	标准偏差 /[mg/$(m^2 \cdot h)$]	变异系数
12 月	透光	22.49	1.72	10.54	5.73	0.54
	不透光	19.15	10.84	14.85	2.27	0.15
1 月	透光	19.83	−3.73	8.19	5.19	0.63
	不透光	22.96	9.48	13.96	2.79	0.2
2 月	透光	17.84	0.28	8.46	5.15	0.61
	不透光	24.80	8.27	15.54	4.19	0.27

5. 全年透光/不透光通量箱监测差异

对莲心湖池塘不同月份水-气界面 CO_2 扩散通量的平均值进行对比分析（表 2-5），结果显示透光围格下，5 月、6 月、8 月、9 月池塘呈 CO_2 的汇，吸收大气中的 CO_2，其他月份呈 CO_2 的源。其中，春季 5 月天气转晴，气温上升，导致水体中浮游植物进行强烈的光合作用，在白天消耗了水体中大量的溶解性 CO_2；夏季日照充足，导致各个月份的 CO_2 通量均维持在较低水平；秋季的 9 月为全年通量极小值，仅为 −15.37mg/$(m^2 \cdot h)$；随着环境温度的逐渐下降，CO_2 通量也随之上升，冬季的平均通量为全年最高。在不透光围格下，池塘的 CO_2 扩散通量在全年都呈 CO_2 的源，遮光导致水体中藻类无法生长，初级生产力为零，使 CO_2 无法通过光合作用被消耗。其中，夏季和秋季初的通量为全年最高，这与高温促进了沉积物微生物酶活性有关，促进了池塘底部的有机质矿化分解作用，促使了 CO_2 产生。根据全年的通量对比情况，浮游植物极大地降低了池塘 CO_2 通量排放，本书研究结论与贾磊等[25]研究结果基本一致。

表 2-5　不同季节透光/不透光围格下 CO_2 扩散通量对比　　　　[单位：$mg/(m^2 \cdot h)$]

季节	透明	不透明
春季	5.21	9.54
	3.08	15.98
	−7.68	18.04
夏季	−2.02	23.54
	0.45	24.14
	−14.27	27.39
秋季	−15.37	17.88
	3.01	13.78
	13.18	8.46
冬季	10.54	14.85
	8.19	13.96
	8.46	15.54

2.1.3　不同规格通量箱对通量的影响

通量箱法是根据箱体内浓度随时间的变化率对水-气界面的通量进行估算的。当箱体体积不同时，箱内气体的浓度会随之改变，即箱内气体浓度的混合效率也会有所差异，因而本书采用了三个体积不同的箱体对水-气界面通量进行监测，探究不同的通量箱体积对通量估算的影响。三个通量箱规格见表 2-6。

表 2-6　不同通量箱规格

箱号	箱体形状	箱体内直径/cm	高/cm	材质
①	圆柱	35	45	铁
②	圆柱	30	30	塑料
③	圆柱	31	25	铁

在野外使用不同的规格通量箱监测时，首先将通量箱倒放，使箱体内的气体和大气混合均匀，在半个小时内，依次置于水中，在 0～10min 将①号通量箱置于水中，10～20min 将②号通量箱置于水中，20～30min 将③号置于水中。使用①号、②号、③号通量箱监测梅子垭水库水体 CH_4、CO_2 通量，一共监测 18 组数据。不同规格通量箱内 CH_4 和 CO_2 浓度随时间的变化率如图 2-13 所示。野外监测水-气界面 CH_4 和 CO_2 通量时，短时间内水体温室气体排放量差异较小。根据理论分析，通量箱内 CH_4 和 CO_2 浓度随时间的变化率为①号＜②号＜③号，而实际监测结果差异较大。

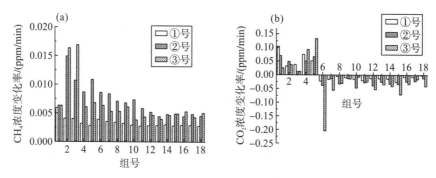

图 2-13　箱内 CH_4 浓度 (a) 和 CO_2 浓度 (b) 随时间的变化率

根据浓度随时间的变化率计算不同规格通量箱通量结果,如图 2-14 所示,CH_4 和 CO_2 通量估算结果大小均为:②号>③号>①号。Matthews 等[26]、Crusius 和 Wanninkhof[27] 研究结果表明,通量箱法监测通量结果误差来源主要有两个:一是人为因素;二是箱体与水面的摩擦。由于野外实验无法排除水体 CH_4、CO_2 在短时间内的变化,故采取室内模拟实验。

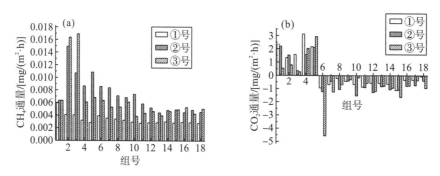

图 2-14　不同规格通量箱 CH_4 通量 (a) 和 CO_2 通量 (b) 结果

进行室内模拟实验,事先准备一个长 87cm、宽 45.5cm、高 62cm 的长方体塑料盒,盒内装入大量沸水(加水后盒内水深 20cm,加入沸水的目的是排除微生物的影响)。待水冷却后,在盒内放入一个简易的曝气装置,将塑料盒密封,同时在上方注入 200mL CH_4。打开曝气装置,曝气 4h,然后在室内密封静置 12h,解开密封静置 2h。最后在 0h、5h、10h、26h、33h 使用①号、②号和③号通量箱监测水-气界面 CH_4 通量。每个时间段进行 3 组平行实验,共计 15 组实验,箱内浓度变化率结果如图 2-15 所示,根据理论分析,通量箱内 CH_4 和 CO_2 浓度随时间的变化率大小为①号<②号<③号,室内模拟实验结果与之一致。根据浓度随时间的变化率,计算不同规格通量箱通量结果,见图 2-15。1~6 组实验结果均表现为:①号<②号<③号。室内模拟实验排除了其他干扰因素,CH_4 通量结果主要受气温和水中溶解的 CH_4 浓度影响,前 6 组实验由于间隔时间较短,使用不同通量箱的先后顺序是:③号、②号、①号,最初水中 CH_4 浓度较高,室内空气 CH_4 浓度和温度变化较小,CH_4 的排放速率变化较快,因而估算 CH_4 通量结果表现为:①号<②号<③号。在实验监测时间较长时,对于③号和①号箱,估算 CH_4 通量③号>①号的这种结果一直存在，并且这种差异逐渐减小；对于②号箱，预测结果与实际监测结果差异较大，导致这种差异的主要原因：a.②号箱是塑料箱，在制作过程中，箱内周围装有泡沫，以保证通量箱能正常浮于水面，因此②号箱的浮力较大；b.在实际监测过程中②号箱水面上的高度为 28.2cm，与本身通量箱高度 30cm 相差很小，因此箱体与水面的摩擦严重，导致水体释放 CH_4 增大，与 Matthews 和 Crusius 研究结果一致。在使用通量箱法监测水体温室气体通量时，应考虑箱体与水面摩擦的问题。

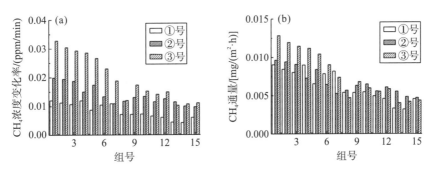

图 2-15　箱内 CH_4 浓度变化率(a)和 CH_4 通量(b)结果

2.2　薄边界层法

薄边界层法是采用水-气界面气体传输速率(k)及空气和水体的浓度差作为驱动建立的[10]，其通过测量表层水和大气中温室气体的浓度，计算得到两者的浓度差，再根据气体交换速率计算通量[16,28]。相较于通量箱法，该方法是一种相对半经验模型方法，其在扩散过程中的原理与驱动机制仅用 k 完全代表，其结果的不确定性主要来源于 k。气体传输速率 k 是描述水-气界面边界层过程的重要参数[29]，在实验室的模拟、湖泊和海洋中的实验结果已经证明风速是实现 k 参数化的主导因素[19,30]。但是水生态系统之间存在的巨大差异，风在海洋和湖泊中的作用不可能完全一样，因此用单一模型来决定 k 可能并不合适[31]。昼夜温差引起的对流混合，或者是水库中水体湍流引起的对流混合，也会导致 k 的变化[16,32]。所以在采用扩散模型法计算水-气界面通量时，采用合适、正确的气体传输速率模型尤为关键。

其次利用薄边界层公式估算水-气界面通量时，还需确定/测定气体在表层水体的浓度(c_w)。测定 c_w 的传统方法为顶空平衡法，操作步骤如下：采取表层水样，使用注射器抽取 100mL 待测水样注入预先清洗干净的真空镀铝膜采样气袋或顶空瓶内，并注入 2mL 饱和 $HgCl_2$ 溶液抑制微生物的活动[33]，用于短时间保存，带回实验室注入 200mL 高纯度氮气(99.99%)，静置 48h 等待水气平衡后[34]，用注射器抽取顶空气体，注入气相色谱仪测定目标气体浓度[35]。实际抽取注入气袋或顶空瓶的水样体积可根据预判的溶解气体浓度相应调整。

c_w 的计算采用 Johnson 等[36]提出的方法：

$$c_{\mathrm{w}} = c_{\mathrm{gas}} \times \left(\frac{\beta \times R T}{22.356} + \frac{V_{\mathrm{gas}}}{V_{\mathrm{liq}}} \right) \tag{2-6}$$

式中，c_{w} 为表层水中待测气体的浓度，μmol/L；c_{gas} 为顶空平衡后的顶空待测气体浓度，μmol/L；β 为布氏（Bunsen）系数，L/(L·atm)（1atm=101.325kPa）；R 为通用气体常数，0.082L·atm/(mol·K)；V_{gas} 和 V_{liq} 分别是气体体积和水样体积，L；T 为温度，K。

在实际的水体通量估算过程中，不同水体实验得到的扩散模型往往也存在差异[37]，研究表明，在复杂环境下，气体通量还与降雨、水流速、潮汐以及水深相关[38]。因此，如何获得准确的气体传输速率 k，以及采用合适的气体传输速率 k 所获得的通量差异一直是研究的重点。本书基于野外监测实例，探讨水库气体传输速率 k 的影响因素，同时考虑不同气体传输速率模型对水库碳排放估算的影响，以及模型参数的敏感性分析。

2.2.1 气体传输速率的影响因素

气体传输速率 k 可通过薄边界层公式反推，即通过通量箱实测的水-气界面通量与水、气两相气体的浓度差值比来确定。为便于对不同气体和水温条件下气体传输速率进行比较，普遍采用式(2-7)[39]对气体传输速率 k 进行标准化：

$$\frac{k_{600}}{k} = \left(\frac{600}{Sc} \right)^{-n} \tag{2-7}$$

式中，Sc 为一定温度条件下 CH_4 气体的施密特（Schmidt）数，依据水温计算[40]；k_{600} 是当 Sc 为 600 时的气体传输速率，cm/h；n 是与风速相关的系数，当 10m 高度处风速 $U_{10} > 3.7$m/s 时，式(2-7)中 n 取值为 0.5，当 $U_{10} \leqslant 3.7$m/s 时，n 取值为 2/3[41]，其中 U_{10} 依据实测风速和观测高度计算得到[42]。

1. 三峡水库香溪河库湾研究实例

1）材料与方法

在三峡水库香溪河库湾中游峡口镇三峡水库生态系统湖北省野外科学观测研究站，依托水上实验平台对 2019 年 7 月 30 日至 8 月 1 日的一次完整降雨径流过程进行监测。其间利用观测站野外自动气象站实时连续观测降雨、风速和气温等。水温、溶解氧（dissolved oxygen，DO）、浊度、pH 和叶绿素等采用 HydrolabDS5（哈希，美国）多参数水质仪从表层（距水面约 0.2m）到水底连续均匀地进行监测。将 Vector 声学多普勒三维点式流速仪固定于水体底部，连续测定底部流速。同时在降雨过程前后，水-气界面 CH_4 通量采用静态浮箱连接便携式温室气体分析仪（Picarro G2301，美国）测定，每次观测持续 15min 左右。观测时将浮箱倒置于水面，用绳子将箱体固定于观测船，漂浮装置底部悬挂重物，以保证风雨中浮箱的位置稳定。表层水体溶解 CH_4 浓度采用自主专利的快速监测水体溶解痕量气体浓度的装置（专利编号：201810635867.2）及方法[43]连接温室气体分析仪连续测定。来流过程中，每 1～2h 进行一次垂向剖面监测，通过水泵从水体表层到水底连续分层抽取水样，采用相同方法测定不同水层的溶解 CH_4 浓度，且与多参数水质仪分层监测同步。

2) 结果与分析

2019 年 7 月 30 日监测平台处强降雨过程持续时间较短(约 30min),监测完整捕捉了包括降雨前后数小时在内的完整降雨过程(图 2-16)。该过程中水-气界面 CH_4 交换通量均为正值,表现为大气为 CH_4 的"源",变化为 $0.011\sim0.326mg/(m^2\cdot h)$,与已报道的香溪河库湾峡口断面夏季监测结果相当[44,45],在降雨前及降雨过程中波动明显,而整个过程中表层水体 CH_4 浓度变化不大,维持在 $(0.141\pm0.008)\mu mol/L$ 水平。气体传输速率 k_{600}(波动为 $0.43\sim11.81cm/h$)与 CH_4 释放通量变化趋势高度一致,均在降雨前约 1h 出现明显的上升,在降雨开始后达到峰值,然后随着降雨结束迅速递减至初始平稳水平。山区降雨多伴有大风,此次降雨发生前风速确有明显增加,从相对稳定的低风速状态($0\sim2m/s$)增至 $(6.29\pm2.48)m/s$,且其波动趋势与 CH_4 释放速率变化过程较为一致,但 k_{600}(或 CH_4 通量)峰值的出现略滞后于风速峰值。同时,水温与气温的差值在该过程中也发生明显改变,降雨前约 30min 气温降低导致水气温差开始迅速增大,进而由负值转变为正值且维持在大约 4℃,直至降雨完全结束。

据已有研究推测,降雨过程中,风速[40]和降雨[46]均能够通过对表层水体的扰动影响水-气界面的气体交换通量。香溪河峡口观测的降雨事件前后表层水体 CH_4 浓度变化不大,而 CH_4 通量与风速的变化趋势较为一致(图 2-16),水-气界面气体交换受风速的驱动作用明显。观测时段内在相同平均风速条件下(如 12:45~13:00 和 13:00~13:15、12:15~12:30 和 13:15~13:30),降雨时水-气界面 CH_4 通量相较无雨时更高,说明降雨过程中 CH_4 排放受到风雨共同的影响。此外,自降雨开始,水气温差发生明显改变,由气温>水温转变为水温>气温,气温低于水温进一步会造成表层一定深度水体的掺混,

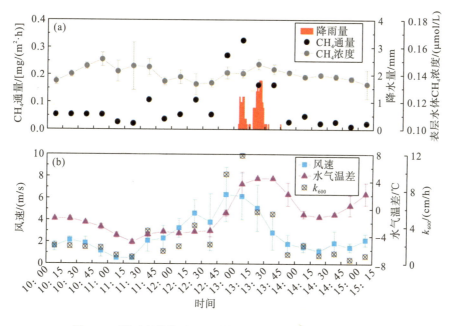

图 2-16　降雨事件前后 CH_4 通量、浓度及环境因子变化情况

增大水-气界面的气体传输速率[47]，这一点较好地解释了雨停以后13：30～13：45时段内高通量仍得以维持的现象。

由气体传输速率 k_{600} 和风速 U_{10} 的回归分析(表 2-7)可知，指数函数表现出最优的拟合效果，幂函数略次之。由分段线性函数拟合效果可以发现，高风速条件下($U_{10} \geqslant 3.7$m/s)，气体传输速率和风速呈现高度正相关，且随风速 U_{10} 增大 k_{600} 增加显著；而低风速状态下($U_{10} < 3.7$m/s)，k_{600} 离散度较高，与风速的拟合效果明显较差，且斜率低于高风速状态下的变幅(图 2-17)。事实上，低风速条件下气体传输速率 k_{600} 和风速 U_{10} 的相关性较弱，这一结论在以往研究中已得到证实[16,47,48]，说明除风速外还存在其他主导因子，例如，对流冷却对水-气界面气体交换的影响[10,49]。研究表明，蒸发状态下(水温＞气温)水-气界面气体交换速率可以提高4%～30%[50,51]。此外，分段线性函数拟合结果与 Crusius 和 Wanninkhof[27] 构建的分段线性关系相似，尤其是在低风速条件下，线性关系十分接近，而在高风速范围，本研究中 k_{600} 值更小，且随风速增加 k_{600} 增幅降低，但与 Liss 和 Merlivat[41] 回归得到的海

表 2-7　香溪河峡口观测断面气体传输速率 k_{600} 与风速 U_{10} 的关系函数

函数类型	公式	R^2	P	n
线性函数	$k_{600} = 1.430U_{10} - 1.042$	0.752	<0.0001	21
分段线性函数	$k_{600} = 0.461U_{10} + 0.826 \quad (U_{10} < 3.7)$ $k_{600} = 2.806U_{10} - 9.317 \quad (U_{10} \geqslant 3.7)$	0.274 0.931	0.0375 0.0079	16 5
指数函数	$k_{600} = 0.678e^{0.406U_{10}}$	0.862	<0.0001	21
幂函数	$k_{600} = 0.015U_{10}^{3.361} + 1.413$	0.846	<0.0001	21

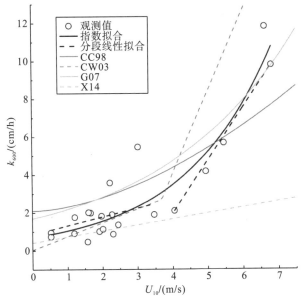

CC98—文献[10]的幂函数；CW03—文献[27]的分段线性函数；G07—文献[16]的指数函数；X14—文献[47]的线性函数

图 2-17　气体传输速率 k_{600} 与风速 U_{10} 的拟合曲线及已有研究结果的对比

洋环境气体交换速率方程(k_{600}=2.85U_{10}−9.65，3.6<U_{10}≤13)高度一致。总体而言，本书研究中气体传输速率高于 Xiao 等[47]仅在低风速条件下对小型池塘观测的拟合结果，在低于 5～6m/s 的风速内小于基于 Cole 和 Caraco[10]的幂函数和 Guerin 等[16]的指数函数关系的估计值，而超过该风速则比基于本书研究指数模型的 k_{600} 值更高，是由于强降雨过程中降雨和风速对气体传输速率的叠加影响。由于降雨过程持续时间较短，有关研究不足以定量分析气体传输速率和降水量(或降水强度)的关系，但有针对湖泊水库的观测研究表明，降水强度对气体传输速率 k_{600} 的贡献达到 2%～25%[16,52]。

3) 结论

香溪河的研究结果表明，2019 年 7 月 30 日发生在香溪河的降雨事件前后，库湾中游监测断面处水-气界面 CH_4 通量变化为 0.011～0.326mg/(m^2·h)，表现为大气 CH_4 的源。风速和降雨均能够通过调节气体传输速率影响水-气界面的 CH_4 释放，其中风速的驱动作用更为显著，气体传输速率与风速呈现良好的非线性(R^2 达 0.862)和分段线性(高风速段 R^2 达 0.931)关系。降雨径流事件能够通过降雨过程对表层水体的扰动对库湾 CH_4 释放产生影响，影响程度与降雨径流量级相关。

2. 湖北官庄水库研究实例

1) 材料与方法

对湖北官庄水库的监测为期 1 周(2020 年 6 月 18～25 日)，监测地点为坝前水域，监测点水深约 20m，距离岸边 32m，无大型水生植被分布。监测项目包括水-气界面 CH_4 和 CO_2 通量、气体溶存浓度及环境因子。CH_4 和 CO_2 通量采用不透明自动通量箱[53]连接 DLT-100 温室气体分析仪(Los Gatos Research，美国)测定，单次观测时间为 30min(包括 25min 的仪器测量时间和 5min 自动推杆升起顶盖后箱内气体与环境空气的交换时间)。箱体底部悬挂重物，以保证风雨中通量箱的稳定性。通量观测时间为 2020 年 6 月 18 日 20 时至 6 月 25 日 20 时(6 月 22 日 20 时至 6 月 23 日 20 时除外)，共持续 6 整天。采用自主研发的新型快速水-气平衡装置(FaRAGE)[43]连接温室气体分析仪(Picarro G2301，美国)测定水体溶存 CH_4 和 CO_2 浓度。表层(约 0.5m 深度)气体浓度监测从 2020 年 6 月 20 日 15 时持续至 6 月 22 日 20 时，完整覆盖了观测期内的降雨过程。另于 2020 年 6 月 18 日 21 时、6 月 21 日 21 时以及暴雨结束后的 24h(2020 年 6 月 22 日 21 时至 6 月 23 日 20 时)通过水泵、卷扬机和时控开关实施从表层到水体底部的分层自动连续监测，每次垂向剖面监测历时 1h。观测期内水温、DO、pH 等水体理化参数采用 HydrolabDS5 多参数水质仪测定，垂向分层测定与气体溶存浓度的监测同步。

降雨数据采用宜昌市水雨情系统官庄水库站的逐小时雨量资料。因仪器故障未能现场测定气温、相对湿度、风速等气象因子，故采用中国气象数据网宜昌市夷陵区气象站的逐小时气象资料，其中风速包括最大风速和极大风速。最大风速是指 1h 内的 10min 平均风速的最大值，极大风速为 1h 内的瞬时风速最大值。由于缺乏逐时平均风速数据，本书研究分析时采用最大风速和极大风速。

本书采用中国气象局发布的《降水量等级》(GB/T 28592—2012),根据 24h 降水量(R)划分不同等级降雨事件,即小雨(0.1mm≤R<10mm)、中雨(10mm≤R<25mm)、大雨(25mm≤R<50mm)、暴雨及以上(R≥50mm)。监测期内共发生 3 次降雨事件:2020 年 6 月 19 日 20 时至 6 月 20 日 20 时为小雨(24h 降水量 2.5mm),2020 年 6 月 20 日 20 时至 6 月 21 日 20 时为中雨(24h 降水量 16mm),2020 年 6 月 21 日 20 时至 6 月 22 日 20 时为暴雨(24h 降水量 75.5mm)。

2)结果与分析

监测完整捕捉了两场降雨事件(中雨和暴雨)前后表层水体 CH_4 和 CO_2 溶存浓度、水-气界面传输速率(k_{600})以及环境因子变化情况,如图 2-18 和图 2-19 所示。

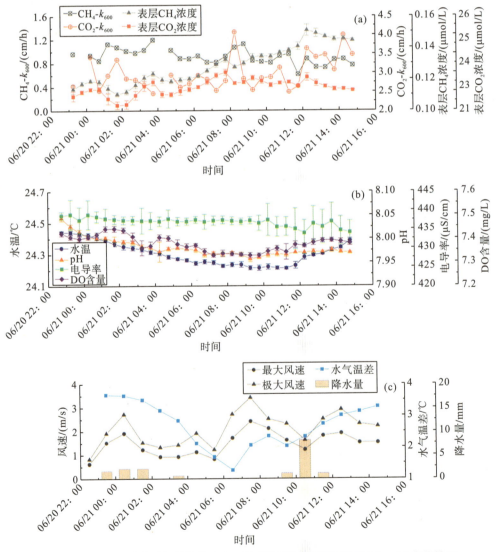

图 2-18　中雨事件前后气体传输速率、溶存浓度(a)及环境因子(b)、(c)变化情况

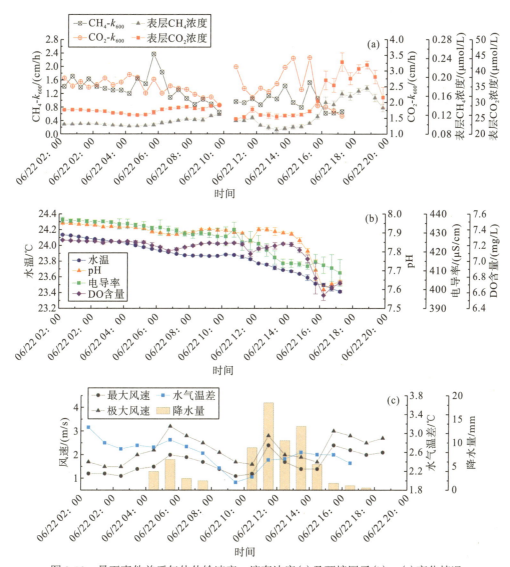

图 2-19　暴雨事件前后气体传输速率、溶存浓度 (a) 及环境因子 (b)、(c) 变化情况

中雨事件发生在 2020 年 6 月 20 日夜间至 6 月 21 日午后，最大雨强出现在 6 月 21 日 10～11 时。整个过程中，表层水体 CH_4 浓度呈现出上升趋势，最低为 $(0.110\pm0.001)\mu mol/L$，最高为 $(0.151\pm0.004)\mu mol/L$，变幅约 $0.04\mu mol/L$。CO_2 溶存浓度与 CH_4 浓度显著相关 $(P<0.01)$，但未呈现出明显的上升趋势，维持在 $(22.21\pm0.43)\mu mol/L$ 水平。CH_4 和 CO_2 气体传输速率 k_{600} 均与气体释放通量变化高度一致 [图 2-18(a)]，CH_4-k_{600} 变化为 0.61～1.19cm/h，而 CO_2-k_{600} 显著高于 CH_4-k_{600}，且波动变化较大，为 1.82～4.07cm/h。表层水体水温、pH 和 DO 含量在该过程中表现出较明显的昼夜性特征，即在夜间不断下降，上午开始缓慢回升，受降雨的影响，水温回升略有滞后。电导率无明显变化趋势，但在降雨发生时以及中雨事件结束后均出现较大程度的波动。CH_4 和 CO_2 的 k_{600} 峰值分别出现在凌晨 4 时和上午 8 时左右，气体传输速率变化对降雨过程无明显响应，与风速、水气

温差之间也无显著相关性（$P > 0.05$）。

暴雨事件发生在 2020 年 6 月 22 日凌晨 4 时至晚 18 时，总体可以划分为平均雨强为 3.8mm/h 的第 I 阶段（4～8 时）和雨强为 8.5mm/h 的第 II 阶段（10～17 时）。表层水体 CH_4 和 CO_2 浓度在降雨过程中均未发生显著改变，分别维持在 0.1μmol/L 和 27μmol/L 左右，但在降雨结束后迅速上升，分别达到（0.176±0.006）μmol/L 和（42.70±2.94）μmol/L。CH_4-k_{600} 与 CH_4 通量高度相关，但 CO_2-k_{600} 与 CO_2 通量具有较差的一致性［图 2-19（a）］。CO_2-k_{600} 显著高于 CH_4-k_{600}，分别为（2.47±0.42）cm/h 和（1.18±0.38）cm/h。CH_4-k_{600} 较为显著的波动变化出现在第 I 阶段，CH_4-k_{600} 峰值（2.35cm/h）对应于雨强最大的时段；而 CO_2-k_{600} 剧烈变化发生在第 II 阶段，CO_2-k_{600} 峰值（3.41cm/h）出现在雨强显著减小之后。整个过程中，表层水体水温、pH、电导率和 DO 含量均呈现不同程度下降趋势，前期下降相对平缓，后期阶段水温、电导率降幅增大，pH 和 DO 含量在临近降雨结束时发生骤降，其后小幅回升。CH_4 和 CO_2 气体传输速率变化对整场暴雨过程的响应并不明显，但与水气温差存在显著正相关关系（$P < 0.001$），与风速无明显相关性（$P > 0.05$）。

已有研究表明，降雨能够通过对表层水体的扰动增大气体的传输速率[46]。然而，本书研究结果并未反映出 CH_4 和 CO_2 通量对降雨的明确响应。从日尺度上看，CH_4 和 CO_2 通量高值出现在晴朗的 6 月 23～25 日，在小雨、中雨乃至暴雨天气条件下，CH_4 和 CO_2 日平均通量均较低，CO_2 通量随降水强度等级增大呈现上升趋势，而 CH_4 通量在中雨、暴雨时出现明显低值（图 2-18 和图 2-19）。从中雨、暴雨过程来看，CH_4-k_{600} 和 CO_2-k_{600} 对降雨过程的响应均不明显（图 2-20）。有关降雨影响的野外观测研究表明，降雨往往会导致 CH_4 和 CO_2 通量的显著升高。例如，Erkkila 等[54]发现冷锋过境带来的单日 11mm 降雨以及大风降温天气触发湖水混合，CH_4 和 CO_2 通量在降雨后均显著增加，于第二日达到峰值，推测该现象源于底部高浓度 CH_4 的上涌、陆源水平输送的增加以及水体混合对藻类光合作用的影响。Ojala 等[55]基于湖泊完整无冰期每周 1 次的通量观测结果表明，CH_4 和 CO_2 通量在强降雨后均显著增大，其中 CH_4 的响应更为明显，降雨导致的 CH_4 和 CO_2 通量可达全年通量近 50%。Bartosiewicz 等[56]在温带浅水湖泊开展了为期 2 年约 2 周 1 次的观测研究，结果表明，CO_2 通量和 CH_4 气泡排放在降雨偏多的年份明显更高，而较高的 CH_4 扩散通量出现在降雨偏少的年份里，由此推测更频繁的降雨天气导致水体中呼吸作用占主导，且流域产汇流过程输出更多的有机质，导致 CO_2 通量较高；而强降雨导致 CH_4 气泡排放量更高，这可能是由于水温分层被破坏，沉积物温度升高所致。总体而言，这些研究虽在不同程度上反映出降雨对温室气体释放的促进作用，但对降雨的分析仅限于日尺度，甚至年际差异，不足以探讨降雨过程本身对水-气界面 CH_4 和 CO_2 通量的影响。若按日尺度分析，本书研究也观察到强降雨后的 2～3 日内温室气体通量显著增加（图 2-18），与前述已有研究结果相符。然而，CH_4 和 CO_2 通量增加并非对强降雨过程的响应，原因在于：①暴雨结束后的 24h 内，水温分层仍十分稳定，无对流混合迹象；②水体底部 CH_4 浓度虽呈现出一定波动变化，但未表现出明显高值，表层 CH_4 和 CO_2 浓度与暴雨前差异不大且在 24h 内无明显变化；③虽然湖中上层电导率波动反映出一定程度的陆源输入[57]，但对水体 CH_4 和 CO_2 浓度的影响均不显著（图 2-18 和图 2-19）。事实上，暴雨结束后气温明显升高，风速也达到明显高值，6 月 23～25 日较高的 CH_4 和 CO_2 通量更可能来自风速和温度的控制性影响。

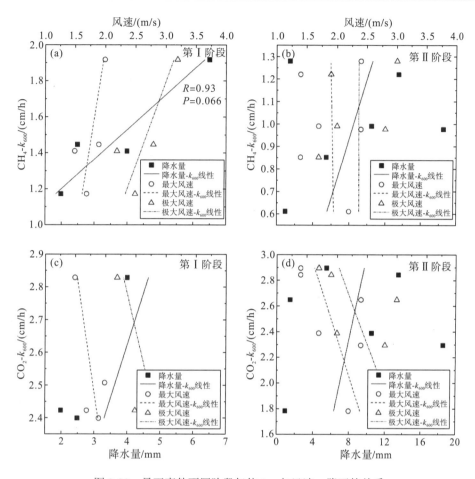

图 2-20　暴雨事件不同阶段气体 k_{600} 与风速、降雨的关系

虽然已有不少室内模拟实验反映出雨强、雨滴大小等对气体传输速率的影响[46,58]，但基于野外原位观测探讨降雨过程对温室气体通量的影响仍十分鲜见。作者曾在三峡水库香溪河库湾完整监测过一场持续时间较短的中雨过程，结果表明 CH_4 通量及 k_{600} 受风速和降雨的共同影响，但风速的驱动作用明显占主导[59]。然而本书研究并未观察到类似现象，无论中雨还是暴雨过程，CH_4-k_{600} 和 CO_2-k_{600} 均与风速无显著相关性，且对降雨无明显响应。但值得一提的是，暴雨事件中 CH_4-k_{600}、CO_2-k_{600} 与水气温差存在显著正相关关系，且水气温差始终为正值，说明水体表层可能存在一定深度的对流混合且该过程对气体传输速率产生影响[47,50]。然而，从雨后稳定的水温分层来看，即使存在对流混合，其影响深度和持续时间可能十分有限，CH_4 和 CO_2 表层水体浓度在降雨结束时显著上升但又迅速回落（图 2-18），水体混合导致的气体垂向迁移可能十分短暂。

本书研究采用的通量箱法被广泛应用于静水生态系统的温室气体通量观测，在有风条件下，箱体与表层水体的摩擦引起的扰动可能会导致观测结果偏高[59]。但该影响可能并不是绝对性影响因素，因为不少基于通量箱观测推导出的风速-k_{600} 函数关系与基于示踪梯度法的经典风速模型十分相近[16,60]。然而，降雨期间（尤其是强降雨）的通量箱观测数据往往直接被剔除[54]。通量箱观测的不利影响可能表现在两方面：一是箱体本身对有限的观测界面构成遮挡，箱内水-气界面的气体交换速率与雨滴击打无直接关联，这可能造成低估通量值；二是雨滴通过对箱体外围水面的击打造成水体紊动，从而间接影响箱体内的气体通量。以本书研究观察到的暴雨事件为例，在平均雨强为 3.8mm/h 的第Ⅰ阶段，CH_4-k_{600} 与降水量间存在较为显著的正相关关系，与风速也呈现出一定程度的正向关联，而在平均雨强为 8.5mm/h 的第Ⅱ阶段，CH_4-k_{600} 与降水量、风速均未表现出相关性(图 2-20)。基于此，我们推测通量箱观测在降雨条件下可能存在一个雨强阈值，小于该阈值时箱体的遮蔽作用不占主导，箱体以下表层水体的紊动程度与雨滴对水面的击打强度存在较为明显的相关性；而当雨强大于该阈值时，箱体的遮挡效应显著增强，该方法不再适用。然而，CO_2-k_{600} 并没有表现出类似特征，暴雨不同阶段均未呈现出与降水量、风速的相关性，原因尚不清晰，有必要结合不同的通量观测方法(如涡度相关法、通量梯度法等)以及室内模拟实验进一步探讨降雨条件下通量箱法的适用性。

3）结论

夏季观测期内官庄水库 CH_4 通量变化为 0.007～0.077mg/(m^2·h)，CO_2 通量变化为 5.48～57.57mg/(m^2·h)，均表现为大气的碳源。小雨、中雨乃至暴雨天气条件下，CH_4 和 CO_2 日均通量均较低，日通量倾向于受风速和温度调控。在暴雨过程中，CH_4-k_{600} 和 CO_2-k_{600} 与风速均无显著相关性，与水气温差存在显著正相关关系，但由水体混合导致的气体垂向迁移十分短暂。CH_4-k_{600} 对风速和降水的响应表现出明显的阶段性差异，可能存在雨强阈值决定通量箱在强降雨条件下是否适用。

2.2.2　不同气体传输速率模型对碳排放估算的影响

本书采用与风速有关的气体扩散模型，模型中的风速通常指水面以上 10m 处的风速 U_{10}。基于 U_{10} 的气体传输速率的经验模型有多种，大多气体传输速率的模型基于一定风速范围内的模拟结果，如 LM86 模型是莉斯(Liss)根据湖泊中测定的 SF_6 的溢出率和相应的风速得到 k 的计算公式[54]；W92 模型是 Crusius 和 Wanninkhof[27]将核试验释放的 ^{14}C 和自然 ^{14}C 向水体长期输入速率经过校正后得到的公式，适用于由长期风速或者瞬时风速估算 k；RC01 模型是雷蒙(Raymond)和科尔(Cole)研究了不同河流及河口不同计算方法计算出的气体排放通量，进而估算出河流河口的 k 的公式[17]；CC 模型是科尔(Cole)和卡拉科(Caraco)研究了不同河流、河口以及不同的方法计算出的气体排放通量，进而得到可用于估算河流、河口 k 的公式[10]。不同气体传输速率模型 k 计算公式见表 2-8。

表 2-8　不同气体传输速率模型 k 的计算公式

模型	计算公式	U_{10}/(m/s)
	$k = 0.17U_{10}(Sc/600)^{-2/3}$	$0 < U_{10} \leq 3.6$
LM86[54]	$k = (2.85U_{10}-9.65)(Sc/600)^{-1/2}$	$3.6 < U_{10} \leq 13$
	$k = (5.9U_{10}-49.3)(Sc/600)^{-1/2}$	$13 < U_{10}$

续表

模型	计算公式	U_{10}/(m/s)
W92a[27]	$k = 0.39 U_{10}^2 (Sc/660)^{-1/2}$	长时间 U_{10}
W92b[27]	$k = 0.31 U_{10}^2 (Sc/660)^{-1/2}$	瞬时 U_{10}
RC01[17]	$k = 1.91 e^{0.35 U_{10}} (Sc/600)^{-1/2}$	任意 U_{10}
CC[10]	$k = (2.07 + U_{10}^2)(Sc/600)^{0.67}$	$U_{10} < 9$

注：k 为风速和气体施密特数的函数。

现场监测的风速 U_z 与 U_{10} 用式(2-8)进行转化[45]：

$$U_z = U_{10}\left[1 - C_{10}^{\frac{1}{2}} k_c^{-1} \ln(10/z)\right] \tag{2-8}$$

式中，C_{10} 为 10m 高度的表面拖曳系数，为 1.3×10^{-3}[61]；k_c 为冯·卡门(Von Karman)常数，为 0.41；z 为风速测量点距水平的高度(风速仪距水面的高度)。

水体中 CH_4 和 CO_2 的施密特数计算公式如下[62]：

$$Sc(CO_2) = 1911.1 - 118.11T + 3.4527T^2 - 0.04132T^3 \tag{2-9}$$

$$Sc(CH_4) = 2301.1 - 151.1T + 4.7364T^2 - 0.0059431T^3 \tag{2-10}$$

式中，T 为水温，℃。

在水温为 15℃，U_{10} 在 0～20m/s 变化时，不同模型的气体传输速率 k 变化结果如图 2-21 所示。在水温为 15℃，U_{10} 在 0～20m/s 变化时，不同模型 CH_4 和 CO_2 的 k 大小关系为 LM86 ＜W92b＜W92a＜RC01＜CC。在相同的风速下，不同模型的模拟结果也存在差异性，可能是实验的水环境条件不同或者实验方法的不同导致的。Cockenpot 等[63]在浅湖水体的研究表明，在无风条件下水体与大气之间也存在气体的通量。Iwano 等[64]在实验室内以 CO_2 气体在极高风速条件的实验结果表明，气体传输速率在低风速和极高风速条件下与风速呈不同的相关性。因此，选用基于风速的气体传输速率模型时，应当选择相似水环境和实验风速的模型，不应选用风速条件不在模拟范围内的模型。

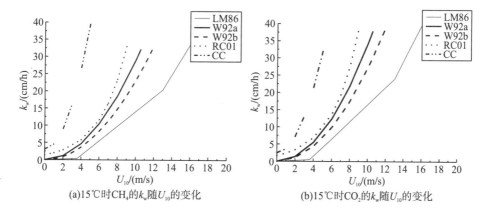

(a)15℃时 CH_4 的 k_w 随 U_{10} 的变化　　　　(b)15℃时 CO_2 的 k_w 随 U_{10} 的变化

图 2-21　水温为 15℃时不同模型下 k 的对比

1. 扩散模型参数的敏感性分析

本书采用局部微分法对 CH_4 和 CO_2 通量参数进行敏感性分析。局部敏感性分析是指假定模型中只有一个参数变化,其他参数不变,分析该参数对模型模拟结果的影响。扩散模型法参数局部敏感性分析过程具体如下。

模型为

$$F = k_w(c_w - c_{eq}) \tag{2-11}$$

$$Sc = S(T) \tag{2-12}$$

式中,k_w 分别取三种不同的模型, c_{eq} 表示水体中气体达到溶解平衡时的浓度。

模型参数包括:c_w、c_{eq}、U_{10}、(T)。

基于微分的敏感性分析法是常用的敏感性分析方法,其通过求关于模型输入参数 $X_i(X_1, X_2, \cdots, X_n)$ 函数 Y 的一阶偏微分实现,通过改变模型其中一个输入参数,其余参数值为常数,求取模型输出 Y 的敏感性[65]。参数 X_i 在基值点以±5%、±10%、±15%和±20%的幅度变化,对参数 X_i 进行敏感性检验。在第 i 个模型参数的微小变化,偏导数近似等于模型输出值的改变量与输入参数变化值的比值,即近似等于模型输出结果 Y 的变化百分率与模型输入参数 X_i 改变百分比的比值。

本书研究依据监测区域内的风速、水温、c_w 和 c_{eq} 变化范围,确定关于风速的 CO_2 和 CH_4 气体通量模型的参数值和变化范围,表 2-9 为模型的参数取值范围,表 2-10 为模型参数的初始值。用基于微分的敏感性分析法分析模型参数对于模型输出结果的敏感性。

表 2-9 扩散模型各参数取值范围

	c_w/(μmol/L)	c_{eq}/(μmol/L)	水温/℃	U_{10}/(m/s)
CH_4	0.01~0.3	0.001~0.004	0~30	0~7.2
CO_2	20~100	9~36	0~30	0~7.2

表 2-10 扩散模型各参数的初始值

	c_w/(μmol/L)	c_{eq}/(μmol/L)	水温/℃	U_{10}/(m/s)
CH_4	0.15	0.002	15	3.6
CO_2	50	18	15	3.6

本书假设气体通量模型各参数在初始值附近分别以-20%、-10%、-5%、0、5%、10%、20%为增量,当模型中一参数以增量变化时,其他参数均取初始值,分析模型参数的敏感性。根据式(2-11)和式(2-12),对不同的气体扩散模型进行局部敏感性分析。

1)RC01 模型

水体 CH_4 气体通量模型的参数敏感性(通量增量与模型各参数的增量的关系)结果如图 2-22~图 2-25 所示。当使用 RC01 扩散模型估算水体 CH_4 排放通量,参数 c_w、c_{eq}、U_{10} 和水温在初始值附近以-20%~20%的增量变化时,CH_4 气体通量的增量分别在-20.27%~

20.27%、−0.27%～0.27%、−28%～28%和−6.02%～6.02%变化。由此可知，水体中 c_w 和水面上 10m 处风速 U_{10} 为使用 RC01 扩散模型估算水体 CH_4 排放通量敏感参数，而平衡浓度 c_{eq} 和水温均为估算水体 CH_4 排放通量的不敏感参数。

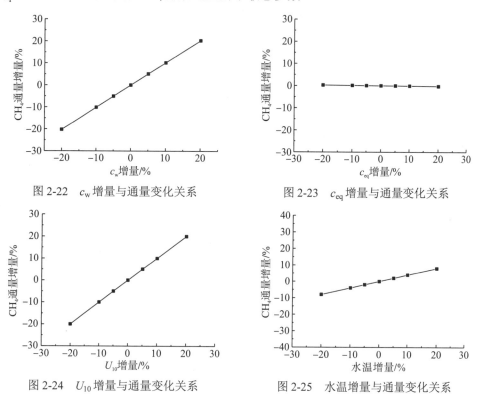

图 2-22　c_w 增量与通量变化关系　　　　　图 2-23　c_{eq} 增量与通量变化关系

图 2-24　U_{10} 增量与通量变化关系　　　　　图 2-25　水温增量与通量变化关系

水体 CO_2 通量模型参数敏感性分析结果如图 2-26～图 2-29 所示。当使用 RC01 扩散模型估算水体 CO_2 排放通量，模型参数 c_w、c_{eq}、U_{10} 和水温在初始值附近以−20%～20%的增量变化时，水体 CO_2 排放通量的增量分别在−31.25%～31.25%、−11.25%～11.25%、−20%～20%和−7.95%～7.95%变化。由此可知，水体中 c_w 和水面上 10m 处风速 U_{10} 为使用 RC01 扩散模型估算水体 CO_2 排放通量敏感参数，而平衡浓度 c_{eq} 和水温均为估算水体 CO_2 排放通量的不敏感参数。

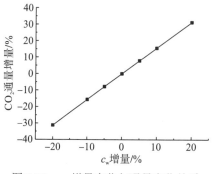

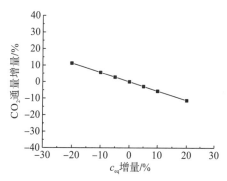

图 2-26　c_w 增量变化与通量变化关系　　　　　图 2-27　c_{eq} 增量变化与通量变化关系

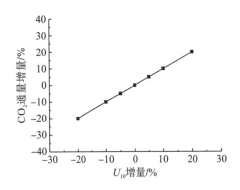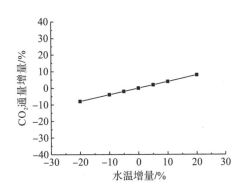

图 2-28　U_{10} 增量变化与通量变化关系　　　　　图 2-29　水温增量与通量变化关系

2) LM86 模型、W92 模型和 CC 模型

LM86 模型、W92 模型和 CC 模型的敏感性分析见表 2-11～表 2-13。

由数学计算关系推导：

$$变化率(\%) = \frac{\Delta F_a}{F_a} = \frac{k'_w(c'_w - c'_{eq})}{k_w(c_w - c_{eq})} \tag{2-13}$$

式中，k'_w、c'_w、c'_{eq} 为模型中对应参数的变化量，对于不同的气体传输速率模型，只有 k_w 变化不同，根据表 2-8，k_w 是由 U_{10}、Sc 决定的，Sc 的取值与温度有关。由上述对 RC01 模型分析结果，对 U_{10} 进行分析时，不同的 Sc 取值不影响通量增量变化，因此在对 LM86、W92 和 CC 气体传输速率模型进行敏感性分析时，我们只需要讨论 U_{10} 变化，分析结果见表 2-11～表 2-13。由表 2-11～表 2-13 可知，对于不同气体传输速率模型，对 U_{10} 增量的变化敏感性不同。当 $U_{10}>3.6\text{m/s}$ 时，LM86 模型气体传输速率模型函数发生改变，因而通量增量结果会发生突变；当 $U_{10}<3.6\text{m/s}$ 时，气体传输速率对 U_{10} 的敏感性为 W92＞CC＞RC01≥LM86。

表 2-11　LM86 模型局部敏感性分析结果

U_{10} 增量	−20%	−10%	−5%	0	5%	10%	20%
通量增量	−20%	−10%	−5%	0	84%	168%	336%

表 2-12　W92 模型局部敏感性分析结果

U_{10} 增量	−20%	−10%	−5%	0	5%	10%	20%
通量增量	−44%	−21%	−10%	0	10%	21%	44%

表 2-13　CC 模型局部敏感性分析结果

U_{10} 增量	−20%	−10%	−5%	0	5%	10%	20%
通量增量	−29%	−14%	−7%	0	7%	14%	−29%

2. 梅子垭水库研究实例

1) 材料与方法

梅子垭水库位于湖北宜昌市西部，地理位置为 30°39′N、111°31′E[66]，距三峡大坝坝址 42km，距宜昌市区 10km[67]。研究区以低山丘陵为主，海拔 70～200m，属鄂西山地向江汉平原的过渡地带 (图 2-30)[66]。在梅子垭研究区域布设编号为 MZ 的监测点，在该监测点采用自主研发的新型快速水-气平衡装置 (FaRAGE)[43]连接温室气体分析仪 (Picarro G2301，美国) 测定水体溶存 CH_4 和 CO_2 浓度。实验为期 4 天 (2019 年 3 月 9 日至 2019 年 3 月 12 日)，现场气象数据由三维超声风速仪及其配套设备测量。

图 2-30　梅子垭水库
图片来源：谷歌地球。

2) 监测结果

在梅子垭水库使用不同扩散模型估算 CH_4 通量，其结果如图 2-31 所示，采用 LM86 模型估算得到 CH_4 通量变化为 0.0003～0.021mg/(m²·h)，均值为 0.008mg/(m²·h)；采用 W92a 模型估算得到 CH_4 通量变化为 0.0003～0.151mg/(m²·h)，均值为 0.040mg/(m²·h)；采用 RC01 模型估算得到 CH_4 通量变化为 0.047～0.254mg/(m²·h)，均值为 0.144mg/(m²·h)；采用 CC 模型估算得到 CH_4 通量变化为 0.122～0.846mg/(m²·h)，均值为 0.384mg/(m²·h)。在使用 LM86 模型、W92a 模型、RC01 模型和 CC 模型估算得到的 CH_4 通量结果中，采用 CC 模型估算得到的 CH_4 通量最大，LM86 模型估算得到的 CH_4 通量最小。

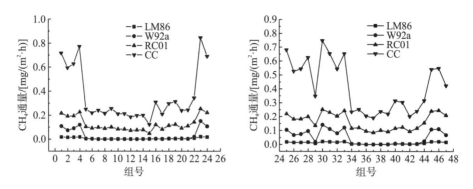

图 2-31　不同模型估算 CH_4 通量结果的对比

在梅子垭水库使用不同扩散模型估算 CO_2 通量，其结果如图 2-32 所示，采用 LM86 模型估算得到 CO_2 通量变化为 $-0.741 \sim 3.578 \mathrm{g/(m^2 \cdot h)}$，均值为 $0.139 \mathrm{mg/(m^2 \cdot h)}$；采用 W92a 模型估算得到 CO_2 通量变化为 $-3.218 \sim 19.906 \mathrm{mg/(m^2 \cdot h)}$，均值为 $-0.809 \mathrm{mg/(m^2 \cdot h)}$；采用 RC01 模型估算得到 CO_2 通量变化为 $-8.859 \sim 41.481 \mathrm{mg/(m^2 \cdot h)}$，均值为 $1.075 \mathrm{mg/(m^2 \cdot h)}$；采用 CC 模型估算得到 CO_2 通量变化为 $-11.797 \sim 84.098 \mathrm{mg/(m^2 \cdot h)}$，均值为 $2.684 \mathrm{mg/(m^2 \cdot h)}$。在使用 LM86 模型、W92a 模型、RC01 模型和 CC 模型估算 CO_2 通量结果中，采用 CC 模型估算得到的 CO_2 通量最大，LM86 模型估算得到的 CO_2 通量最小。

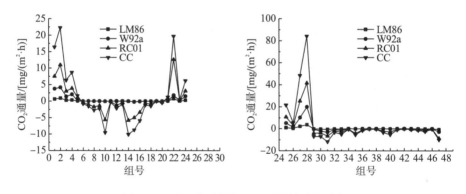

图 2-32　不同模型估算 CO_2 通量结果的对比

在梅子垭水库监测区域，不同的扩散模型估算的 CH_4 和 CO_2 通量结果比较如图 2-33 所示，使用不同的扩散模型估算 CH_4 和 CO_2 通量结果差异较大，总体趋势为：使用 CC 模型计算 CH_4 和 CO_2 通量最大，其次从大到小依次为 RC01 模型、W92a 模型和 LM86 模型。但不同的扩散模型估算的 CH_4 和 CO_2 通量结果有较好的一致性，相关系数 $R^2 > 0.9$。因此，单独地选择一种模型对水体通量进行估算，可能会大幅度地高估或低估实际温室气体的排放量。

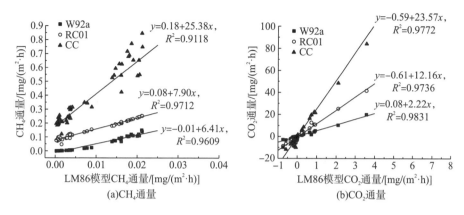

图 2-33 LM86 模型和其他模型估算通量结果的关系

3）影响因素分析

（1）LM86 模型。对 LM86 扩散模型估算水体 CH_4、CO_2 通量结果与环境因子进行相关性分析，详见表 2-14。由表 2-14 可知，CH_4 通量与气温、水温、pH、风速和表层水体溶解的 CH_4 浓度有较好的相关性，相关系数为 0.747、0.533、−0.582、0.992 和 0.482；CO_2 通量与风速和表层水体溶解的 CO_2 浓度有较好的相关性，相关系数为 0.299 和 0.938，在梅子垭研究区域，使用 LM86 模型估算的 CH_4 和 CO_2 通量与敏感参数风速和表层水体溶解的 CH_4 和 CO_2 浓度都有较好相关性。

表 2-14 LM86 模型估算通量与环境因子的相关性

通量	气温	水温	pH	溶解氧含量	叶绿素 a 含量	风速	$c_w(CH_4)$	$c_w(CO_2)$
CH_4 通量	0.747**	0.533**	−0.582**	−0.094	−0.080	0.992**	0.482**	0.319
CO_2 通量	0.283	−0.142	0.064	0.216	0.230	0.299*	0.036	0.938**

注：*表示 0.05 置信水平显著相关；**表示 0.01 置信水平显著相关；N=47。

（2）W92 模型。由于在采样时风速为三维超声风速的平均风速，故只采取 W92a 扩散模型计算的 CH_4 和 CO_2 通量与环境因子进行相关性分析，详见表 2-15。由表 2-15 可知，CH_4 通量与气温、水温、pH、风速和表层水体溶解的 CH_4 浓度有较好的相关性，相关系数为 0.679、0.449、−0.527、0.979 和 0.414；而 CO_2 通量与风速和表层水体溶解的 CO_2 浓度有较好的相关性，相关系数为 0.293 和 0.898。使用 W92 模型估算的 CH_4 和 CO_2 通量与敏感参数风速和表层水体溶解的 CH_4 和 CO_2 浓度都有较好相关性。

表 2-15 W92 模型估算通量与环境因子的相关性

通量	气温	水温	pH	溶解氧含量	叶绿素 a 含量	风速	$c_w(CH_4)$	$c_w(CO_2)$
CH_4 通量	0.679**	0.449**	−0.527**	−0.008	−0.024	0.979**	0.414**	0.306
CO_2 通量	0.267	−0.141	0.089	0.222	0.221	0.293*	0.018	0.898**

注：*表示 0.05 置信水平显著相关；**表示 0.01 置信水平显著相关；N=47。

（3）RC01 模型。对 RC01 扩散模型估算水体 CH_4、CO_2 通量结果与环境因子进行相关性分析，详见表 2-16。由表 2-16 可知，CH_4 通量与气温、水温、pH、风速和表层水体溶解的 CH_4 浓度有较好的相关性，相关系数为 0.747、0.562、−0.600、0.966 和 0.610；而 CO_2 通量与气温、风速和表层水体溶解的 CO_2 浓度有较好的相关性，相关系数为 0.352、0.351 和 0.981。使用 RC01 模型估算的 CH_4 和 CO_2 通量与敏感参数风速、气温和表层水体溶解的 CH_4 和 CO_2 浓度都有较好相关性。

表 2-16　RC01 模型估算通量与环境因子的相关性

通量	气温	水温	pH	溶解氧含量	叶绿素 a 含量	风速	$c_w(CH_4)$	$c_w(CO_2)$
CH_4 通量	0.747**	0.562**	−0.600**	−0.112	−0.101	0.966**	0.610**	0.298
CO_2 通量	0.352*	−0.085	−0.016	0.166	0.200	0.351*	0.097	0.981**

注：*表示 0.05 置信水平显著相关；**表示 0.01 置信水平显著相关；N=47。

（4）CC 模型。对 CC 扩散模型估算水体 CH_4、CO_2 通量结果与环境因子进行相关性分析，详见表 2-17。由表 2-17 可知，CH_4 通量与气温、水温、pH、风速和表层水体溶解的 CH_4 浓度有较好的相关性，相关系数为 0.645、0.310、−0.424、0.965 和 0.527；而 CO_2 通量与气温、风速和表层水体溶解的 CO_2 浓度有较好的相关性，相关系数为 0.369、0.371 和 0.969。使用 CC 模型估算的 CH_4 和 CO_2 通量与敏感参数风速、气温和表层水体溶解的 CH_4 和 CO_2 浓度都有较好相关性。

表 2-17　CC 模型估算通量与环境因子的相关性

通量	气温	水温	pH	溶解氧含量	叶绿素 a 含量	风速	$c_w(CH_4)$	$c_w(CO_2)$
CH_4 通量	0.645**	0.310*	−0.424**	0.087	0.037	0.965**	0.527**	0.372
CO_2 通量	0.369*	−0.054	−0.025	0.153	0.188	0.371*	0.102	0.969**

注：*表示 0.05 置信水平显著相关；**表示 0.01 置信水平显著相关；N=47。

在梅子垭水库研究区域，不同的扩散模型估算的 CH_4 和 CO_2 通量与环境因子有较好的相关性。4 种扩散模型估算的 CH_4 通量与气温、水温、pH 和表层水体溶解的 CH_4 浓度有较好的相关性；4 种扩散模型估算的 CO_2 通量都与敏感参数风速和表层水体溶解的 CO_2 浓度显著相关。在梅子垭水库研究区域，不同扩散模型估算的 CH_4 和 CO_2 通量相关性较好的环境因子是一致的。

3. 三峡水库支流朱衣河研究实例

1）材料与方法

朱衣河位于重庆市奉节县，地理位置为 109°01′17″～109°45′48″E、30°29′19″～31°22′23″N（图 2-34）。朱衣河干流全长 31.4km，流域面积 153.6km²，多年平均流量 3.25m³/s[68]。朱衣河为长江的一级支流，常年处于三峡水库回水区中部，位于长江左岸，与干流呈 60°汇入长江，低水位运行期两岸河滩裸露[69,70]，属于典型的库区支流。朱衣河上下游落差比较大，最大高差 1138.7m，流域地形以山地为主，主要山脉有四方山、红峡大梁、紫云山、枇杷山、凤凰山。以朱衣河为轴线，沿岸是低山河谷地带，广泛发育由地质作用形成的冲积层、冲洪积层、残坡积层、崩塌堆积体、滑坡堆积体、坠覆堆积体，其厚度为 20～40m[70]。朱衣河流域内支流水系十分发育，总体呈树枝状，局部呈羽毛状和格子状。流域内河道曲折，河床多由砂石、卵石或细沙组成，沿河两岸地形多呈不对称发育，有漫滩、阶地及冲沟，岸坡切割起伏，呈沟、脊(梁)斜坡地形。流域地形为盆地，有"喀斯特公园"之称，两岸岩石主要由石灰岩和页岩组成。

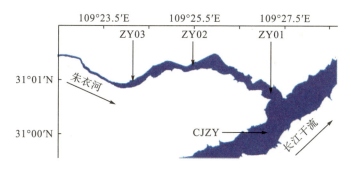

图 2-34　朱衣河地理位置示意图

本书研究在朱衣河设置 4 个监测断面(ZY01、ZY02、ZY03、CJZY)，具体采样点地理坐标如图 2-34 所示。2017 年 1～6 月对朱衣河河口(ZY01)、中部回水区(ZY02)、上游回水区(ZY03)、长江奉节入口(CJZY)4 个监测断面进行表层水体溶解 CH_4 浓度的监测，并同时记录相应的气象环境因子。

2) 监测结果

对于不同的扩散模型有着不同的 U_{10} 的限制，朱衣河风速变化范围为 3～14.4m/s(瞬时风速)，U_{10} 为 3.79～18.19m/s，合适的扩散模型有 LM86 模型、W92b 模型和 RC01 模型。

对朱衣河 4 个监测断面使用不同的扩散模型估算 CH_4 通量结果如图 2-35 所示，对于朱衣河上游 ZY01 断面，不同模型估算 CH_4 通量结果为：在 1～6 月，采用 LM86 模型估算 CH_4 通量变化为 0.014～0.187mg/($m^2 \cdot h$)，均值为 0.058mg/($m^2 \cdot h$)；采用 W92b 模型估算 CH_4 通量变化为 0.028～0.291mg/($m^2 \cdot h$)，均值为 0.061mg/($m^2 \cdot h$)；采用 RC01 模型估算 CH_4 通量变化为 0.038～1.082mg/($m^2 \cdot h$)，均值为 0.339mg/($m^2 \cdot h$)。在不同的估算模型对 ZY01 断面 CH_4 通量估算结果中，RC01 估算的 CH_4 通量最大，LM86 模型估算的 CH_4 通量最小。ZY02、ZY03 和 CJZY 3 个监测断面采用 LM86 模型、W92b 模型和 RC01 模型估算的 CH_4 通量结果见表 2-18。

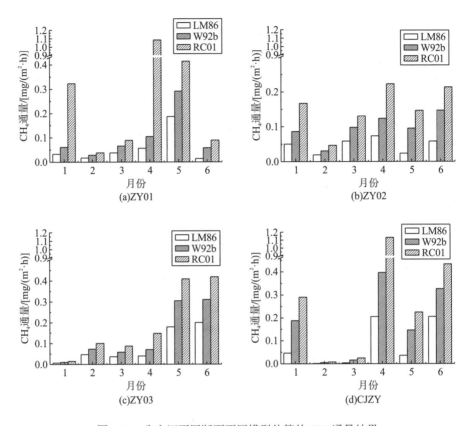

图 2-35　朱衣河不同断面不同模型估算的 CH_4 通量结果

表 2-18　LM86 模型、W92b 模型和 RC01 模型 CH_4 通量估算结果对比　［单位：$mg/(m^2 \cdot h)$］

模型	ZY02		ZY03		CJZY	
	范围	均值	范围	均值	范围	均值
LM86	0.019~0.073	0.047	0.007~0.200	0.085	0.002~0.205	0.083
W92b	0.031~0.147	0.097	0.010~0.310	0.138	0.005~0.397	0.180
RC01	0.046~0.223	0.155	0.015~0.419	0.196	0.009~1.312	0.352

3）影响因素分析

（1）LM86 模型。对 LM86 扩散模型估算水体 CH_4、CO_2 通量结果与环境因子进行相关性分析详见表 2-19。由表 2-19 可知，CH_4 通量与气温、水温、pH 和表层水体溶解的 CH_4 浓度有较好的相关性，相关系数为 0.533、0.438、0.471 和 0.436，与敏感参数风速相关性不明显；而 CO_2 通量和气温、水温、叶绿素 a 含量和表层水体溶解的 CO_2 浓度有较好的相关性，相关系数为−0.567、−0.273、−0.444 和 0.552，与敏感参数风速没有相关性。

表 2-19　LM86 模型估算通量结果与环境因子的相关性

通量	气温	水温	pH	溶解氧含量	叶绿素 a 含量	风速	$c_w(CH_4)$	$c_w(CO_2)$
CH_4 通量	0.533**	0.438*	0.471*	−0.162	0.391	0.122	0.436*	−0.316
CO_2 通量	−0.567**	−0.273	−0.093	0.400	−0.444*	0.012	−0.244	0.552**

注：*表示 0.05 置信水平显著相关；**表示 0.01 置信水平显著相关；N=24。

（2）W92 模型。由于在采样时风速为瞬时风速，故只采取 W92b 模型对环境因子相关性分析，详见表 2-20。由表 2-20 可知，CH_4 通量与气温、水温、pH 和表层水体溶解的 CH_4 浓度有较好的相关性，相关系数为 0.576、0.465、0.459 和 0.605，与敏感参数风速相关性不明显；而 CO_2 通量与气温、溶解氧含量、叶绿素 a 含量和表层水体溶解的 CO_2 浓度有较好的相关性，相关系数为−0.614、0.433、−0.498 和 0.758，与敏感参数风速没有相关性。

表 2-20　W92 模型估算通量结果与环境因子的相关性

通量	气温	水温	pH	溶解氧含量	叶绿素 a 含量	风速	$c_w(CH_4)$	$c_w(CO_2)$
CH_4 通量	0.576**	0.465*	0.459*	−0.285	0.356	0.054	0.605**	−0.284
CO_2 通量	−0.614**	−0.332	−0.111	0.433*	−0.498*	−0.059	−0.194	0.758**

注：*表示 0.05 置信水平显著相关；**表示 0.01 置信水平显著相关；N=24。

（3）RC01 模型。对 RC01 扩散模型估算水体 CH_4、CO_2 通量结果与环境因子进行相关性分析，详见表 2-21。由表 2-21 可知，CH_4 通量和风速有较好的相关性，相关系数为 0.624，与敏感参数表层水体溶解的 CH_4 浓度相关性不明显；而 CO_2 通量与气温、叶绿素 a 含量和表层水体溶解的 CO_2 浓度有较好的相关性，相关系数为−0.600、−0.503 和 0.592，与敏感参数风速没有相关性。

表 2-21　RC01 模型估算通量结果与环境因子相关性

通量	气温	水温	pH	溶解氧含量	叶绿素 a 含量	风速	$c_w(CH_4)$	$c_w(CO_2)$
CH_4 通量	0.206	0.050	0.186	−0.168	0.182	0.624**	0.140	−0.268
CO_2 通量	−0.600**	−0.307	−0.290	0.278	−0.503*	0.159	−0.231	0.592**

注：*表示 0.05 置信水平显著相关；**表示 0.01 置信水平显著相关；N=24。

在朱衣河监测断面，不同扩散模型估算的 CH_4 和 CO_2 通量与环境因子的相关性有差异。使用 LM86 模型与 W92 模型计算得到的 CH_4 通量与气温、水温、pH 和表层水体溶解的 CH_4 浓度有较好的相关性；使用 LM86 模型、W92 模型和 RC01 模型计算得到的 CO_2 通量与气温和表层水体溶解的 CO_2 浓度显著相关。在同一个研究区域，不同的估算模型所得通量结果与环境因子的相关性有差异。

2.3 微气象学法

目前，常用的微气象学方法主要包括涡度相关法(ECM)和通量梯度(FGM)法。涡度相关法被认为是观测生态系统与大气之间能量和物质交换的直接方法，其计算原理不基于任何假设且不需要经验参数，并且已有较完善的理论和实践验证，已经被广泛应用于不同生态系统的物质及能量观测[71]。根据涡度相关法的基本原理，需要对观测的目标气体进行高频采样(采样频率≥10Hz)，实际上仅有部分设备满足 CO_2 和 CH_4 水汽浓度较为稳定的高频监测，大部分的仪器设备仍只能保持低频监测，这就使得一些监测频率较低的设备无法应用到该方法中。与涡度相关法相比，通量梯度法物理概念简明，理论成熟，且使用方便，只需要不同高度的常规气象要素观测资料，就可以长期在无高频仪器条件下对痕量气体(CH_4、CO_2 等)的通量进行研究和计算[72]，在线仪器观测精度和要求较低[73]。

通量梯度法是利用两个高度或两个以上高度测定的风速、气温、湿度和其他气体物质浓度的差计算物理量的湍流输送量。因此用通量梯度法测定通量时，至少需要在两个高度设置风速计和温度计、湿度计，并设置对象气体的浓度分析仪(或吸入口)。由于两高度的风速、气温和物质的浓度差一般很小，所以风速、气温和水汽压的精度要求较高。本书通过原位监测，对通量梯度法使用中的数据及质量分析进行深入探讨。

2.3.1 通量数据计算与质量分析

Monin-Obukhov 相似理论在 1954 年被提出[74]。许多研究以 Monin-Obukhov 相似理论为基础，开展了近地湍流结构、湍流通量以及气象要素梯度观测实验研究，提出了许多彼此有差异的普适函数形式，这些差异有可能是不同的仪器实验过程中的误差造成的。

本书对涡度相关法进行改良，将易求得的显热通量用涡度相关法进行确定，由显热通量求扩散系数，然后再把它应用于求痕量气体的通量[75]。本书使用的通量梯度系统采用闭路式分析仪，不需要对两个进气口因热量变化不均匀而引起的密度不均匀变化进行校正；并且两个梯度气体被存储在两个气袋中，堆放在一起，不需要因为密度不均匀而进行更正；水汽的变化导致气袋中气体密度的变化，由于分析仪会自动监测待测气体的含水浓度和不含水浓度，因此不需要对密度进行校正。有关研究表明，当待测气体水汽浓度高于1%时，会影响通量的观测[76]。对于 CO_2，每当水汽浓度体积比变化1%时，CO_2 浓度随之变化 0.062ppm[77,78]，而在对梅子垭监测区域进行监测时，由于天气晴朗，监测仪器在监测过程中的水汽浓度小于1%，因而无须考虑水汽浓度变化导致的密度变化。

2.3.2 通量梯度法监测方法

在监测点建立梯度观测系统，采用光腔衰荡激光光谱分析仪(WS-CRDS，Model G2301，Picarro inc，美国)测量大气中 CO_2、CH_4 和 H_2O 的混合比。观测频率为1Hz，观测前使用标样进行标定，仪器精度：CH_4 为 50ppb、CO_2 为 0.7ppb、H_2O 为 50ppm。采用三维超声风速仪（CSAT3B，美国）测量实时风速和超声虚温，计算求得显热通量、摩擦风速，进而求得湍流扩散系数 K。使用三维超声风速仪（误差限分别为：U_x 0～8cm/s，U_y 0～8cm/s，U_z 0～4cm/s，识别风速 0～65m/s，在 0℃、10℃、20℃时，仪器风速误差限为 2%、6%、8%，超声虚温识别范围为-30～50℃；在 25℃时，超声虚温误差为 0～0.002℃，检测频率为 1～100Hz，可设置检测频率为 10Hz、20Hz、50Hz 或者 100Hz）检测三个方向 U_x、U_y、U_z 风速。采样管为特氟龙材料（长度 10m，内径 6mm）。上下进气口采用空气过滤器，进气口通过连接抽气泵将气体抽入体积为 10L 储气袋中，储气袋事先使用抽气泵抽真空。为了缩短切换时间，尽可能缩短分析仪和气袋之间的管路长度，采样系统外置抽滤泵的流量为 3L/min，分析仪从气袋抽气检测流量为 0.3L/min。两个进气孔分别接单独的抽气泵和气袋，用同一开关控制以保证上下抽气时间和抽气量的统一性，减少人为操作误差。

在水面上 0.49m 和 2.13m 处分别架设进气口，用特氟龙管将气体分别抽入事先准备的两个真空气袋中，并混合气体，待抽气 30min 后，分别接入气体分析仪中检测 10min，通过求出平均值，计算两个不同高度的浓度差，通量梯度观测系统如图 2-36 所示。

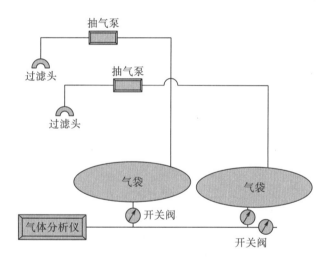

图 2-36   通量梯度观测系统示意图

通量梯度法计算方法的基本假设是在近地层中物质的传输与其物理属性梯度成正比，其比例系数即为湍流扩散系数 K[79]，计算公式为

$$F_c = -cK\frac{r_2 - r_1}{z_2 - z_1} \tag{2-14}$$

式中，F_c 为气体扩散通量，mg/（$m^2 \cdot h$）；c 为 ppm 转化为 mg/m^3 的系数；r_1 和 r_2 为 z_1 和 z_2 高度处待测气体的混合比，ppm；K 为湍流扩散速率，m^2/s，根据空气动力学原理结合莫宁-奥布霍夫相似理论进行确定[80]，见式（2-15）：

$$K = k\mu_* \times Z_g / \psi_h \tag{2-15}$$

式中，k 为冯卡门（Von Karman）常数，约等于 0.41；μ_* 为摩擦风速，m/s；Z_g 为两个高度的几何平均高度，$Z_g = (z_1 z_2)^{1/2}$，m；ψ_h 为关于稳定度参数的普适函数，使用莫宁-奥布霍夫稳定方程进行确定，见式(2-16)和式(2-17)：

$$\begin{cases} \psi_h = 1 + 5\xi & (\xi > 0，\text{稳定条件}) \end{cases} \tag{2-16}$$

$$\begin{cases} \psi_h = (1 - 16\xi)^{\frac{1}{2}} & (\xi < 0，\text{中性或不稳定条件}) \end{cases} \tag{2-17}$$

式中，ξ 为稳定度参数，利用 $\xi = Z_g/L$ 进行确定；L 为莫宁-奥布霍夫长度，m，对于 L 可用式(2-18)进行确定：

$$L = -\mu_* / [k(g / \theta_v)\overline{\omega'\theta'}] \tag{2-18}$$

式中，g 为重力加速度，为 9.8m/s^2；θ_v 是虚温，K；$\overline{\omega'\theta'}$ 是动量显热通量，m·K/s；μ_* 和 $\overline{\omega'\theta'}$ 可以通过三维超声风速仪观测数据计算获得。

2.3.3　不同的趋势去除方法对比

在计算显热通量时，会受到平均周期和高通滤波的影响，而在高频段又会受到仪器响应的影响[81,82]，通量观测时需要对这些响应进行校正。在计算显热通量变化时，在某一给定时间间隔内，显热通量等于垂直风速的脉动和位温的脉动之间的协方差在时间间隔内的积分。而在实际检测时，由于受到观测技术和采样频率的限制，得到离散的数据，只能对数据进行算术平均[79]。在进行通量计算时，需要将原始数据进行拆分，拆分成平均值和脉动值。利用平均项和脉动项进行质量控制。将原始信号拆分为平均项和脉动项主要有三种方法：①时间平均；②线性平均；③滑动平均。

1. 时间平均运算

假设有效的无限时间序列 $w(t)$ 和 $s(t)$，可以分别对周期为 T 的连续时间序列进行平均运算，如图 2-37 所示。因此周期为 T 的连续时间序列的平均值可定义为

$$\overline{w(t)} = \overline{w} = \frac{1}{T}\int_0^T w(t)\mathrm{d}t \tag{2-19}$$

$$\overline{s(t)} = \overline{s} = \frac{1}{T}\int_0^T s(t)\mathrm{d}t \tag{2-20}$$

进一步借助平均项定义脉动项：

$$w'(t) = w(t) - \overline{w(t)} \tag{2-21}$$

$$s'(t) = s(t) - \overline{s(t)} \tag{2-22}$$

周期 T 内的协方差可以定义为

$$\overline{w's'} = \overline{[w(t) - \overline{w}][(s(t) - \overline{s})]} \tag{2-23}$$

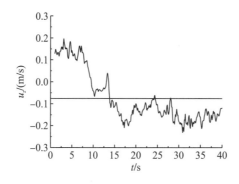

图 2-37　时间平均趋势去除

2. 线性平均运算

与在周期 T 的连续序列信号中减去平均项不同，对于线性趋势去除，应首先获得线性回归曲线，然后从周期 T 的连续时间序列信号中减去线性回归曲线值，如图 2-38 和图 2-39 所示，时间序列 $w(t)$ 的周期 T 的连续时间序列信号的最佳线性回归曲线可以表示为

$$W(t) = W_{\mathrm{I}} + W_{\mathrm{s}}t \tag{2-24}$$

式中，W_{I} 为截距，W_{s} 为斜率，则

$$w' = w(t) - W(t) \tag{2-25}$$

$$s' = s(t) - S(t) \tag{2-26}$$

式中，$W(t)$ 和 $S(t)$ 分别表示时间序列 $w(t)$ 和 $s(t)$ 的最佳线性拟合。

则周期 T 的湍流协方差为

$$\overline{w's'} = \overline{[w(t) - W(t)][s(t) - S(t)]} \tag{2-27}$$

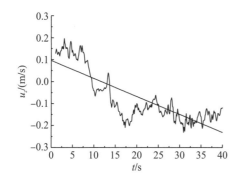

图 2-38　垂直风速线性平均趋势去除

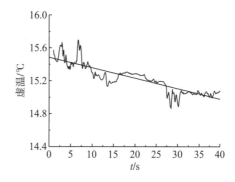

图 2-39　虚温线性平均趋势去除

3. 滑动平均运算

滑动平均运算可以看作是滤波运算的组成部分，如图 2-40 和图 2-41 所示。滤波可以看作时间序列 $w(t)$ 和 $s(t)$ 在函数窗为 $G(t)$ 条件下在时间尺度的卷积积分。时间平均和线

性平均是在时间尺度范围内做减法运算，用 W_{II} 表示信号的滑动平均运算的低通滤波部分，则有

$$W_{\mathrm{II}} = \int_{-T}^{T} G(t'-t)w(t)\mathrm{d}t \tag{2-28}$$

因此，

$$\overline{w's'} = \overline{[w(t)-W_{\mathrm{II}}(t)][s(t)-S_{\mathrm{II}}(t)]} \tag{2-29}$$

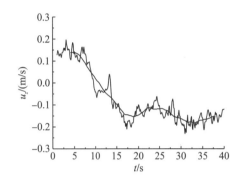

图 2-40　垂直风速滑动平均趋势去除

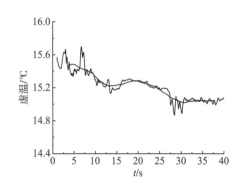

图 2-41　虚温滑动平均趋势去除

4. 不同的趋势去除结果分析

采用三种线性去除方式对梅子垭监测点使用三维超声风速仪监测的垂直风速和超声虚温进行时间平均、线性平均和滑动平均趋势去除运算。在使用梯度法对梅子垭水库进行通量监测时，时间间隔为半个小时，对梯度混合比进行计算，每组超声风速仪数据大概18000个。而滑动平均法选取不同的数据量进行平均，将直接影响对数据的平滑效果，如果平均数据量选择过大，则局部平均的相邻数据偏多，尽管平滑作用较大，有利于抑制频繁随机起伏的随机误差，但也可能将高频变化的确定性成分一起被平均而削弱；反之，若数据量选得较小，则可能对低频随机起伏未做平均而减小，即不利于抑制随机误差[83]，因此应按滑动平均的目的及数据的实际变化情况，合理选取滑动平均的数据量。本书采用100个数据进行滑动平均，首尾50个数据不能滑动平均，对于剩下数据进行趋势去除，如图2-42和图2-43所示。

不同的趋势去除方法所得的显热通量结果不同，从总体趋势来看，线性平均趋势去除最接近时间平均，而滑动平均和线性平均趋势去除与时间平均所得结果相差很远。根据1999年Rannik和Vesala研究，三种不同的趋势去除方法在频率尺度下对于通量计算具有不同的影响[84]。通量计算要求数据量为18000个，与该研究结果符合。时间平均运算的主要优势在于操作简单，且其符合雷诺平均法则，因此如果已经记录平均值，就很容易构建总协方差；而线性趋势去除和滑动平均运算不同，线性趋势去除很直观，仅仅需要对当前时间间隔的数据进行趋势去除运算，但线性趋势去除运算不符合雷诺平均法则。在多数情况滑动平均运算需要存储原始时间序列，因此计算不方便。本书选择时间平均趋势去除。

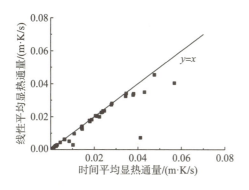

图 2-42　时间平均和线性平均显热通量对比　　　图 2-43　时间平均和滑动平均显热通量对比

5. 坐标轴旋转

坐标轴旋转的目的是使超声风速仪平行于地面[85]。自然风系统主要在一维的情况下应用，即风速和标量浓度梯度仅仅存在于垂直方向，不存在标量水平平流，不存在气流的辐散，也没有风向切变导致的测风向的动量通量。用超声风速计测量风速时，面临水平安装的问题，即使在水平地面上利用水准仪进行严格调试，也不能保证平均气流水平。1990 年 Kaimal 和 Wyngaard 研究表明，对于动量通量，测量仪器的倾斜度必须保持在0.1°之内[86]。而实际上就热量通量来说，在水平均一的地形上，需要仪器保持的倾斜度误差会更小。在通量计算时，需要将三维超声风速仪转化为自然坐标系，然后根据坦纳(Tanner)提出的坐标变换途径，进行坐标变换，通常使坐标系 x 轴与平均水平风方向平行，从而使平均侧风速度和平均垂直速度为 0，并且相应的平均侧风应力也为 0。

坐标轴旋转的基本过程如图 2-44 所示，第一次以 z 轴为中心轴进行旋转，使平均侧风等于 0，定义旋转角为 γ；第二次以 y 轴为中心轴进行旋转，使平均侧风等于 0，定义此旋转角为 α；第三次旋转使侧风动量通量为 0，定义此旋转角为 β。

设三维风速为矩阵：

$$A_0 = [w_0 \quad v_0 \quad u_0] \tag{2-30}$$

第一次旋转可以用矩阵 A_{01} 表示，即

$$A_{01} = \begin{bmatrix} \cos\gamma & \sin\gamma & 0 \\ -\sin\gamma & \cos\gamma & 0 \\ 0 & 0 & 1 \end{bmatrix} \tag{2-31}$$

其中

$$\gamma = \arctan\left(\frac{\overline{v_0}}{\overline{u_0}}\right) \tag{2-32}$$

第二次旋转可以用矩阵 A_{12} 表示，即

$$A_{12} = \begin{bmatrix} \cos\alpha & 0 & \sin\alpha \\ 0 & 1 & 0 \\ -\sin\alpha & 0 & \cos\alpha \end{bmatrix} \tag{2-33}$$

擦风速值具有很好的一致性，决定系数为 $R^2=0.9496$。坐标旋转所得的无论是显热通量还是摩擦风速，都比旋转之前所得结果要小。

2.3.4　数据质量分析

为了能够进行通量站点间的比较和全球尺度的综合分析，必须作通量数据质量分析与控制。然而对数据进行质量控制非常困难，至今还没有特定的方法对某个特定的通量进行校正。本书采用大气湍流统计特性分析。根据莫宁-奥布霍夫理论，在近地边界层内各种大气和统计特征可以利用速度尺度 u_* 或温度尺度 T_* 归一化为大气稳定度的普适函数。湍流统计特征分析利用方差相似关系，可作为涡度相关数据质量检验的可靠标准。特别是垂直风速和温度方差的相似性关系得到广泛的应用，并由此得到了很多经验性拟合方程。被广泛应用的垂直风速以及温度的方差相似关系分别为

$$\frac{\sigma_w}{u_*} = a_1 \left[1+3\left|(z_r-d)/L\right|\right]^{b_1} \tag{2-37}$$

$$\frac{\sigma_T}{T_*} = a_2 \left[1+9.5\left|(z_r-d)/L\right|\right]^{b_2} \tag{2-38}$$

式中，a_1、b_1、a_2 和 b_2 为经验系数；σ_w 为垂直风速的方差；σ_T 为温度的方差；u_* 为摩擦风速；z_r 为湍流通量测定高度；d 为零平面位移高度；L 为莫宁-奥布霍夫长度；T_* 为温度。

湍流方差相似性关系分析可以检验湍流是否能够很好地形成与发展，是否符合湍流运动的相似性理论。若湍流方差相似性关系的观测值与模拟值有较好的一致性，则可以认为该数据是令人满意的。如图 2-47 和图 2-48 所示，垂直风速标准偏差与大气稳定度 $1+3(z_r-d)/L$ 相关性较高，决定系数 R^2 为 0.8713；温度标准偏差与大气稳定度 $1+9.5(z_r-d)/L$ 相关性较高，决定系数 R^2 为 0.7762，说明观测值与预测值有较好的一致性。

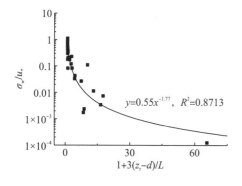 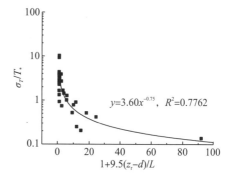

图 2-47　垂直风速标准偏差与大气稳定度的关系　图 2-48　温度方差标准偏差与大气稳定度的关系

2.4 不同监测方法估算的 CH_4、CO_2 通量对比

不同监测方法的适用条件不同，其计算方法本身存在差异，使得最终的监测结果也存在显著区别。比如，学者们在对模型估算法与静态箱法通量监测结果进行比较时发现，静态箱法通量值普遍高于模型估算法，甚至高出一个数量级，认为模型估算法可能会低估水-气界面实际通量，或静态箱法所造成的人工微环境可能使得监测结果偏高[87]。而通量梯度法可以很好地弥补静态箱法局部监测带来的系统误差。本书基于野外原位实践，结合环境因子，探讨各个方法的适用性及其影响因素。

2.4.1 梅子垭水库

1. 通量箱法和扩散模型法

如图 2-49 所示为在梅子垭监测点使用通量箱法和扩散模型法估算的 CH_4 通量结果，总体趋势上，两种方法估算的 CH_4 通量大小依次为：CC 模型＞RC01 模型＞通量箱法＞W92a 模型＞LM86 模型，验证了通量箱法在梅子垭监测点的适用性。而这四种扩散模型估算 CH_4 通量数值的大小没有较好的一致性。

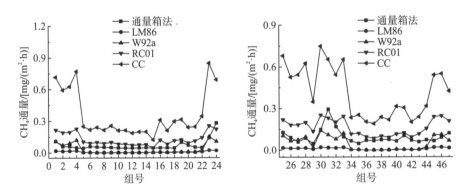

图 2-49 梅子垭通量箱法与扩散模型法估算 CH_4 通量结果对比

如图 2-50 所示，使用通量箱法和扩散模型法估算 CO_2 通量结果发现，总体趋势上，两种方法估算的 CO_2 通量大小依次为：CC 模型＞RC01 模型＞通量箱法＞W92a 模型 ≥LM86 模型。

在梅子垭监测断面，由于风速变化较小，在监测的时间段内水面未形成较大的风浪。通量箱法的主要误差来源于箱体下水后，静态箱边缘与水体产生接触与摩擦，在风和水流的影响下，箱体会左右漂动，影响原始的水环境状态。在实际监测过程中，可人为控制通量箱以减少与水面的摩擦，在梅子垭监测区域使用通量箱法对水体的通量监测所得结果为较准确的值。

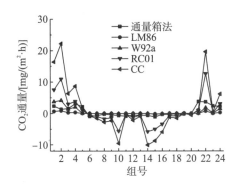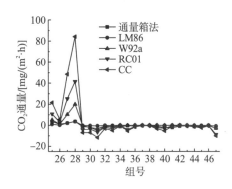

图 2-50 梅子垭通量箱法与扩散模型法估算 CO_2 通量结果对比

2. 通量箱法和通量梯度法

如图 2-51 所示为通量箱法和通量梯度法测量 CH_4 通量所得结果，两种不同监测方法所测得的 CH_4 通量都在 $0.003\sim0.294mg/(m^2\cdot h)$ 波动，两种方法所得 CH_4 的通量值均为正，说明梅子垭水库水体是大气 CH_4 排放的源。通量箱法监测 CH_4 通量结果大于通量梯度法监测的通量结果。

如图 2-52 所示为通量箱法和通量梯度法测量 CO_2 通量所得结果，两种监测方法所测得的 CO_2 通量结果都在 $-7.516\sim7.945mg/(m^2\cdot h)$ 波动，均有正有负。从总体趋势上看，通量箱法估算的 CO_2 通量结果小于通量梯度法估算的 CO_2 通量结果，两种监测方法在 CO_2 通量结果估算上差异较大。

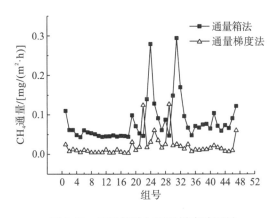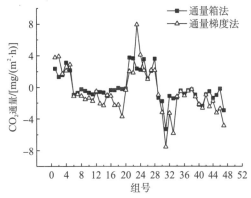

图 2-51 通量箱法与通量梯度法测量 CH_4 能量对比示意图

图 2-52 通量箱法与通量梯度法测量 CO_2 通量对比示意图

2.4.2 三峡水库支流朱衣河

如图 2-53 所示为朱衣河断面通量箱法和扩散模型法(LM86 模型、W92 模型、RC01 模型)估算 CH_4 通量结果比较。两种方法估算的 CH_4 通量在 $0.001\sim1.132mg/(m^2\cdot h)$ 波动，且都为正值,说明两种方法在源汇问题上有较好的一致性。在 ZY01 断面,1 月、2 月和 6 月通量箱法估算 CH_4 通量结果小于扩散模型法估算通量结果,3 月与之相反;在 ZY02 断面,1 月通量箱法估算 CH_4 通量小于扩散模型法估算的通量结果,3 月与之相反;在 ZY03 断面,3 月、5 月和 6 月通量箱法估算 CH_4 通量结果最小;在 CJZY 断面,同 ZY02 断面结果相似,3 月通量箱法估算 CH_4 通量结果最大,其他月份和扩散模型法的通量估算结果大小差异不一。除 2 月外,其他月份两种通量监测结果大小没有较好的一致性。

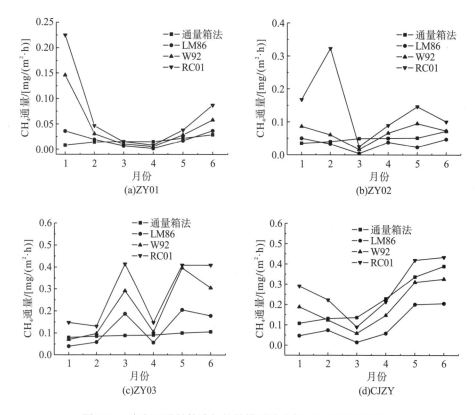

图 2-53 朱衣河通量箱法与扩散模型法估算 CH_4 通量结果对比

如图 2-54 所示为朱衣河断面通量箱法估算 CO_2 通量和扩散模型法(LM86 模型、W92 模型、RC01 模型)通量估算结果对比。两种方法监测水体 CO_2 通量在 $-159.749 \sim 565.063 mg/(m^2 \cdot h)$,对于 ZY01、ZY02 和 ZY03 断面,1~3 月两种不同监测方法估算的 CO_2 通量都为正值,4~6 月估算的 CO_2 通量为负值;在 CJZY 断面都为正值。在 ZY01 断面,3 月通量箱法估算 CO_2 通量结果大于扩散模型法估算通量结果,其他月份两种方法估算的 CO_2 通量结果大小差异不一;在 ZY02 断面,同 ZY01 断面结果相似,1 月通量箱法估算 CO_2 通量结果最大;在 ZY03 断面,1 月、4 月和 6 月通量箱法估算 CO_2 通量结果大于扩散模型法估算通量结果,5 月通量箱法估算 CO_2 通量结果最小;在 CJZY 断面,1 月、5 月和 6 月通量箱法估算 CO_2 通量结果最大。

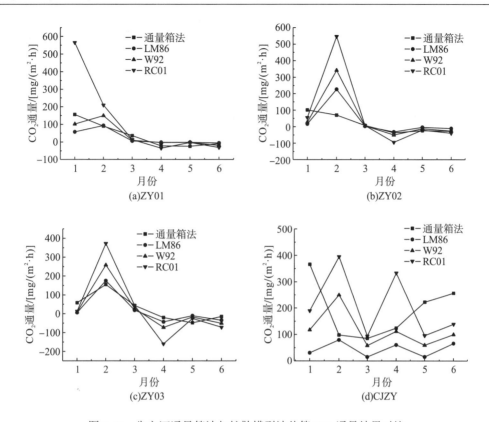

图 2-54　朱衣河通量箱法与扩散模型法估算 CO_2 通量结果对比

在相同的时间，不同的监测断面，使用不同的监测方法对水体 CH_4、CO_2 通量的估算结果差异较大。根据朱衣河环境因子分析，朱衣河风速变化较大，在通量箱内形成的微环境和外界条件环境差异较大，使用通量箱法监测朱衣河水体 CH_4、CO_2 通量存在很大的不确定性因素。

参 考 文 献

[1] Kirschke S, Bousquet P, Ciais P, et al. Three decades of global methane sources and sinks[J]. Nature Geoscience, 2013, 6(10): 813-823.

[2] Deemer B R, Harrison J A, Li S Y, et al. Greenhouse gas emissions from reservoir water surfaces: a new global synthesis[J]. BioScience, 2016, 66(11): 949-964.

[3] 赵小杰, 赵同谦, 郑华, 等. 水库温室气体排放及其影响因素[J]. 环境科学, 2008, 29(8): 2377-2384.

[4] 程炳红, 郝庆菊, 江长胜. 水库温室气体排放及其影响因素研究进展[J]. 湿地科学, 2012, 10(1): 121-128.

[5] Frankignoulle M. Field measurements of air-sea CO_2 exchange[J]. Limnology and Oceanography, 1988, 33(3): 313-322.

[6] Liss P S, Slater P G. Flux of gases across the air-sea interface[J]. Nature, 1974, 247: 181-184.

[7] Blomquist B W, Fairall C W, Huebert B J, et al. DMS sea-air transfer velocity: direct measurements by eddy covariance and parameterization based on the NOAA/COARE gas transfer model[J]. Geophysical Research Letters, 2006, 33(7): L07601.

[8] Denmead O T. Approaches to measuring fluxes of methane and nitrous oxide between landscapes and the atmosphere[J]. Plant and Soil, 2008, 309(1-2): 5-24.

[9] Hendriks D M D, van Huissteden J, Dolman A J. Multi-technique assessment of spatial and temporal variability of methane fluxes in a peat meadow[J]. Agricultural and Forest Meteorology, 2010, 150(6): 757-774.

[10] Cole J J, Caraco N F. Atmospheric exchange of carbon dioxide in a low-wind oligotrophic lake measured by the addition of SF_6[J]. Limnology and Oceanography, 1998, 43(4): 647-656.

[11] Francis A J, Dodge C J, Rose A W, et al. Aerobic and anaerobic microbial dissolution of toxic metals from coal wastes: mechanism of action[J]. Environmental Science & Technology, 1989, 23(4): 435-441.

[12] Mcginnis D F, Kirillin G, Tang K W, et al. Enhancing surface methane fluxes from an oligotrophic lake: exploring the microbubble hypothesis[J]. Environmental Science & Technology, 2015, 49(2): 873-880.

[13] Matthias A D, Yarger D N, Weinbeck R S. A numerical evaluation of chamber methods for determining gas fluxes[J]. Geophysical Research Letters, 1978, 5(9): 765-768.

[14] Lambert M, Fréchette J L. Analytical techniques for measuring fluxes of CO_2 and CH_4 from hydroelectric reservoirs and natural water bodies[C]//Tremblay A, Varfalvy L, Roehm C, et al. Greenhouse Gas Emissions—Fluxes and Processes: Hydroelectric Reservoirs and Natural Environments. Berlin: Springer, 2005: 37-60.

[15] Goldenfum J A. GHG Measurement Guidelines for Freshwater Reservoirs: Derived From: The UNESCO/IHA Greenhouse Gas Emissions from Freshwater Reservoirs Research Project[R]. London: International Hydropower Association (IHA), 2010.

[16] Guerin F, Abril G, Serca D, et al. Gas transfer velocities of CO_2 and CH_4 in a tropical reservoir and its river downstream[J]. Journal of Marine Systems, 2007, 66(1-4): 161-172.

[17] Raymond P A, Cole J J. Gas exchange in rivers and estuaries: choosing a gas transfer velocity[J]. Estuaries, 2001, 24(2): 312-317.

[18] Wanninkhof R, Asher W E, Ho D T, et al. Advances in quantifying air-sea gas exchange and environmental forcing[J]. Annual Review of Marine Science, 2009, 1(1): 213-244.

[19] Upstill-Goddard R C, Watson A J, Liss P S, et al. Gas transfer velocities in lakes measured with SF_6[J]. Tellus B, 1990, 42(4): 364-377.

[20] Beaulieu J J, Shuster W D, Rebholz J A. Controls on gas transfer velocities in a large river[J]. Journal of Geophysical Research(Biogeosciences), 2012, 117(G2): G02007.

[21] Sander R. Compilation of Henry's law constants (version 4.0) for water as solvent[J]. Atmospheric Chemistry and Physics, 2015, 15(8): 4399-4981.

[22] Xiao S B, Wang C H, Wilkinson R J, et al. Theoretical model for diffusive greenhouse gas fluxes estimation across water-air interfaces measured with the static floating chamber method[J]. Atmospheric Environment, 2016, 137: 45-52.

[23] 王炜, 张成, 雷丹, 等. 静态浮箱法中不同拟合模型对水-气界面通量估算的影响[J]. 长江流域资源与环境, 2018, 27(4): 900-906.

[24] 杜鹏程. 水库水-气界面温室气体通量监测方法对比研究[D]. 宜昌: 三峡大学, 2019.

[25] 贾磊, 张弥, 蒲旖旎, 等. 箱体特征对箱式法观测水-气界面 CO_2 和 CH_4 通量的影响[J]. 应用生态学报, 2022, 33(6): 1563-1571.

[26] Matthews C J D, St Louis V L, Hesslein R H. Comparison of three techniques used to measure diffusive gas exchange from sheltered aquatic surfaces[J]. Environmental Science & Technology, 2003, 37(4): 772-780.

[27] Crusius J, Wanninkhof R. Gas transfer velocities measured at low wind speed over a lake[J]. Limnology and Oceanography, 2003, 48(3): 1010-1017.

[28] Schwarzenbach R P, Gschwend P M, Imboden D M. Environmental Organic Chemistry[M]. 2nd Edition. Hoboken: Wiley, 2002.

[29] 肖启涛, 张弥, 胡正华, 等. 基于不同模型的大型湖泊水-气界面气体传输速率估算[J]. 湖泊科学, 2018, 30(3): 790-801.

[30] Wanninkhof R. Relationship between wind speed and gas exchange over the ocean[J]. Journal of Geophysical Research Oceans, 1992, 97(C5): 7373-7382.

[31] Vachon D, Prairie Y T. The ecosystem size and shape dependence of gas transfer velocity versus wind speed relationships in lakes[J]. Canadian Journal of Fisheries and Aquatic Sciences, 2013, 70(12): 1757-1764.

[32] Godwin C M, Mcnamara P J, Markfort C D. Evening methane emission pulses from a boreal wetland correspond to convective mixing in hollows[J]. Journal of Geophysical Research Biogeosciences, 2013, 118(3): 994-1005.

[33] Butler J H, Elkins J W. An automated technique for the measurement of dissolved N_2O in natural waters[J]. Marine Chemistry, 1991, 34(1-2): 47-61.

[34] 柴欣生, 付时雨, 莫淑欢, 等. 静态顶空气相色谱技术[J]. 化学进展, 2008, 20(5): 762-766.

[35] 方华, 周朋云, 庄鸿涛. 氦离子化检测器(PDHID)与火焰离子化检测器(FID)在高纯气体分析中的性能比较[J]. 低温与特气, 2011, 29(1): 33-42.

[36] Johnson K M, Hughes J E, Donaghay P L, et al. Bottle-calibration static head space method for the determination of methane dissolved in seawater[J]. Analytical Chemistry, 1990, 62(21): 2408-2412.

[37] Demarty M, Bastien J. GHG emissions from hydroelectric reservoirs in tropical and equatorial regions: review of 20 years of CH_4 emission measurements[J]. Energy Policy, 2011, 39(7): 4197-4206.

[38] 李佩佩. 黄河口及黄、渤海溶存甲烷和氧化亚氮的分布与释放通量[D]. 青岛: 中国海洋大学, 2010.

[39] Jähne B, Libner P, Fischer R, et al. Investigating the transfer processes across the free aqueous viscous boundary layer by the controlled flux method[J]. Tellus B, 1989, 41(2): 177-195.

[40] Ho D T, Coffineau N, Hickman B, et al. Influence of current velocity and wind speed on air-water gas exchange in a mangrove estuary[J]. Geophysical Research Letters, 2016, 43(8): 3813-3821.

[41] Liss P S, Merlivat L. Air-sea gas exchange rates: introduction and synthesis[C]//The Role of Air-Sea Exchange in Geochemical Cycling. Berlin: Springer, 1986: 113-127.

[42] Amorocho J, Devries J. A new evaluation of the wind stress coefficient over water surfaces[J]. Journal of Geophysical Research: Oceans, 1980, 85(C1): 433-442.

[43] Xiao S B, Liu L, Wang W, et al. A fast-response automated gas equilibrator(FaRAGE) for continuous in situ measurement of CH_4 and CO_2 dissolved in water[J]. Hydrology and Earth System Sciences, 2020, 24(7): 3871-3880.

[44] Xiao S B, Liu D F, Wang Y C, et al. Temporal variation of methane flux from Xiangxi Bay of the Three Gorges Reservoir[J]. Scientific Reports, 2013, 3(8): 2500.

[45] Lei D, Liu J, Zhang J W, et al. Methane oxidation in the water column of Xiangxi Bay, Three Gorges Reservoir[J]. CLEAN–Soil, Air, Water, 2019, 47(9): 1800516.

[46] Takagaki N, Komori S. Effects of rainfall on mass transfer across the air-water interface[J]. Journal of Geophysical Research: Oceans, 2007, 112(C6): C06006.

[47] Xiao S B, Yang H, Liu D F, et al. Gas transfer velocities of methane and carbon dioxide in a subtropical shallow pond[J]. Tellus B: Chemical and Physical Meteorology, 2014, 66(1): 23795.

[48] Vachon D, Prairie Y T, Cole J J. The relationship between near-surface turbulence and gas transfer velocity in freshwater systems and its implications for floating chamber measurements of gas exchange[J]. Limnology and Oceanography, 2010, 55(4): 1723-1732.

[49] 张成, 吕新彪, 龙丽, 等. 极低风速条件下水-气界面甲烷气体传输速率分析[J]. 环境科学, 2016, 37(11): 4162-4167.

[50] Liss P, Balls P, Martinelli F, et al. The effect of evaporation and condensation on gas transfer across an air-water-interface[J]. Oceanologica Acta, 1981, 4(2): 129-138.

[51] Ward B, Wanninkhof R, Mcgillis W R, et al. Biases in the air-sea flux of CO_2 resulting from ocean surface temperature gradients[J]. Journal of Geophysical Research: Oceans, 2004, 109(C8): 1-14.

[52] Frost T, Upstill-Goddard R C. Meteorological controls of gas exchange at a small English lake[J]. Limnology and Oceanography, 2002, 47(4): 1165-1174.

[53] 吴兴熠, 肖尚斌, 张文丽, 等. 2016 年 10～11 月宜昌莲心湖水-气界面 CO_2 排放通量[J]. 湿地科学, 2020, 18(3): 368-373.

[54] Erkkila K M, Ojala A, Bastviken D, et al. Methane and carbon dioxide fluxes over a lake: comparison between eddy covariance, floating chambers and boundary layer method[J]. Biogeosciences, 2018, 15(2): 429-445.

[55] Ojala A, Bellido J L, Tulonen T, et al. Carbon gas fluxes from a brown-water and a clear-water lake in the boreal zone during a summer with extreme rain events[J]. Limnology and Oceanography, 2011, 56(1): 61-76.

[56] Bartosiewicz M, Laurion I, Macintyre S. Greenhouse gas emission and storage in a small shallow lake[J]. Hydrobiologia, 2015, 757(1): 101-115.

[57] Nakamura R. Runoff analysis by electrical conductance of water[J]. Journal of Hydrology, 1971, 14(3-4): 197-212.

[58] Ho D T, Veron F, Harrison E, et al. The combined effect of rain and wind on air–water gas exchange: a feasibility study[J]. Journal of Marine Systems, 2007, 66(1-4): 150-160.

[59] 赵炎, 曾源, 吴炳方, 等. 水库水气界面温室气体通量监测方法综述[J]. 水科学进展, 2011, 22(1): 135-146.

[60] 陈敏, 许浩霆, 王雪竹, 等. 降雨径流事件对三峡水库香溪河库湾甲烷释放的影响[J]. 环境科学, 2021, 42(2): 732-739.

[61] Stauffer R E. Windpower time series above a temperate lake[J]. Limnology and Oceanography, 1980, 25(3): 513-528.

[62] Roehm C L, Prairie Y T, Del Giorgio P A. The pCO_2 dynamics in lakes in the boreal region of northern Québec, Canada[J]. Global Biogeochemical Cycles, 2009, 23(3): GB3013.

[63] Cockenpot S, Claude C, Radakovitch O. Estimation of air–water gas exchange coefficient in a shallow lagoon based on 222Rn mass balance[J]. Journal of Environmental Radioactivity, 2015, 143: 58-69.

[64] Iwano K, Takagaki N, Kurose R, et al. Mass transfer velocity across the breaking air–water interface at extremely high wind speeds[J]. Tellus B: Chemical and Physical Meteorology, 2013, 65(1): 21341.

[65] Abebe Ketema A, Langergraber G. Sensitivity analysis for water supply input parameters of the CLARA simplified planning tool using three complementary methods[J]. Journal of Water Supply: Research and Technology-Aqua, 2015, 64(4): 391-403.

[66] 陈鸣富. 发展生态农业 构建和谐社会: 夷陵区梅子垭村发展以沼气为纽带生态农业的调查报告[J]. 中国沼气, 2005, 23: 91-93.

[67] 邓红兵, 王庆礼. 三峡库区小集水区复合生态系统的水分及养分动态[J]. 长江流域资源与环境, 2001, 10(5): 432-439.

[68] 傅家楠, 操满, 邓兵, 等. 三峡库区高水位运行期典型干支流水体 CO_2 分压及其水面通量特征[J]. 地球与环境, 2016, 44(1): 64-72.

[69] 周子然, 邓兵, 王雨春, 等. 三峡库区干支流水体交换特征初步研究: 以朱衣河为例[J]. 人民长江, 2015, 46(22): 1-6.

[70] 罗洁琼. 基于 GIS 的三峡库区山地人居环境自然适宜性动态评价: 以奉节县和巫山县为例[D]. 重庆: 西南大学, 2013.

[71] Aubinet M, Vesala T, Papale D. Eddy covariance: a practical guide to measurement and data analysis[M]. Berlin:Springer Science & Business Media, 2012.

[72] Schubert C J, Diem T, Eugster W. Methane emissions from a small wind shielded lake determined by eddy covariance, flux chambers, anchored funnels, and boundary model calculations: a comparison[J]. Environmental science & technology, 2012, 46(8): 4515-4522.

[73] 沈艳, 刘允芬, 王堰. 应用涡动相关法计算水热、CO_2 通量的国内外进展概况[J]. 南京气象学院学报, 2005, 28(4): 559-566.

[74] Monin A, Obukhov A. Basic laws of turbulent mixing in the ground layer of the atmosphere(Osnovne Zakonomernosti Turbulentnogo Peremeshivaniya V Prizemnom Sloe Atmosfery)[J]. American Meteorological Society Boston Ma, 1959, 24(151): 163-187.

[75] Fares S, Schnitzhofer R, Jiang X Y, et al. Observations of diurnal to weekly variations of monoterpene-dominated fluxes of volatile organic compounds from mediterranean forests: implications for regional modeling[J]. Environmental science & technology, 2013, 47(19): 11073-11082.

[76] Chen H, Wu N, Yao S P, et al. High methane emissions from a littoral zone on the Qinghai-Tibetan Plateau[J]. Atmospheric Environment, 2009, 43(32): 4995-5000.

[77] Edson J B, Hinton A A, Prada K E, et al. Direct covariance flux estimates from mobile platforms at sea[J]. Journal of Atmospheric and Oceanic Technology, 1998, 15(2): 547-562.

[78] Zappa C J, Raymond P A, Terray E A, et al. Variation in surface turbulence and the gas transfer velocity over a tidal cycle in a macro-tidal estuary[J]. Estuaries, 2003, 26(6): 1401-1415.

[79] 于贵瑞, 孙晓敏, 等. 陆地生态系统通量观测的原理与方法[M]. 北京: 高等教育出版社, 2006.

[80] Xiao W, Liu S D, Li H C, et al. A flux-gradient system for simultaneous measurement of the CH_4, CO_2, and H_2O fluxes at a lake–air interface[J]. Environmental science & technology, 2014, 48(24): 14490-14498.

[81] Barthlott C, Fiedler F. Turbulence structure in the wake region of a meteorological tower[J]. Boundary-Layer Meteorology, 2003, 108(1): 175-190.

[82] Massman W, Lee X. Eddy covariance flux corrections and uncertainties in long-term studies of carbon and energy exchanges[J]. Agricultural and Forest Meteorology, 2002, 113(1-4): 121-144.

[83] 裴益轩, 郭民. 滑动平均法的基本原理及应用[J]. 火炮发射与控制学报, 2001, 22(1): 21-23.

[84] Rannik Ü, Vesala T. Autoregressive filtering versus linear detrending in estimation of fluxes by the eddy covariance method[J]. Boundary-Layer Meteorology, 1999, 91(2): 259-280.

[85] Lee X H, Finnigan J, Paw U K T. Coordinate systems and flux bias error[M]//Handbook of Micrometeorology. Berlin: Springer, 2004: 33-66.

[86] Kaimal J C, Wyngaard J C. The kansas and minnesota experiments[J]. Boundary-Layer Meteorology, 1990, 50(1-4): 31-47.

[87] 姚骁, 李哲, 郭劲松, 等. 水-气界面 CO_2 通量监测的静态箱法与薄边界层模型估算法比较[J]. 湖泊科学, 2015, 27(2): 289-296.

第3章 水库温室气体的扩散释放

大量来自深水库沉积物的 CH_4 易被氧化，而产自浅水水库沉积物的 CH_4 或水库浅水区的 CH_4 气泡在被氧化之前能够到达水面，排放大量 CH_4[1]。深水环境中上层水体的静水压力过大，导致沉积物中气泡难以形成，因此 CH_4 排放以扩散为主；而浅水环境因 CH_4 气泡容易形成，且在传输过程中溶解及氧化有限，因而气泡是其主要排放途径[2]。CO_2 因其较大的溶解度，很少以气泡形式释放。CO_2 和 CH_4 排放通量是由气体产生过程和传输过程共同决定的，排放途径包括水库内水-气界面的扩散、气泡排放、水轮机和下游河道的脱气等[3]。排放方式和通量受气象因素、水库特征、水体理化性质、生物作用、水动力条件等多种因素的影响[4,5]。

3.1 香溪河库湾

3.1.1 香溪河流域概况

香溪河又名昭君溪，位于鄂西，发源于湖北省西北部神农架林区，拥有白沙河、古夫河和高岚河三条主要支流，于秭归县归州镇东侧注入长江，入江口距三峡大坝坝址约32km[6]，地理位置为 30°57′N～31°34′N、110°25′E～111°06′E，干流长 94km，流域总面积为 3099km^2[7,8]，是三峡水库湖北库区第一大支流，也是三峡水库库首段第一大支流，如图 3-1 所示。该河流经地多为深山峡谷，自然落差较大，水能资源丰富，土壤类型繁多，土地利用类型多样[9]，植被垂直分布差异显著，森林覆盖率高达 60%[10,11]。

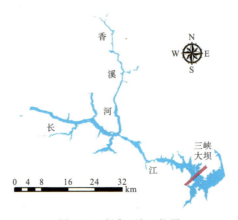

图 3-1 香溪河地理位置

1. 水文气候特征

香溪河属亚热带季风气候，整个流域冬暖春早，春季冷暖多变，雨水丰沛，夏季炎热多伏旱，雨量集中且常伴有暴雨，秋季多阴雨，冬季早霜、多雨雪，具有湿度大、云雾多和风力小等特征。由于地势高差大，地形复杂，气温垂直变化明显，区域小气候特征十分显著[12]。香溪河流域降水和水力资源丰富，流域多年平均径流量为 19.97 亿 m^3，年均径流深为 723.3mm，径流模数为 21.49m^3/(s·km^2)，平均流量为 65.5m^3/s，但降水量年际和年内分配不均匀，随机性较大，属典型的山区季节性河流。从降水的季节分布看，夏季雨水丰沛，是降水最多的季节，占全年降水量的 41%，春、秋、冬季分别占 28%、26%和 5%；汛期降水量占全年的 68%左右，一般来讲，7 月降水量最多，1 月降水量最少[13]。从降水量的空间分布看，河流上游地区多于中下游地区，高山地区多于低山河谷地区。每年 4～10 月该区经常出现暴雨天气，整个河段的河水暴涨暴落现象明显，具有明显的河流溪涧性特征，洪峰经历时间一般为 2～3d。

2003 年，三峡水库下闸蓄水至 135m，至此，香溪河河水加深，河道显著加宽，水面宽从数十米扩展至数百米，在黄洋畔渡口段，最宽水面达到 600m 左右。2009 年，三峡水库开始 175m 试验性蓄水，随着坝前水位的抬升，香溪河河口至昭君桥之间的河段被洪水淹没，形成典型的河道型水库水域。受三峡水库防洪调度影响，水位年变幅近 30m，且存在反季节性特点，即在汛期水位低、水温高，在旱季水位高、水温低，水文情势发生显著变化。

2. 社会、经济状况及主要污染源

香溪河流域内人口 18.9 万，旅游业、水运业和建材、采冶、化工、电力等工业比较发达，其中，化工类产业年产值最高，年耗水量为 46.65 亿 m^3，年耗煤量为 87600t，工业排水等标污染负荷为 957.03t，占工业总体废水等标污染负荷的 80.7%[14]。区内土壤肥力中等，大部分地区缺氮，土壤类型繁多，主产玉米、水稻，盛产柑橘、茶叶等经济作物。区内矿产资源丰富，磷矿储量为 3.57 亿 t，储量大，品质优，是我国三大富磷矿区之一[15]。

香溪河的主要污染为无机污染，进入库湾的主要营养物质源于干流，特别是磷负荷近95%源于干流[16]。主要污染源包括两岸集镇居民生活污水和沿岸工业污染源。香溪河沿岸峡口镇、高阳镇和古夫镇是生活污水的主要来源，按照城镇居民生活污水污染源人均排放污染物指标计算，生活污染物排放情况为：总磷 13.65t/a、总氮 16.34t/a、氨氮 15.77t/a、化学耗氧量 528.26t/a。香溪河两岸乡镇企业较多，特别是化工企业比较发达，工业废水全年排放量达 196.8 万 t，近年来，工业固体废弃物产生量也呈逐年上升趋势。同时，磷矿岩体受地表径流的侵蚀以及水库蓄水后的融溶、侵蚀，加剧了香溪河流域的磷负荷。

三峡水库 175m 蓄水完成后，淹没涉及流域内古夫镇、高阳镇、峡口镇、香溪镇 4 个镇，以及建阳坪村、屈原镇，淹没区人口共 22467 人，淹没耕地 1.44km^2、园地 2.3km^2，工矿企业 61 家[14]。

3. 水环境特征

三峡水库蓄水前，香溪河干流年平均流量较大，对排入的污染物尚有较大的稀释能力，

自净能力较强。随着三峡水库的蓄水,香溪河水位抬升,过水面积增大,水体流速减缓,水体处于准静止状态,形成库湾。根据长江流域水环境监测中心研究资料,香溪河库湾主要污染特征指标总磷浓度较蓄水前明显下降,总氮浓度有所上升,由蓄水前的V类水[《地表水环境质量标准》(GB 3838—2002)]转变为蓄水后的II类水质状态,随着水库的运行,悬浮物及与其相关的总磷、铜、砷化物等浓度呈明显的下降趋势;同时由于三峡库区干流水体回水的顶托、倒灌等作用和土壤的侵蚀作用,在回水范围形成滞流区,使污染物不易扩散、降解,导致大量污染物在库湾中富集。水流速度减缓和有机污染负荷增加为香溪河库湾藻类的大量生长提供了条件[16-19],据统计,三峡水库蓄水后香溪河的藻类总种数为132种,为蓄水前的两倍左右,蓄水后库湾蓝藻所占比例高达56.8%,硅藻所占比例有所下降[20]。近年来,香溪河库湾多次出现了水华,并由蓄水开始时的硅藻水华逐渐向蓝藻、绿藻、硅藻、甲藻等多藻种水华发展[21-23]。

3.1.2　观测点与观测方案

1. 观测点

考虑到香溪河库湾的水环境及水文特征,中游水体受上游来水和长江干流异重流倒灌水体的影响较小,能够较好地代表香溪河库湾滞留水体的特征,下游受长江干流水体影响明显,而上游来水较小,影响区不大,因此,本书选择下游和中游两个观测断面(图3-2):下游断面A(31°0′36.36″N、110°45′37.25″E)和中游断面B(31°7′55.956″N、110°46′42.81″E)。

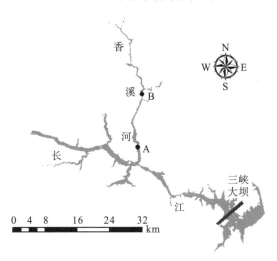

图 3-2　观测断面分布图

2010年6月至2011年5月,每月中旬9:00对香溪河A、B两个观测断面中泓点进行CO_2和CH_4通量监测;自2010年10月,在A、B两个观测断面中泓点监测完成后,接着对近岸点CO_2和CH_4通量进行监测(10:00左右)。在通量监测过程中同步进行环境因子调查。另外,夏季(2010年6月10日、2010年8月23日)、秋季(2010年10月4日)、春季

（2010 年 4 月 27 日）分别对 B 断面进行一次 CO_2 和 CH_4 通量和环境因子 24h 连续观测。

2. 观测方法

通量箱为内部抛光的不锈钢圆桶，由顶部密封的箱体和中通的底座两部分组成，箱体直径为 30cm，高度为 50cm，箱体顶部开有两个小孔，分别是聚四氟乙烯管（ϕ 3mm）连通的采气孔和风扇接线口，顶部边缘斜向 45°安装一个搅拌小风扇，为了不使箱内温度在采样过程中升高过快，箱外设有保温层，在保温层外贴有反光膜。底座规格为 30cm×30cm，高度为 5cm，上部外缘加密封槽，密封槽下缘装有压缩塑料泡沫材料的浮圈。

采样前，将箱口朝上大约 5min，使箱内充满空气，采样时将采样箱置于水面，使箱口浸入水中，保证箱内空气与外界隔绝。当通量箱刚置于水面时，采集 100mL 水面空气，然后每隔 8min 抽取 100mL 箱内气体，共抽取 5 次，气体样品注入容积为 0.5L 的气袋中，采集后尽快带回实验室，用气相色谱仪（Agilent 7890A）按文献[24]方法分析测定 CO_2 和 CH_4 浓度，然后绘制监测点各个时刻气体浓度随时间的变化率图。

在后来的工作中，采用在线气体分析仪（DLT-100，Los Gatos Research，美国）现场检测气体浓度。仪器数据采集频率为 1Hz，CO_2 和 CH_4 的检测范围分别为 220～20000ppmv[①]，0.1～100ppmv，检测精度分别为 120ppbv[②]和 0.8ppbv，检测准确度优于 1%。

3.1.3 水-气界面 CO_2 和 CH_4 通量变化特征

1. 昼夜性变化特征

1）夏季

根据 2010 年 6 月在香溪河中游 B 断面 1 号点的观测结果，水体 CO_2 释放通量具有明显的昼夜交替的规律性（图 3-3）。

监测始于 10：00，观测开始时天气为阴天，12：00 左右转晴。随着天气的变化，CO_2 由 10：00～11：00 明显释放过程转变为 11：00～次日 0：00 的明显吸收过程，其余时间段为弱吸收-弱释放，其中次日 7：00～10：00 为弱吸收状态，与监测时通量状态明显不同。CO_2 通量总体上从 9：00～16：00 呈明显下降趋势，16：00～23：30 呈显著上升趋势，其余时段在−11.87～4.11mg/(m²·h)小幅波动。昼间 CO_2 通量变化较大，变化为−107.2～−24.3mg/(m²·h)，表现为强吸收状态，平均值为−31.28mg/(m²·h)；夜间 CO_2 通量变化较小，总体上为负通量，平均值为−6.77mg/(m²·h)。总体上水-气界面 CO_2 通量为负值，昼夜平均通量为−26.64mg/(m²·h)，水体为大气 CO_2 的汇。其中，在 16：00 左右吸收强度达到最大值，约为 107.16mg/(m²·h)。1 号采样点 24h 内水-气界面 CH_4 通量的变化趋势与 CO_2 变化趋势刚好相反，经皮尔逊（Pearson）相关性分析发现，CO_2 和 CH_4 日变化过程呈明显的负相关性（表 3-1），其相关系数为−0.712。在整个观测过程中，CH_4 通量值全天均为正值，表明水体为大气 CH_4 的源。昼间 CH_4 排放量较高，10：00 CH_4 通量为 0.5mg/(m²·h)，到

---

① ppmv 是体积浓度单位，指 μL/L。
② ppbv 是体积浓度单位，指 nL/L。

16：00 时增加至 3.41mg/(m²·h)，19：00 至观测结束 CH₄ 通量变化较小，基本维持在 0.5mg/(m²·h) 左右，变化为 0.17～3.41mg/(m²·h)，昼夜平均通量为 1.01mg/(m²·h)。

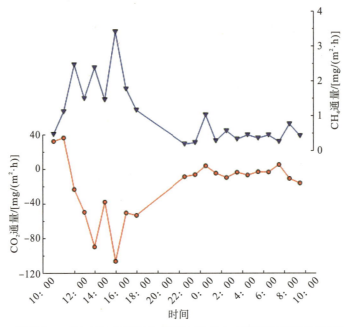

图 3-3　夏季(2010 年 6 月)香溪河 B 断面 1 号点水-气界面温室气体通量日变化

香溪河库湾 B 断面 2 号点为浅水区采样点，与 1 号点相距 6m 左右。对 2 号点进行 CO_2 和 CH_4 通量监测发现，该点碳通量日变化与 1 号点同步，变化过程与 1 号点类似，具有显著的昼夜交替的规律(图 3-4)，且 CO_2 和 CH_4 通量极值出现的时间与 1 号点也基本一致。

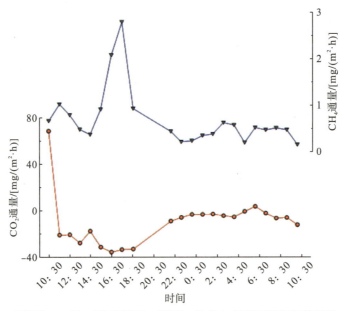

图 3-4　夏季(2010 年 6 月)香溪河 B 断面 2 号点水-气界面温室气体通量日变化

对 1 号点和 2 号点 CO_2 和 CH_4 通量变化过程分别进行 Pearson 相关性分析(表 3-1)，其相关系数分别为−0.712 和−0.414，表明 2 号点和 1 号点具有相似的日变化过程，说明香溪河库湾 B 断面温室气体释放通量具有较好的一致性。但是，两个采样点 CO_2 和 CH_4 通量的数值差别却十分显著，2 号点吸收 CO_2 通量最大值约为−36.122mg/$(m^2 \cdot h)$，仅为 1 号点的 1/3 左右；昼夜 CO_2 平均通量约为−10.149mg/$(m^2 \cdot h)$，不到 1 号点的 1/2。另外，2 号点 CO_2 除 10：30 左右为较强的释放外，全天均为明显的吸收过程。这可能是在监测过程中，趸船阻挡了浮游植物向 2 号点漂浮，导致 2 号点浮游植物量低于 1 号点。2 号点 CH_4 通量全天均为正值，平均值为 0.673mg/$(m^2 \cdot h)$，表明水体为大气 CH_4 的源，但释放量低于 1 号点。昼间 CH_4 排放量较高，特别是 14：30～22：30 呈现明显的上升和下降过程，17：30 达到全天最大，最大值为 2.766mg/$(m^2 \cdot h)$，其余时段 CH_4 通量变化范围较小，平均为 0.456mg/$(m^2 \cdot h)$。

表 3-1　香溪河 B 断面 CO_2 通量和 CH_4 通量(日变化)相关系数

	2010 年 6 月		2010 年 8 月	2010 年 10 月	2011 年 4 月
	1 号点	2 号点			
相关系数	−0.712**	−0.414	−0.771**	0.982**	−0.886**

注：*表示 0.05 置信水平显著相关；**表示 0.01 置信水平显著相关。

2010 年 8 月香溪河库湾 B 断面水-气界面的 CO_2 和 CH_4 释放通量具有明显的昼夜交替变化规律(图 3-5)。昼间 CO_2 和 CH_4 释放通量的变化较大，分别为−29.475～22.764mg/$(m^2 \cdot h)$ 和 0.041～0.219mg/$(m^2 \cdot h)$。在 12：30～15：30，CO_2 通量呈迅速下降趋势，CH_4 通量呈急剧上升趋势；在 15：30～20：00，CO_2 通量呈迅速上升趋势，CH_4 通量呈急剧下降趋势。夜间 CO_2 和 CH_4 通量变化比较平稳，没有明显的陡增陡减现象，CO_2 通量在夜间呈较小波动并略有上升趋势；CH_4 通量在夜间波幅较小，呈显著的缓慢下降趋势。24h 内 CO_2 的吸收和释放过程明显，13：30～19：30、22：00～2：30 为吸收过程，其余时间为释放过程。CH_4 的通量全天均为正值，表明水体向大气释放 CH_4，水体为大气 CH_4 的源。总体上，CO_2 和 CH_4 的释放强度较小，其全天平均释放通量分别为 0.336mg/$(m^2 \cdot h)$ 和 0.088mg/$(m^2 \cdot h)$。CO_2 通量昼夜差异较大，昼间平均释放通量为 0.687mg/$(m^2 \cdot h)$，夜间为−0.133mg/$(m^2 \cdot h)$，而 CH_4 昼夜差异不明显。CO_2 和 CH_4 通量日变化过程呈较强的负相关(表 3-1)，相关系数为−0.771，且 CO_2 和 CH_4 释放强度极值的出现时间较为接近，CO_2 释放通量在 9：00 左右达到全天最大，15：30 左右最小；CH_4 释放通量在 15：00 左右达到最大，次日 11：00 左右最小。

2) 秋季

从图 3-6 可以看出，2010 年 10 月秋季香溪河库湾 B 断面 CO_2 和 CH_4 通量变化趋势基本一致，呈显著的正相关(表 3-1)，相关系数为 0.982。总体上，香溪河库湾 B 断面水体 CO_2 和 CH_4 通量均为正值，表明水体在秋季为 CO_2 和 CH_4 的源。CO_2 通量全天平均值为 163.663mg/$(m^2 \cdot h)$，明显高于 6 月和 8 月；CH_4 全天平均通量为 0.081mg/$(m^2 \cdot h)$，低于 6

月，和 8 月相当。夜间 CO_2 和 CH_4 通量明显高于白天，正午和黄昏时段 CO_2 和 CH_4 释放量较小。监测期间内，CO_2 和 CH_4 通量具有明显的上升和下降过程，15：00～17：00 温室气体通量缓慢下降；17：00 至凌晨，温室气体通量处于明显上升趋势；凌晨至次日 9：00，温室气体通量一直处于上下波动状态；至 8：30，温室气体通量出现峰值，达到全天最大，CO_2 通量为 343.554mg/($m^2 \cdot$h)，CH_4 通量为 0.202mg/($m^2 \cdot$h)；随着太阳辐射能的增加，从 8：30 开始，温室气体通量迅速下降；至 11：00，出现极小值；从 11：00～15：00，温室气体通量呈急剧上升状态。

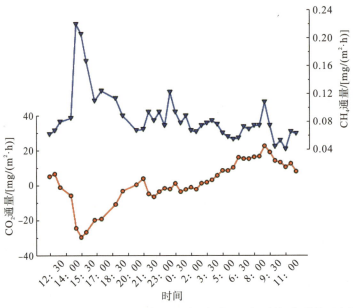

图 3-5　夏季（2010 年 8 月）香溪河 B 断面水-气界面温室气体通量日变化

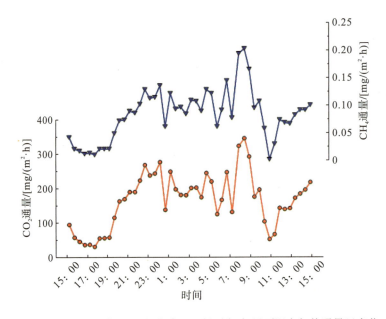

图 3-6　秋季（2010 年 10 月）香溪河 B 断面水-气界面温室气体通量日变化

3) 春季

从图 3-7 可以看出，2011 年 4 月，香溪河库湾 B 断面 CO_2 和 CH_4 通量变化趋势基本相反，呈显著的负相关 (表 3-1)，其相关系数为 -0.886。监测时段内，CO_2 和 CH_4 通量具有明显的波动性，呈显著的上升和下降的交替过程。CO_2 通量在 17：00～21：30 呈明显上升趋势，21：30 至次日 2：00 呈显著下降趋势，2：00～6：00、6：00～9：30、9：30～10：30、10：30～17：00 依次呈上升和下降的交替变化过程。CO_2 通量在 22：30 达到全天最大值 -7.426mg/($m^2 \cdot$h)，17：00 时 -39.380mg/($m^2 \cdot$h) 为全天最小值。CH_4 通量的极值出现时间与 CO_2 通量基本一致，变化过程与 CO_2 通量基本相反，17：30 达到全天最大值 0.664mg/($m^2 \cdot$h)，21：30 时为全天最小值 0.064mg/($m^2 \cdot$h)。总之，CO_2 和 CH_4 释放通量的昼夜差异不明显。CO_2 全天均为较强的吸收状态，通量的波动为 -39.380～-7.426mg/($m^2 \cdot$h)，其全天平均值为 -21.449mg/($m^2 \cdot$h)，表明水体为 CO_2 较强的汇；CH_4 通量全天均为正值，变化为 0.064～0.664mg/($m^2 \cdot$h)，全天平均值为 0.311mg/($m^2 \cdot$h)，释放量较小，表明水体为 CH_4 的弱源。

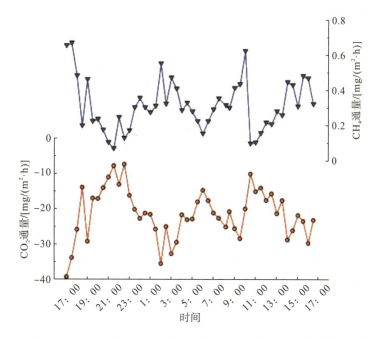

图 3-7　春季(2011 年 4 月)香溪河 B 断面水-气界面温室气体通量日变化

4) 水-气界面 CO_2 和 CH_4 通量间的关系

对香溪河 B 断面水-气界面 CO_2 和 CH_4 通量的日变化过程进行 Pearson 相关分析，见表 3-1。

分析发现，除 2010 年 6 月 B 断面 2 号点外，CO_2 和 CH_4 通量之间均存在显著的相关关系，夏季和春季低水位期呈显著的负相关，且春季的相关性高于夏季；而秋季蓄水结束后，二者呈极强的正相关，相关系数为 0.982。这可能是因为 2010 年 10 月三峡水库蓄水完成，香溪河库湾水位也随之升高，水质变好，浮游植物大幅减少，水体初级生产力下降，光合作用与呼吸作用对 CO_2 和 CH_4 通量的影响作用减小。

2. 季节性变化特征

1) 水-气界面 CO_2 和 CH_4 季节性通量

香溪河库湾 A 断面中泓点 CO_2 通量呈明显的季节性变化特征(图 3-8)。春季、初夏水体为 CO_2 的汇，其中 6 月表现为强烈的吸收过程，通量值为 $-62.975mg/(m^2 \cdot h)$；夏季通量较小；秋冬季通量较高，但 9 月为弱吸收过程，1 月释放强度较小。三峡水库自 9 月开始蓄水，CO_2 通量随水位的上升呈明显的增长趋势，至 12 月达到全年最大通量，为 $212mg/(m^2 \cdot h)$。近岸点 CO_2 通量 2010 年 10 月至 2011 年 5 月变化过程与中泓点不同(图 3-8)，总体上小于中泓点，但 1 月、4 月和 5 月略高于中泓点，其中 4 月为极弱释放，5 月呈弱吸收状态。与中泓点一致，近岸点在 12 月达到全年最大值 $136mg/(m^2 \cdot h)$。除 12 月外，10 月至次年 3 月近岸点 CO_2 通量在 $26.848 \sim 37.662mg/(m^2 \cdot h)$ 小幅波动。从年际水平看，香溪河库湾 A 断面整体为 CO_2 的源。

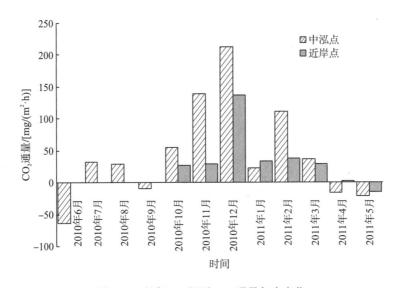

图 3-8   香溪河 A 断面 CO_2 通量年内变化

香溪河库湾 A 断面 CH_4 通量年内变化过程呈现明显的波动状态(图 3-9)。中泓点夏季 CH_4 释放水平较低，平均通量为 $0.013mg/(m^2 \cdot h)$；除 10 月和 1 月外，其余月份释放通量均高于夏季，特别是冬季和春季释放通量都较大；12 月和 5 月为全年通量的两个极大值点，其中 12 月为全年最大值 $0.113mg/(m^2 \cdot h)$。近岸点 CH_4 通量除 1 月明显高于中泓点外，其余时段均低于中泓点。与中泓点类似，冬季高水位期近岸点 CH_4 通量高于其他时期，而春季通量却十分微弱。总体上，香溪河库湾 A 断面除近岸点 10 月 CH_4 为微弱吸收外[通量为 $-0.002mg/(m^2 \cdot h)$]，其余月份 CH_4 通量均为正值，表明水体为 CH_4 的源，但通量较小，中泓点和近岸点 CH_4 通量的全年平均值分别为 $0.040mg/(m^2 \cdot h)$ 和 $0.022mg/(m^2 \cdot h)$。

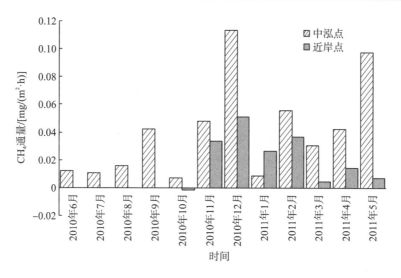

图 3-9　香溪河 A 断面 CH_4 通量年内变化

　　香溪河库湾 B 断面 CO_2 通量具有明显的吸收和释放过程，且随季节变化(图 3-10)。B 断面中泓点秋季和初冬 CO_2 释放量较大；10 月三峡水库蓄水完成后，CO_2 通量显著高于蓄水前(9 月以前)，10 月出现全年最大值 121.026mg/($m^2 \cdot h$)，是蓄水前 9 月通量值的 7.7 倍；从 10 月至次年 4 月，CO_2 通量呈缓慢下降过程；春季和夏季 CO_2 通量均为负值，表明在春季和夏季水体为 CO_2 的汇，说明水库初级生产作用对碳通量的影响明显。B 断面近岸点 CO_2 通量变化趋势与中泓点基本一致，同样在秋季和初冬较大，10 月出现最大值 103.968mg/($m^2 \cdot h$)，从 10 月至次年 4 月呈缓慢下降趋势，但吸收和释放强度略小于中泓点。从年际水平看，香溪河库湾 B 断面整体为水体向大气释放 CO_2，表现为 CO_2 的弱源，中泓点和近岸点 CO_2 平均通量分别为 26.456mg/($m^2 \cdot h$) 和 33.226mg/($m^2 \cdot h$)。

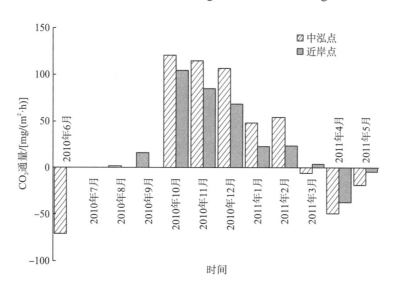

图 3-10　香溪河 B 断面 CO_2 通量年内变化

如图 3-11 所示，香溪河 B 断面 CH_4 年内通量呈明显的波动状态，其中中泓点 CH_4 通量在 2010 年 6 月最大，为 $1.292mg/(m^2 \cdot h)$，其次是 2011 年 4 月，为 $0.425mg/(m^2 \cdot h)$，其余时段释放量较小，在 $-0.005 \sim 0.103mg/(m^2 \cdot h)$ 波动，其中，7 月和 3 月为极弱的吸收状态，其他时段为释放过程。中泓点 CH_4 通量全年平均值为 $0.173mg/(m^2 \cdot h)$。近岸点 CH_4 通量与中泓点变化趋势一致，且数值较为接近，监测时段内的平均值为 $0.107mg/(m^2 \cdot h)$，4 月的 $0.472mg/(m^2 \cdot h)$ 为监测时段内的最大值，同时，4 月也是中泓点 CH_4 通量的一个极值点。总体上，香溪河库湾 B 断面水体为 CH_4 的释放源。

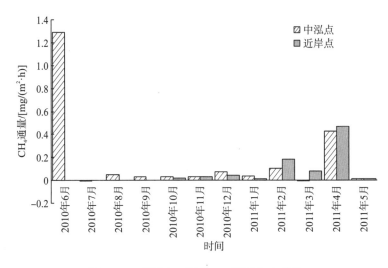

图 3-11 香溪河 B 断面 CH_4 通量年内变化

对香溪河库湾 CO_2 和 CH_4 通量（月变化）进行 Pearson 相关性分析（表 3-2）表明，A 断面 CO_2 和 CH_4 通量之间呈正相关性，其中近岸点二者之间的相关系数为 0.734；B 断面 CO_2 和 CH_4 通量之间存在一定程度的负相关。A 断面位于香溪河下游，与长江干流水体交换频繁，水体浮游植物量较少，初级生产水平较低，与 B 断面秋季相同，光合作用和呼吸作用对 CO_2 和 CH_4 通量影响较小。而 B 断面位于香溪河中游，受上游来水及长江干流倒灌水体的影响较小，水体滞留时间较长，适宜浮游植物生长，初级生产力较强，从而导致 CO_2 和 CH_4 通量呈负相关性。

表 3-2 香溪河库湾 CO_2 和 CH_4 通量（月变化）Pearsom 相关系数

	A 断面		B 断面	
	中泓点	近岸点	中泓点	近岸点
相关系数	0.479	0.734*	-0.563	-0.622

注：*0.05 置信水平显著相关。

通过以上对 CO_2 和 CH_4 通量关系（日变化、月变化）的分析，推测水库初级生产作用可能是影响香溪河库湾水-气界面 CO_2 和 CH_4 释放通量的重要过程。

2)不同监测点之间 CO_2 和 CH_4 通量的关系

从图 3-12 可以看出,香溪河库湾 A 断面中泓点与近岸点 CO_2 通量呈强烈的正相关关系,二者 CH_4 通量亦呈正相关,但相关性不显著,可能是 A 断面存在分层异重流现象,导致中泓点与近岸点之间 CO_2 和 CH_4 的产生来源有所不同;而 B 断面中泓点与近岸点 CO_2 和 CH_4 通量均呈极强的正相关性,决定系数均大于 0.9,表明 B 断面水体 CO_2 和 CH_4 释放通量具有较好的一致性。

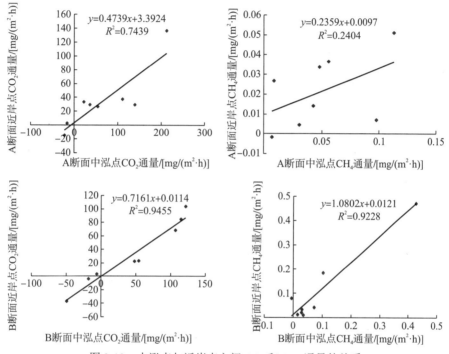

图 3-12　中泓点与近岸点之间 CO_2 和 CH_4 通量的关系

图 3-13 表明,A 断面与 B 断面之间中泓点 CO_2 通量呈较强的正相关,决定系数高达 0.6661,表明在空间上,CO_2 通量的月变化过程具有较强的一致性;与 CO_2 通量不一致的是,A 断面与 B 断面中泓点之间 CH_4 通量相关性极弱,两个断面间基本不存在相关性。

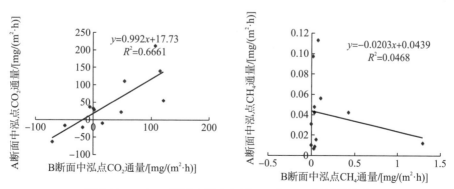

图 3-13　A 与 B 断面中泓点之间 CO_2 和 CH_4 通量的关系

香溪河库湾 A 断面和 B 断面中泓点的水-气界面 CO_2 和 CH_4 通量(年平均)如图 3-14 所示。A 断面 CO_2 年平均通量为 43.975mg/$(m^2·h)$，明显高于 B 断面；而 CH_4 年平均通量刚好相反，A 断面明显低于 B 断面。香溪河库湾 CH_4 通量较小，A 断面和 B 断面年平均通量分别为 0.040mg/$(m^2·h)$ 和 0.173mg/$(m^2·h)$。A 断面大水深导致 CH_4 气体在上升过程中被氧化，进而导致其表层水体 CH_4 浓度低和通量低；而 B 断面较低的 CO_2 通量可能由某些观测时段藻类利用 CO_2 光合作用引起。香溪河库湾水体富营养化水平总体呈现为中上游较下游高。从 CO_2 和 CH_4 的年平均通量可以看出，三峡水库运行初期，香溪河库湾 CO_2 和 CH_4 均呈现源的特征。

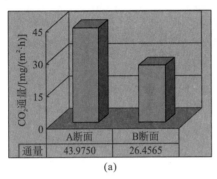
(a)

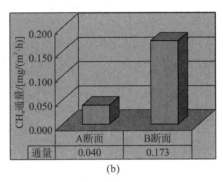
(b)

图 3-14 A 和 B 断面中泓点 CO_2(a) 和 CH_4(b)年平均通量

3. 与其他气候带典型水库/湖泊的比较

从表 3-3 可以看出，香溪河库湾 CO_2 和 CH_4 释放通量的变化范围较小，分别为 $-70.755\sim212.044$mg/$(m^2·h)$ 和 $-0.002\sim1.292$mg/$(m^2·h)$，在某些水域或某些时段可能表现为大气 CO_2 和 CH_4 的汇。从气候角度看，香溪河流域属于亚热带，与其他地区水库研究的结果相比，香溪河库湾 CO_2 和 CH_4 释放通量小于草原河等温带水库，远小于 Petit Saut 等热带水库，和 Lokka 等寒带水库相当，但又与寒带水库有所不同，寒带水库仅有释放而没有吸收过程，而香溪河库湾某些时段对 CO_2 和 CH_4 的吸收和释放都十分明显；与我国其他湖泊相比，香溪河库湾 CO_2 和 CH_4 的吸收和释放强度较云贵高原湖泊更为强烈，变化范围明显低于八大湖泊，其中，CH_4 释放通量显著低于八大湖泊。

表 3-3 各气候带典型水库/湖泊碳释放通量

地区/水库/湖泊名称	气候带	类型	CO_2 通量/[mg/$(m^2·h)$]	CH_4 通量/[mg/$(m^2·h)$]	数据来源
洛卡(Lokka)	寒带	水库	$39.960\sim132.880$	$0.208\sim0.793$	文献[25]
草原河	温带	水库	$-38.720\sim819.720$	$-0.0032\sim1.152$	文献[26]
法属圭亚那小索特(Petit Saut)	热带	水库	243.760 ± 212.535	5.120 ± 6.080	文献[27]
米兰达(Miranda)	热带	水库	$157.960\sim207.240$	$1.136\sim10.72$	文献[28]
云贵高原湖泊	亚热带	湖泊	$-32.120\sim61.600$	—	文献[29]
八大湖泊	亚热带	湖泊	$-1168.640\sim1573.440$	$0.336\sim13.095$	文献[30]
香溪河	亚热带	水库	$-70.755\sim212.044$	$-0.002\sim1.292$	本书数据

3.1.4　水-气界面 CO_2 和 CH_4 通量影响因素

水库温室气体排放是内陆淡水生态系统碳循环的重要组成部分,它包括温室气体的产生过程、传输过程和转化过程[4]。任何影响这三个过程的因子都可能直接或间接地影响温室气体的释放与吸收,比如温度、水库库龄、水温、水位、浮游植物、风、辐照强度、植被状况以及被淹没有机物的数量等。

1. 温度对 CO_2 和 CH_4 通量的影响

温度不仅直接影响 CO_2 和 CH_4 的排放,而且还通过对水温的调控,间接对 CO_2 和 CH_4 排放产生影响[31]。

在标准大气压下,气体在水中的溶解度与水温成反比[32],水温越高,气体在水中的溶解度越小,越有利于气体从水面逸出;反之,温度越低,气体越易溶解于水。另外,温度与藻类的光合作用密切相关[33],一方面,白天随着太阳辐射的增强,水温升高,藻类光合作用强度增强,水体中 CO_2 被藻类利用,导致 CO_2 分压减小,促进大气 CO_2 进入水体,水体表现为 CO_2 的汇;另一方面,藻类光合作用释放 O_2,导致水体中 O_2 的含量增加,可加速 CH_4 的氧化,从而减少 CH_4 释放。CO_2 和 CH_4 是有机质被微生物降解所产生的,而温度对微生物活性有重要影响。有研究发现,香溪河在夏季易产生水温弱分层现象[34,35],而水温分层将直接影响生源要素在水库中的迁移转化过程[36]。可见,温度不仅可以影响气体分子的扩散速度和气体在水体中的溶解度,从而直接影响 CO_2 和 CH_4 的通量,还可以通过影响微生物的活性、藻类光合作用和碳素的迁移转化来间接影响碳循环的地球化学过程。

通过对监测结果进行 Pearson 相关性分析发现,香溪河库湾 A 断面和 B 断面年内 CO_2 和 CH_4 通量与温度因子均有一定的相关性(表 3-4)。其中,A 和 B 两个断面的 CO_2 通量与温度均呈较强的负相关,相关系数分别为 -0.714 和 -0.618,表明温度上升,对水体中藻类光合作用增强的效能大于对 CO_2 气体溶解度的影响,导致 CO_2 通量减小,CO_2 由大气进入水体,形成 CO_2 的汇。两个断面 CH_4 通量与温度也具有一定的相关关系,A 断面 CH_4 通量与温度呈负相关,B 断面 CH_4 通量与温度呈正相关,但相关性不显著。

表 3-4　香溪河库湾 CO_2 和 CH_4 年内通量与环境因子的 Pearson 相关系数

	A 断面		B 断面	
	CO_2 通量	CH_4 通量	CO_2 通量	CH_4 通量
温度	−0.714**	−0.479	−0.618*	0.522
水温	−0.325	−0.303	−0.232	0.262
气压	0.412	0.206	0.691*	−0.667*
辐照强度	−0.620*	−0.371	−0.207	0.337
风速	−0.224	−0.371	−0.449	0.390
pH	−0.780**	−0.299	−0.672*	0.673*
总有机碳(total organic carbon,TOC)含量	0.015	−0.264	0.502	−0.194

注:*表示 0.05 置信水平显著相关;**表示 0.01 置信水平显著相关。

　　两个断面 CO_2 和 CH_4 通量与水温的相关关系同它们与温度的相关性类似，但相关系数较小。但分时段进行 Pearson 相关性分析发现，2010 年 10 月～2011 年 3 月，香溪河库湾 B 断面 CO_2 通量与水温呈显著的正相关（图 3-15）。表明自 10 月三峡水库 175m 蓄水完成至汛期泄水前的水库高水位运行期间，CO_2 通量与水温密切相关，而在其他时期，二者的关系不明显。这可能是因为，水库高水位运行期间，也正值秋末、冬季、初春时期，水温较低，香溪河库湾 B 断面水库初级生产力较低，水质较好，藻类的光合作用十分微弱，从而对 CO_2 的影响较小，此时水温主要是通过影响 CO_2 的溶解度来影响 CO_2 通量。

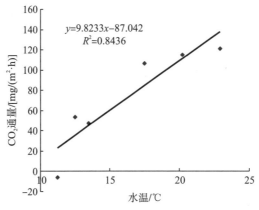

图 3-15　2010 年 10 月～2011 年 3 月 B 断面 CO_2 通量与水温的关系

　　在夏季和秋季，香溪河库湾 B 断面 CO_2 和 CH_4 通量与温度存在显著的相关关系（表 3-5），其中，两个季节 CO_2 通量与温度均呈负相关，而 CH_4 通量在夏季与温度呈正相关，在秋季与温度呈负相关。春季 CO_2 和 CH_4 通量与温度因子的相关性较低，进一步分析发现，春季 CO_2 和 CH_4 通量与温度相关性较低，但与水温在不同时段的相关性却比较明显，如图 3-16（a）和图 3-17（a）所示，春季监测期间，从 17：00～次日 9：30，CO_2 通量与水温呈显著负相关，CH_4 通量与水温呈显著正相关；而从 9：30～16：30，水温与 CO_2 日通量呈正相关，水温与 CH_4 通量呈负相关［图 3-16（b）和图 3-17（b）］。

表 3-5　香溪河库湾 B 断面 CO_2 和 CH_4 日通量与环境因子的 Pearson 相关系数

	夏季		秋季		春季	
	CO_2 通量	CH_4 通量	CO_2 通量	CH_4 通量	CO_2 通量	CH_4 通量
温度	−0.319*	0.315**	−0.611**	−0.652**	−0.008	0.143
水温	−0.744**	0.629**	−0.483**	−0.519**	−0.015	0.027
气压	0.587**	−0.480**	0.537**	0.590**	0.213	−0.267
辐照强度	−0.555	0.556	−0.193	−0.205	0.337	−0.265
风速	0.189	0.189			−0.399**	0.434**
pH	−0.873**	0.581**	0.111	0.103	−0.272	0.146
Eh	0.396**	−0.252				
叶绿素 a 含量	0.623**	−0.485**				

注：*表示 0.05 置信水平显著相关；**表示 0.01 置信水平显著相关。

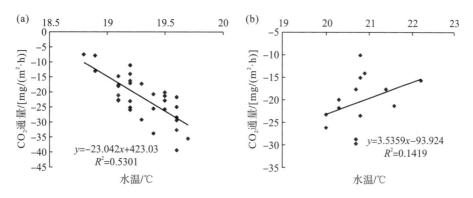

图 3-16　B 断面春季 CO_2 日变化通量与水温的关系

注：(a)17：00～次日 9：30；(b)9：30～16：30。

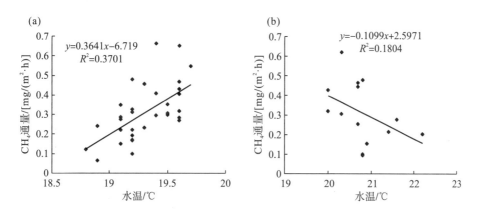

图 3-17　B 断面春季 CH_4 日变化通量与水温的关系

注：(a)17：00～次日 9：30；(b)9：30～16：30。

由此说明，在春季日变化监测期间，水温对 CO_2 和 CH_4 通量的影响在夜间和白天之间发生了根本性的变化；在 B 断面不同时期，温度对 CO_2 通量的影响也不同。可见，水温能从多个方面对 CO_2 和 CH_4 通量产生影响，其影响的结果可能完全不同。

2. 辐照强度对 CO_2 和 CH_4 通量的影响

辐照强度是藻类光合作用的主要影响因子之一，辐照强度增加，藻类光合作用加强，光合作用强度大于呼吸作用强度，吸收 CO_2，促进 CO_2 进入水体，释放 O_2；反之，辐照强度减弱，藻类的光合作用强度逐渐减小。当呼吸作用强度大于光合作用强度时，CO_2 净释放，水体 CO_2 过饱和，致使 CO_2 从水体中排入大气。辐照强度增加，气温和水温一般也会随之上升，从而通过影响温度来间接影响碳通量。

对香溪河库湾 B 断面 CO_2 和 CH_4 日通量与辐照强度(全天)进行 Pearson 相关性分析发现，夏季辐照强度与碳通量的关系较为密切，与 CO_2 通量呈负相关，与 CH_4 通量呈正相关，即辐照强度增加，CO_2 通量减小，CH_4 通量增大，这可能是因为夏季水库初级生产力较高，当温度升高时，光合作用强度增加，CO_2被藻类光合作用利用；同时，辐照强度增加，水温也会随之增加，从而导致气体的溶解度减小，最终藻类的光合作用吸收CO_2的速率大于溶解度变化引起的CO_2的释放速率；另外，水温增加可以使产甲烷菌的活性增强。因此，夏季辐照强度增加，CO_2通量减小，CH_4通量增大。秋季和春季辐照强度与碳通量间的相关性较弱，秋季和春季白天大部分时间辐照强度与碳通量关系不密切，但在拂晓和黄昏时分，二者之间的相关性较高，相关系数绝对值均在0.7以上(表3-6)。

表3-6 B断面CO_2和CH_4通量与辐照强度(分时段)的Pearson相关系数

	秋季		春季	
	拂晓	黄昏	拂晓	黄昏
CO_2通量	−0.716	0.868*	−0.805*	−0.982*
CH_4通量	−0.724	0.831*	0.805*	0.924

注：*表示0.05置信水平显著相关。

从年内角度看，A断面CO_2通量与辐照强度呈显著的负相关，相关系数为−0.620，但CH_4通量与辐照强度的相关性较弱，B断面碳通量与辐照强度的关系也较弱(表3-4)。但总体上，辐照强度除与B断面CH_4呈正相关外，与其他碳通量均呈负相关，表明辐照强度可能主要是通过调节光合作用强度来影响碳通量。

3. 气压对CO_2和CH_4通量的影响

气压是影响气体在水体中溶解度的主要参数之一[37]。在温度一定的条件下，气压与气体在水体中的溶解度成正比，即气压升高，气体在水体中的溶解度增大；气压减小，气体在水体中的溶解度减小。因此，气压可以直接影响CO_2和CH_4的溶解度，从而影响碳通量。气压还可以通过影响O_2在水体中的溶解度来影响CO_2和CH_4通量，气压升高时，O_2在水体中的溶解度增加。在有氧条件下，好氧细菌的活动占优势，分解水中的有机碳主要产生CO_2，产甲烷菌的活动受到抑制[38]，而且CH_4在好氧条件下可以被甲烷氧化菌氧化成CO_2[4,39]。

从表3-5可以看出，气压在夏季和秋季与碳通量之间具有显著的相关关系，在春季相关性较弱。总体上，秋季气压与CO_2和CH_4通量均呈正相关；而在夏季和春季，与CO_2通量呈正相关，与CH_4通量呈负相关。从表3-4可以发现，气压与B断面碳通量的相关性较高，而与A断面碳通量的相关性较弱。但是在2010年10月~2011年3月，三峡水库处于高水位运行期，香溪河A断面CO_2通量与气压呈较强的负相关(图3-18)，相关系数为−0.733。

4. 风速对CO_2和CH_4通量的影响

风速是影响水-气界面气体交换的一个重要因素[40]，不仅可以影响气体散发强度[4]，还可以促进深水层中的氧化作用，抑制产甲烷菌活动，风对水的搅动也可以加速气泡释放[41]。同时，风应力使水面破碎，可以增加水气接触面积，进而影响水气交换，而风浪

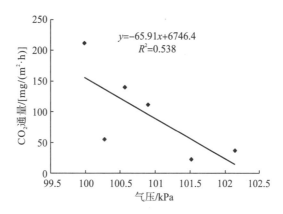

图 3-18　2010 年 10 月～2011 年 3 月 A 断面 CO_2 通量与气压的关系

过后，藻类漂浮于水面，藻类的光合作用将影响 CO_2 和 CH_4 的通量[42]。风洞实验[43]表明，气体传输速率和风速有非常密切的关系，风速较小时，气体传输速率与风速的关系较弱；而风速较大时，气体传输速率与风速的关系较强。

　　监测发现，春季香溪河 B 断面风速与 CO_2 和 CH_4 日通量有显著的相关性，相关系数较小，分别为-0.399 和 0.434，在其他时期相关性较弱，基本没有相关性(表 3-5)。从全年监测结果看(表 3-4)，香溪河库湾 A 断面和 B 断面风速与碳通量基本没有相关性，可能是由于该断面处于峡谷地区，风速随着时间的变化较不稳定，从而风对碳通量的影响也处于不稳定状态。如图 3-19 所示，通过分段相关性分析发现，A 断面 CO_2 通量在 2010 年 8 月～2011 年 1 月呈极强的负相关，相关系数为-0.932，此时风速在 0.2～1.4m/s，表明风速可能在一定范围、一定季节才会对碳通量产生明显影响。

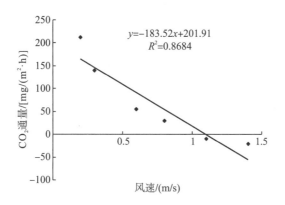

图 3-19　2010 年 8 月～2011 年 1 月 A 断面 CO_2 通量与风速的关系

5. pH 对 CO_2 和 CH_4 通量的影响

　　pH 与水体有机质的分解、微生物的活动和水生生物的代谢等密切相关[4,44,45]。水库中淹没的有机质被微生物分解时，释放 CO_2，导致 pH 减小[45]。pH 较高时，水体中游离 CO_2

转变为碳酸盐，水体中 CO_2 分压降低，导致水中溶解的 CO_2 处于不饱和状态，促使大气中的 CO_2 进入到水体中；当 pH 较低时，水体逸出 CO_2 释放到大气中[4]。

有研究发现，pH>8 时，所观测的湖泊和水库会从大气中吸收 CO_2，水体成为 CO_2 的汇[46]。观测期 pH 大小顺序为春季>夏季>秋季，其中春季 pH 为 8.7~8.91，全天均为 CO_2 的汇；夏季 pH 为 8.3~8.8，CO_2 有吸收也有释放过程，但通量较小，全天平均通量为 0.336mg/$(m^2 \cdot h)$；秋季 pH 为 7.6~8.2，CO_2 全天均为释放状态。

通过对碳通量和 pH 进行 Pearson 相关性分析（表 3-4 和表 3-5）发现，香溪河库湾夏季 B 断面 CO_2 和 CH_4 日通量与 pH 之间呈显著的相关性，但在秋季和春季相关性较弱。从全年角度看，除 A 断面 CH_4 通量与 pH 相关性较低外，其他均与 pH 呈较强的相关性，相关系数绝对值均大于 0.6。

6. 叶绿素 a 对 CO_2 和 CH_4 通量的影响

叶绿素 a 含量是浮游植物数量的重要指标，它直接反映水库的初级生产力[47]。水库中浮游植物一方面可以通过光合作用吸收 CO_2，从而促进大气 CO_2 进入水体，同时释放 O_2，增加水体中 O_2 的含量，抑制产甲烷菌的活动，增强 CH_4 的氧化；另一方面，浮游植物进行呼吸作用利用水体中 O_2，释放 CO_2 进入大气，导致水体中 O_2 的含量减少，促进产甲烷菌的活动，减少 CH_4 迁移过程的氧化，因此浮游植物对碳通量的影响完全可能向两个对立的方向发展。总地来说，浮游植物在生长过程中，是向利用 CO_2、减少碳排放的方向发展的，但当浮游植物被浮游动物吞食或死亡沉入库底后，又会被微生物降解以气体的形式释放到大气。不过，浮游植物最终是否被全部降解，这取决于水库的特征。因此，从某种意义上说，水库中浮游植物的生长对减少水库碳排放具有重要作用。

通过对香溪河库湾 B 断面夏季碳通量和叶绿素 a 含量进行相关性分析（表 3-5）发现，叶绿素 a 含量与 CO_2 通量呈正相关关系，相关系数为 0.623；CH_4 通量与叶绿素 a 含量呈负相性，相关系数为-0.485。由此说明，叶绿素 a 含量是碳通量的重要影响因素。

本书观测中优势藻种为蓝藻，浮游蓝藻往往有伪空泡，具有漂浮功能，有利于藻类在表层聚集和生长，增加光合作用和呼吸作用强度。当太阳辐射较强时，光合作用随着藻类的不断聚集而加强，使 CO_2 通量不断减小；同时，光合作用释放出 O_2，可能促进 CH_4 的氧化，导致 CH_4 通量也不断减小。但由于监测期间天气为阴天，太阳辐射较弱，光合作用强度较小，呼吸作用强度大于光合作用强度，因此，CO_2 通量随着叶绿素 a 含量的上升而上升，但呼吸作用对 CH_4 产生及迁移的影响较小，从而 CH_4 通量与叶绿素 a 含量相关性不明显。

7. TOC 对 CO_2 和 CH_4 通量的影响

水库中有机碳的来源主要包括内源碳输入和外源碳输入。内源碳输入主要是由水体生产力所产生的动植物残体、浮游生物及微生物等沉积形成，在这一过程中水库初级生产力扮演了重要角色；外源碳输入主要是指通过外界点源和面源等携带进来的颗粒态和溶解态有机碳[48]。溶解性 TOC 是反映水库中碳含量的重要指标，直接关系 CO_2 和 CH_4 的来源。水体中溶解性 TOC 经微生物降解，即矿化过程分解为 CO_2、H_2O、NH_3 和无机成分，增加水体中 CO_2 的含量。同时，水体中动植物残体通过腐殖作用可以增加水体中的有机碳[49]，释放 CO_2。

Del Giorgio 等[50]认为，当水体中初级生产水平较低时，外来有机碳成为水体中 CO_2 的重要来源之一；Cole 等[51]认为，外来有机碳的呼吸作用可以占到水体总呼吸的 13%～43%。以上结果均说明水体中 TOC 的含量可以影响 CO_2 通量。

通过对香溪河库湾 CO_2 和 CH_4 年内通量与 TOC 含量进行 Pearson 相关性分析发现（表 3-4），B 断面 CO_2 通量与表层水体 TOC 含量存在一定的相关性，相关系数为 0.502，表明 CO_2 通量随着水库有机碳水平的增加而增加，这与吕东珂等[49]研究结果相似。A 断面 CO_2 通量与表层水体 TOC 含量基本没有相关性，这可能与 A 断面水体与长江干流水体交换频繁有关。

3.2　官 庄 水 库

3.2.1　研究区概况

官庄水库属于宜昌市夷陵区小溪塔街道管辖范围，距离宜昌市中心城区 35km，水库大坝拦截长江二级支流黄柏河支流官庄河。水库的承雨面积为 $31km^2$，总库容为 1560 万 m^3，其坝高最高为 38.8m，是一座中型水库，以供应饮用水和灌溉水为主，兼具发电、防洪等效益，其反调节于宜昌市东风渠灌区，是宜昌市夷陵、梅子垭水库、宜昌市运河的重要水源地。水库控制的灌溉流域面积为 15000 亩①，保护着下游 46000 人、耕作地 22000 亩以及土门机场、宜黄高速公路、焦枝铁路等重要空、路交通干线枢纽，其地理位置对宜昌市较为重要。官庄水库通过宜昌市东风渠枢纽工程引水，每年可以向宜昌城区以及灌溉区提供农业生产用水和宜昌市居民生活用水 1.2 亿 m^3。

官庄水库于 1965 夏季（8 月）开始动工建设，耗时不足一年，于 1966 年春季（4 月）初步建成。经综合考虑，水库大坝于 1976～1977 年加高了 4m。整个水库枢纽工程包括均质土坝（拦水工程）、溢洪道（泄水工程）、输水涵管（供水工程）。2004 年，官庄水库进行了除险加固建设，主要内容为：①新建了上游坝坡砼面板护坡和坝顶砼路面，改建了防浪墙，对拦水大坝进行了防渗处理，对排水棱体则进行了翻挖并重建，下游的坝坡采用了生态护坡；②对溢洪道进行改造及完善建设；③对用于灌溉的输水隧洞工程进行了衬砌加固；④重新更换并安装了灌溉输水管、启闭机设备以及发电闸门；⑤新建了大坝的安全监测设施工程、库区水质状况检测系统以及库区雨水情况预报系统；⑥改建并完善了防汛公路，新建和改造了水库调水等管理用房及水库交通通信等设施。

3.2.2　观测点与观测方案

1. 观测点

综合考虑官庄水库水域自身特点及水库温室气体通量的影响因素，设置如图 3-20 中

---

① 1 亩≈666.67m^2。

A 点观测点,进行定点监测,A 点距离坝首较近,大致接近水库平均水深,且水面有人工亭,方便直接于水域中监测水-气界面温室气体通量。2012 年 11 月～2013 年 8 月,每个季度在 A 点进行温室气体通量昼夜过程监测,并同时监测气温、水温、气压、pH、溶解氧(dissolved oxygen,DO)、风速等环境影响因子。在监测过程中,每间隔 4h 取表层水样,带回实验室冷藏(4℃),并检测水样的营养盐。

图 3-20　官庄水库观测点示意图

根据研究,各季节总氮昼夜几乎无变化,年内季节性变化也很小,春季总氮平均值为 0.12mg/L,夏季平均值为 0.11mg/L,秋季平均值为 0.13mg/L,冬季平均值为 0.10mg/L。根据《地表水环境质量标准》(GB 3838—2002),仅从总氮指标可知,官庄水库水质为 Ⅰ 类[总氮浓度≤0.2mg/L]。

2. 观测方案

利用温室气体在线分析仪(DLT-100,美国),以及静态通量箱进行气体通量监测。单次通量监测时长为 25min(一个记录时段),25min 监测时间结束后,即将静态通量箱提升,使其离开水面,与大气充分混合 5min 后,再缓缓放置回水面,随后开始下一个通量监测。

3.2.3　水-气界面 CO_2 和 CH_4 通量变化特征

1. CO_2 和 CH_4 通量昼夜变化特征

1)秋季

观测时间为 2012 年 11 月 23～24 日,水深为 13.1m 左右,水-气界面 CO_2 和 CH_4 通量昼夜变化过程见图 3-21。观测期内 CH_4 和 CO_2 通量值均较低,其平均值分别为 0.012mg/$(m^2 \cdot h)$ 和 7.72mg/$(m^2 \cdot h)$。过低的释放强度导致在实际监测过程中有相当多的观测时间段内获取的数据无法达到较好或可以接受的线性拟合效果,故无法计算对应时段的气体通量。

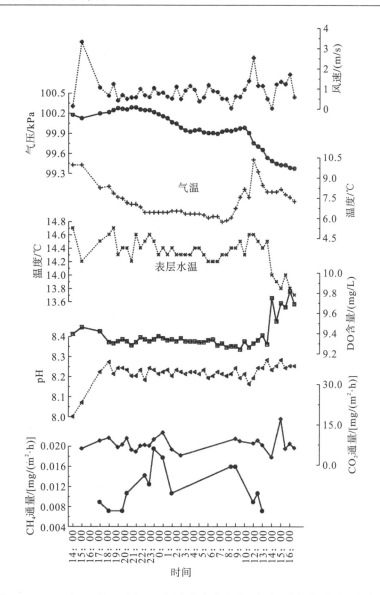

图 3-21　2012 年 11 月 23 日～24 日官庄水库水-气界面温室气体通量昼夜变化

根据 Pearson 相关性分析结果，CH_4 通量仅与气温存在显著的负相关，CO_2 的昼夜性通量过程与所有环境因子间均不存在显著相关性，原因可能与全天观测时期内较小的水温变化幅度有关。

2) 冬季

观测时间为 2013 年 1 月 26～27 日，水深约为 15.5m。观测时段内水-气界面 CO_2 和 CH_4 通量昼夜变化过程见图 3-22，CH_4 和 CO_2 通量均值分别为 0.018mg/$(m^2 \cdot h)$ 和 7.03mg/$(m^2 \cdot h)$，与秋季观测值十分接近。

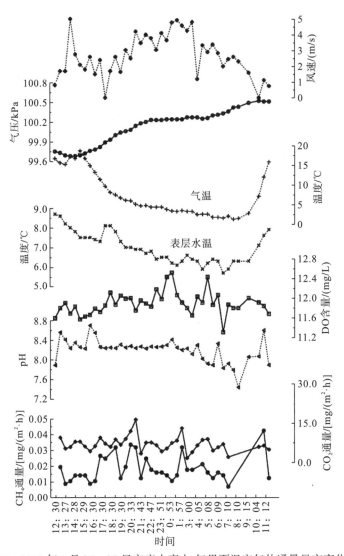

图 3-22　2013 年 1 月 26～27 日官庄水库水-气界面温室气体通量昼夜变化过程

由相关性分析可知，仅存在 CO_2 和 CH_4 通量间的显著相关性[Pearson 相关系数为 0.608（$P<0.01$）]，说明 CO_2 和 CH_4 通量的动态过程可能受控于相同的环境要素，但是未发现两种气体通量的昼夜变化过程与环境因子间的显著相关性。

3）春季

观测时间为 2013 年 4 月 15～16 日，监测时段水深约 10.5m。观测时段内水-气界面 CO_2 和 CH_4 通量昼夜变化过程出现了与 2012 年 11 月相似的情况，即监测过程中有相当多的观测时间段内获取的数据无法达到较好或可以接受的线性拟合效果，从而无法计算对应时段的气体通量。可以拟合出的通量变化情况见图 3-23，CH_4 和 CO_2 通量均值分别为 0.075mg/（$m^2 \cdot h$）和 7.70mg/（$m^2 \cdot h$），其中 CH_4 通量均值远高于秋季和冬季，而 CO_2 通量均值则与秋季和冬季观测值十分接近。

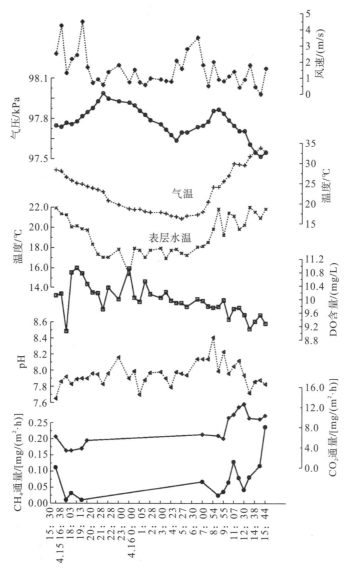

图 3-23　2013 年 4 月 15 日～16 日官庄水库水-气界面温室气体通量昼夜变化过程

Pearson 相关性分析表明(表 3-7)，CO_2 昼夜通量与气温呈现显著正相关，而与气压、风速、DO 含量呈现显著负相关。CH_4 昼夜通量仅观测到与气温呈现显著正相关，与气压呈现显著负相关。水温随气温上升而增加，而气压则降低，气体在水中的溶解度也降低，有利于气体从水体中逃逸，DO 也降低，因此出现上述现象。

表 3-7　春季 CO_2 和 CH_4 昼夜性通量与环境因子的 Pearson 相关系数

	气温	气压	风速	pH	DO 含量	水温	CO_2 通量	CH_4 通量
CO_2 通量	0.605*	−0.549*	−0.532*	0.099	−0.555*	0.23	—	0.527
CH_4 通量	0.578*	−0.713**	−0.18	−0.24	−0.35	0.35	0.527	—

注：*表示 0.05 置信水平显著相关；**表示 0.01 置信水平显著相关。

4) 夏季

观测时间为 2013 年 8 月 22～23 日，水位约 17.7m。在观察开始后仅 5h 左右的时间内，获得的数据质量不能满足通量计算的要求。观测期内 CH_4 和 CO_2 通量均值分别为 0.345mg/(m²·h) 和 17.22mg/(m²·h)，均远高于其他季节。

观测期处于一次降温事件内，气温、水温持续下降（图 3-24）。气温和水温与 CO_2 通量为显著负相关（表 3-8），气体的溶解度随水温增加而降低，这表明夏季 CO_2 通量的昼夜性变化不是由水温变化引起的，而是由气体溶解度变化所主导。由 CO_2 和 DO 含量的极显著负相关关系可知，水体中溶解 CO_2 浓度和 DO 含量也应为负相关关系，其原因可能在于浮游植物光合作用和呼吸作用交替的新陈代谢过程。需要强调的是，观测的对象为贫营养的水体，浮游植物光合作用的影响总体有限。

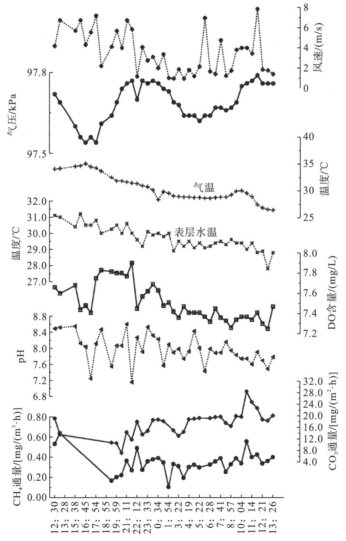

图 3-24　2013 年 8 月 22～23 日官庄水库水-气界面温室气体通量昼夜变化过程

表 3-8　夏季 CO_2 和 CH_4 昼夜性通量与环境因子的 Pearson 相关系数

	气温	气压	pH	DO 含量	水温	风速	CO_2 通量	CH_4 通量
CO_2 通量	−0.493**	0.166	−0.102	−0.636**	−0.438*	−0.138	—	0.552**
CH_4 通量	0.152	0.256	0.29	−0.194	0.085	0.285	0.552**	—

注：*表示 0.05 置信水平显著相关；**表示 0.01 置信水平显著相关。

2. CO_2 和 CH_4 通量季节性变化特征

表 3-9 给出了不同季节 CO_2 和 CH_4 通量的统计值，所有季节水体均表现为大气的 CO_2 和 CH_4 "源"。CO_2 通量的最大值、平均最大值均出现于夏季，而其他几个季节的平均值相差不大。CH_4 通量的最大值、平均最大值也出现于夏季；4 月 CH_4 平均通量为 11 月和 1 月平均值的 5 倍，但仅约为 8 月的 21.7%。

表 3-9　不同季节观测的 CO_2 和 CH_4 通量

		秋季(2012 年 11 月 23～24 日)	冬季(2013 年 1 月 26～27 日)	春季(2013 年 4 月 15～16 日)	夏季(2013 年 8 月 22～23 日)
CO_2 通量	Max/[mg/(m²·h)]	17.083	16.413	12.625	28.348
	Min/[mg/(m²·h)]	2.734	1.772	3.351	7.109
	Ave/[mg/(m²·h)]	7.720	7.032	7.700	17.219
	Std/[mg/(m²·h)]	2.880	2.838	3.150	4.248
	CV/[mg/(m²·h)]	0.373	0.404	0.409	0.247
CH_4 通量	Max/[mg/(m²·h)]	0.019	0.042	0.237	0.639
	Min/[mg/(m²·h)]	0.007	0.007	0.011	0.106
	Ave/[mg/(m²·h)]	0.012	0.018	0.075	0.345
	Std/[mg/(m²·h)]	0.004	0.008	0.061	0.109
	CV/[mg/(m²·h)]	0.348	0.459	0.812	0.316

注：Max 表示最大值；Min 表示最小值；Ave 表示平均值；Std 表示标准差；CV 表示变异系数。

Pearson 相关分析结果表明(表 3-10)，在季节性尺度上，CO_2 和 CH_4 通量均与气温、水温和风速呈显著正相关，而与气压、pH、DO 含量呈显著负相关。我们认为最主要的原因在于，较高的温度下微生物更高的活性导致更多的有机质降解及相应的 CO_2 和 CH_4 生成；高的风速扰动水面有利于表层水体中的气体逸出，气压具有与风速类似的影响，即低气压有利于气体逸散。pH 与 CO_2 通量间的关系由水体 CO_2 浓度所主导，水体 CO_2 浓度增加，pH 降低，即观测的 pH 与 CO_2 通量间呈显著负相关。季节性尺度上 DO 含量与 CO_2 通量间呈负相关，可能与水温增加导致气体溶解度降低有关；对 CH_4 气体而言，亦是如此。

表 3-10　CO_2 和 CH_4 通量与环境因子间的 Pearson 相关系数

	气温	气压	pH	DO 含量	水温	风速	CO_2 通量	CH_4 通量
CO_2 通量	0.608**	−0.615**	−0.313**	−0.711**	0.718**	0.219*	—	0.848**
CH_4 通量	0.749**	−0.742**	−0.287**	−0.804**	0.844**	0.303**	0.848**	—

注：*表示 0.05 置信水平显著相关；**表示 0.01 表示置信水平显著相关。

3.3　西北口水库

3.3.1　研究区概况

黄柏河流域位于宜昌市城区西北部，为长江一级支流，处于 111°04′E～111°30′E，30°43′N～31°29′N。流域分为东西两支，流经襄阳市保康县店垭镇、宜昌市远安县嫘祖镇、夷陵区黄花镇、分乡镇、小溪塔、樟树坪、雾渡河等村镇及街道。东支发源于夷陵区黑良山，长 126km；西支发源于夷陵区五郎寨，长 70km。东西两支在两河口汇合，于葛洲坝三江航道前注入长江，流域总面积 1902km²，占宜昌市总面积的 9.2%，自上而下依次建有玄庙观、天福庙、西北口、尚家河四座梯级水库[52-54]。全流域水资源较为丰富，总量达 8.95 亿 m³，其中东支 5.48 亿 m³，西支 2.66 亿 m³，干流 0.81 亿 m³，黄柏河流域内降水具有明显的季节特征，暴雨、短历时强降水等灾害性天气频发，全年降水主要集中在上半年，春、夏季降水量约占全年的 74%，秋季约占 20%，冬季仅为 6%左右，全年约一半以上的降水集中在 6～8 月[53]。

西北口水库(31°03′N～31°07′N，111°19′E～111°21′E)位于湖北省宜昌市夷陵区雾渡河镇和分乡镇交界处，系长江北岸一级支流黄柏河流域梯级开发的骨干工程，位于梯级水库的第三级，是黄柏河流域内四个梯级水库中规模最大的水库，大坝类型为钢筋砼面板堆石坝，最大坝高95m，为多年调节大型水库。流域内属于亚热带季风气候，雨量充沛，多有山洪暴发，降水集中在 6～9 月，年平均降水量在 997～1370mm。水库距宜昌市中心城区65km，为宜昌市承担重要的农业灌溉、城市饮水及工业用水任务，兼有发电、防洪、养殖、拦沙等综合效应[53,54]。西北口水库自 1991 年 9 月下闸蓄水以来，库中沉积物相对较厚，库首较薄，两岸均有植被覆盖，河道形状呈狭长态，两岸具有一级阶地及小型漫滩，河谷形态多呈梯形或"U"形，是典型的河道型水库[55,56]。水库距离河口 54km，承雨面积为862km²，多年平均径流量3.88 亿 m³，总库容为2.1 亿 m³，库龄为31a[57]。

区域内主要包括寒武系-奥陶系、二叠系-中三叠统碳酸盐岩地层和硅质碎屑岩地层，形成典型的叠层构造和溶蚀地貌特征。主要由寒武系发育齐全的碳酸盐岩、黑色页岩和奥陶系灰岩、白云岩组成；二叠系下统主要为煤系地层、硅质岩、碳酸盐岩、灰岩及硅质碎屑岩地层，三叠系下统为碳酸盐岩地层，上部由粉砂岩、砂岩、碳质岩等组成[58]。

3.3.2　研究方法

1. 采样点布设

1)水化学特征采样点布设

在西北口水库从上游至下游分别设置入库河水、库尾、库中、库首、坝下出库水及司家沟库湾、三隅口库湾、玉林溪库湾 8 个采样点，采样点分布如图 3-25 所示，采样点概况如表 3-11 所示，同时在库首、库中、库尾采样点垂向剖面上设置 3 个特征断面，根据库首、库中、库尾实际水深分别在 0～0.5m、1m、2m、3m、4m、6m、8m、10m、15m、20m、35m 和 40m 等深度设置垂向剖面采样点，涵盖水体表层、真光层、温跃层及深层水样品。为减少水库回水对入库河水采样点位的干扰，把入库河水采样点设置在距离水库库尾采样点约 7km 位置。司家沟库湾、三隔口库湾、玉林溪库湾采样点分别为有支流汇入的水库库湾；且由于西北口水库大坝泄水方式为底孔泄流，故坝下出库水采样点处主要为库首底层的下泄水。

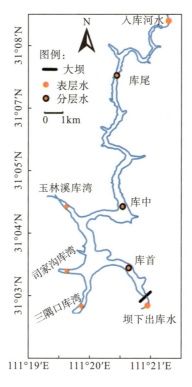

图 3-25　西北口水库采样点分布图

表 3-11　西北口水库采样点概况

采样点	经度	纬度	点位描述
入库河水	111°21′54.19″E	31°10′29.12″N	为水库上游入库河水，位于库尾以上 7km，取表层水
库首	111°20′57.95″E	31°03′23.10″N	距离大坝约 2km，水深约 50m，右岸有少部分农田
库中	111°20′46.84″E	31°04′40.79″N	位于弯道处，水深约 35m
库尾	111°20′42.10″E	31°07′04.44″N	河道由窄变宽，有支流汇入，水深为 15m
司家沟库湾	111°19′27.18″E	31°03′21.96″N	有支流司家沟汇入
三隔口库湾	111°19′48.67″E	31°02′29.36″N	有小型支流汇入，西北口村所在地，居民较集中
玉林溪库湾	111°19′37.52″E	31°04′40.18″N	支流冷水溪、玉林溪汇入
坝下出库水	111°21′40.78″E	31°02′28.18″N	位于大坝下方，可能受大坝除险加固施工影响

2) 水库水体溶解 CH_4 浓度监测

在西北口水库进行走航式监测，船速以 8.6km/h 沿 "Z" 形轨迹从库首航行到库尾，同步使用移动 GPS 设备记录轨迹(图 3-26)，使用声学多普勒海流剖面仪(ADCP)监测连续水深。通过 Xiao 等[59]发明的快速水-气平衡装置结合温室气体分析仪(Picarro G2301，美国)连续监测表层水体(水下 20cm)溶解 CH_4 浓度；在库首(1#)、库中(2#)、库尾(3#)采样点通过向下缓慢释放潜水泵(释放速度约 2m/min)采集垂向水体，连续监测垂向剖面水体溶解 CH_4 浓度(监测过程中未扰动底层沉积物，以免影响实验结果)。在监测表层及垂向溶解 CH_4 浓度时，同步使用多参数水质仪(EXO YSI，美国)监测水体理化因子(水深、水温、pH、电导率、叶绿素 a 含量以及溶解氧含量等)。

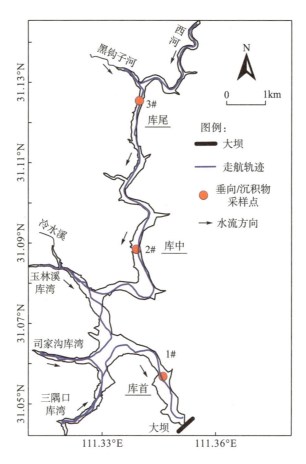

图 3-26　走航轨迹及采样点布置

2. 测定及分析计算方法

1) 水化学特征测定及分析

在实验室内采用离子色谱仪(盛瀚 CIC-D160 型，中国)分析测定 Na^+、K^+、Mg^{2+}、Ca^{2+}、SO_4^{2-}、NO_3^-、Cl^- 浓度，其中阴离子色谱柱型号为 SH-AC-3 型，阳离子色谱柱型

号为 SH-CC-3 型,阴阳离子出厂测试精度均为 0.01mg/L,其测定下限为:$c_{Cl^-} \geqslant 0.02mg/L$,$c_{NO_3^-} \geqslant 0.064mg/L$,$c_{SO_4^{2-}} \geqslant 0.072mg/L$,$c_{Na^+} \geqslant 0.08mg/L$,$c_{K^+} \geqslant 0.12mg/L$,$c_{Mg^{2+}} \geqslant 0.08mg/L$,$c_{Ca^{2+}} \geqslant 0.080mg/L$,检测相对偏差≤3%[60]。溶解固体总量(total dissolved solids,TDS)浓度通过溶解组分总和减去 $\frac{1}{2}c_{HCO_3^-}$ 的方法计算得到[61]。溶解无机碳(dissolved inorganic carbon,DIC)浓度一般以 HCO_3^- 浓度计算,但为了减小 DIC 浓度计算误差,采用 HCO_3^-、CO_3^{2-}、H_2CO_3 浓度之和($DIC = c_{CO_2} + c_{HCO_3^-} + c_{CO_3^{2-}} + c_{H_2CO_3}$)表示,$CO_3^{2-}$、$H_2CO_3$ 浓度由 HCO_3^- 浓度、pH、水温与相对应的化学平衡常数关系计算而得,喀斯特水库水生生态系统中独特的水化学特性导致其碱性偏高,水中 DIC 以 HCO_3^- 为主,水中溶解 $CO_2[CO_{2(aq)}]$ 的浓度仅为 DIC 的 1%~2%[62],喀斯特水库水体中的 $CO_{2(aq)}$ 浓度不足以满足浮游植物旺盛的生长需求[63]。溶解有机碳(DOC)用 TOC 分析仪(multi N/C3100,德国)进行测定。水中方解石饱和指数(SI_C)、CO_2 分压(p_{CO_2})使用水文地球化学计算软件 PHREEQC 计算,计算时需要在 PHREEQC 输入采样点水温(T)、pH、碱度及主要阴阳离子浓度[64]。水中方解石饱和指数(SI_C)、CO_2 分压(p_{CO_2}),计算公式如下。

$$SI_C = lg\left(\frac{[Ca^{2+}][CO_3^{2-}]}{K_C} \right) \tag{3-1}$$

式中,K_C 表示方解石平衡常数;$[Ca^{2+}]$、$[CO_3^{2-}]$ 分别表示 Ca^{2+}、CO_3^{2-} 的物质的量浓度。

$SI_C=0$ 表示水中方解石刚好达到饱和状态;$SI_C>0$ 表示水中方解石过饱和,有发生方解石沉淀趋势;$SI_C<0$ 表示水中方解石未达到饱和状态,可继续溶解更多方解石。

$$p_{CO_2} = \frac{[HCO_3^-][H^+]}{K_1 K_{CO_2}} \tag{3-2}$$

式中,K_1、K_{CO_2} 分别表示 H_2CO_3 和 CO_2 的平衡常数;$[HCO_3^-]$、$[H^+]$ 为对应离子的物质的量浓度。

2)水体溶解 CH_4、CO_2 浓度的计算方法

目前,还没有仪器能直接监测水体溶解 CH_4、CO_2 的浓度,只能根据亨利定律(在一定温和平衡状态下水体中溶解气体的浓度与该气体的分压成正比),通过气体在水体中的溶解浓度(c_a)与相应的气相顶空气体浓度(c_{eq})关系进行转换。野外监测的传统方法是在原位采集水样,然后注入锡箔袋后迅速注入氮气,放置一段时间,待水体和待测气体平衡以后,测量锡箔袋上方气体浓度,从而推算水体溶解气体,这种方法耗时、耗力,且人为误差相对较大。鉴于此,作者课题组研制了新型快速水-气平衡装置,该装置能保证在较高测量精度的前提下实现异常短的响应时间(对于 CH_4,$t_{95\%}=12s$,平衡率为 62.6%;对于 CO_2,$t_{95\%}=10s$,平衡率为 67.1%),并以稍微增加响应时间(16s)为代价实现高达 91.8%的平衡率,可在实验过程中视情况做出调整。该新型快速水-气平衡装置的设计是从气泡型[44]和喷头型[45]两种类型改进而来。与传统的平衡器相比,该装置创建了一个小的反应舱,在这个极小的空间发生一定效率的水-气分离,进而实现连续测量。

$$H^{cc} = c_a / c_{eq} \tag{3-3}$$

理想气体的转换公式为

$$H^{cc} = H^{cp} \times R \times T \qquad (3\text{-}4)$$

式中，H^{cc} 为无量纲亨利溶解度；H^{cp} 为亨利溶解度，$mol/(m \cdot Pa)^3$；R 为气体常数，为 $8.314 J/(mol \cdot K)$；c_a 为气体在水体中的溶解浓度，$\mu mol/L$；c_{eq} 为气相顶空气体浓度，$\mu mol/L$；T 为温度，K。

实验过程中使用蠕动泵连续采集水样，并使用流量计监测水流量。同时使用纯氮气的钢瓶配合减压阀，使两种气流混合后进入水-气混合装置，然后通过一个螺旋软管进一步混合。水-气混合物流入一个半径突然增大的注射器中(直径 14mm)，进一步混合后最终进入气-水分离装置(一个 30mL 的塑料注射器)，其中顶空气体从水中分离出来直接送入温室气体分析仪(G2201)，水自由下落由底部流出。在实验过程中，监测的 CH_4、CO_2 浓度的变化率(c)取决于吹扫气体浓度(c_p)和样品溶解气体浓度(c_a)的差，即

$$\frac{dc}{dt} = k \times \left(\frac{1}{H^{cp}RT} c_a - c_p \right) \qquad (3\text{-}5)$$

式中，c_a 为监测水体中溶解的气体浓度，$\mu mol/L$；k 是气体传输速率，L/s，取决于气体和水体的相对流量，以及水-气混合物在装置中的掺混时间。

水样完全平衡时对应的平衡浓度 c_{eq}，即为顶空气体浓度($c_{eq} = \frac{1}{HRT} c_a$，单位为 $\mu mol/L$)。对于气袋内吹扫气体中 CH_4 的初始浓度 c_p，根据式(3-5)可以得到装置监测过程中，水样溶解 CH_4 浓度随时间的变化为

$$c(t) = (c_{pi} - c_{eq}) e^{-kt} + c_{eq} \qquad (3\text{-}6)$$

式中，c_{pi} 为待测水样中溶解气体浓度。

根据水、气在装置中的混合时间，即水-气平衡装置中溶解 CH_4、CO_2 浓度达到平衡所需要的时间，经过 t_e 时间后，温室气体分析仪(G2201-i)测量得到经过装置吹扫平衡后 CH_4 的浓度值 c_{pe}：

$$c_{pe} = c(t_e) = K(c_{pi} - c_{eq}) + c_{eq} \qquad (3\text{-}7)$$

用 $K = e^{-kt_e}$ 表示装置的校准系数，通过实验室中锡箔袋培养的已知溶解浓度的标样对水-气平衡装置进行校准，得

$$K = \frac{c_{pe} - c_{eq}}{c_{pi} - c_{eq}} \qquad (3\text{-}8)$$

因此，根据亨利定律，待测水样的气体浓度 c_{pi} 可以由水样经过吹扫达到平衡后得到的气体浓度 c_{pe} 估算：

$$c_{eq} = \frac{1}{HRT} c_a = K c_{pi} + (1 - K) c_{pe} \qquad (3\text{-}9)$$

3) 水-气界面碳通量计算方法

(1) 模型法。

气体扩散通量取决于两个主要因素：空气-水界面上下的浓度梯度和给定温度下给定

气体的气体传输速率 k。$c_w - c_{sat}$ 表示水中气体的实际浓度与水和大气平衡时应具有的浓度之间的差值。

$$F = k \times (c_w - c_{sat}) \tag{3-10}$$

式中，k 为气体传输速率，cm/h；c_w 为该气体在表层水体中的浓度，mol/L；c_{sat} 为该气体相对于实验环境中上方空气而言平衡时表层水体中的气体浓度，mol/L；式中的 c_{sat} 根据亨利定律[46]计算：

$$\frac{c_{sat}}{c_g} = k_H \times RT = k_H^{\Theta} \times \exp\left[-\frac{\Delta_{soln}H}{R\left(\frac{1}{T} - \frac{1}{T^{\Theta}}\right)}\right] \times RT \tag{3-11}$$

式中，c_g 为上覆大气中的气体浓度，mol/L；R 为普适气体常数，$R=8.31\text{J}/(\text{mol·K})$；$\Delta_{soln}H$ 为标准摩尔熔解焓，kJ/mol；T 为温度，K；k_H 为亨利常数，k_H^{Θ} 为 $T^{\Theta}=298.15\text{K}$ 时的亨利常数；$T^{\Theta}=298.15\text{K}$，$\dfrac{\Delta_{soln}H}{R} = -\dfrac{\text{dln}\,k_H}{\text{d}\left(\dfrac{1}{T}\right)}$。

气体传输速率 k_x 的计算方法见式(3-12)[47]：

$$k_x = k_{600}(Sc/600)^{-x} \tag{3-12}$$

式中，k_x 为气体传输速率，cm/h；x 为常量，仅与风速有关，当风速≤3m/s 时，$x=0.66$，当风速>3m/s 时，$x=0.5$；Sc 为施密特数，可通过温度计算得出；k_{600} 是 Sc 为 600 时的气体传输速率，cm/h，可由水库的水体表面以上 10m 处的风速(U_{10})推算得出，是计算气体传输速率的关键参数。

$$k_{600} = 2.07 + (0.215 \times U_{10}^{1.7}) \quad (U_{10} \leqslant 3\text{m/s}) \tag{3-13}$$

$$k_{600} = 0.228 \times U_{10}^{2.2} + 0.168 \quad (U_{10} > 3\text{m/s}) \tag{3-14}$$

为便于在不同气体间和不同水温条件下进行对比，按 Sc 为 600 对气体传输速率进行标准化：

$$k_{600} = k_{g,T}\left(\frac{600}{Sc_{g,T}}\right)^{-n} \tag{3-15}$$

式中，$k_{g,T}$ 和 $Sc_{g,T}$ 分别为给定气体在相应温度下的气体传输速率和施密特数。Sc 是温度为 T 时 CH_4 气体的施密特数，可由式(3-16)计算得

$$Sc(CH_4) = 1897.8 - 114.28T + 3.2902T^2 - 0.039061T^3 \tag{3-16}$$

CO_2 施密特数的计算公式为

$$Sc(CO_2) = 1911.1 - 118.1T + 3.4527T^2 - 0.04132T^3 \tag{3-17}$$

式中，T 为水温，℃。

(2)通量箱法。

通量箱法的原理是利用一个倒扣水面的封闭容器，通过单位时间内气体浓度的变化量来估算水-气界面 CH_4 或 CO_2 的排放量或者吸收量，将密闭容器与温室气体分析仪连接，现场实时观测箱内温室气体随时间的变化，一般用 slope 来表示变化情况，slope 为正值表

示气体从水体向大气排放，slope 为负值表示水体吸收大气中气体，本书用式(3-18)[48]计算水-气界面 CH_4、CO_2 扩散通量：

$$\text{Flux} = \frac{\text{slope} \times F_1 \times F_2 \times \text{volume}}{\text{surface} \times F_3} \tag{3-18}$$

式中，Flux 为水-气界面的气体通量，$mg/(m^2 \cdot h)$；slope 为箱内温室气体浓度随时间的变化率；F_1 为 $\mu mol/L$ 到 $\mu g/m^3$ 的转化系数，CH_4 为 655.47，CO_2 为 1798.45；F_2 为秒到小时的转化系数，为 3600；volume 为静态箱漂浮在水面时箱内气体的体积，m^3；surface 为通量箱箱底的面积，m^2；F_3 为 μg 到 mg 的转化系数，为 1000。

3.3.3 水库水体及沉积物生源物质时空分布特征

1. 水库水文特征

西北口水库在全年监测期内水位、流量以及年平均水深变化如图 3-27 所示，水位在 2021 年普遍高于 2022 年，2021 年底入库流量小、出库流量大，水位快速降低；2022 年水位、流量在春季(4、5 月)达到峰值，而夏季水位变化平缓且流量较小，与往年夏季汛期差别较大，这可能与该年降雨径流较少有关。水库平均水深从库首至库尾逐渐降低，库首平均水深约 50m，库中约为 35m，库尾约为 15m。

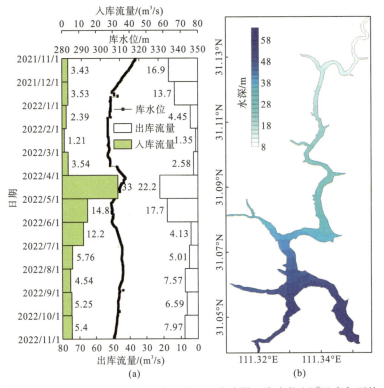

图 3-27 监测期内西北口水库月平均入库流量、出库流量、库水位(a)① 及全年平均水深(b)

---

① 水位及流量数据来源于千里眼水雨情查询系统官网 http://113.57.190.228:8001/#!/web/Report/River Report。

2. 水库水体生源物质时空分布特征

在监测期内水库水体中总氮(total nitrogen，TN)、总磷(total phosphorus，TP)及溶解有机碳(DOC)时空分布特征见表 3-12。水体 TN 含量在春季相对较高，在空间上大都表现出库中比其他库段含量略高；水体 TP 含量在时间上变化不太明显，在空间上总体表现出库尾比其他库段含量略高；水体 DOC 含量在春季相对较高，在春季表现为库首比其他库段含量略高，在夏季、秋季、冬季为库尾比其他库段含量略高。

表 3-12　监测期西北口水库典型库段水体生源物质含量分布　　　(单位：mg/L)

季节	点位	TN 含量	TP 含量	DOC 含量
春季	库首	1.61±0.14	0.006±0.002	3.57±0.23
	库中	1.59±0.67	0.011±0.009	2.80±0.15
	库尾	0.88±0.83	0.012±0.004	2.48±0.11
夏季	库首	0.60±0.03	0.015±0.006	2.79±0.72
	库中	1.33±0.87	0.013±0.010	2.65±0.57
	库尾	0.89±0.61	0.018±0.002	2.85±0.41
秋季	库首	0.83±0.13	0.014±0.002	2.56±0.12
	库中	1.21±0.54	0.013±0.008	2.62±0.15
	库尾	1.02±0.47	0.016±0.004	2.64±0.17
冬季	库首	1.27±0.13	0.011±0.002	2.26±0.22
	库中	1.35±0.03	0.010±0.001	2.32±0.05
	库尾	1.32±0.04	0.012±0.003	2.52±0.08

3. 水库沉积物生源物质时空分布特征

对各个季节不同河段表层沉积物的有机质进行测定，并计算碳氮浓度比(C∶N)分布，结果如图 3-28 所示。春季库首 TOC 占比(占沉积物总质量百分比)为 3.55%，TN 占比为 0.47%，C∶N 为 7.60；库中 TOC 占比为 3.51%，TN 占比为 0.49%，C∶N 为 7.11；库尾 TOC 占比为 3.40%，TN 占比为 0.53%，C∶N 为 6.44。夏季库首 TOC 占比为 3.47%，TN 占比为 0.43%，C∶N 为 8.08；库中 TOC 占比为 3.36%，TN 占比为 0.45%，C∶N 为 7.47；库尾 TOC 占比为 3.20%，TN 占比为 0.53%，C∶N 为 5.99。秋季库首 TOC 占比为 2.87%，TN 占比为 0.38%，C∶N 为 7.50；库中 TOC 占比为 3.06%，TN 占比为 0.41%，C∶N 为 7.47；库尾 TOC 占比为 3.17%，TN 占比为 0.47%，C∶N 为 6.69。冬季库首 TOC 占比为 2.73%，TN 占比为 0.33%，C∶N 为 8.27；库中 TOC 占比为 2.95%，TN 占比为 0.41%，C∶N 为 7.20；库尾 TOC 占比为 3.20%，TN 占比为 0.47%，C∶N 为 6.81。

在时间上，监测期内沉积物 TOC 占比在春季最高，冬季最低；TN 占比在春季最高，冬季最低；C∶N 从春季到冬季呈逐渐上升趋势。在空间上，春、夏季 TOC 占比从库首至库尾呈降低趋势，秋、冬季 TOC 含量从库首至库尾呈上升趋势；TN 占比在监测期均为从库首至库尾呈上升趋势；C∶N 从库首至库尾均呈下降趋势。

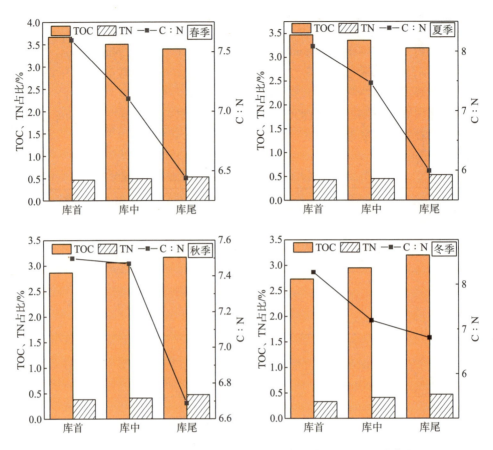

图 3-28　西北口水库典型河段沉积物有机质占比和 C∶N 分布

3.3.4　水库水化学特征及成因解析

1. 表层水体基本理化参数时空变化

河流梯级电站筑坝拦截后水动力条件发生改变，在相对静稳的水体环境下，各生源要素会不同程度被"拦截"，从而影响下游输出营养物质，水库水体生物地球化学过程发生变化，其水体基本理化性质也会发生相应变化[65,66]。西北口水库各采样点表层水体基本理化性质空间分布如图 3-29 和图 3-30 所示，水库表层水体基本理化参数特征值见表 3-13。

春季西北口水库表层水体基本理化性质具有明显的空间异质性。水体叶绿素 a 浓度在入库河水处明显低于水库内水体，库尾明显高于其他采样点，且由库尾至坝下出库水依次递减，并在库尾处取得最大值 25.89μg/L；pH 变化与叶绿素 a 相似，在库尾处取得最大值，为 9.29，在坝下出库水取得最小值，为 8.51；溶解氧浓度变化为 9.74~15.83mg/L，表现为入库河水小于水库水体，水库水体溶解氧浓度大小排序为：库尾＞库中＞库首＞库湾＞坝下出库水＞入库河水；电导率变化为 373.50~453.22μS/cm，呈现为入库河水＞坝下出库水＞库湾＞库首＞库中＞库尾。

夏季西北口水库表层水体理化性质在水库 pH、叶绿素 a 浓度、溶解氧浓度及电导率方面具有明显空间异质性。表层水体 pH 变化为 8.66～9.34，整体呈弱碱性，呈现为库尾＞库首＞库中＞库湾＞入库河水＞坝下出库水；叶绿素 a 浓度变化为 0.52～8.53μg/L，平均值为 3.71μg/L，入库河水、坝下出库水叶绿素 a 浓度明显偏低；溶解氧浓度均值为 9.94mg/L，库尾、库中和库首浓度高于库湾及入库河水；电导率变化为 212.48～517.74μS/cm，入库河水电导率明显大于水库内其他采样点。

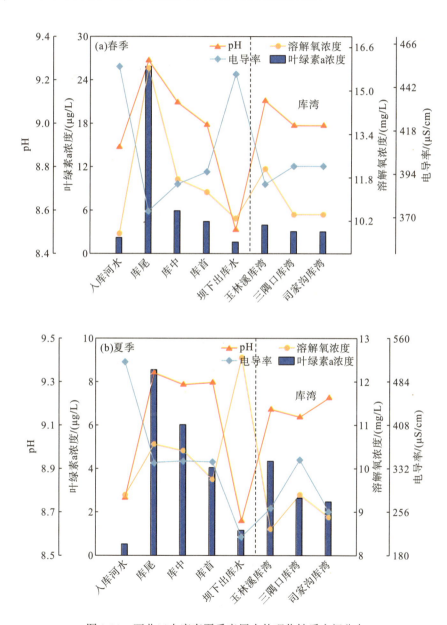

图 3-29　西北口水库春夏季表层水体理化性质空间分布

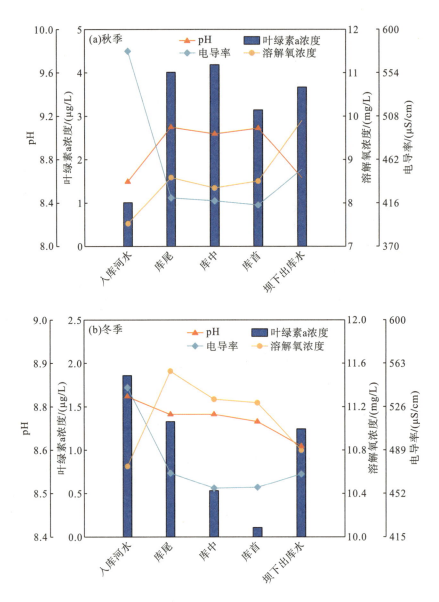

图 3-30 西北口水库秋冬季表层水体理化性质空间分布

表 3-13 西北口水库表层水体基本理化性质特征值

项目		春季	夏季	秋季	冬季	全年
	最大值	23.66	30.70	26.66	15.45	30.70
$T/℃$	最小值	19.61	22.50	21.72	11.82	11.82
	平均值	22.04	28.61	24.79	12.72	22.04
	最大值	9.29	9.34	9.10	8.79	9.34
pH	最小值	8.51	8.66	8.60	8.65	8.51
	平均值	8.98	9.11	8.89	8.73	8.93

项目		春季	夏季	秋季	冬季	全年
溶解氧浓度 /(mg/L)	最大值	15.83	12.54	9.91	11.53	15.83
	最小值	9.74	8.60	7.53	10.65	7.53
	平均值	11.48	9.94	8.58	11.10	10.27
叶绿素a浓度 /(μg/L)	最大值	25.89	8.53	4.19	1.86	25.89
	最小值	1.59	0.52	1.01	0.11	0.11
	平均值	6.25	3.71	3.21	1.02	3.55
电导率 /(μS/cm)	最大值	453.22	517.74	577.36	542.78	577.36
	最小值	373.50	212.48	413.98	456.39	212.48
	平均值	405.45	327.99	456.70	479.03	417.29
TDS浓度 /(mg/L)	最大值	352.04	363.97	412.12	357.56	412.12
	最小值	174.04	185.39	182.46	259.16	174.04
	平均值	256.75	262.26	254.49	301.00	268.62

秋季西北口水库表层水体叶绿素 a 浓度变化为 1.01～4.19μg/L，且入库河水浓度明显低于水库其他水体采样点，坝下出库水叶绿素 a 浓度较高可能与大坝及附近施工造成出库河道出现部分淤堵，流通性变差有关；pH 变化 8.60～9.10，表现为库尾＞库首＞库中＞坝下出库水＞入库河水，且库尾、库中、库首差异较小；溶解氧浓度变化为 7.53～9.91mg/L，在入库河水处取得最小值；电导率变化为 413.98～577.36μS/cm，入库河水电导率明显高于水库内其他表层水采样点。

冬季西北口水库表层水体叶绿素 a 浓度整体偏低，为 0.11～1.86μg/L，平均值为 1.02μg/L，坝下出库水可能受施工干扰影响进而造成其水体叶绿素 a 浓度相对偏高；pH 整体变化不大，在 8.65～8.79，从入库河水到坝下出库水呈降低趋势；溶解氧浓度变化为 10.65～11.53mg/L，在库尾处取得最大值；电导率变化为 456.39～542.78μS/cm，表现为入库河水明显大于水库内水体。冬季西北口水库表层水体叶绿素 a 浓度、pH、溶解氧浓度等基本理化参数均变化不大。

西北口水库表层水体基本理化性质特征值见表 3-13。水库表层水体水温全年变化为 11.82～30.70℃，平均水温为 22.04℃，表现为夏季＞秋季＞春季＞冬季；pH 全年变化为 8.51～9.34，平均值为 8.93，呈弱碱性；溶解氧浓度全年平均值 10.27mg/L，最大值为 15.83mg/L，出现在春季，最小值为 7.53mg/L，出现在秋季，总体表现为春季＞冬季＞夏季＞秋季，推测可能为水温、气压及水生生物光合作用的共同影响；叶绿素 a 浓度全年变化较大，介于 0.11～25.89μg/L，平均值为 3.55μg/L，总体表现为春季＞夏季＞秋季＞冬季，主要受气温及光照强度的影响；电导率平均值 417.29μS/cm，变化为 212.48～577.36μS/cm，总体表现为冬季＞秋季＞春季＞夏季，可能与水库生物碳泵效应有关；TDS 浓度变化为 174.04～412.12mg/L，全年平均值为 268.62mg/L，最大值和最小值分别出现在秋季、春季，主要可能由本年度秋季长江流域遭遇严重干旱水量减少所致，以及春季藻类开始大量繁殖，生物碳泵效应逐渐增强和春季流域内较多降雨的稀释效应导致。

2. 表层水体主要离子浓度变化特征

水体的化学成分对气候以及研究区的环境具有指示作用，其离子水化学特征能够反映流域内岩石风化的强弱以及气候变化等信息[67]，筑坝水库的离子水化学特征不仅能反映流域内岩石风化强弱，还能在一定程度上指示其生物碳泵效应的分布[67,68]。Ca^{2+}、Mg^{2+}、Na^+、K^+、HCO_3^-、SO_4^{2-}、Cl^-、NO_3^- 为天然水体中最为常见的八大离子，占水体中离子总量的 90%以上。西北口水库表层水体主要阳离子浓度分布如图 3-31 和图 3-32 所示，主要阴离子浓度分布如图 3-33 和图 3-34 所示。

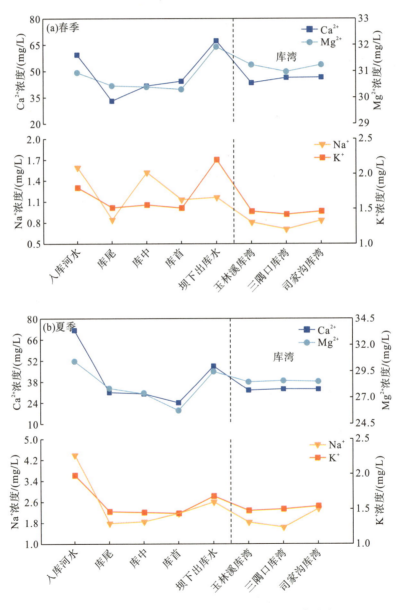

图 3-31　西北口水库春夏季表层水体阳离子浓度分布

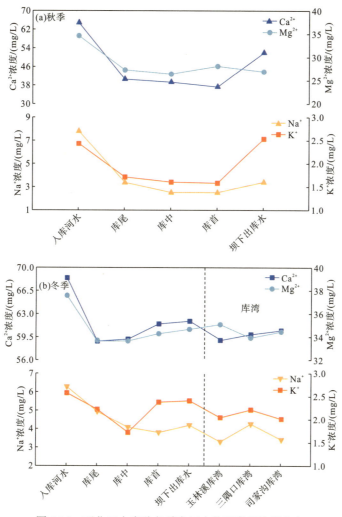

图 3-32　西北口水库秋冬季表层水体阳离子浓度分布

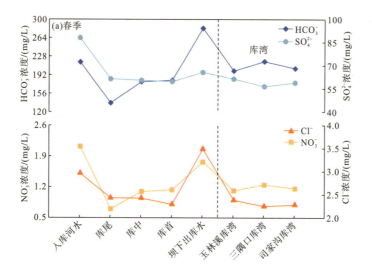

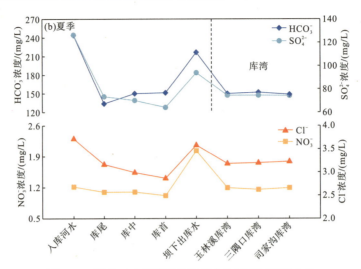

图 3-33　西北口水库春夏季表层水体阴离子浓度分布

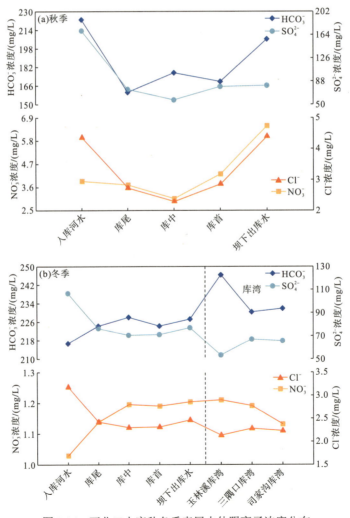

图 3-34　西北口水库秋冬季表层水体阴离子浓度分布

1)阳离子浓度变化特征

春季西北口水库表层水体主要阳离子浓度空间差异较显著[图 3-31(a)]。Ca^{2+} 浓度变化为 32.92~67.16mg/L，平均值 47.62mg/L，呈现为坝下出库水>入库河水>司家沟库湾>三隅口库湾>库首>玉林溪库湾>库中>库尾；Mg^{2+} 浓度变化较小，其变化为 30.30~31.92mg/L，均值为 30.93mg/L；Na^+、K^+ 浓度较低，其变化分别为 0.71~1.59mg/L 和 1.42~2.20mg/L，均值分别为 1.08mg/L 和 1.62mg/L。

夏季西北口水库表层水体主要阳离子浓度具有一定空间差异性[图 3-31(b)]。阳离子浓度表现为：$Ca^{2+}>Mg^{2+}>Na^+>K^+$，Ca^{2+} 浓度变化为 23.96~72.14mg/L，平均值为 37.64mg/L，其中入库河水及坝下出库水浓度明显高于其他采样点；Mg^{2+} 浓度与 Ca^{2+} 浓度变化趋势较为一致，但其浓度较 Ca^{2+} 明显偏低；Na^+、K^+ 浓度均较低，Na^+ 浓度变化为 1.64~4.40mg/L，平均值为 2.26mg/L；K^+ 浓度变化为 1.39~1.98mg/L，平均值为 1.55mg/L，两者变化趋势较为一致，均表现为入库河水及坝下出库水高于水库内其他采样点。

秋季西北口水库表层水体主要阳离子浓度变化如图 3-32(a)所示。其中 Ca^{2+} 浓度变化为 37.28~64.82mg/L，平均值为 46.80mg/L，呈现为入库河水>坝下出库水>库尾>库中>库首；Mg^{2+}、Na^+ 浓度变化分别为 26.40~34.60mg/L 和 2.51~7.79mg/L，平均值分别 28.64mg/L 和 3.93mg/L，入库河水处浓度明显大于其他采样点；K^+ 浓度表现为入库河水和坝下出库水浓度较高，库中水体中浓度较低，变化为 1.59~2.53mg/L，均值为 1.97mg/L。

冬季西北口水库表层水体主要阳离子浓度变化较小，除入库河水、坝下出库水与水库内采样点相比离子浓度差别较大外，其余库内采样点无明显差异[图 3-32(b)]。K^+ 浓度变化为 1.73~2.58mg/L；Na^+ 浓度变化为 3.30~6.29mg/L；Mg^{2+} 浓度变化为 33.66~37.58mg/L；Ca^{2+} 浓度变化为 58.84~68.42mg/L。K^+、Na^+、Mg^{2+}、Ca^{2+} 浓度均值依次为：2.20mg/L、4.29mg/L、34.67mg/L、61.14mg/L，其中 Ca^{2+} 浓度表现为：入库河水>坝下出库水>库首>司家沟库湾>三隅口库湾>库中>玉林溪库湾>库尾。

2)阴离子浓度变化特征

春季西北口水库表层水体阴离子以 HCO_3^- 为主，其浓度变化为 137.25~282.13mg/L，均值为 202.25mg/L，且呈现为坝下出库水>入库河水>三隅口库湾>司家沟库湾>玉林溪库湾>库首>库中>库尾；SO_4^{2-} 浓度变化 56.40~87.92mg/L，平均值为 63.98mg/L，入库河水 SO_4^{2-} 浓度明显高于其他采样点；Cl^-、NO_3^- 浓度较低，变化依次为 2.26~3.49mg/L、0.70~2.12mg/L，均值分别为 2.57mg/L、1.30mg/L[图 3-33(a)]。

夏季西北口水库表层水体阴离子浓度表现为：$HCO_3^->SO_4^{2-}>Cl^->NO_3^-$，$HCO_3^-$、$SO_4^{2-}$ 浓度变化分别为 125.05~244.00mg/L、63.98~126.24mg/L，平均值分别为 163.09mg/L、79.58mg/L，两者最大值均出现在入库河水处；Cl^-、NO_3^- 浓度较低，变化分别为 2.86~3.71mg/L、1.01~2.02mg/L，平均值分别为 3.23mg/L、1.21mg/L，分别在入库河水、坝下出库水处出现最大值[图 3-33(b)]。

秋季西北口水库表层水体 HCO_3^- 浓度变化为 160.13～222.65mg/L，均值为 186.97mg/L，变化趋势与 Ca^{2+} 较为相似；SO_4^{2-}、Cl^- 均表现出入库河水处浓度明显大于其他采样点，其变化分别为 56.60～169.90mg/L、2.29～4.39mg/L，均值分别为 91.81mg/L、3.32mg/L；NO_3^- 浓度变化为 3.08～6.53mg/L，均值为 4.29mg/L，在坝下出库水处取得最大值［图 3-34（a）］。

冬季西北口水库表层水体阴离子浓度均值从高到低依次为 HCO_3^-、SO_4^{2-}、Cl^-、NO_3^-，均值分别为 228.56mg/L、73.32mg/L、2.41mg/L、1.16mg/L。HCO_3^- 浓度表现为：玉林溪库湾＞司家沟库湾＞三隅口库湾＞库中＞坝下出库水＞库首=库尾＞入库河水，SO_4^{2-} 浓度表现为：入库河水＞坝下出库水＞库尾＞库首＞库中＞三隅口库湾＞司家沟库湾＞玉林溪库湾。由于冬季水库水体混合较为均匀，因此除入库河水采样点外，其余采样点主要阴离子浓度差距较小［图 3-34（b）］。

3. 水库水化学特征及其来源解析

1）水化学特征分析

西北口水库表层水体离子水化学特征值见表 3-14，从全年平均值来看，主要阳离子浓度排序为 $Ca^{2+}>Mg^{2+}>Na^+>K^+$，离子浓度平均值依次为 48.37mg/L、30.52mg/L、2.91mg/L、1.84mg/L；优势阳离子 Ca^{2+}、Mg^{2+} 分别占阳离子总量的 57.83%、36.49%。主要阴离子浓度排序为 $HCO_3^->SO_4^{2-}>Cl^->NO_3^-$，离子浓度平均值依次为 196.41mg/L、77.58mg/L、2.88mg/L、2.00mg/L；优势阴离子 HCO_3^-、SO_4^{2-} 分别占阴离子总量的 70.43%、27.82%。Na^+、K^+、Mg^{2+}、Ca^{2+} 全年浓度最大值分别为 7.79mg/L、2.58mg/L、37.58mg/L、72.14mg/L；Cl^-、NO_3^-、SO_4^{2-}、HCO_3^- 全年浓度最大值分别为 4.39mg/L、6.53mg/L、169.90mg/L、282.13mg/L。从主要阴阳离子全年浓度最小值来看，HCO_3^-、Ca^{2+}、Mg^{2+} 浓度均在夏季出现最小值，分别为 133.44mg/L、23.96mg/L、25.26mg/L，这可能与夏季西北口水库光照充足，水生生物生长代谢旺盛，吸收利用增加有关；而 SO_4^{2-}、Cl^- 浓度在冬季出现最小值，分别为 53.08mg/L、2.13mg/L，可能与冬季岩石风化速率较慢有关；Na^+、K^+ 浓度最小值均出现在春季，说明春季降雨较多可能对西北口水库离子浓度有稀释作用。

表 3-14　西北口水库水体离子水化学特征值　　　　　　　　（单位：mg/L）

离子		春	夏	秋	冬	全年
Na^+	最大值	1.59	4.40	7.79	6.29	7.79
	最小值	0.71	1.64	2.51	3.3	0.71
	平均值	1.08	2.33	3.93	4.29	2.91
K^+	最大值	2.20	1.98	2.53	2.58	2.58
	最小值	1.42	1.44	1.59	1.73	1.42
	平均值	1.62	1.57	1.97	2.20	1.84

离子		春	夏	秋	冬	全年
Mg^{2+}	最大值	31.92	29.96	34.6	37.58	37.58
	最小值	30.30	25.26	26.4	33.66	25.26
	平均值	30.93	27.82	28.64	34.67	30.52
Ca^{2+}	最大值	67.16	72.14	64.82	68.42	72.14
	最小值	32.92	23.96	37.28	58.84	23.96
	平均值	47.62	37.91	46.8	61.14	48.37
Cl^-	最大值	3.49	3.71	4.39	3.18	4.39
	最小值	2.26	2.86	2.29	2.13	2.13
	平均值	2.57	3.24	3.32	2.41	2.88
NO_3^-	最大值	2.12	2.02	6.53	1.21	6.53
	最小值	0.70	1.01	3.08	1.03	0.70
	平均值	1.30	1.25	4.29	1.16	2.00
SO_4^{2-}	最大值	87.92	126.24	169.90	106.70	169.90
	最小值	56.40	63.98	56.60	53.08	53.08
	平均值	63.98	81.20	91.81	73.32	77.58
HCO_3^-	最大值	282.13	244.00	222.65	246.29	282.13
	最小值	137.25	133.44	160.13	216.55	133.44
	平均值	202.25	167.85	186.97	228.56	196.41

　　阴阳离子派珀(Piper)三线图可用来分析水体水化学成分及主要离子的相对浓度,定性描述各种岩性对水体总溶解成分的相对贡献,也可以直观地反映河水的阴阳离子组成,分析水体化学性质,揭示岩石风化类型[69]。西北口水库表层水体阴阳离子 Piper 三线图直观地呈现了西北口水库流域水体不同采样点的主要阴阳离子比例,依据采样点阳离子相对浓度分布在 Mg^{2+}、Ca^{2+} 或 $Na^+ + K^+$ 轴一侧,阴离子相对浓度分布在 HCO_3^-、SO_4^{2-} 或 Cl^- 轴附近,可以推断出西北口水库流域水体水化学类型及其岩石风化特征。

　　西北口水库流域水体阴阳离子 Piper 三线图如图 3-35 所示。水库水体阳离子主要分布在 Ca^{2+} 轴一侧,Ca^{2+}、Mg^{2+}、$Na^+ + K^+$ 当量分别占阳离子总当量的 30.23%、32.80%、4.17%,Mg^{2+} 当量占比上升,大于 Ca^{2+} 当量占比;阴离子主要集中落在 HCO_3^- 轴一端,HCO_3^-、SO_4^{2-}、Cl^-、NO_3^- 当量分别占阴离子总当量的 65.67%、16.05%、1.65%、0.58%。各季节主要阴阳离子在三线图中分布均较为集中,无明显季节性差异。西北口水库流域水体水化学类型为 HCO_3^--$Ca^{2+} \cdot Mg^{2+}$ 型,表现为碳酸盐岩风化的特征。

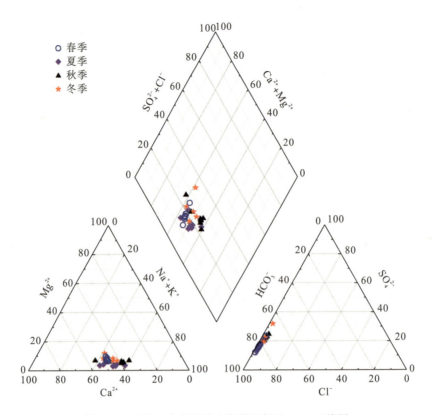

图 3-35　西北口水库流域水体阴阳离子 Piper 三线图

2) 主要离子水化学组成来源解析

吉布斯(Gibbs)通过对全球主要海洋、河流、湖泊、降水等天然水体的样本进行研究分析并绘制散点图(Gibbs 图),将控制天然水体水化学组成的因素分为大气降水、岩石风化和蒸发结晶三种,吉布斯图解方法能够初步较为直观地对水体水化学的主要控制因素作出判断,因此在水文地球化学等研究领域被广泛应用[70]。分别计算西北口水库流域水体采样点的 TDS 浓度值、阳离子浓度比 $c_{Na^+}/(c_{Na^+}+c_{Ca^{2+}})$、阴离子浓度比 $c_{Cl^-}/(c_{Cl^-}+c_{HCO_3^-})$,吉布斯图横坐标代表水体中阳离子浓度比 $c_{Na^+}/(c_{Na^+}+c_{Ca^{2+}})$ 和阴离子浓度比 $c_{Cl^-}/(c_{Cl^-}+c_{HCO_3^-})$;纵坐标则是以 10 为底数的对数坐标,表示为采集水体样品点的 TDS 浓度值。吉布斯 Boomerang Envelope 模型中由大气降水控制端元时,$c_{Na^+}/(c_{Na^+}+c_{Ca^{2+}})$ 及 $c_{Cl^-}/(c_{Cl^-}+c_{HCO_3^-})$ 在 0.5~1,其 TDS 浓度值一般小于 70mg/L,此类水体样本点分布在模型的右下方区域;岩石风化控制端元中 $c_{Na^+}/(c_{Na^+}+c_{Ca^{2+}})$ 和 $c_{Cl^-}/(c_{Cl^-}+c_{HCO_3^-})$ 范围为 0~0.5,TDS 浓度值介于 70~300mg/L,样本点分布于中部偏左区域;蒸发结晶控制端元的 $c_{Na^+}/(c_{Na^+}+c_{Ca^{2+}})$ 和 $c_{Cl^-}/(c_{Cl^-}+c_{HCO_3^-})$ 在 0.5~1,TDS 浓度值大于 300mg/L,水体样本点落在模型右上角区域[71]。

西北口水库流域水体水化学吉布斯图如图 3-36 所示。TDS 浓度的变化为 196.17~399.11mg/L,$c_{Na^+}/(c_{Na^+}+c_{Ca^{2+}})$ 介于 0.03~0.17,$c_{Cl^-}/(c_{Cl^-}+c_{HCO_3^-})$ 介于 0.01~0.04。西北口

水库流域各季节水体采样点集中落在岩石风化控制区域，这说明西北口水库流域内主要阴阳离子组成的主要控制因素为岩石风化。

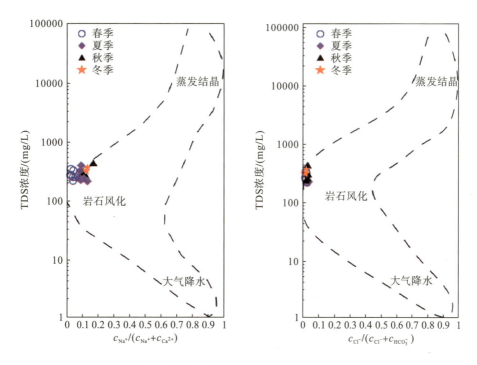

图 3-36　西北口水库流域水体水化学吉布斯图

　　结合用 Na^+ 当量浓度归一化的离子混合端元图可以定量地说明不同类型岩石风化作用对研究区域水化学环境的影响程度，端元混合图方法能明确区域内不同基岩，如碳酸盐岩、硅酸盐岩和蒸发岩矿物的风化和溶解对研究区域内地表水和地下水水化学特征的贡献[72]，利用 Na^+ 浓度当量归一化 $c_{HCO_3^-}/c_{Na^+}$ 与 $c_{Ca^{2+}}/c_{Na^+}$、$c_{Mg^{2+}}/c_{Na^+}$ 与 $c_{Ca^{2+}}/c_{Na^+}$ 来判断水库周边岩石风化的特征，以此可以确定影响西北口水库水化学特征的主要岩石风化类型。

　　西北口水库流域水体端元混合图如图 3-37 所示。结果表明，西北口水库阴阳离子的来源存在一定的差异性，图 3-37(a)西北口水库春、夏、秋、冬四季水体采样点绝大部分都集中在碳酸盐岩风化区域，说明流域内阴离子的来源较为一致，主要来自碳酸盐岩的风化贡献。其中夏季采样点均落在碳酸盐岩控制区域内，春、秋、冬季采样点落在碳酸盐岩控制区域内和硅酸盐岩之间，推测夏季碳酸盐岩风化速率最高。图 3-37(b)显示，水库采样点数据主要落在碳酸盐岩和硅酸盐岩之间，且大部分采样点数据落在碳酸盐岩控制区域，说明西北口水库阳离子主要来源于碳酸盐岩的风化，有少部分来源于硅酸盐岩的风化溶解。图 3-37(b)相较图 3-37(a)更为分散，各季节采样点均落在两种岩石风化类型之间。由端元混合(图 3-37)可知，西北口水库流域内受到碳酸盐岩风化影响较大，其次为硅酸盐岩的风化溶解。

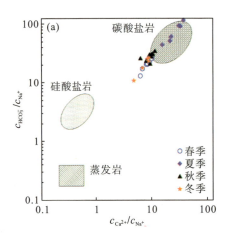 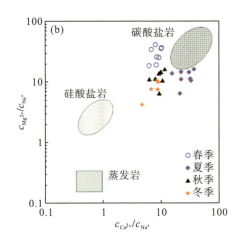

图 3-37　西北口水库流域水体端元混合图

在控制水化学类型的主要因素是岩石风化的研究区域,主要离子比值在一定程度上可以用来表示不同类型岩石风化对离子水化学组分的影响强弱程度[73]。有研究表明,水体中 Na^+ 和 K^+ 一般来源于蒸发岩和硅酸盐矿物的风化溶解;Cl^- 和 SO_4^{2-} 主要来源于蒸发岩溶解;HCO_3^- 主要来源于碳酸盐岩风化;Ca^{2+} 和 Mg^{2+} 主要来源较为复杂,水体中溶解的 Ca^{2+} 和 Mg^{2+} 可能来自碳酸盐矿物和硫酸盐矿物的风化和溶解。Ca^{2+} 和 Mg^{2+} 的浓度比可以用来表征方解石和白云石 $[CaMg(CO_3)_2]$ 的溶解速率,一般当 $c_{Ca^{2+}}/c_{Mg^{2+}}$ 接近 1 时,说明白云石是 Ca^{2+}、Mg^{2+} 的主要来源;当 $c_{Ca^{2+}}/c_{Mg^{2+}}$ 大于 1 时,说明钙盐同时参与了溶解作用,此时主要来源较为复杂;当 $c_{Ca^{2+}}/c_{Mg^{2+}}$ 小于 1 时,说明方解石是 Ca^{2+} 和 Mg^{2+} 的主要来源,此时钙盐发生了沉淀[71,73,74]。

西北口水库流域水体主要离子浓度比值如图 3-38 所示。如图 3-38(a)所示,$c_{Cl^-}/(c_{Na^+}+c_{K^+})$ 都偏向于 $c_{Na^+}+c_{K^+}$ 轴一侧,这说明蒸发岩溶解并不是 Na^+、K^+ 的全部来源,Cl^- 不足以平衡所有 Na^+、K^+,剩余部分 Na^+、K^+ 可能来源于硅酸盐矿物(钠、钾长石等)的风化溶解。$c_{Ca^{2+}}$ 与 $c_{HCO_3^-}$ 比值如图 3-38(b)所示,所有采样点数据都落在 $c_{HCO_3^-}$ 轴一侧。而 $c_{Ca^{2+}}+c_{Mg^{2+}}$ 与 $c_{HCO_3^-}$ 比值[图 3-38(c)]所有采样点数据都落在 1:1 线的上方,这说明西北口水库流域内存在碳酸盐岩风化,但是碳酸盐岩风化并不是流域内离子水化学组分的全部影响因素,可能还存在硅酸盐岩的风化溶解。由图 3-38(d)可知,所有水样点 $c_{Ca^{2+}}+c_{Mg^{2+}}$ 和 $c_{HCO_3^-}+c_{SO_4^{2-}}$ 比值数据均落在 1:1 线上或者集中在 1:1 线附近,说明西北口水库流域内岩石风化类型可能为碳酸盐岩风化和硅酸盐岩风化溶解共同作用。

综合分析阴阳离子 Piper 三线图(图 3-35)、水化学吉布斯图(图 3-36)、水体端元混合图(图 3-37)和离子比值图(图 3-38),说明西北口水库流域内全年水体离子水化学类型具有一致性,西北口水库水体离子水化学组分主要受到流域内岩石风化的影响,主要的岩石风化类型为碳酸盐岩风化和硅酸盐岩的风化溶解[75],离子浓度比例关系进一步证明了西北口水库流域内碳酸盐岩风化和硅酸盐岩风化溶解共同发挥作用。

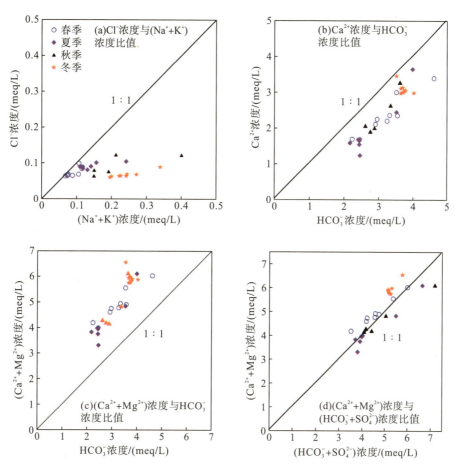

图 3-38　西北口水库流域水体主要离子比值图

注：meq/L 表示毫克当量每升。

相关性分析可用来揭示离子的来源关系，研究不同因素之间的依存关系与水体中离子浓度的相关性，可用来表示离子的物质来源或类似的化学反应过程[76]。西北口水库主要离子相关性分析如表 3-15 所示，TDS 与 Na^+、K^+、Mg^{2+}、Ca^{2+}、SO_4^{2-}、HCO_3^- 之间均存在显著的正相关关系（$P<0.01$），其中与 Ca^{2+}、HCO_3^- 的相关系数最高，分别为 0.954、0.852，这说明 Ca^{2+} 和 HCO_3^- 是 TDS 的主要来源。HCO_3^- 与 Ca^{2+}、Mg^{2+}、K^+ 有显著的正相关关系，其与 Mg^{2+}、Ca^{2+} 相关系数较高，分别为 0.727、0.897，说明 HCO_3^- 与 Ca^{2+}、Mg^{2+} 的来源相同，推测均来源于白云石、方解石等碳酸盐岩矿物的风化及溶解[77]。SO_4^{2-} 与 Na^+ 呈显著的正相关关系，相关系数为 0.596，这说明西北口水库 SO_4^{2-} 与 Na^+ 有相同的来源。NO_3^-、SO_4^{2-} 与 K^+ 有显著的正相关关系，相关系数分别为 0.383、0.508，而 KNO_3 是一种用于农业的无氯氮钾复肥的主要原料，农用 K_2SO_4 是一种很好的水溶性钾肥，也是制作无氯氮、磷、钾三元复合肥的主要原料。根据相关文献及现场调查，黄柏河流域内水质及周边环境现状不一，在《地表水环境质量标准》（GB 3838—2002）V 类（严重污染）

和Ⅱ类(优良水质)之间,污染源主要为居民生活污染物、畜禽养殖污染物及工业污染物(磷矿加工和污水处理厂),人类活动污染物对流域内部分区域水体污染较为严重,农业种植面源污染主要是柑橘、水稻、油菜等作物使用化肥和农药残留造成的污染[78]。西北口水库为中营养型水库,流域内土地利用类型主要为林地、耕地(图3-39),且现场调查发现沿水库两岸分布有部分居民。因此可推测西北口水库离子水化学组成受到当地居民生活污水排放及农业活动的影响。

表 3-15　西北口水库主要离子和 TDS 的水化学成分相关性分析

	Na^+	K^+	Mg^{2+}	Ca^{2+}	Cl^-	NO_3^-	SO_4^{2-}	HCO_3^-	TDS
Na^+	1								
K^+	0.773**	1							
Mg^{2+}	0.351	0.562**	1						
Ca^{2+}	0.540**	0.795**	0.764**	1					
Cl^-	0.153	0.163	−0.352	−0.007	1				
NO_3^-	0.238	0.383*	−0.064	0.319	0.213	1			
SO_4^{2-}	0.596**	0.508**	0.015	0.327	0.750**	0.334	1		
HCO_3^-	0.460*	0.649**	0.727**	0.897**	−0.242	0.329	0.069	1	
TDS	0.570**	0.770**	0.700**	0.954**	0.121	0.429*	0.484**	0.852**	1

注:**表示在 0.01 水平(双侧)上显著相关;*表示在 0.05 水平(双侧)上显著相关。

为进一步探究西北口水库流域内主要离子的来源和水化学特征,对春夏秋冬各个采样点数据进行主成分分析,如表 3-16 所示。利用主成分分析对水化学因子进行共性分析,再转化为相互独立的主成分,用来分析离子的不同来源[78,79]。对西北口水库水体阴阳离子组成的主成分分析筛选出 2 个因子,总共解释了 78.60%的变量信息。主成分 1 中,Na^+、K^+、Mg^{2+}、Ca^{2+}、HCO_3^-有较大的正荷载,分别为 0.686、0.830、0.913、0.955、0.867,解释了 47.68%的方差变异。碳酸盐岩风化是 HCO_3^-、Ca^{2+}、Mg^{2+}的主要来源,Na^+、K^+可能来源于硅酸盐岩的风化溶解[80]。将主成分 1 的结果与西北口水库流域水文地质情况结合,并结合图 3-35、图 3-36、图 3-38 和相关性分析,进一步说明西北口水库流域 Na^+、K^+、Mg^{2+}、Ca^{2+}、HCO_3^-的主要来源为流域内碳酸盐岩(方解石、白云石等)风化和硅酸盐岩(钠长石、钾长石等)的风化溶解。主成分 2 解释了 30.92%的方差变异,Na^+、Cl^-、NO_3^-、SO_4^{2-}在主成分 2 中有较大正荷载,分别为 0.512、0.910、0.753、0.774。NO_3^-通常来源于农业肥料、动物粪便等,西北口水库沿岸区域大多为原有农田和菜地被淹没而形成,且两岸有较多村民居住,Na^+、Cl^-、SO_4^{2-}一般来源于人类活动及生活污水的排放。主成分 2 表明,西北口水库流域内人类活动对水库水体离子水化学组成的影响不容忽视。

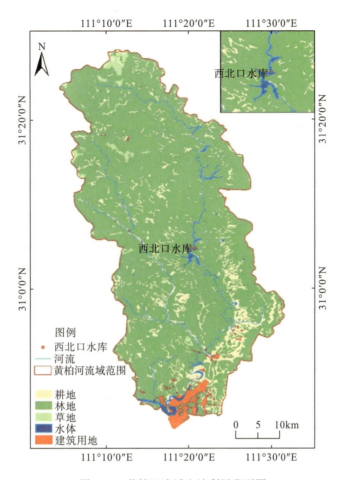

图 3-39　黄柏河流域土地利用类型图

表 3-16　西北口水库主要阴阳离子主成分分析

项目	主成分 1	主成分 2
Na^+	0.686	0.512
K^+	0.830	0.378
Mg^{2+}	0.913	−0.243
Ca^{2+}	0.955	0.114
Cl^-	−0.034	0.910
NO_3^-	−0.082	0.753
SO_4^{2-}	0.381	0.774
HCO_3^-	0.867	−0.038
解释变量/%	47.68	30.92

注：采用最大正交旋转法，旋转在 3 次迭代后收敛。

3.3.5 水体溶解 CH₄ 浓度时空分布

1. 水库表层水体溶解 CH₄ 浓度时空分布

1) 春季表层水体溶解 CH₄ 浓度与环境因子分布特征

3 月，西北口水库表层水体溶解 CH₄ 浓度与环境因子分布如图 3-40 所示。表层水体水温变化为 13.95～15.08（14.44±0.25）℃，库首水温较低，库中及靠近库中的支流水温较高。溶解氧浓度变化为 11.38～11.57（11.49±0.04）mg/L，水库整体上表层水体溶解氧浓度变化较小。电导率变化为 441～451（446±3）μS/cm，沿主河道从库首到库尾呈下降趋势。pH 变化为 8.87～8.93（8.91±0.01），水库整体上表层水体 pH 变化较小。叶绿素 a 浓度变化为 1.50～4.30（2.40±0.50）μg/L，沿主河道从库首到库尾叶绿素 a 大体上呈上升趋势。表层水体溶解 CH₄ 浓度变化为 0.34～0.58（0.47±0.06）μmol/L，溶解 CH₄ 浓度沿主河道从库首到库尾呈上升趋势，库尾段相较其他河段溶解 CH₄ 浓度变化更大。

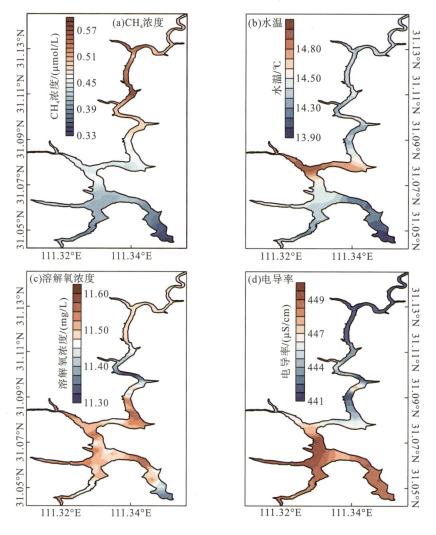

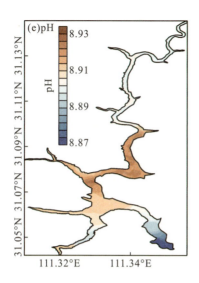
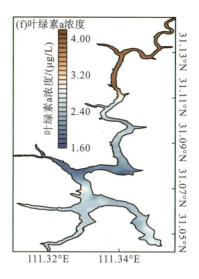

图 3-40　3 月表层水体溶解 CH_4 浓度及水环境因子分布

4 月，西北口水库表层水体溶解 CH_4 浓度与环境因子分布如图 3-41 所示。表层水体水温变化为 18.8~19.6（19.1±0.2）℃，库尾段水温比库首、库中高。溶解氧浓度变化为 11.3~13.4（12.5±0.6）mg/L，库中段表层水体溶解氧浓度相较于库首更高。电导率变化为 408~426（416±5）µS/cm，沿主河道从库首到库尾呈下降趋势。pH 变化为 8.80~9.02（8.96±0.06），沿主河道从库首到库尾呈上升趋势，且水库整体 pH 变化不大。叶绿素 a 浓度变化为 12.1~33.0（22.9±5.2）µg/L，库首段表层水体叶绿素含量较低，库中段较高。表层水体溶解 CH_4 浓度变化为 0.26~0.76（0.41±0.09）µmol/L，溶解 CH_4 浓度沿主河道从库首到库尾呈上升趋势。

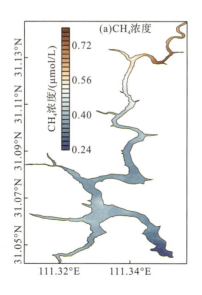
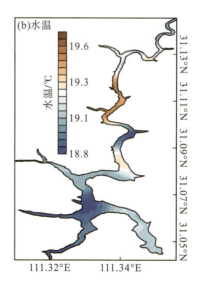

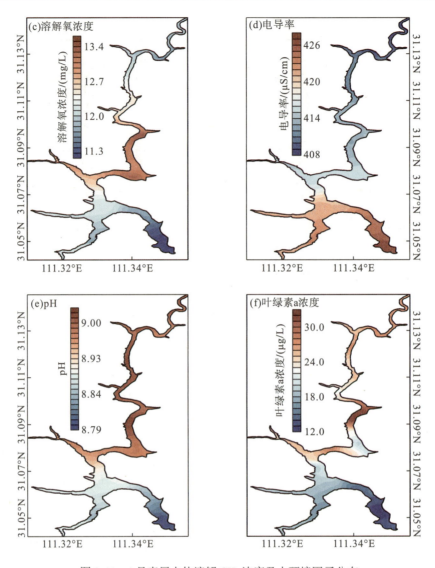

图 3-41　4 月表层水体溶解 CH_4 浓度及水环境因子分布

　　5 月，西北口水库表层水体溶解 CH_4 浓度与环境因子分布如图 3-42 所示。表层水体水温变化为 24.5～25.7（25.2±0.3）℃，表层水温沿主河道从库首到库尾呈上升趋势。溶解氧浓度变化为 10.7～15.5（13.4±1.5）mg/L，表层水体溶解氧浓度沿主河道从库首到库尾呈上升趋势。电导率变化为 355～378（359±11）μS/cm，表层水体电导率沿主河道从库首到库尾呈下降趋势。pH 变化为 9.06～9.40（9.23±0.10），表层水体 pH 沿主河道从库首到库尾呈上升趋势。叶绿素 a 浓度变化为 4.7～12.2（7.5±1.7）μg/L，表层水体叶绿素 a 浓度沿主河道从库首到库尾呈上升趋势。表层水体溶解 CH_4 浓度变化为 0.01～0.78（0.26±0.22）μmol/L，溶解 CH_4 浓度沿主河道从库首到库尾呈上升趋势，且库首到库中变化较小，库尾段变化较大。

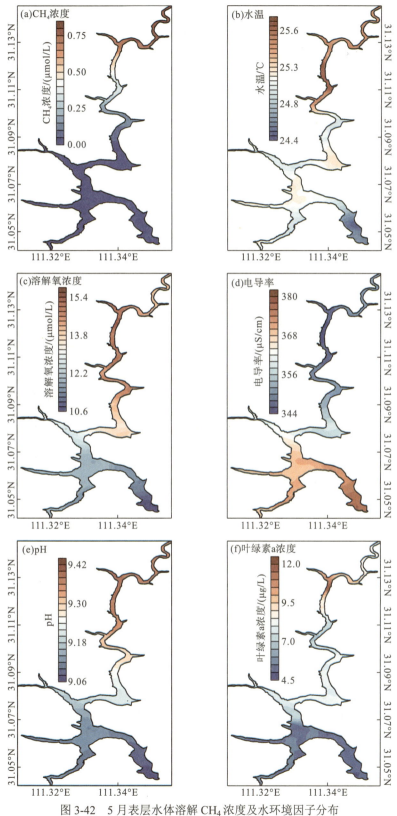

图 3-42　5 月表层水体溶解 CH_4 浓度及水环境因子分布

2)夏季表层水体溶解 CH₄ 浓度与环境因子分布特征

6 月，西北口水库表层水体溶解 CH₄ 浓度与环境因子分布如图 3-43 所示。表层水体水温变化为 26.9～29.3（28.3±0.5）℃，在库首段表层水温较低，库中、库尾表层水温变化较小。溶解氧浓度变化为 10.2～17.5（12.0±2.2）mg/L，库首到库尾表层水体溶解氧浓度呈上升趋势。电导率变化为 313～362（351±13）μS/cm，库首到库尾表层水体电导率呈下降趋势。pH 变化为 9.04～9.61（9.18±0.16），库首到库尾表层水体 pH 呈上升趋势。叶绿素 a 浓度变化为 2.3～11.3（3.9±1.7）μg/L，库首到库尾表层水体叶绿素 a 浓度呈上升趋势。表层水体溶解 CH₄ 浓度变化为 0.17～0.59（0.30±0.08）μmol/L，库首到库尾呈上升趋势，库尾段溶解 CH₄ 浓度变化较快。

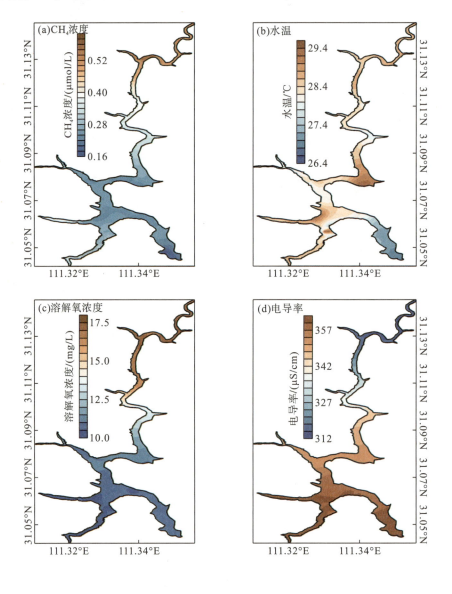

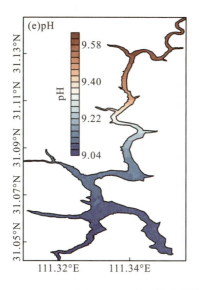

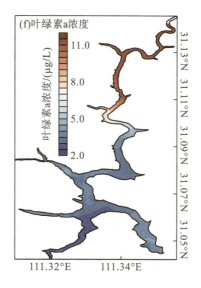

图 3-43　6 月表层水体溶解 CH_4 浓度及水环境因子分布

7 月，西北口水库表层水体溶解 CH_4 浓度与环境因子分布如图 3-44 所示。表层水体水温变化为 30.7～32.6(31.8±0.4)℃，库首到库尾表层水温呈上升趋势。溶解氧浓度变化为 8.40～9.00(8.60±0.20)mg/L，库首表层水体溶解氧浓度达到最高，库中最低。电导率变化为 351～357(354±1)μS/cm，库中水体电导率较高，库尾较低，水库整体电导率变化较小。pH 变化为 9.19～9.27(9.21±0.02)，库首到库尾呈上升趋势，且水库整体 pH 变化不大。叶绿素 a 浓度变化为 1.11～2.9(1.9±0.4)μg/L，库首、库尾表层水体叶绿素 a 浓度较高，库中较低。表层水体溶解 CH_4 浓度变化为 0.06～0.98(0.21±0.18)μmol/L，库首到库尾溶解 CH_4 浓度呈上升趋势。

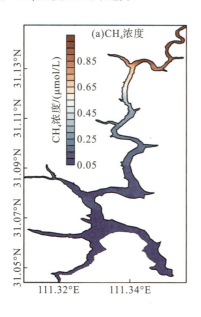

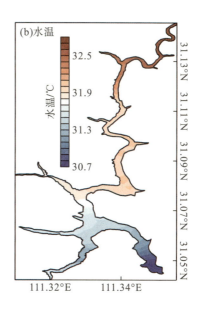

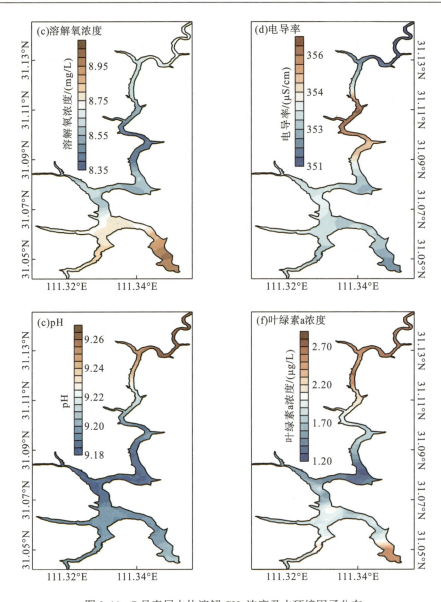

图 3-44   7月表层水体溶解 CH_4 浓度及水环境因子分布

8月,西北口水库表层水体溶解 CH_4 浓度与环境因子分布如图 3-45 所示。表层水体水温变化为 30.5~32.2(31.5±0.4)℃,库首与库尾水温略高于库中。溶解氧浓度变化为 7.90~8.20(8.10±0.10)mg/L,整体变化不大,表现为库首与库尾略高于库中。电导率变化为 360~370(367±2)μS/cm,库首电导率变化相对其他库段较大,但水库整体电导率变化不大。pH 变化为 9.17~9.20(9.19±0.01),水库整体 pH 变化不大。叶绿素 a 浓度变化为 1.50~4.30(2.90±0.60)μg/L,叶绿素 a 浓度在整个水库变化规律较不明显。表层水体溶解 CH_4 浓度变化为 0.06~1.03(0.24±0.19)μmol/L,沿主河道从库首到库尾溶解 CH_4 浓度呈上升趋势。

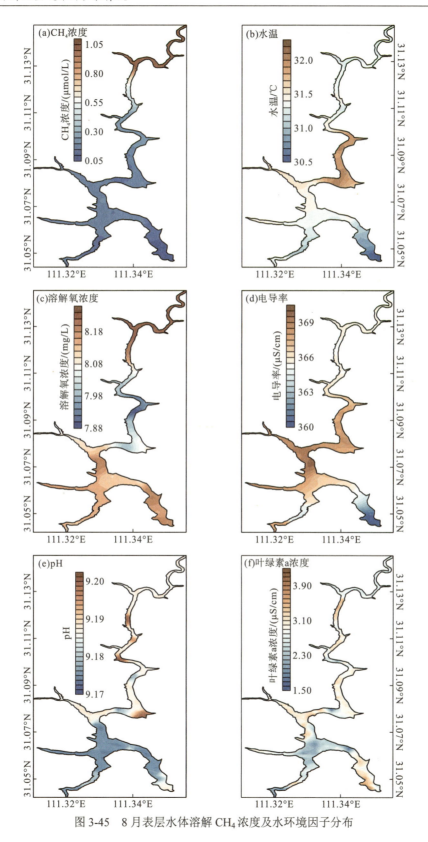

图 3-45　8 月表层水体溶解 CH_4 浓度及水环境因子分布

3) 秋季表层水体溶解 CH₄ 浓度与环境因子分布特征

9 月，西北口水库表层水体溶解 CH₄ 浓度与环境因子分布如图 3-46 所示。表层水体水温变化为 31.7～32.7(32.2±0.3) ℃，表现为库首水温较低，库尾水温较高，库首水温比库尾约低 1℃。溶解氧浓度变化为 7.90～8.60(8.20±0.20) mg/L，表现为库首、库尾水体溶解氧浓度比库中低。电导率变化为 351～384(363±11) μS/cm，从库首到库尾大体上呈降低趋势。pH 变化为 9.08～9.12(9.10±0.01)，水库整体 pH 变化不大，表现为库首比库尾略低。叶绿素 a 浓度变化为 1.10～3.40(1.90±0.60) μg/L，库首段水体叶绿素 a 浓度低于库尾段。表层水体溶解 CH₄ 浓度变化为 0.02～1.19(0.28±0.26) μmol/L，库尾是溶解 CH₄ 浓度的热点，从库首到库尾呈上升趋势。

10 月，西北口水库表层水体溶解 CH₄ 浓度与环境因子分布如图 3-47 所示。表层水体水温变化为 26.52～26.60(26.60±0.00) ℃，水库整体表层水温变化较小，库首与库尾水温差小于 0.10℃。溶解氧浓度变化为 8.40～8.70(8.60±0.10) mg/L，表现为库首段水体溶解氧浓度略高于库尾段。电导率变化为 416～421(419±1) μS/cm，沿库首到库尾水体电导率呈上升趋势，水库整体电导率变化较小。pH 变化为 9.11～9.14(9.13±0.01)，表层水体 pH 变化较小，库首段比库尾段略高。叶绿素 a 浓度变化为 4.20～6.60(5.60±0.60) μg/L，库首到库尾叶绿素 a 浓度呈下降趋势，其中库尾段水体叶绿素 a 浓度变化更快。表层水体溶解 CH₄ 浓度变化为 0.11～0.55(0.29±0.14) μmol/L，从库首到库尾呈上升趋势，库尾段溶解 CH₄ 浓度变化更快。

11 月，西北口水库表层水体溶解 CH₄ 浓度与环境因子分布如图 3-48 所示。表层水体水温变化为 16.1～18.2(17.3±0.4) ℃，表现为库首水温较高，库尾水温较低。溶解氧浓度变化为 8.00～9.10(8.70±0.20) mg/L，从库首到库尾表层水体溶解氧浓度呈上升趋势。电导率变化为 439～449(441±2) μS/cm，库首段水体电导率更高且变化更快，其他河段变化较小。pH 变化为 8.35～8.44(8.38±0.01)，总体变化较小，库尾段水体 pH 更高。叶绿素 a 浓度变化为 1.60～12.50(3.50±1.60) μg/L，呈现为库首浓度低、库尾浓度高的特点。表层水体溶解 CH₄ 浓度变化为 0.02～0.66(0.11±0.13) μmol/L，从库首到库尾呈上升趋势，库尾段溶解 CH₄ 浓度变化较快。

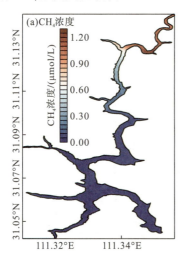
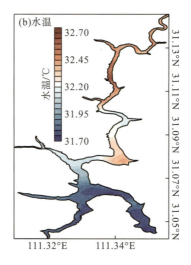

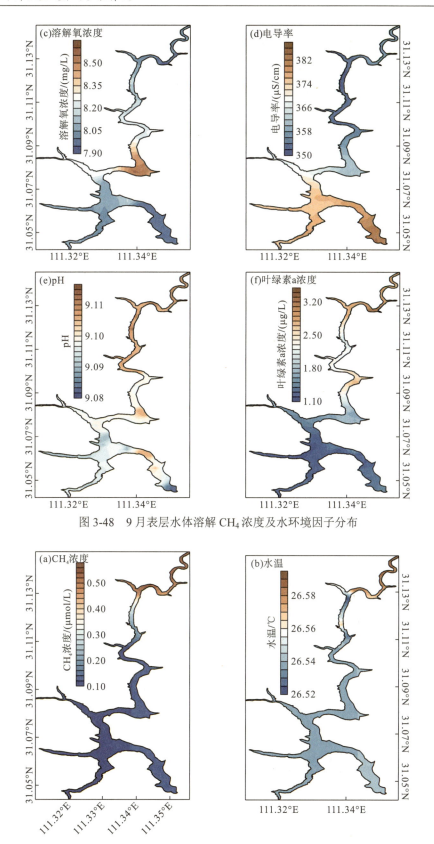

图 3-48　9 月表层水体溶解 CH_4 浓度及水环境因子分布

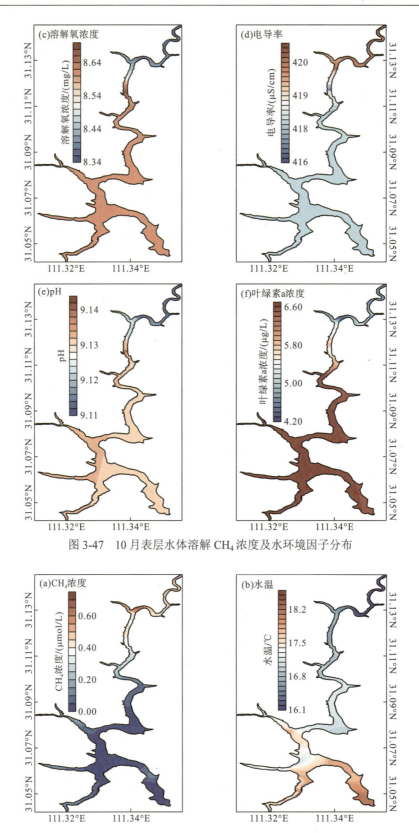

图 3-47 10 月表层水体溶解 CH_4 浓度及水环境因子分布

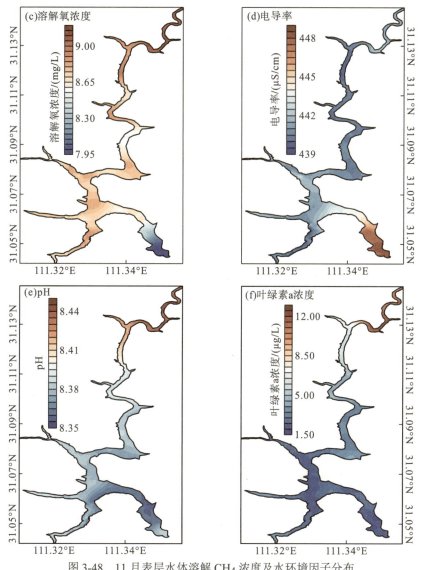

图 3-48　11 月表层水体溶解 CH_4 浓度及水环境因子分布

4) 冬季表层水体溶解 CH_4 浓度与环境因子分布特征

12 月，西北口水库表层水体溶解 CH_4 浓度与环境因子分布如图 3-49 所示。表层水体水温变化为 $14.0 \sim 15.0(14.6 \pm 0.2)$ ℃，其中库尾水温最低，库中及靠近库中的支流水温较高。溶解氧浓度变化为 $8.1 \sim 10.2(8.4 \pm 0.3)$ mg/L，库首至库尾呈上升趋势。电导率变化为 $435 \sim 443(441 \pm 1)$ μS/cm，库首电导率的变化最为剧烈，库尾、库中变化较小。pH 变化为 $8.36 \sim 8.45(8.38 \pm 0.02)$，沿库首到库尾呈上升趋势，且变化较小。叶绿素 a 浓度变化为 $0.6 \sim 12.8(4.1 \pm 1.8)$ μg/L，库首到库尾呈上升趋势。表层水体溶解 CH_4 浓度变化为 $0.02 \sim 0.30(0.07 \pm 0.04)$ μmol/L，库首到库尾呈上升趋势，库尾段溶解 CH_4 浓度比库首段约大一个数量级。

1 月，西北口水库表层水体溶解 CH_4 浓度与环境因子分布如图 3-50 所示。表层水体水温变化为 10.6～11.8(11.6±0.2)℃，水温沿主河道库首到库尾逐渐降低。溶解氧浓度变化为 9.0～10.6(9.5±0.3)mg/L，溶解氧浓度沿主河道库首到库尾逐渐升高。电导率变化为 444～450(445±1)μS/cm，电导率沿库首到库尾大体上呈降低趋势。pH 变化为 8.47～8.62(8.51±0.03)，pH 沿库首到库尾呈上升趋势。叶绿素 a 浓度变化为 2.7～13.8(6.2±2.2)μg/L，叶绿素 a 沿库首到库尾呈上升趋势。表层水体溶解 CH_4 浓度变化为 0.02～0.42(0.11±0.08)μmol/L，沿主河道库首到库尾逐渐升高，库首到库中上升趋势较为平缓，库尾段上升趋势更为明显。

2 月，西北口水库表层水体溶解 CH_4 浓度与环境因子分布如图 3-51 所示。表层水体水温变化为 11.2～13.1(12.3±0.5)℃，总体上表现为库首水温低，库尾及库湾水温较高。溶解氧浓度变化为 10.8～11.4(11.2±0.1)mg/L，整个水库表层水体溶解氧浓度变化较小，库尾溶解氧浓度较高，靠近库中的支流溶解氧浓度较低。电导率变化为 446～482(457±5)μS/cm，库首到库尾呈上升趋势。pH 变化为 8.66～8.75(8.72±0.02)，pH 在整个水库表层水体变化较小，支流 pH 比主河道略小。叶绿素 a 浓度变化为 0.2～3.1(1.2±0.7)μg/L，库首到库尾呈上升趋势。表层水体溶解 CH_4 浓度变化为 0.01～0.48(0.07±0.11)μmol/L，沿主河道从库首到库尾逐渐升高，在库尾段浓度上升更剧烈。

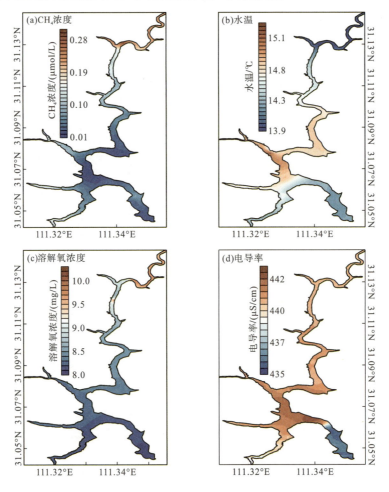

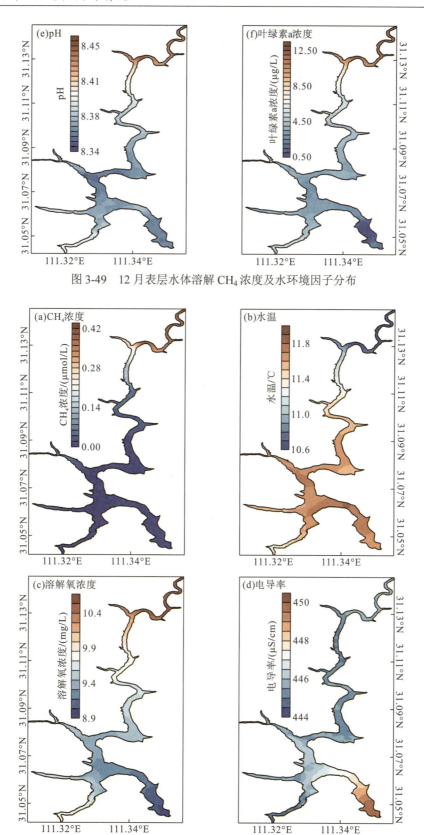

图 3-49　12 月表层水体溶解 CH_4 浓度及水环境因子分布

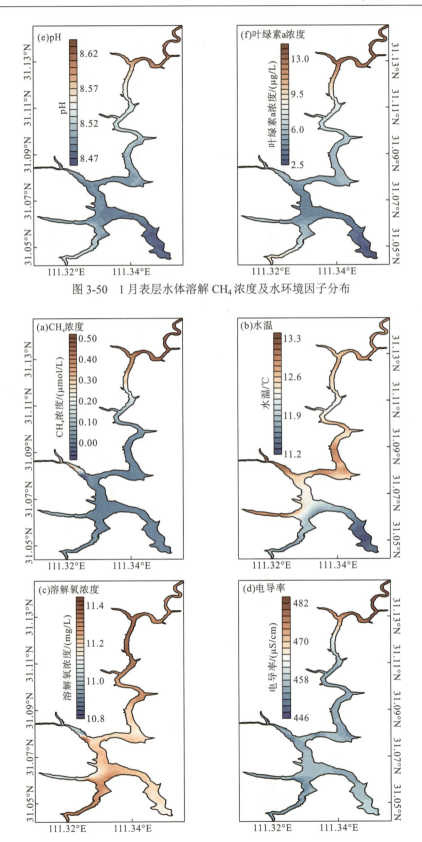

图 3-50　1 月表层水体溶解 CH_4 浓度及水环境因子分布

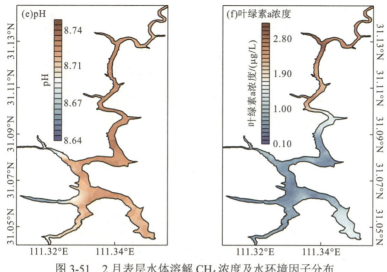

图 3-51　2 月表层水体溶解 CH_4 浓度及水环境因子分布

2. 水库垂向水体溶解 CH_4 浓度时空分布

对西北口水库四季垂向水体溶解 CH_4 浓度进行监测，结果如图 3-52 所示。春季库尾段溶解 CH_4 浓度从底层至表层持续降低，库中及库首段溶解 CH_4 浓度在中层达到最大；夏季库尾段溶解 CH_4 浓度从底层至表层持续降低，库中与库首段溶解 CH_4 浓度相比于库尾约小一个数量级；秋季库尾段溶解 CH_4 浓度从底层至表层持续降低，库中及库首段溶解 CH_4 浓度在次表层有较大值；冬季整个河段溶解 CH_4 浓度均从底层至表层呈下降趋势，在库尾段底层水体溶解 CH_4 浓度达到最大。由于各季节库尾段溶解 CH_4 浓度较高而掩盖了库中、库首段较低 CH_4 浓度的变化规律，因此分季节、分河段对溶解 CH_4 浓度与环境因子的分布特征进行探讨尤为重要。

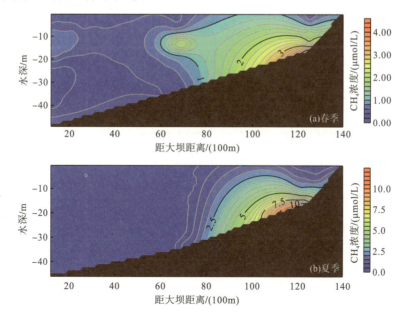

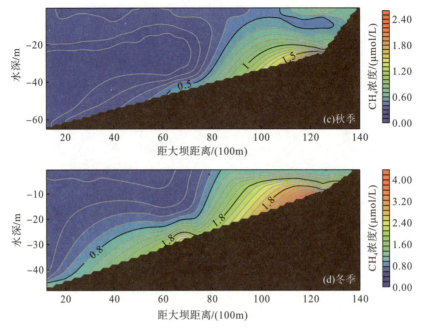

图 3-52　四季垂向水体溶解 CH_4 浓度分布

1) 春季垂向水体溶解 CH_4 浓度与环境因子分布特征

如图 3-53 所示，水温在库首、库中、库尾三个剖面上的变化趋势相同，都是从表层至底层呈下降趋势，表层到次表层水温下降趋势较快，次表层到底层水温下降较为缓慢。

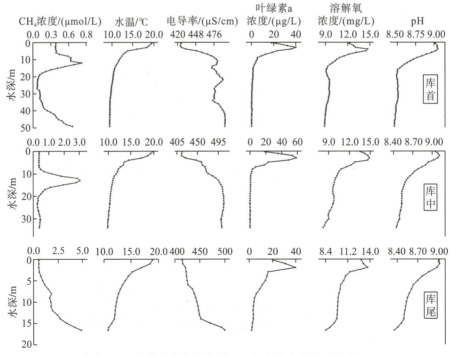

图 3-53　春季垂向水体溶解 CH_4 浓度及水环境因子分布

库首、库中剖面表底温差约为 10.0℃，库尾剖面表底温差为 8.2℃。电导率在三个剖面上从表层至底层皆呈上升趋势，库首、库中剖面电导率在温跃层变化较大，库尾剖面电导率在滞温层到底层变化较大。叶绿素 a 与溶解氧浓度在三个剖面上变化趋势相同，从表层到底层呈先上升再下降的趋势，其中表层到次表层有明显的上升趋势，次表层至温跃层有较大的下降趋势，滞温层到底层变化较小。pH 在三个剖面上变化趋势也大致相同，从表层至底层总体呈下降趋势，整体变化幅度较小，pH 与水温的变化趋势接近。

库首垂向水体溶解 CH_4 浓度变化为 0.06～0.77μmol/L，库中为 0.26～3.05μmol/L，库尾为 0.54～4.89μmol/L。库首、库中剖面水体溶解 CH_4 浓度从底层向上呈现先减小后增大再减小的趋势，最大值出现在水深 10～20m 处。库尾剖面水体溶解 CH_4 浓度从底层向上基本呈减小趋势，在水深 8～9m 处有微弱增大趋势，最大值出现在底层。

2) 夏季垂向水体溶解 CH_4 浓度与环境因子分布特征

如图 3-54 所示，水温在三个剖面上变化趋势相同，均从表层至底层呈下降趋势，表层至次表层水温快速下降，次表层以下水温下降缓慢。其中库首表底温差为 19.2℃，库中表底温差为 17.7℃，库首表底温差为 13.9℃，水柱越深，其表底温差越大。电导率在三个剖面上变化趋势大致相同，从表层至次表层呈快速上升趋势，库首剖面从次表层至底层电导率有微弱上升趋势；库中、库尾剖面从次表层至底层有微弱下降趋势。溶解氧与叶绿素 a 浓度在三个剖面的变化趋势接近，从表层到底层呈先上升后下降趋势。pH 在三个剖面变化趋势相同，从表层至底层呈下降趋势，其变化与水温变化趋势类似。

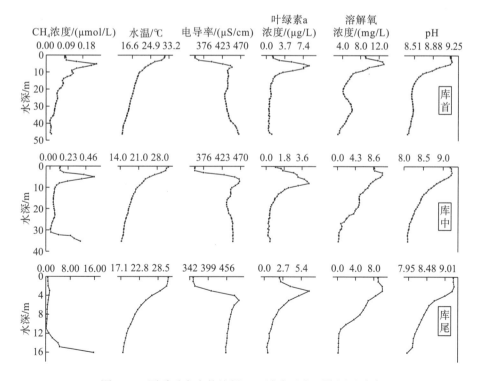

图 3-54 夏季垂向水体溶解 CH_4 浓度及水环境因子分布

库首垂向水体溶解 CH_4 浓度范围为 0.02～0.25μmol/L，库中为 0.01～0.57μmol/L，库尾为 0.20～15.76μmol/L。库首剖面水体溶解 CH_4 浓度从底层向上先有微弱的下降趋势，后呈上升趋势，在温跃层有快速上升趋势，之后呈下降趋势；库中剖面水体溶解 CH_4 浓度从底层向上先较快地下降，后呈微弱上升趋势，在温跃层有快速上升趋势，之后呈下降趋势；库尾剖面水体溶解 CH_4 浓度从底层向上先呈下降趋势，后有微弱的上升趋势，到达次表层至表层又呈下降趋势。库首、库中水体溶解 CH_4 浓度最大值出现在次表层至中层，库尾 CH_4 浓度最大值出现在底层。

3)秋季垂向水体溶解 CH_4 浓度与环境因子分布特征

如图 3-55 所示，水温在三个剖面上变化趋势相同，都是从表层到次表层呈快速下降趋势，从次表层至底层下降较为平缓，其中库首表底层水温差最大，达 6.1℃。电导率在三个剖面上从表层至底层总体上呈上升趋势，其中库首剖面电导率变化最小，库尾剖面电导率变化最大。叶绿素 a 浓度在三个剖面上从表层至底层呈下降趋势，从表层到温跃层快速下降，从温跃层到底层呈缓慢下降趋势。溶解氧浓度在剖面上从表层至底层大体上呈下降趋势，其中库首剖面溶解氧浓度从表层至温跃层呈快速下降趋势，温跃层向下有缓慢上升趋势，到底水深约 50m 时，又呈快速下降趋势；库中、库尾剖面溶解氧浓度从表层至温跃层呈快速下降趋势，温跃层到底层有微弱上升趋势。pH 从表层至底层呈下降趋势，其中库首剖面 pH 表底差值最大。

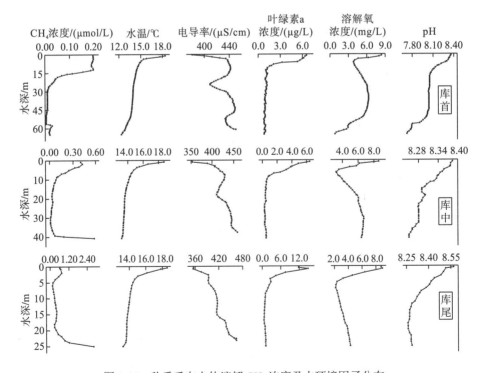

图 3-55　秋季垂向水体溶解 CH_4 浓度及水环境因子分布

库首垂向水体溶解 CH_4 浓度变化为 $0.01\sim0.20\mu mol/L$，库中为 $0.01\sim0.58\mu mol/L$，库尾为 $0.15\sim2.83\mu mol/L$。三个垂向剖面水体溶解 CH_4 浓度从底层向上先呈短暂下降趋势，再到滞温层向上变化较不明显，在接近温跃层库首、库中垂向相对底层浓度有较大的上升趋势，之后在次表层到表层又呈下降趋势，库尾在温跃层虽然有上升趋势，但相对底层浓度变化较小。库首剖面溶解 CH_4 浓度最大值在次表层，库中、库尾溶解 CH_4 浓度最大值在底层。

4) 冬季垂向水体溶解 CH_4 浓度与环境因子分布特征

如图 3-56 所示，水温在三个垂向剖面上的变化趋势大致相同，其他环境因子也具有类似的变化趋势。水温从表层到底层都呈下降趋势，且在库底达到最低值。在接近库底约 2m 时，水温变化最快，出现水温分层。整个水库垂向温差较小，三个剖面中从库首到库尾表底层温差逐渐增大，库尾剖面表底层温差为 $1.4℃$。电导率从表层到底层都呈上升趋势，从表层到温跃层，电导率上升趋势不明显，从温跃层到库底，电导率快速上升。各个剖面叶绿素 a 浓度的垂向变化与溶解氧浓度变化趋势基本相同，从表层到底层大致呈下降趋势。溶解氧浓度在温跃层发生突变，库尾垂向溶解氧与叶绿素 a 浓度高于库首与库中。pH 在各个剖面上变化较小。

库首垂向水体溶解 CH_4 浓度变化为 $0.10\sim1.21\mu mol/L$，库中为 $0.06\sim2.55\mu mol/L$，库尾为 $1.80\sim4.97\mu mol/L$。三个剖面上溶解 CH_4 浓度从底层到表层都呈下降趋势，从底层到温跃层之前，溶解 CH_4 浓度会迅速下降，之后温跃层到表层下降较为缓慢。

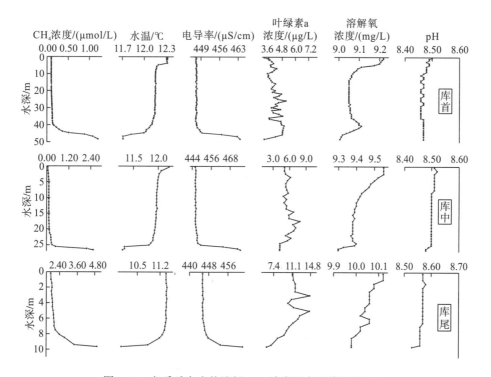

图 3-56　冬季垂向水体溶解 CH_4 浓度及水环境因子分布

3.3.6 基于浓度方程对 CH_4 分布的模拟

1. 多因素参数方程对 CH_4 分布的模拟

前人[54]对水库水体溶解 CH_4 浓度分布与水库特征(如回水末端距离、水深等)进行函数拟合,发现各种将水库特征作为自变量的拟合函数基本都能较好地呈现水库水体溶解 CH_4 浓度的分布规律。本书为了更好地分析西北口水库水体溶解 CH_4 浓度在时空上的分布规律,结合水体溶解 CH_4 浓度的分布机制,运用主要影响因子对其进行预测,将监测期内从库首至库尾沿主河道中泓线的表层水体溶解 CH_4 浓度与距大坝距离(或回水末端距离)进行数学函数拟合(选取全部监测数据集约 70%数据进行拟合)。通过比较线性函数、指数函数、对数函数的拟合效果,最终选择指数函数作为主要的拟合函数来对表层水体溶解 CH_4 浓度与距大坝距离进行拟合,选用的拟合参数方程见式(3-19)。

在 3.3.5 节中讨论得出表层水体溶解 CH_4 浓度在不同的时空可能有不同的分布机制,因此在利用参数方程对表层水体溶解 CH_4 浓度与距离进行拟合时,应按照不同类别的分布机制来进行分段拟合,在冬季(12 月、1 月、2 月)进行整段拟合;在春季、夏季、秋季(3~11 月)采取分段拟合,在距大坝 0~10km 为第一段拟合,距大坝 10~14km 为第二段拟合。在第一段拟合中将水库表层水体溶解 CH_4 浓度与距大坝距离进行拟合,如图 3-57 所示;在第二段拟合中,不同时间段水位的起伏导致回水末端的位置有差别,且为方便后面与分布机制接近的整段拟合共同分析,将水库表层水体溶解 CH_4 浓度与距回水末端距离进行拟合(图 3-58)。

将第一段拟合单独归为一类,其表层水体溶解 CH_4 浓度可能主要由好氧水体贡献;将第二段拟合与冬季整段拟合归为一类,其表层水体溶解 CH_4 浓度可能主要由底层沉积物贡献。

$$y = A\mathrm{e}^{Rx} \tag{3-19}$$

式中,应用于第一段拟合(春季至秋季沿主河道距大坝 0~10km)时,x 为距大坝距离,应用于第二段拟合(春至秋季沿主河道距大坝 10~14km 或者冬季整个库段)时,x 为距回水末端距离,km;y 为表层水体溶解 CH_4 浓度,μmol/L;A、R 为参数。

为探讨不同时空下参数 A 与 R 在哪些因子的作用下改变,影响表层水体溶解 CH_4 浓度,以期通过水体理化因子的时空变化对表层水体溶解 CH_4 浓度进行模拟预测,现对各月溶解 CH_4 浓度与距大坝(回水末端)距离拟合的指数函数对应的参数 A、R 与水库不同库段的水体溶解 CH_4 浓度以及环境因子[包括水温(T)、溶解氧(DO)浓度、叶绿素 a(Chla)浓度、电导率(EC)、pH、流量(Q)、水深(d)]进行 Pearson 相关性分析,如图 3-59 和图 3-60 所示。

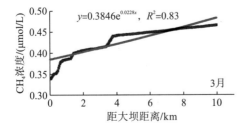

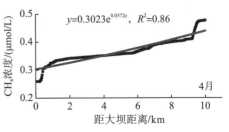

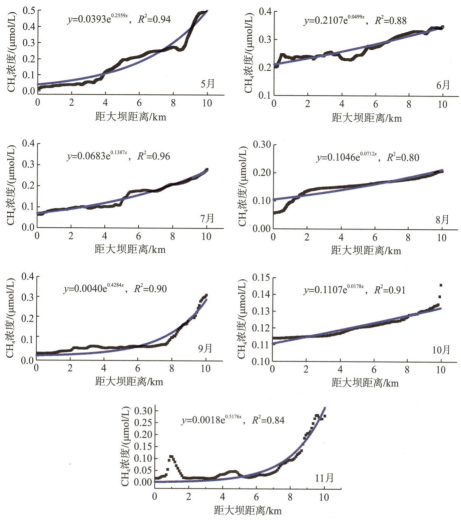

图 3-57　表层溶解 CH_4 浓度与距大坝距离的关系(第一段拟合)

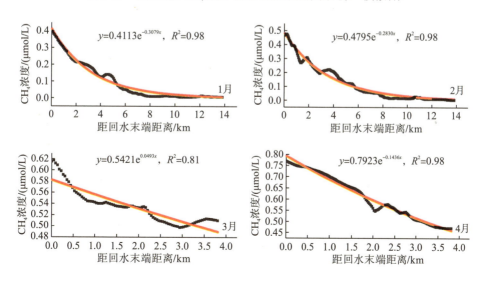

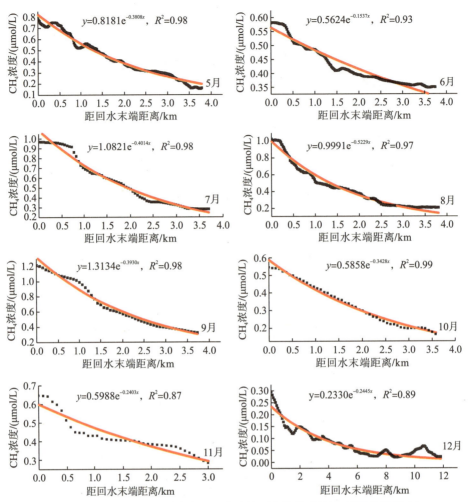

图 3-58　表层溶解 CH_4 浓度与距回水末端距离的关系（第二段及整段拟合）

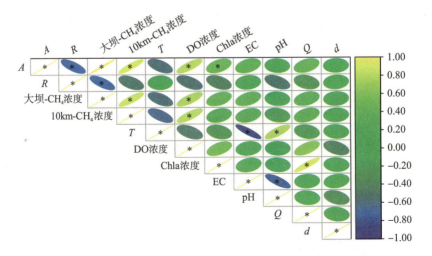

图 3-59　0～10km 拟合参数与溶解 CH_4 浓度及环境因子皮尔逊相关性关系图

注：*表示 $P \leqslant 0.05$。

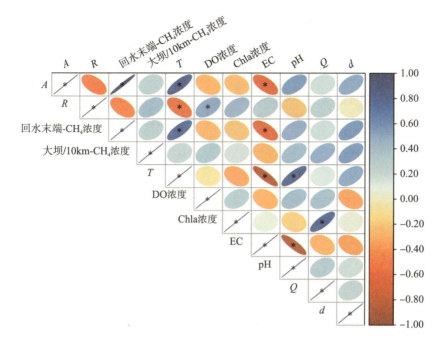

图 3-60　10～14km（冬季整段）拟合参数与溶解 CH_4 浓度及环境因子皮尔逊相关性关系图

注：*表示 $P \leqslant 0.05$。

在 0～10km 拟合函数的参数与溶解 CH_4 浓度及环境因子皮尔逊相关性结果中（图 3-59），参数 A 与参数 R 呈显著负相关，与大坝处及 10km 处表层水体溶解 CH_4 浓度、溶解氧浓度、叶绿素 a 浓度呈显著正相关；参数 R 与参数 A、大坝处溶解 CH_4 浓度呈显著负相关。在 10～14km（整段）拟合函数的参数与溶解 CH_4 浓度及环境因子皮尔逊相关性结果中（图 3-60），参数 A 与回水末端处溶解 CH_4 浓度、水温呈显著正相关，与电导率呈显著负相关；参数 R 与溶解氧浓度呈显著正相关，与水温呈显著负相关。

1）好氧水体产 CH_4 主导下表层 CH_4 拟合函数参数解析

由拟合函数 $y=Ae^{Rx}$ 可知，当距大坝 0km 时，即 $x=0$ 时，溶解 CH_4 浓度 $y=A$，说明 A 代表大坝处表层水体溶解 CH_4 浓度，因此参数 A 与大坝处溶解 CH_4 浓度呈显著正相关，另外，参数 A 主要受溶解氧与叶绿素 a 浓度的影响。参数 R 决定了拟合指数函数的曲率，R 的绝对值越大，曲率越大，则拟合曲线的起点与终点的溶解 CH_4 浓度差值越大。参数 R 与水体理化因子无显著相关性，而与参数 A 呈极显著正相关，说明可以利用参数 A 来代替参数 R。对参数 A、R 进行回归分析，见表 3-17，通过多种模型估计发现 A、R 之间最符合对数关系（拟合度 $R^2=0.949$，显著性 Sig.=0.000），因此通过对数拟合用参数 A 代替参数 R，见式（3-20）。

$$R = -0.11 - 0.098 \ln A \tag{3-20}$$

表 3-17　参数 A、R 曲线估计回归分析

关系	模型汇总		参数估计值		
	R^2	Sig.	常数	b1	b2
线性	0.528	0.027	0.309	−1.010	
对数	0.949	0.000	−0.11	−0.098	
倒数	0.802	0.001	0.084	0.001	
二次	0.861	0.003	0.43	−3.880	7.747
复合	0.611	0.013	0.243	0.001	
指数	0.611	0.013	0.243	−7.215	
逻辑斯谛(logistic)	0.611	0.013	4.118	1359.492	
幂	0.784	0.001	0.017	−0.589	

同理，由于参数 A 主要与溶解氧浓度、叶绿素 a 浓度呈显著性相关，且全年的溶解氧浓度与叶绿素 a 浓度之间无显著相关性(自相关较弱)，通过回归模型估计用溶解氧浓度与叶绿素 a 浓度代替参数 A，发现参数 A 与溶解氧浓度、叶绿素 a 浓度最符合线性相关，见式(3-21)。

$$A = 0.07\,\text{DO} + 0.002\,\text{Chla} - 0.541 \tag{3-21}$$

将用水体理化因子代表的参数 A、R 代入表层水体溶解 CH_4 浓度与距大坝距离原参数方程中，即可得水体理化因子预测的表层水体溶解 CH_4 浓度参数模型，见式(3-22)。

$$y = (0.07\,\text{DO} + 0.002\,\text{Chla} - 0.541)e^{[-0.11 - 0.098\ln(0.07\text{DO} + 0.002\text{Chla} - 0.541)]x} \tag{3-22}$$

式中，x 为沿主河道中泓线的距大坝距离，$0 \leqslant x \leqslant 10$，km；DO 为待测点表层水体溶解氧浓度，mg/L；Chla 为待测点表层水体叶绿素 a 浓度，μg/L；y 为待测点表层水体溶解 CH_4 浓度，μmol/L。

式(3-22)模型参数涉及溶解氧与叶绿素，因此在水体富营养化下溶解氧、叶绿素浓度变化较剧烈的情况下不能应用。

2) 沉积物产 CH_4 主导下表层 CH_4 拟合函数参数解析

由拟合函数 $y = Ae^{Rx}$，在回水末端时 $x = 0$km，此时溶解 CH_4 浓度 $y = A$，说明 A 代表回水末端表层水体溶解 CH_4 浓度，因此参数 A 与回水末端溶解 CH_4 浓度呈显著正相关，同时参数 A 和回水末端溶解 CH_4 浓度均与水温、电导率呈显著相关。水温、电导率本身呈相关性，导致影响因子具有自相关性，且电导率与水温的相关性比参数 A 更高，因此可通过回归分析利用水温拟合电导率变化，再结合水温与电导率拟合参数 A 的变化。通过参数估计比较不同模型的拟合度 (R^2) 与显著性 (Sig.)，水温与电导率利用二次函数模拟效果最好，见式(3-23)；而参数 A 与两因子利用线性模拟效果最好，见式(3-24)。最后将公式整合用水温模拟参数 A 的变化，见式(3-25)。

$$\text{EC} = 554.682 - 8.96T + 0.08T^2 \tag{3-23}$$

$$A = 0.038T + 0.002\text{EC} - 0.760 \tag{3-24}$$

$$A = 0.0002T^2 + 0.02T + 0.3494 \tag{3-25}$$

参数 R 与水温、溶解氧浓度呈显著相关，且两因子(水温、溶解氧浓度)之间无显著相关性，即因子之间自相关性较弱，则可利用回归分析对参数 R 与水温、溶解氧浓度进

行不同模型曲线估计，其中线性模拟效果最好，得出用水温、溶解氧浓度表达的参数 R 的关系式，见式(3-26)。

$$R = -0.341 - 0.008T + 0.022\,\mathrm{DO} \tag{3-26}$$

将用水体理化因子代表的参数 A、R 代入表层水体溶解 CH_4 浓度与距回水末端距离原参数方程中，即可得用水体理化因子预测的表层水体溶解 CH_4 浓度参数模型，见式(3-27)。

$$y = (0.0002T^2 + 0.02T + 0.3494)\mathrm{e}^{(-0.341 - 0.008T + 0.022\,\mathrm{DO})x} \tag{3-27}$$

式中，x 为沿主河道中泓线距回水末端的距离，km（春季至秋季时，$x \leqslant 4\mathrm{km}$；冬季时，x 适用于全河段）；T 为待测点表层水温，℃；DO 为待测点表层水体溶解氧浓度，mg/L；y 为待测点表层水体溶解 CH_4 浓度，μmol/L。

3）回代参数对参数方程预测性的验证

在表层水体剩余未参与拟合的 30%数据集中，多次随机重复抽取水体理化因子（水温、叶绿素 a 浓度、溶解氧浓度）以及对应的位置（距大坝距离或者距回水末端距离）数据，将其代入模拟的多因素参数方程计算该时空下的表层水体溶解 CH_4 浓度，将计算的溶解 CH_4 浓度与对应该点的实测溶解 CH_4 浓度进行对比，确定多因素参数方程模拟的准确性，如图 3-61 所示。0～10km 参数方程的预测值与实际检测值标准偏差小于 12.31%，10～14km（整段）参数方程预测值与实际检测值标准偏差小于 27.13%，0～10km 参数方程预测效果更好。

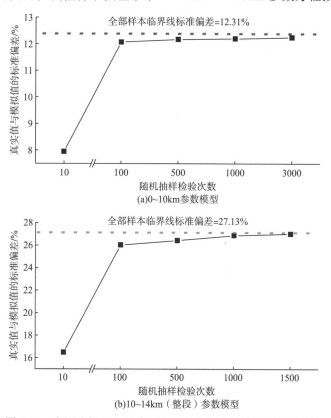

图 3-61　实测溶解 CH_4 浓度与多因素参数方程的预测结果对比

2. 单因素对CH₄分布的模拟

1）水温对CH₄分布的模拟

在3.5节中发现水温可能是对水体溶解CH₄浓度影响最大的环境因子,因此水温可以作为水体溶解CH₄浓度的预测指标。

现对夏季(其中春季、秋季拟合效果与夏季接近,故不一一列出)与冬季水体溶解CH₄浓度与水温进行线性拟合。如图3-62所示,夏季水体溶解CH₄浓度与水温线性拟合效果明显较差,冬季水体溶解CH₄浓度与水温线性拟合效果较好。夏季水体表层水体、库首剖面溶解CH₄浓度与水温的拟合效果比库中、库尾剖面更好。夏季拟合效果较差的原因可能与水温分层有关,水温分层阻碍了物质在水柱中垂向交换,溶解CH₄可能不是总是沿着垂向输移,而存在横向输移。另外,除冬季外其他季节垂向剖面出现了有氧产CH₄层,水体有氧产CH₄使垂向剖面溶解CH₄浓度从底层至表层并非呈降低或平稳趋势,有氧产CH₄层浓度自下而上呈上升趋势,而水温总是从底层至表层呈上升或不变趋势,因此在水体溶解CH₄浓度与水温之间拟合效果较差。冬季水体在空间上水温差较小,水体相对稳定,物质在水体中主要从高浓度至低浓度输移,溶解CH₄浓度以垂向输移为主。且冬季水体有氧产CH₄不明显,从底层至表层溶解CH₄浓度呈降低趋势,与水温变化趋势接近。

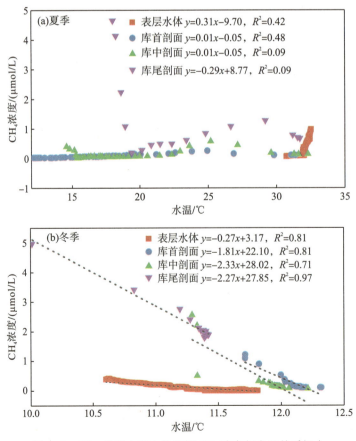

图3-62　夏、冬季水库水体溶解CH₄浓度与水温关系拟合

对 3.5 节中 12 个月空间上表层水体水温与溶解 CH_4 浓度进行线性拟合，如图 3-63 所示，发现只有库尾河段表层水体水温与溶解 CH_4 浓度呈显著线性相关。虽然在前面讨论出水温是整个水库水体溶解 CH_4 浓度的重要影响因子，但只有库尾水体溶解 CH_4 浓度对水温响应更明显。这是因为：①库尾相较于其他河段水深较浅；②库尾水体的溶解 CH_4 基本来自沉积物，较浅的河段表底温差较小，表层水温的变化能更好地反映整个河段的水温变化，沉积物中产生的 CH_4 可不因较强的水温分层或者较长路径的氧化而更易到达表层，且通过垂向剖面溶解 CH_4 浓度监测可知库尾段有氧水体产 CH_4 更不明显（或是相对沉积物产生更少），这导致库尾表层水体溶解 CH_4 浓度的变化能更好地代表整个河段的溶解 CH_4 浓度变化。因此通过水温对水库水体溶解 CH_4 浓度进行预测时，选择水深较浅的库尾段水温具有更好的预测效果。

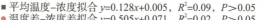
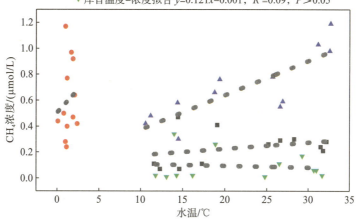

图 3-63 表层水温与溶解 CH_4 浓度关系拟合

2) 电导率对 CH_4 分布的预测

通过 3.5 节与 3.6 节中水体溶解 CH_4 浓度与电导率在时空上的分布得出，溶解 CH_4 浓度与电导率具有显著的相关性，电导率可作为水体 CH_4 浓度的一种预测指标。电导率是水体离子浓度的指标，与溶解在水体的离子种类和浓度有关[81]。电导率可以根据水体离子的变化趋势反映水体在不同来流作用下的运动方式，前人[82]通过对三峡库区的研究发现，水库回水与来水交汇的地方电导率变化明显，而混合均匀的水体电导率变化较小。

现对四季表层及垂向剖面溶解 CH_4 浓度与电导率进行线性拟合，如图 3-64 所示，发现春季库尾段水体表层与垂向剖面溶解 CH_4 浓度与电导率线性拟合效果较好，其他库段拟合效果较差；夏季水库表层水体溶解 CH_4 浓度与电导率线性拟合效果较好，垂向剖面拟合效果较差；秋季整体拟合效果都较差；冬季水库垂向剖面溶解 CH_4 浓度与电导率线性拟合效果较好，表层水体拟合效果较差。除了秋季拟合效果较差外，其他季节两者都在纵向或者横向空间上存在较为明显的线性关系。

　　相比其他季节，冬季水体溶解 CH₄ 浓度与电导率的拟合效果最好，可能与冬季水库来流与出流都较小使水体更为均匀稳定有关。库首、库中的表层溶解 CH₄ 浓度与电导率的拟合函数斜率和库首、库中的垂向剖面溶解 CH₄ 浓度与电导率的拟合函数斜率相近；库尾与库首、库中一致。表层溶解 CH₄ 浓度与电导率的拟合曲线是垂向的外包线，说明表层水体溶解 CH₄ 浓度与电导率的关系可以反映整个水库的两者关系变化（图 3-65）。表层溶解 CH₄ 浓度与电导率具有较弱的线性相关性，垂向上具有较强线性相关性，表明水流同溶解 CH₄ 浓度在整体剖面上可能以垂向输移为主。由图 3-65 可知，典型剖面底层水体电导率基本相同，可能由天然河流进入水库沿底层从库尾到库首横向输移。库尾比库首、库中的垂向溶解 CH₄ 浓度与电导率线性拟合的斜率更大，相同变化的溶解 CH₄ 浓度会导致更大变化的电导率。库尾底层到表层电导率减小更快，这与库尾表层电导率低，库首电导率高相对应。库首表层较高的电导率可能与大坝的拦截作用[83,84]有关，底层横向输移的高电导率水体在到达大坝附近时受到阻碍而与上方水体掺混，使底层高浓度的离子到达表层。电导率在一定程度上可以反映水动力条件驱动下不同水体在水库中的运动途径，分析来流中电导率与溶解 CH₄ 浓度的关系可用来探究不同来流对溶解 CH₄ 浓度分布的影响，电导率可作为溶解 CH₄ 浓度的潜在预测因子。

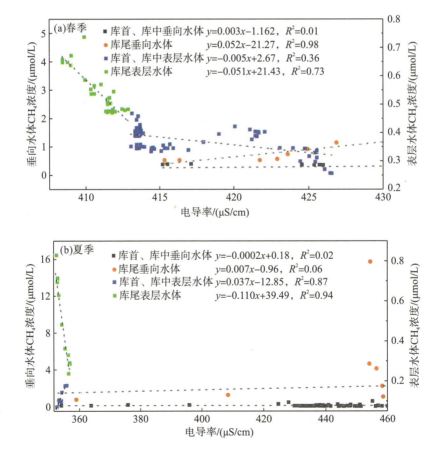

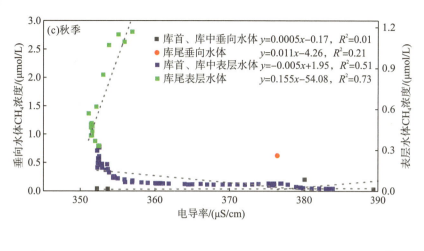

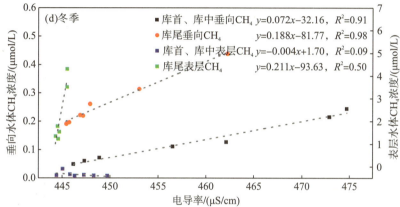

图 3-64　四季水库水体溶解 CH_4 浓度与电导率关系拟合

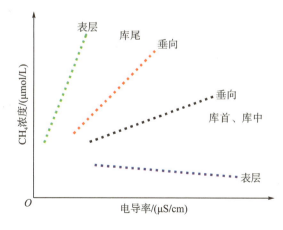

图 3-65　水库水体溶解 CH_4 浓度与电导率关系概化图

3.3.7 水体溶解 CO_2 浓度时空变化特征

据估算，全球范围内的水库每年向大气排放 51Tg[①]碳，其中 36.8Tg 以 CO_2 的形式排放[10]，水库为大气中 CO_2 的重要来源之一。水体中溶解态 CO_2 主要来自底层生物的呼吸、水体中有机物的矿化以及通过地表地下径流所带入的陆生植物呼吸及岩石风化，而水体中溶解态 CO_2 的消耗主要通过浮游植物及高等水生植物的光合作用。生产和消耗两者共同决定了水体溶解 CO_2 浓度的分布状况，当表层水体溶解 CO_2 浓度高于大气 CO_2 浓度时，在水-气界面处通过分子扩散、对流传输等途径向大气释放 CO_2。本章利用走航和典型断面垂向监测初步归纳河道型水库水体溶解 CO_2 的空间差异性及季节性变化规律，为准确计算各水库水-气界面扩散通量提供科学依据。

1. 表层水体溶解 CO_2 浓度季节性分布特征

春季西北口水库从大坝至回水末端方向，溶解 CO_2 浓度逐渐减小，监测期间整个水库的 CO_2 浓度变化为 5.913~6.590μmol/L，平均值为 6.251μmol/L。夏季从大坝至回水末端方向，溶解 CO_2 浓度整体逐渐减小，监测期间整个水库的浓度变化为 8.995~11.600μmol/L，平均值为 10.470μmol/L。秋季从大坝至回水末端方向，溶解 CO_2 浓度在距离大坝 10km 范围内变化不大，10~14km 溶解浓度逐渐减小，监测期间整个水库的浓度变化为 49.122~56.200μmol/L，平均值为 52.661μmol/L。冬季从大坝至回水末端方向，溶解 CO_2 浓度整体逐渐减小，监测期间整个水库的 CO_2 浓度变化为 0.311~5.756μmol/L，平均值为 4.229μmol/L，如图 3-66 所示。

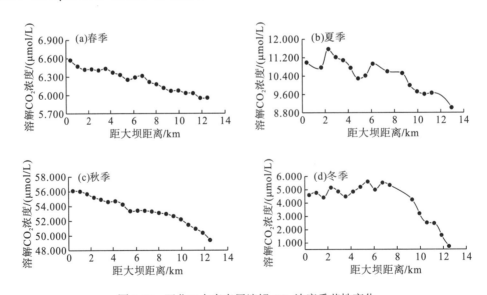

图 3-66 西北口水库表层溶解 CO_2 浓度季节性变化

---

① 1Tg=10[6]t。

西北口水库表层水体溶解 CO_2 平均浓度分别为春季 6.247μmol/L、夏季 10.448μmol/L、秋季 4.138μmol/L、冬季 53.407μmol/L，不同环境因子对其影响如表 3-18 所示，其中浓度最大值 56.105μmol/L 在冬季的库尾，最小值 0.728μmol/L 在秋季的库尾，全年平均浓度为 18.560μmol/L，根据全年平均浓度，西北口水库是大气 CO_2 的"源"。

表 3-18　西北口水库表层溶解 CO_2 浓度与各环境因子相关系数（n=1050）

季节	距回水末端距离	水深	水温	pH	溶解氧	叶绿素
春季	0.857**	0.857**	−0.549**	−0.624**	−0.858**	−0.256**
夏季	0.843**	0.843**	−0.545**	−0.171	−0.153	−0.317**
秋季	0.786**	0.613	0.451	−0.789*	−0.831**	−0.872**
冬季	0.976**	0.974**	0.885**	−0.964**	−0.974**	−0.876**

注：**为极显著相关 $P<0.01$；*为显著相关 $P<0.05$。

2. 垂向断面水体溶解 CO_2 浓度季节性变化特征

西北口水库春季溶解 CO_2 浓度的最大值在库首的底层，为 45.383μmol/L，最小值在库尾，为 4.382μmol/L；夏季最大浓度在库首底层，为 67.367μmol/L，最小值在库尾表层，为 16.272μmol/L；秋季最大值在库首底层，为 74.273μmol/L，最小值在库尾表层，为 14.382μmol/L；冬季最大值在库首底层，为 52.854μmol/L，最小值在库尾表层，为 37.382μmol/L，CO_2 浓度分布如图 3-67 所示。

各水库垂向水体溶解 CO_2 浓度均表现出随季节性水温分层而产生浓度分层，各水库垂向水体在春季、夏季、秋季从表层至底层溶解 CO_2 浓度均缓慢上升。在冬季，垂向断面上水体掺混，CO_2 溶解浓度基本不变，仅存在沿河道方向的浓度梯度。

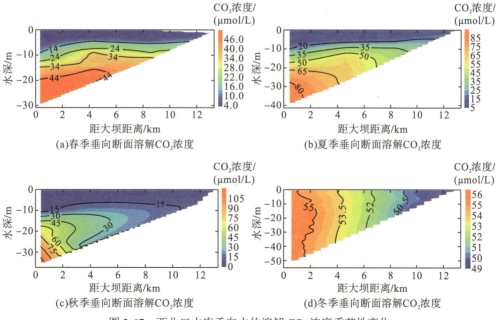

图 3-67　西北口水库垂向水体溶解 CO_2 浓度季节性变化

3. 各季节表层水体溶解 CO_2 浓度回归分析

西北口水库各季节表层溶解 CO_2 浓度与距回水末端的距离呈显著正相关关系。相对于地理位置，水生代谢可能是水体溶解 CO_2 浓度空间异质性的主要控制因素，在所有的调查中，溶解 CO_2 浓度大部分与溶解氧浓度和叶绿素 a 浓度呈显著负相关关系。例如，在西北口水库中天气晴朗的春季和秋季，浮游植物初级生产过程中，强烈的光合作用导致水体大部分呈现欠饱和。为了探索叶绿素 a 浓度、溶解 CO_2 和溶解氧浓度的关系，以西北口水库全年溶解氧的分布特征为例，作表层水体叶绿素 a 浓度与溶解氧浓度以及叶绿素 a 浓度与溶解 CO_2 浓度的 lg-lg 回归模型，见表 3-19、表 3-20 和图 3-68。

表 3-19　叶绿素 a 浓度与溶解氧浓度的 lg-lg 回归模型

季节	回归方程	R^2	样本数	适用范围
春季	$\lg(DO)=0.186\lg(Chla)+0.991$	0.88	75	$1.00\mu g/L<Chla<5.40\mu g/L$
夏季	$\lg(DO)=0.121\lg(Chla)+1.016$	0.22	67	$2.99\mu g/L<Chla<8.54\mu g/L$
秋季	$\lg(DO)=0.112\lg(Chla)+0.896$	0.75	10	$5.54\mu g/L<Chla<32.47\mu g/L$
冬季	$\lg(DO)=0.068\lg(Chla)+0.920$	0.96	106	$1.23\mu g/L<Chla<11.21\mu g/L$

注：DO 表示表层水体溶解氧浓度；Chla 表示叶绿素 a 浓度。

表 3-20　叶绿素 a 浓度与溶解 CO_2 浓度的 ln-ln 回归模型

季节	函数形式	R^2
春季	$\ln(C_{CO_2})=-0.058\times\ln(Chla)+1.872$	0.89
夏季	$\ln(C_{CO_2})=-0.117\times\ln(Chla)+2.512$	0.87
秋季	$\ln(C_{CO_2})=-1.084\times\ln(Chla)-2.876$	0.88
冬季	$\ln(C_{CO_2})=-0.058\times\ln(Chla)+4.032$	0.98

注：C_{CO_2} 表示溶解 CO_2 浓度；Chla 表示叶绿素 a 浓度。

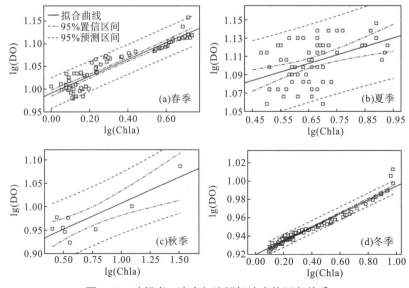

图 3-68　叶绿素 a 浓度与溶解氧浓度的回归关系

水温与水体溶解 CO_2 浓度在夏季、秋季、冬季 3 个季节均呈显著负相关关系，见表 3-21，水温不仅通过影响 CO_2 在水体中的溶解度，而且影响水体微生物酶的新陈代谢来控制 CO_2 的产率以及水生植物的初级生产力，从而影响 CO_2 的释放。理论上，在实验过程中，相同的气压下，水温与气体的溶解度成反比；水温越低，气体的溶解度越大，这种现象在春、夏季较为明显，而在秋季、冬季溶解 CO_2 浓度与水温相关性较差。夏季、秋季、冬季 3 个季节垂向水体中溶解 CO_2 浓度均与水温呈显著负相关，水温的变化会影响水体浮游植物的生长，间接控制水生植物的光合作用，从而影响垂向水体中溶解 CO_2 浓度的分布，深水水库和河流、库湾在水动力上存在明显的差异，水库水体长时间滞留表现为自养型生态系统特征，在光照充足的季节，垂向水温变化是影响溶解 CO_2 的主要因子。根据季节变化，水库会形成不同时长的水温分层，受到降雨和人工调节的影响，这种分层可以是暂时的，也可以是持久的。沉积物作为水体中溶解 CO_2 的主要来源之一，水体稳定分层后，限制了表、底物质的迁移转化，同时限制了底层溶解 CO_2 对表层水体的贡献。

表 3-21　水库断面溶解 CO_2 浓度与主要环境因子相关分析（$n=110$）

季节	水深	水温	pH	电导率	浊度	溶解氧	叶绿素 a
春季	−0.40**	0.13**	0.17**	−0.20**	0.48**	0.72**	0.68**
夏季	−0.32**	−0.23**	0.40**	0.44**	−0.53**	−0.32**	−0.29**
秋季	0.81**	−0.79**	−0.62**	0.72**	−0.79**	−0.79**	−0.55*
冬季	0.93**	−0.82**	−0.75**	−0.37**	0.30**	−0.75**	0.30**

注：**为极显著相关 $P<0.01$；*为显著相关 $P<0.05$。

水体稳定系数是评价水体混合、分层情况的参数。参考 Reynolds 和 Bellinger[83] 的方法计算水体垂向稳定系数。该方法考虑水体垂向密度梯度，适用于评价水体分层状态，其计算式为

$$N^2 = \frac{2}{\rho_{avg}} \frac{\rho_H - \rho_0}{H} \tag{3-28}$$

式中，N^2 为水体垂向稳定系数（m^{-1}）；ρ_H、ρ_0 分别为底层和表层水体密度（kg/m^3）；ρ_{avg} 为水体垂向平均密度（kg/m^3）；H 为水深（m）。

本书忽略水体中泥沙对水体体积的影响，不同水温（T）对应水体密度（ρ_T）按照式（3-29）计算：

$$\rho_T = 1000\left[1 - \frac{T + 288.9414}{508929.29(T + 68.12963)}(T - 9.9863)^2\right] \tag{3-29}$$

当 $N^2 < 5\times10^{-5}/s^2$ 时，评价为混合水体；当 $N^2 > 5\times10^{-5}/s^2$ 时，评价为分层水体；当 $5\times10^{-5}/s^2 < N^2 < 5\times10^{-4}/s^2$ 时，评价为弱分层水体[85,86]。

以西北口水库为例，冬季垂向水柱上水体掺混，表底温差 0.317℃，垂向水温较为均匀，库底的水温会略微减小。春季气温升高，太阳辐射明显增强，表层温度明显升高，底层水温变化不明显，库首最大温度梯度出现在 4m，为 3.39℃/m，热分层现象开始出现。6 月后随着气温继续升高，热分层更加明显，夏季已经形成稳定的热分层，库首最大温度梯度 4.56℃/m

出现在 2.86m 处，2.86～10.24m 出现明显的温跃层，表底温差为 6.82℃。秋季最大温度梯度 1.8℃/m 出现在水下 0.5m 处，水下 1～6m 存在明显的温跃层，水体垂向稳定系数见表 3-22。

表 3-22　水体稳定系数季节性变化

	春	夏	秋	冬
水体垂向稳定系数/$(10^{-4}/s^2)$	0.1	0.8	0.5	0.01
水体分层状态	弱分层水体	弱分层水体	弱分层水体	混合水体

根据水体分层和水体中溶解 CO_2 浓度的垂向变化，可以将春季、夏季、秋季 3 个季节的变化归纳为一类，冬季归为一类。对比垂向水体中稳定系数与表层水体溶解浓度发现，在夏季、秋季水体分层系数大的时候，中底层水体难以与上层水体交换，所以表层 CO_2 浓度在全年呈现较低水平。但水体分层系数并不是决定表层 CO_2 浓度的唯一指标，沉积物持续扩散 CO_2 的同时，表层水体绿色植物光合作用也在持续光合作用消耗 CO_2，当水体浓度低于大气浓度时，水体会吸收 CO_2，呈现"碳汇"，并且这种吸收的状态可能受风速的影响，这也解释了为什么夏季分层系数比秋季更大，但浓度反而比秋季低的原因。所以在评价水库 CO_2 通量的时候，应充分考虑表层水体中生物因素和非生物因素的共同影响。

垂向水体溶解 CO_2 浓度在四季中都与叶绿素 a 浓度呈负相关关系。冬季水体掺混，底层的营养物质随水体交换到表层为春季藻类的生长提供物质基础，春季中、上层水温升高，藻类开始生长繁殖，温跃层以上的叶绿素 a 浓度是恒温层的 16 倍，与其他湖库和干支流的研究结果相似，垂向叶绿素 a 浓度的最大值出现在次表层，出现了光抑制现象。夏季除了库尾叶绿素 a 浓度的最大值出现在次表层以外，库首和库中在 0～2m 变化不大，而在温跃层急剧减小，在恒温层的叶绿素 a 浓度基本不变。特殊的是，西北口水库夏季并没有和其他水库一样出现明显的光抑制现象，这可能是因为实验调查之前，西北口水库在连续降雨数周，根据张成等[87]在香溪河库湾的研究发现暴雨洪水会使表层藻类下沉，这可能是造成表层和次表层水体的叶绿素 a 浓度变化不大的原因。秋季与春季的分布特征相似，但秋季整个水库的叶绿素 a 平均浓度较春季更高。理论上来说，光照水库垂向水体中叶绿素 a 浓度最高的水层溶解 CO_2 的浓度应该是整个断面的最低值，但监测结果发现，整个水柱断面在混合层的溶解 CO_2 浓度变化不大，这可能是因为不同水深处光照强度的不同使得水柱上层光合作用的强度不同，各水库春季、夏季从表层至底层浊度均缓慢降低，减少了光的传播，削弱了浮游植物光合作用的效率。以叶绿素 a 浓度作为表征垂向水体溶解 CO_2 浓度的关键因素，构建叶绿素 a 浓度与溶解 CO_2 浓度的回归模型，见表 3-23 所示。

表 3-23　垂向水体叶绿素 a 浓度与溶解 CO_2 浓度的 ln-ln 回归模型

季节	函数形式	R^2
春季	$\ln\left(C_{CO_2}\right) = -0.058 \times \ln(Chla) + 1.872$	0.89
夏季	$\ln\left(C_{CO_2}\right) = -0.117 \times \ln(Chla) + 2.512$	0.87
秋季	$\ln\left(C_{CO_2}\right) = -1.084 \times \ln(Chla) - 2.876$	0.88
冬季	$\ln\left(C_{CO_2}\right) = -0.058 \times \ln(Chla) + 4.032$	0.98

注：C_{CO_2} 表示溶解 CO_2 浓度；Chla 为叶绿素 a 浓度。

黄柏河流域分布着广泛的碳酸盐，水体内 pH 受碳酸盐体系控制，西北口水库各季节均呈弱碱性，垂向水柱上，pH 的变化基本与水温变化相同，弱分层期间呈现表层高、底层低，冬季整个水库垂向水柱的 pH 变化不大。当 pH 偏高时，水体中的 CO_2 会转化成 CO_3^{2-} 或者 HCO_3^-，降低水体中溶解 CO_2 的浓度；同时，在弱碱性水体中，溶解 CO_2 形成碳酸，使水体中氧化还原电位增加，并导致水体的 pH 偏高，这与其他学者的研究结果相似[88,89]。

3.3.8　水-气界面 CH_4、CO_2 扩散通量估算

对水库 CH_4 产生、氧化、分布的研究，最终都是为了估算水库水-气界面 CH_4 碳排放通量。本书未进行 CH_4 冒泡状态监测，主要估算水-气界面 CH_4 扩散通量。本书采用薄边界层模型来对水-气界面 CH_4 扩散通量进行估算，薄边界层模型主要通过表层水体与上方大气中对应的 CH_4 浓度和气体交换系数来估算 CH_4 扩散通量[84]。

1. 基于薄边界层模型对水库水-气界面 CH_4、CO_2 扩散通量估算

如图 3-69 所示，在监测期内西北口水库风速变化为 $0.50 \sim 1.00(0.82 \pm 0.20)$ m/s，其中春季平均风速最小，夏季平均风速最大。气温变化为 $9.42 \sim 28.51(17.99 \pm 6.97)$ ℃，其中冬季平均气温最低，夏季平均气温最高。k_{600} 变化为 $0.24 \sim 0.48(0.41 \pm 0.11)$ cm/h。

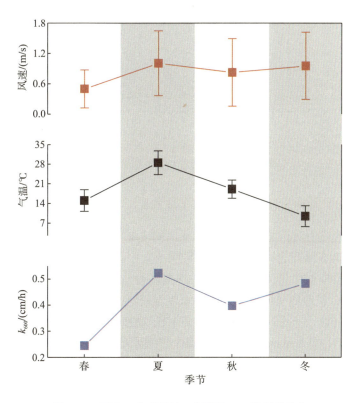

图 3-69　西北口水库风速、气温和 k_{600} 的季节分布

在监测期内利用薄边界层模型估算的平均 CH_4 月通量如图 3-70 所示，监测期间西北口水库水体皆表现为 CH_4 的源。春季（3～5 月）水-气界面平均扩散通量为（0.875±0.125）$\mu mol/(m^2 \cdot h)$；夏季（6～8 月）水-气界面平均扩散通量为（1.813±0.188）$\mu mol/(m^2 \cdot h)$；秋季（9～11 月）水-气界面平均扩散通量为（1.125±0.563）$\mu mol/(m^2 \cdot h)$；冬季（12 月、1 月、2 月）水-气界面平均扩散通量为（0.313±0.063）$\mu mol/(m^2 \cdot h)$。水库水-气界面 CH_4 扩散通量具有明显的时间差异性，表现出夏季高、冬季低的特点。由于表层水体溶解 CH_4 浓度差异性较大，通过薄边界层法计算出的 CH_4 扩散通量在空间上也极具异质性，表现出库首 CH_4 扩散通量低、库尾 CH_4 扩散通量高的特点。

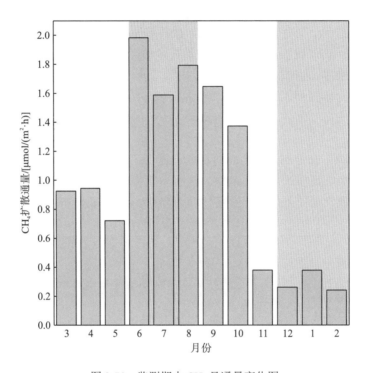

图 3-70　监测期内 CH_4 月通量变化图

2. 影响水-气界面 CH_4 扩散通量的因素

通过薄边界层模型对西北口水库水-气界面 CH_4 扩散通量估算结果表明，水库水-气界面 CH_4 扩散通量具有强烈的时空异质性，影响通量的因素与气候、水环境等都有关[4,84]。

在用薄边界层模型估算 CH_4 通量时，水气温差与风速是影响气体交换系数的决定因素，也是影响 CH_4 扩散通量的重要因素。水气温差越大，水-气界面能量交换越剧烈，气体交换速率越大[85]。一方面，水温可以改变 CH_4 在水体中的溶解度，水温与溶解度成反比，水温越高，CH_4 更易从水体逸出进而增大扩散通量[4]；另一方面，水温可以改变沉积物的产 CH_4 潜力，进而影响扩散通量[86]。风速会加快水-气界面气体交换速率[87]，进而增大 CH_4 通量，风同时可以使水体加速垂向混合，使底层高浓度 CH_4 更易扩散至表层从而增加 CH_4 通量[88,89]。水-气界面 CH_4 浓度梯度是影响 CH_4 扩散通量的另一重要因素，CH_4

浓度梯度越大，CH_4 扩散通量也随之越大。当气象因子不变时，表层水体溶解 CH_4 浓度的变化会主导 CH_4 浓度梯度的变化。水体溶解 CH_4 浓度在时间上主要受水温、溶解氧、电导率等理化因子影响，在空间上主要受有机质影响。水库水-气界面 CH_4 扩散通量受水体溶解 CH_4 浓度、水环境因子与气象因子共同调控，其分布可能比水体溶解 CH_4 浓度更为复杂。

3. 西北口水库 CH_4、CO_2 扩散通量与其他研究结果对比

将西北口水库与不同纬度水库湖泊的水-气界面 CH_4 扩散通量进行对比，见表 3-24。西北口水库 CH_4 扩散通量普遍低于同纬度的三峡库区[90]和澜沧江梯级水电站[91]的 CH_4 扩散通量，除与澜沧江中 CH_4 扩散通量较低的大朝山水电站位于同一数量级外，比其他水库低一个数量级。西北口水库可能自身沉积物产 CH_4 速率相较其他水库较低，且不同于人为影响较严重的水库(如三峡库区[90])其外源输入较弱，导致其水-气界面 CH_4 扩散通量相对较低。西北口水库夏季平均 CH_4 扩散通量与位于温带的潘家口水库[92]年平均 CH_4 扩散通量相接近。西北口水库比热带水库 CH_4 扩散通量低 $1\sim2$ 个数量级[93,94]，而比寒带冰融湖泊 CH_4 扩散通量更高[95]。湖库 CH_4 扩散通量大小可能与纬度有关，常表现为低纬度地区比中、高纬度地区 CH_4 扩散通量更大，这种差异与纬度变化导致的温度、昼夜长短等因素有关[96]。

西北口水库 CO_2 通量年变化为 $-7.182\sim23.616mg/(m^2\cdot h)$，年平均通量为 $7.51mg/(m^2\cdot h)$，与其他淡水生态系统相当(表 3-25)。分析其原因在于：①部分水库在采样过程中进行了清库工作，致使底层产 CH_4 碳源减少；②研究区域的三座山区河道型水库均为饮用水水源地，人类活动影响相对较弱，并且梯级水库之间协调调度，外来输入碳源较少；③各水库水深均较深，且水体停留时间较长，甲烷消耗量大导致表层扩散量小。

表 3-24　西北口水库与其他湖库水-气界面 CH_4 扩散通量对比

湖库	季节	区域	CH_4 浓度/$(\mu mol/L)$	CH_4 扩散通量/$[\mu mol/(m^2\cdot h)]$	文献
西北口水库	春季	亚热带	0.227±0.083	0.875±0.125	本书
	夏季		0.372±0.148	1.813±0.188	
	秋季		0.287±0.132	1.125±0.563	
	冬季		0.083±0.019	0.313±0.063	
	全年		0.235±0.123	1.000±0.625	
三峡库区	夏季	亚热带	0.260±0.190	42.188±56.750	[90]
	冬季		0.330±0.270	10.188±8.625	
苗尾水电站	秋季	亚热带	1.400±1.000	12.250±4.938	[91]
功果桥水电站	秋季	亚热带	0.600±0.900	10.188±31.000	[91]
漫湾水电站	秋季	亚热带	1.600±1.500	16.688±10.938	[91]
大朝山水电站	秋季	亚热带	0.400±0.300	4.688±3.938	[91]

湖库	季节	区域	CH$_4$ 浓度/(μmol/L)	CH$_4$ 扩散通量/[μmol/(m^2·h)]	文献
潘家口水库	全年	温带	0.130±0.100	1.688±0.750	[92]
Petit Saut	冬季	热带	10.300±10.900	125±83.313	[94]
Chapéu D'Uvas	秋季	热带	—	1700±1700	[93]
Furnas	夏季	热带	—	2600±2500	[93]
Curu'a-Una	春季	热带	—	600±800	[93]
Taiga Lake	春季	寒带	—	0.375～0.563	[95]

注：—表示文献中未提到相关数据。

表 3-25　西北口水库与其他湖库水-气界面 CO$_2$ 扩散通量对比

湖库	扩散通量平均值/[mg/(m^2·h)]	扩散通量变化/[mg/(m^2·h)]	文献
隔河岩水库	58.69±66.33	−39.24～330.26	[97]
三峡水库(5～7月)	84.02	—	[98]
三峡水库	16.01±23.21	15.34～23.21	[99]
水布垭水库(5月)	27.20	−17.15～305.91	[100]
洪家渡水库	11.256	—	[101]
万安水库	23.35	—	[102]
新丰江水库	20.5	—	[103]
西北口水库	7.51	−7.182～23.616	本书

3.3.9　水库生物碳泵效应及其影响分析

1．垂向剖面水体基本水化学参数时空变化

1)垂向剖面水体基本理化参数变化

西北口水库水温垂向空间分布如图 3-71 所示，春季、夏季水库水温分层较为显著，秋季水温分层逐渐变弱，冬季水温分层较为微弱。春季、夏季水库水温分层较为显著，春季库首断面表层水温为 21.05℃，库中、库首 23m 水深以下水温降到 14℃，库尾底层水温为 15.85℃；夏季库首断面水柱上表层水温为 29.79℃，水深 10m 以下水温下降到 19.72℃，库首断面表层至 2m 间接受太阳辐射较多且水团混合均匀，平均水温为 29.56℃，温差仅为 0.59℃，水温较高但温差较小，为表层水，水深 2～16m 水温变化为 29.20～17.87℃，最大温度梯度达 3.75℃/m，为温跃层。秋季特征断面表层水体水温最大值为库中 26.66℃，库首断面在 23m 以下水深下降到 20.81℃，库尾断面底层水温为 18.20℃。冬季库首垂向上表层水温为 12.45℃，库中、库尾底层水温分别为 9.37℃、8.65℃；冬季库首水温变化为 8.90～12.45℃，由表层到底层递减，库中混合层的变化不明显，库尾垂向上表层水温

为 11.92℃，随水深增加递减至底层 8.65℃。总体来说，表层水温最高值出现在夏季，受上下水体温差影响，水温分层在夏季也最为显著；冬季表层水温较低，导致垂向水体掺混，水库垂向水体基本混合，因此水温分层较弱。

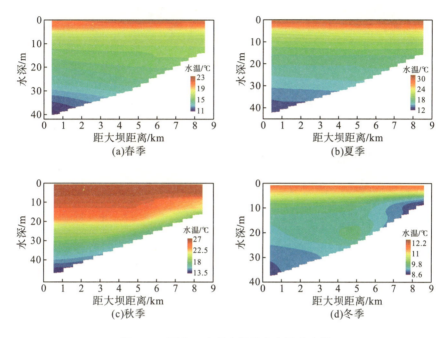

图 3-71 西北口水库水温垂向空间分布图

西北口水库叶绿素 a 垂向空间分布如图 3-72 所示，与冬季相比，春季西北口水库叶绿素 a 浓度出现分层现象，呈现由库尾向库中浓度逐渐降低的趋势，且垂向上最大值均出现在次表层，春季库首、库中特征断面叶绿素 a 浓度均在水深 3m 处达到最大值，其浓度分别为 8.86μg/L、12.54μg/L，库尾表层水体在次表层 2m 处达到最大值，为 44.57μg/L，库尾垂向剖面表层与底层水体叶绿素 a 浓度相差 23.10μg/L，垂向差异显著。夏季水温分层尤为显著，叶绿素 a 浓度在垂向剖面上也出现十分明显的分层现象，库首特征断面叶绿素 a 浓度从表层至次表层 5m 逐渐增加，变化为 4.04～19.99μg/L，均值为 10.30μg/L，从次表层至底层逐渐减小到 0.30μg/L；库中特征断面叶绿素 a 浓度变化为 0.42～17.56μg/L，在次表层 4m 处取得最大值；库尾垂向剖面上在水深 3m 处达到最大浓度，为 15.44μg/L。与夏季相比，秋季垂向剖面叶绿素 a 浓度明显降低，在库中垂向剖面次表层 4m 处有最大值，为 5.81μg/L，库首、库尾特征断面叶绿素 a 浓度最大值分别为 5.74μg/L、5.77μg/L。冬季水库叶绿素 a 浓度处于较低值，且由于上下水团混合较为均匀，叶绿素 a 浓度也无明显分层，但在库首、库中、库尾特征断面，叶绿素 a 浓度最大值仍出现在次表层，对应水深分别为 12m、8m、4m，其叶绿素 a 最大浓度依次为 4.55μg/L、4.81μg/L、5.22μg/L。

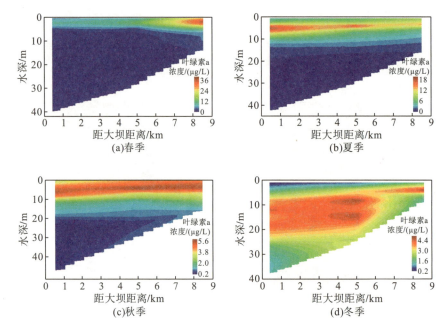

图 3-72 西北口水库叶绿素 a 垂向空间分布图

西北口水库溶解氧垂向空间分布特征如图 3-73 所示，溶解氧在垂向水柱上的分布与叶绿素相似，均在次表层达到最大值，且存在一定的时空差异性。春季溶解氧垂向空间分布开始逐渐出现分层现象，库首、库中、库尾垂向水柱中溶解氧浓度最大值均出现在 2m 左右，在库尾垂向剖面有溶解氧浓度最大值，为 15.95mg/L。夏季溶解氧浓度垂向空间分布与春季相比有更为明显的分层现象，库首垂向上溶解氧浓度在次表层 4m 左右达到最大值 18.47mg/L，在水深 13m 以下溶解氧浓度小于 6mg/L；库中与库尾垂向上溶解氧浓度均在次表层 3m 左右达到最大值，最大值较库首有所降低，库中、库尾底层溶解氧浓度分别为 2.32mg/L、0.51mg/L，库尾底层水体处于缺氧状态。与夏季相比，秋季溶解氧分层逐渐减弱，溶解氧浓度最大值出现在库尾次表层 1m 处，为 8.59mg/L，库首和库中垂向上在水深 20m 和 18m 以下水体溶解氧浓度小于 2mg/L。由于冬季采样期间(2 月)气温较低且上下水体混合较为均匀，溶解氧均值反而高于秋季，库首、库中垂向上溶解氧浓度最大值分别出现在次表层 8m、4m 处，其浓度分别为 11.44mg/L、11.63mg/L，垂向上未出现连续分层现象；库尾垂向上溶解氧浓度最大值为 11.54mg/L，底层水体溶解氧浓度为 10.97mg/L。

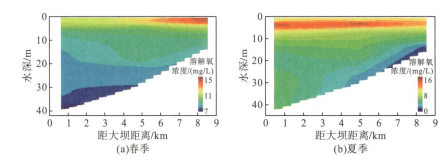

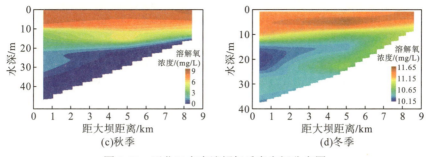

图 3-73　西北口水库溶解氧垂向空间分布图

西北口水库电导率垂向空间分布如图 3-74 所示，电导率存在显著的时空差异性。喀斯特地表水体电导率主要反映水体中 Ca^{2+}、HCO_3^- 浓度，喀斯特筑坝水库水体生物碳泵效应强弱直接影响水体 Ca^{2+}、HCO_3^- 浓度，进而影响其电导率分布[68]。春季电导率垂向上开始逐渐出现分层现象，表层电导率偏低，中层至底层逐渐增加，且库尾至库首电导率呈增加趋势，库尾表层出现电导率最低值，为 372.50μS/cm。夏季电导率上下水体差异十分显著，由于水温分层显著，次表层水体电导率出现显著降低，库首、库中和库尾垂向水体分别在水深 3m、2m、2m 处取得所在特征断面电导率最小值，分别为 353.78μS/cm、343.53μS/cm、339.44μS/cm。秋季垂向剖面水体表层电导率较低，中层水体电导率最高，后逐渐下降至底层后升高，这可能与秋季采样时间(9 月)水库表层水体生物碳泵效应有关。冬季西北口水库特征断面水体电导率均呈现随水深增加而递增的趋势，在库中表层出现最小值，为 456.39μS/cm，库首和库中垂向水柱分别在水深 14m、12m 处开始电导率快速增加，库尾受上游入库河水干扰较大，电导率明显偏高。夏季电导率垂向分层最为显著，且在次表层电导率为全年最低，其均值为 345.58μS/cm；冬季电导率分层较为微弱，其次表层处电导率为全年最高，其均值为 460.87μS/cm，夏季与冬季次表层电导率差值高达 115.29μS/cm。

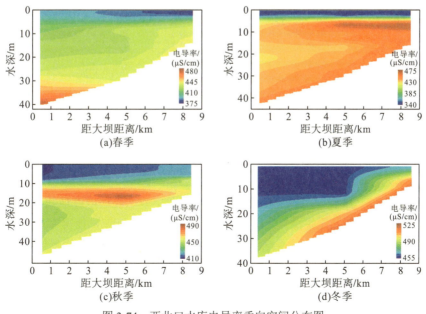

图 3-74　西北口水库电导率垂向空间分布图

西北口水库 pH 垂向空间分布如图 3-75 所示，喀斯特水库垂向剖面水体 pH 变化主要受藻类光合作用及生物呼吸作用影响，表层至次表层水体藻类生物碳泵效应吸收大量溶解性无机碳，使得水体 pH 升高，水库底层有机质分解产生大量 CO_2 使得 pH 降低。各季节 pH 均在表层或次表层处有较高值，其值表现为：夏季＞春季＞秋季＞冬季。春季由于水库水温分层，pH 也表现出分层现象，库首垂向上 pH 变化为 8.99～8.23，最大值出现在次表层 3m 处；库中垂向上最大值为 9.19，位于水深 2m 的次表层；库尾垂向上 pH 最大值为 9.29，位于表层。夏季、秋季垂向水体 pH 在表层至次表层均较高，其最大值分别为 9.40、9.12。夏季库尾垂向上底层水体 pH 最低为 8.24，秋季在库首垂向上底层水体有 pH 最低值，为 7.95；冬季由于水库水体上下掺混作用，垂向上 pH 变化较小，但整体上也呈现 pH 在表层至次表层水体较高，底层水体较低的趋势，pH 最低值为 8.56。西北口水库全年水体 pH 最大差值为 1.46。

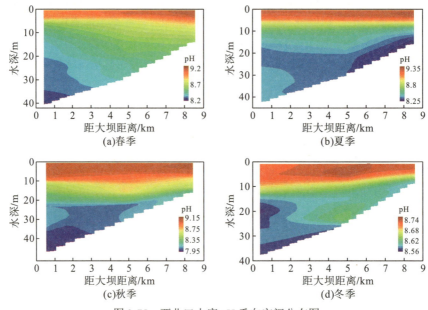

图 3-75　西北口水库 pH 垂向空间分布图

2) 特征断面主要阴阳离子垂向分布

西北口水库特征断面主要阳离子空间分布如图 3-76 所示，阳离子以 Ca^{2+}、Mg^{2+} 为主，Ca^{2+} 浓度随水温分层加剧而垂向分层较为明显，Na^+、K^+ 浓度低且垂向变化规律较弱。春季、夏季随水温分层逐渐加强，水体叶绿素、溶解氧、电导率、pH 分层现象加剧，垂向水柱上 Ca^{2+} 出现较为明显的分层，表现为库首、库中、库尾表层或次表层浓度最低，并随水深增加而递增。推测其原因在于浮游藻类生物碳泵效应诱导碳酸盐沉淀，使得库首、库中和库尾表层或次表层 Ca^{2+} 浓度降低，随着水深增加，深水层水生生物呼吸作用释放大量 CO_2，使得少量 $CaCO_3$ 沉淀溶解，Ca^{2+} 浓度上升。热分层期 Mg^{2+} 浓度变化趋势与 Ca^{2+} 较为一致，均在表层或次表层浓度较低。Na^+、K^+ 浓度较低，均值分别为 1.50mg/L、1.65mg/L，垂向上有随水深增加而递增的趋势。夏季库首、库中、库尾特征断面 Ca^{2+}、Mg^{2+} 垂向分布特征最为明显，库首、库中、库尾三个特征断面均表现为表层 Ca^{2+} 浓度最低，分别为 24.71mg/L、29.76mg/L、30.52mg/L，底层浓度最高，分别为 58.70mg/L、60.60mg/L、61.00mg/L；Mg^{2+} 浓度有随水深先增加后减小的趋势，且均在表层出现最低值，库首、库中、库尾分别为 25.58mg/L、26.97mg/L、27.28mg/L，均在 6m 处出现最大值，分别为 27.00mg/L、29.86mg/L、30.46mg/L。秋季主要阳离子浓度与夏季相比明显降低，冬季由于水温分层(图 3-71)最弱，主要阳离子浓度垂向分层也最微弱，但 Ca^{2+}、Mg^{2+} 垂向上仍表现为表层或次表层浓度较低，随水深增加离子浓度逐渐增大，库首、库中、库尾垂向上 Ca^{2+} 浓度分别相差 8.94mg/L、12.86mg/L、8.44mg/L，说明冬季采样期间(2 月)水库仍存在较弱生物碳泵效应。

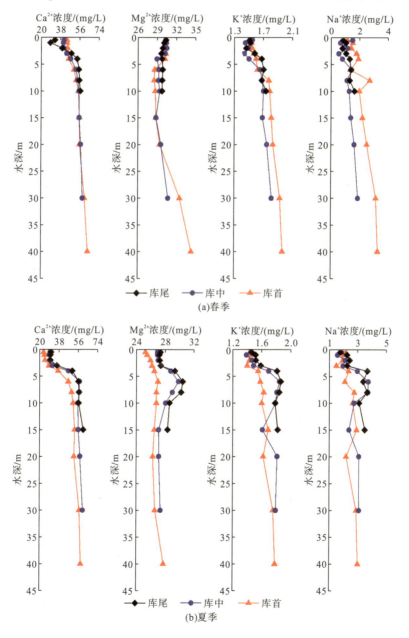

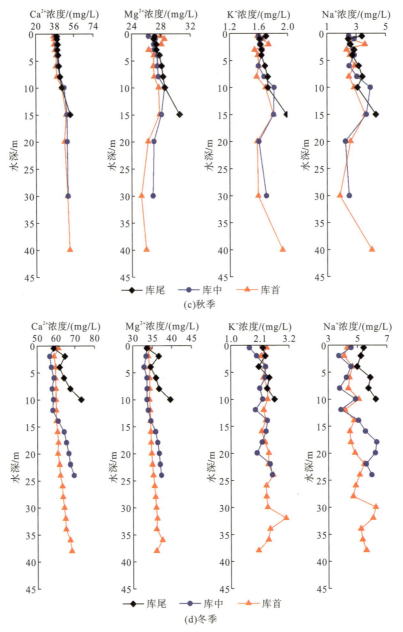

图 3-76　西北口水库特征断面水体阳离子浓度垂向分布

　　西北口水库特征断面主要阴离子空间分布如图 3-77 所示，阴离子以 HCO_3^-、SO_4^{2-} 为主，Cl^-、NO_3^- 浓度较低。春季、夏季、秋季随着水温变化，水库出现不同程度的水温分层现象，导致 Chla 浓度等出现垂向分层，进而出现主要离子浓度的分层。在表层水温最高的夏季，HCO_3^- 垂向分层十分明显，表层至次表层水体 HCO_3^- 浓度逐渐下降，次表层至深水层 HCO_3^- 浓度随水深增加而逐渐增大，库首、库中及库尾 HCO_3^- 浓度变化分别为 148.69～224.94mg/L、134.20～224.18mg/L、134.20～224.18mg/L，均为次表层水体 HCO_3^- 浓度最低，深水层最高，这说明在水温垂向稳定分层的水库中，生物碳泵效应在次表层水体最强，且与水温呈正相关；在 3 个特征断面，SO_4^{2-} 浓度变化分别为 62.78～96.22mg/L、69.62～118.14mg/L、73.24～124.68mg/L，其中库首表现为表层至底层逐渐增加，库中及库尾表现为先增加后减小的趋势，且均在 6m 左右达到最大值；NO_3^- 浓度在 3 个特征断面均表现为由表层至底层逐渐增加，且均在 3m 以下增幅变大；Cl^- 浓度变化趋势与 SO_4^{2-} 较为相似，由表层至次表层先增加，次表层至底层逐渐减小，其均值为 3.40mg/L。秋季主

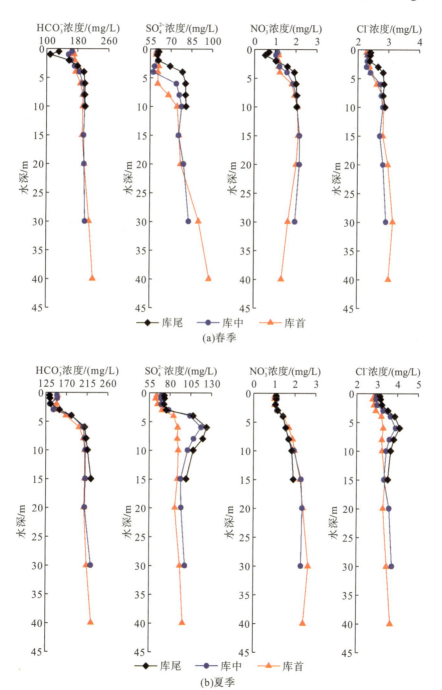

(a)春季

(b)夏季

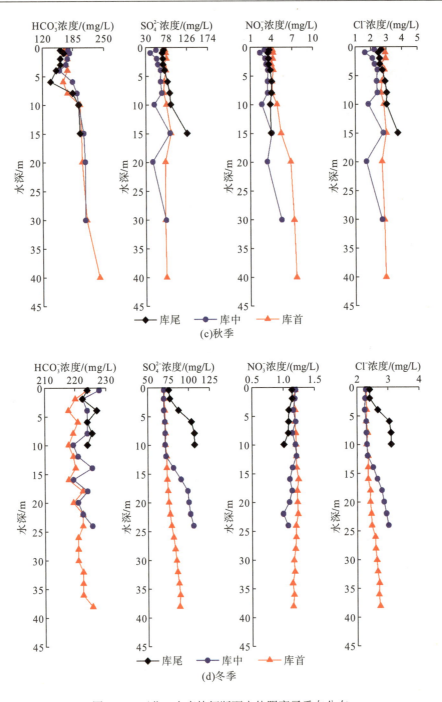

图 3-77　西北口水库特征断面水体阴离子垂向分布

要阴离子垂向变化与夏季相比明显减弱。冬季主要阴离子垂向分布最为微弱，但 HCO_3^- 浓度在垂向上仍表现为次表层浓度最低，而随水深增加离子浓度变化较不明显；SO_4^{2-} 浓度在垂向上则表现为较明显的随水深增加而递增的趋势；Cl^-、NO_3^- 浓度较低，其均值分别为2.66mg/L、1.57mg/L，其离子浓度垂向上无明显变化规律。

2. 生物碳泵效应对水化学参数时空分布的影响

水化学指标是水质评价标准之一，包括温度(T)、酸碱度(pH)、电导率(EC)、溶解氧(DO)等，在长时间尺度上主要反映气候的变化，短时间尺度则能够指示区域环境的变化[68,104]。陈崇瑛和刘再华提出的"耦联水生光合作用碳酸盐风化碳汇"模型，喀斯特水库水生光合生物通过生物碳泵效应将水体中溶解性无机碳转化为内源有机碳(autochthonous organic carbon，AOC)时，伴随有大约等量的$CaCO_3$沉淀生成，同时也会引起水体水化学参数的变化[105]。因此，对西北口水库水化学参数时空变化进行研究，不仅可以明晰水库的生物地球化学过程，而且可以了解水库生物碳泵效应的变化规律及其影响因素。西北口水库四个季节表层水体基本理化参数及特征值如图 3-29、图 3-30 和表 3-13 所示，垂向剖面水体基本理化参数空间分布如图 3-71～图 3-75 所示。

1) 生物碳泵效应对水体基本理化性质时空分布的影响

受筑坝影响，入库河水和水库水化学基本理化参数差异明显，春季、夏季、秋季入库河水 Chla 浓度显著低于水库内其他采样点，除坝下出库水外，入库河水 pH 均低于水库内其他采样点，电导率则呈相反趋势；冬季入库河水 Chla 浓度呈现入库河水>库尾>库中>库首(坝下出库水受冬季大坝除险加固影响)，pH、EC 均为入库河水大于水库内其他采样点。春季、夏季、秋季受水库湖沼学作用，水库内 Chla 浓度高于入库河水(与 DO 浓度变化相似)，且水库内水体呈较为静稳状态，导致水库内表层水体藻类光合作用较强，水库生物碳泵效应明显强于入库河水，致使水库内表层水体 pH 升高，EC 下降。冬季水库表层水体水温下降，较冷水体下沉，水体上下混合，且冬季温度和光合辐射强度较低，导致冬季水库生物碳泵效应最弱，水库表层和底层水体 pH、DO 相差不大，但 EC 仍然呈现入库河水大于水库内水体。

与底层水体相比，分层期水库内表层水体有较高 T、Chla 浓度、DO 浓度和 pH，较低 EC；混合期水库内表层和底层水体无明显差异。水库内表层水体 T 和 pH 最大值均出现在夏季，最小值均出现在冬季；Chla 浓度、DO 浓度最大值均出现在春季；EC 最小值、最大值分别出现在夏季、秋季。与稳定分层期相比，春季、夏季气温较高，水生光合藻类大量繁殖，所以具有较高 Chla 浓度和 DO 浓度，且由于夏季光照强度最大，故夏季西北口水库水生光合藻类光合作用达到最大值，夏季水库生物碳泵效应最为强烈，大量消耗水体中 DIC(以 HCO_3^- 为主)，并吸收水体中 Ca^{2+}，致使水库表层水体 pH 在夏季达到最大值，EC 在夏季出现最小值。春季、夏季水体出现较明显分层现象，在分层期间水库表底层水体基本理化参数变化显著；秋季、冬季水体逐渐由分层期向混合期过渡，水体理化参数在垂向上变化不明显。水库表层水体受生物光合作用显著影响，底层则主要反映补给水库水体原本的水化学特征，库区水体在暖季由于太阳辐射强度大引起较大的水体密度差，导致水体形成不同的热分层，最终引起水化学参数的差异[106,107]。

西北口水库 2022 年各季节基本水文参数见表 3-26，水库区域内降水量从大到小依次为夏季、春季、秋季、冬季，最大降水量为夏季(328.40mm)，最小降水量为冬季(46.70mm)，表现出夏季雨热同期，降水集中在春季和夏季，秋季、冬季降水量少。春季、夏季平均入库流量分别为 18.50m³/s、7.50m³/s，平均出库流量分别为 25.32m³/s、5.53m³/s，春季由于梯级水库群承担下游农业灌溉用水需求，故春季平均出库、入库流量均大于夏季；夏季水库出、入库流量均较小，此时水库出库流量主要为水电站发电用水、居民生活用水及下游河道所需生态流量。秋季平均入库流量、平均出库流量分别为 158.22m³/s、157.37m³/s，平均出入库流量均为全年最大值，这主要是因为 2022 年秋季长江流域出现极端干旱天气，梯级水库群为保障下游居民供水及正常河道所需流量而加大调节力度，出库流量达到全年最大。夏季西北口水库流量较小，表层水体温度高达 30.70℃，水库表层水体与底层水体温差最大为 17.48℃，较小的流量和较大的水温差使得夏季西北口水库出现稳定的热分层现象，水库稳定的热分层及夏季较高的光照强度是夏季水库强烈生物碳泵效应形成的重要因素。

表 3-26　西北口水库 2022 年各季节基本水文参数

季节	最高水温/℃	降水量/mm	平均入库流量/(m³/s)	平均出库流量/(m³/s)
春季	23.66	247.10	18.50	25.32
夏季	30.70	328.40	7.50	5.53
秋季	26.66	98.00	158.22	157.37
冬季	15.45	46.70	—	—

注：数据主要来源于湖北省水文水资源中心；—表示暂无数据。

西北口水库表层水体 Chla 浓度与 pH、电导率(EC)关系如图 3-78 所示。表层水体 Chla 浓度与 pH 呈正相关关系，其皮尔逊相关系数达 0.87，线性拟合公式为：$y=0.07x+8.73$，在 $P<0.01$ 水平上呈显著正相关；EC 与 Chla 浓度呈负相关关系，皮尔逊相关系数为−0.66，线性拟合公式为：$y=-16.85x+481.22$，在 $P<0.01$ 水平上呈显著负相关。从全年水库表层水体来看，入库河水和水库内采样点均符合生物碳泵效应作用规律，生物碳泵效应利用水体中溶解性无机碳形成有机质并释放氧气，是造成西北口水库夏季 pH 升高、EC 降低的主要因素，同时也受到水库流域内降水量、入库/出库流量、地下水输入及人类活动等外在因素的影响。

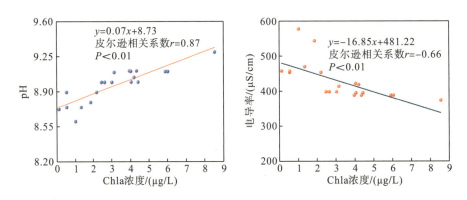

图 3-78　西北口水库表层水体 Chla 浓度与 pH、电导率关系

西北口水库为河流筑坝而形成的河道型水库，筑坝作用不仅会改变河流流通及连续性，使水体滞留时间增加，出现水体"陈化现象"，而且会导致河流营养盐的循环过程发生改变，营养元素氮(N)、磷(P)在生物过程中的行为不同，导致水库 N、P 循环效率不同，进而改变河流筑坝营养元素的化学计量数比，改变藻类生长的营养限制，甚至使浮游植物的群落结构发生改变，最终影响水体中生物碳泵效应的效率，使河流-水库系统呈现出不同的水化学变化[65,98,108]。N、P 等元素作为浮游植物必需的营养元素，在浮游植物的生长过程中起重要作用[109,110]，西北口水库各季节水体总氮(TN)、总磷(TP)浓度见表 3-27，水库春季、夏季大部分表层水体 TN、TP 浓度均低于秋季和冬季，春季、夏季为水库水体稳定分层期，光照强度较高，表层水生光合藻类生物碳泵效应强烈，水生光合生物大量繁殖，通过生物光合作用利用水体中氮、磷等营养元素，进而导致大部分春季、夏季水库水体 TN、TP 浓度低于秋季和冬季。在水库水体分层期，除库首 TN 外，大部分水样 TN、TP 浓度夏季均高于春季，这与夏季降水量大于春季(表 3-26)且夏季较多暴雨，库中、库尾附近有较多支流汇入水库带来大量 N、P 等营养元素有关。

表 3-27　西北口水库各季节表层水体 TN、TP 浓度　　　（单位：mg/L）

位置	指标浓度	春季	夏季	秋季	冬季
库首	总氮	0.82	0.73	1.61	0.97
	总磷	0.01	0.02	0.02	0.03
库中	总氮	0.62	0.90	0.67	1.13
	总磷	0.01	0.02	0.04	0.01
库尾	总氮	0.61	0.82	1.48	1.14
	总磷	0.02	0.03	0.02	0.02

2) 生物碳泵效应对水体主要阴阳离子浓度时空分布的影响

耦联碳酸盐风化碳汇模型见式 (3-30)[109,111]：

$$H_2O+CaCO_3+CO_2 \longrightarrow Ca^{2+}+2HCO_3^- \xrightarrow{光照}$$
$$CaCO_3+x(CO_2+H_2O)+(1-x)(CH_2O+O_2)$$
(3-30)

喀斯特水库生物碳泵效应利用水体中丰富的 HCO_3^- 和 Ca^{2+} 在光合作用下形成 $CaCO_3$ 沉淀和有机质，并释放 O_2，因此可通过水体中 Chla、DO、Ca^{2+} 及 HCO_3^- 浓度变化来指示水库生物碳泵效应的强度。由水体基本理化参数变化(3.3.4 节)和主要离子水化学特征时空变化(3.3.4 节)可知，在西北口水库河库系统内，除冬季水体混合期外，EC、HCO_3^- 和 Ca^{2+} 浓度均呈现入库河水明显高于水库内其他采样点表层水。入库河水生物碳泵效应显著低于水库内，水库在水体分层期存在显著的生物碳泵效应，且在春季、夏季水体分层期，生物碳泵效应由强到弱依次为库尾、库中、库首、库湾。春季、夏季水库水体电导率、HCO_3^- 和 Ca^{2+} 浓度显著低于冬季，主要原因可能为：①雨水的稀释效应，由于春季和夏季降水量大，低电导率的地表径流和雨水进入水库引起稀释效应[97,112]；②水生光合藻类生物碳泵效应的影响，春季、夏季水温较高，光照强度大，水库内藻类的光合作用较强，生物碳泵效应吸收

HCO_3^- 和 Ca^{2+}。喀斯特水体的 EC 主要受 HCO_3^- 和 Ca^{2+} 浓度变化影响[63]，EC 也随之降低。

西北口水库热分层期表层水体理化参数及 Ca^{2+}、HCO_3^- 浓度相关分析见表 3-28。Chla 和溶解氧浓度通常用来表示水体藻类分布及光合作用强度，Chla 与溶解氧浓度呈极显著正相关关系，相关系数为 0.766，说明采样期间表层水体水生藻类光合作用明显。同时，Chla 浓度与 pH 呈显著正相关，与 Ca^{2+}、HCO_3^- 浓度呈显著负相关，由生物碳泵效应作用机制：$Ca^{2+}+DIC+水生光养生物 \longrightarrow CaCO_3+x(CO_2+H_2O)+(1-x)(CH_2O+O_2)$ 可知，水生生物光合作用利用水体中 $DIC[DIC=HCO_3^-+CO_3^{2-}+H_2CO_3+CO_2(aq)]$ 和 Ca^{2+}，使水体中 Ca^{2+}、HCO_3^- 浓度减小，并导致 pH 升高。EC 与 Ca^{2+}、HCO_3^- 浓度呈极显著正相关，相关系数分别为 0.898、0.792，在喀斯特水库中 EC 主要反映 Ca^{2+}、HCO_3^- 浓度，这说明 Ca^{2+}、HCO_3^- 浓度能够显著影响水体 EC。而 pH 与 EC 呈极显著负相关，这说明 pH 的变化对 Ca^{2+}、HCO_3^- 浓度影响显著。Ca^{2+} 与 HCO_3^- 呈极显著正相关，相关系数为 0.923，这与喀斯特水库水生光合生物的生物碳泵效应作用机制相符，浮游藻类利用碳酸盐岩风化形成的 HCO_3^- 及 Ca^{2+} 在光合作用下转化成内源有机碳并产生 $CaCO_3$ 沉淀。

表 3-28 分层期表层水体理化参数及 Ca^{2+}、HCO_3^- 浓度相关分析

参数	Chla	DO	EC	pH	Ca^{2+}	HCO_3^-
Chla	1					
DO	0.766**	1				
EC	−0.293	0.21	1			
pH	0.552*	0.047	−0.792**	1		
Ca^{2+}	−0.474*	−0.011	0.898**	−0.940**	1	
HCO_3^-	−0.547*	−0.081	0.792**	−0.962**	0.923**	1

注：**表示在 0.01 水平（双侧）上显著相关；*表示在 0.05 水平（双侧）上显著相关。

在垂向剖面上，热分层期间水库表底层水温差值达 17.48℃，Chla 浓度在春季库尾处表底层最大差值为 41.78μg/L，DO 浓度表底层最大差值为 15.02mg/L，pH 在夏季库尾处表底层最大差值为 1.10，电导率在夏季库尾处有最大值，为 118.50μS/cm。在夏季水体热分层期，表层水体强烈的生物碳泵效应使得水库表底层水体基本理化参数产生明显差异，其中电导率表底层差异最为明显。在喀斯特水体中，一般认为 Ca^{2+}、HCO_3^- 浓度是水化学特征的主控因素，从水库稳定分层期间库首、库中、库尾三个特征断面主要阴阳离子垂向分布来看，HCO_3^- 浓度最大差值达 108.28mg/L，Ca^{2+} 浓度最大差值达 34.74mg/L。这说明生物碳泵效应不仅使水体 Chla、DO、pH、EC 等出现垂向分层，还间接使水库分层期表底层离子水化学特征出现明显差异。

从图 3-79 可以看出（Δ 表示分层期离子表底层浓度差值），在西北口水库分层期表层水体中，ΔHCO_3^- 与 ΔCa^{2+} 之间存在一定的正相关关系，随着 ΔHCO_3^- 的增加，ΔCa^{2+} 也呈增加的趋势，ΔHCO_3^- 与 ΔCa^{2+} 之间的皮尔逊相关系数为 0.91，线性拟合公式为：$y=1.44x+14.85$，在 $P<0.01$ 水平上呈显著正相关关系，这说明西北口水库中 Ca^{2+} 的移除量主要受到水体中 $CaCO_3$ 沉降的影响，表层水生光合藻类生物碳泵效应吸收喀斯特水体

中丰富的 DIC 和 Ca^{2+}，形成内源有机碳的同时产生大约等量的 $CaCO_3$ 沉淀。与 ΔHCO_3^- 和 ΔCa^{2+} 之间的关系类似，ΔHCO_3^- 与 ΔNO_3^- 之间同样存在一定正相关关系，ΔHCO_3^- 增加的同时 ΔNO_3^- 也在增加，两者的皮尔逊相关系数为 0.81，线性拟合公式为：$y=62.74x+11.89$，在 $P<0.01$ 水平呈显著正相关关系。以上表明，水库表层水生光合藻类进行生物碳泵效应时，不仅吸收水体中 HCO_3^-，还吸收水库中 NO_3^- 来满足其生长和繁殖所需氮，以合成细胞质、叶绿素等生物大分子，从而维持其正常的生长和代谢活动[98,99]。

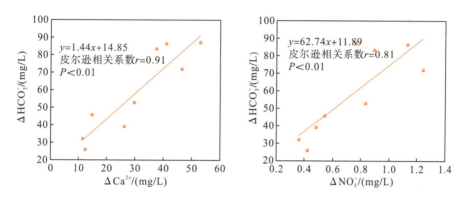

图 3-79　分层期 ΔHCO_3^- 与 ΔCa^{2+}、ΔNO_3^- 浓度之间的关系

　　分层期表层水体 Chla 浓度、pH 与其他阴阳离子相关分析见表 3-29，Chla 浓度和 pH 与 Na^+、K^+、Mg^{2+}、Cl^-、NO_3^-、SO_4^{2-} 均呈负相关，且 pH 与 K^+、Mg^{2+}、NO_3^- 相关性较为显著。水库分层期水生藻类生物碳泵效应吸收 HCO_3^-，导致水体 pH 升高，说明水生生物进行生物碳泵过程中不仅利用了水体中 HCO_3^-、Ca^{2+}，还利用了水体中其他阴阳离子，对 K^+、Mg^{2+}、NO_3^- 吸收较为显著。

表 3-29　分层期表层水体 Chla 浓度、pH 与其他阴阳离子相关分析

参数	Na^+	K^+	Mg^{2+}	Cl^-	NO_3^-	SO_4^{2-}
Chla 浓度	−0.345	−0.281	−0.009	−0.363	−0.550*	−0.323
pH	−0.183	−0.809**	−0.611*	−0.372	−0.745**	−0.393

注：**表示在 0.01 水平（双侧）上显著相关；*表示在 0.05 水平（双侧）上显著相关。

3. 生物碳泵效应对水体溶解性碳时空分布的影响

　　DOC 和 DIC 是陆域水生生态系统中碳的两种主要存在形式，对其系统结构和功能的稳定具有重要的影响[100,101]。水体 DOC 主要来源于流域内土壤有机质的侵蚀、污水排放、浮游植物光合作用产物的释放及内源性碎屑物质的分解等[102,103]，DOC 为水体微生物生长、代谢等生命活动提供基质，是水体环境异养微生物循环的基础[113]。DIC 主要来自陆地基岩的化学风化、土壤层中植物根系呼吸及有机质分解和大气 CO_2 溶解，包括 H_2CO_3、

HCO_3^-、CO_3^{2-} 及 CO_2 气体等组分，可通过一系列热力学平衡构成的 CO_2 体系，在缓冲水体酸碱度、指示发生在水体环境中的光合作用和呼吸作用方面扮演着重要角色[114,115]。喀斯特水库由于其水体偏碱性环境，水中 DIC 以 HCO_3^- 为主，约占 90%，水中 CO_2 含量较低，为 1%~2%，故本书采用水中碳酸盐岩平衡体系的主要成分 H_2CO_3、HCO_3^-、CO_3^{2-} 浓度之和表示水体 DIC 浓度。DOC 和 DIC 在陆域水生系统生物地球化学循环中起着十分重要的作用，是影响水环境变化和水生态过程的重要因子。

1）表层水体 DIC、DOC 浓度时空分布

西北口水库表层水体 DIC 及 DOC 浓度沿程分布如图 3-80 所示。水体 DIC 浓度变化为 152.32~284.22mg/L，均值为 204.94mg/L，各季节平均值的最大值和最小值分别出现在冬季、夏季，分别为 225.21mg/L、188.69mg/L；空间分布趋势整体上呈现为坝下出库水＞入库河水＞库中＞库首＞库尾。春季沿程 DIC 浓度从大到小依次为坝下出库水、入库河水、库首、库中、库尾，表明春季西北口水库库尾处含有大量来自上游入库河水的营养元素，表层水体光合藻类生长繁殖旺盛，生物碳泵效应较为强烈，而坝下出库水 DIC 浓度最高主要因为水库泄水方式为底孔泄流，坝下出库水主要为库首底层水体，水库底层有机质丰富，深水层生物生长代谢导致有机质大量被分解，HCO_3^- 浓度上升。夏季入库河水与水库库尾处 DIC 浓度差值达 92.67mg/L，且库尾、库中、库首处 DIC 浓度均低于其他季节，虽有可能为夏季降水量较大稀释所致，但通过前文分析可知，主要控制因素仍为水库表层水体水生光合藻类生物碳泵效应，说明夏季西北口水库生物碳泵效应最为强烈。秋季水库沿程 DIC 浓度依次为坝下出库水＞入库河水＞库中＞库首＞库尾，虽然秋季水库光照强度和热分层现象逐渐减弱，但是由于采样年度（2022 年）秋季遭遇极端干旱天气，降水量明显低于往年同期水平，降雨稀释效应及其他外源干扰因素减弱，故从表层水体 DIC 浓度变化来看，秋季西北口水库也表现出较明显的生物碳泵效应。冬季水库水体上下层混合均匀，光照强度最低，导致水体 DIC 浓度最高且空间分布较为均匀，说明冬季水库生物碳泵效应最弱。综上所述，DIC 浓度夏季最低且有明显的空间差异性，春季、秋季次之，冬季最高，水库生物碳泵效应强度分布呈现夏季＞春季＞秋季＞冬季。

西北口水库表层水体 DOC 浓度变化为 1.44~4.26mg/L，均值为 2.41mg/L，水库表层水体 DOC 浓度存在季节性变化，在春季、夏季、秋季、冬季各季节平均值分别为 2.08mg/L、2.42mg/L、1.85mg/L、3.29mg/L，呈现冬季＞夏季＞春季＞秋季的特征，冬季表层水体 DOC 浓度较高原因可能为冬季水库滞留时间变长，冬季水体温度较低导致水生光合藻类细胞裂解过程中释放大量的 DOC[97]，以及冬季水库水体上下混合过程扰动水库底层沉积物，促使沉积物间隙水中大量的 DOC 和 DIC 会被释放至水体中[116]。在空间分布上，除冬季外，春、夏、秋季沿程 DOC 浓度均呈现入库河水、坝下出库水小于库尾、库首、库中，且都在库尾处有 DOC 浓度最大值。水体分层期水库库尾处生物碳泵效应均较为强烈，此处表层水体水生光合藻类生长繁殖速度快，水体中浮游藻类光合作用产物的释放使得 DOC 浓度增加，并且来自上游及水库周边的外源输入也可能是影响 DOC 浓度沿程分布的重要因素。

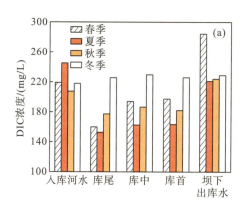
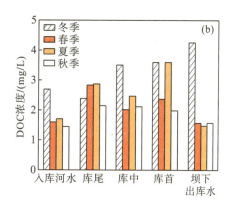

图 3-80　西北口水库表层水体 DIC 及 DOC 浓度沿程分布

2）垂向剖面水体 DIC、DOC 浓度时空分布

筑坝拦截形成水库，深刻改变了河流的水环境条件，水体滞留时间的增加促使水库朝着湖泊水环境的方向演变，水库剖面出现季节性的水体温度分层，使不同深度存在相异的生物、物理、化学等作用过程，进而引起水库垂向剖面水体发生改变[98,117,118]。西北口水库 DOC 和 DIC 垂向空间分布如图 3-81 所示，DIC、DOC 空间分布呈现随水库水温分层加剧而垂向剖面分层越明显的特征，且春季、夏季、秋季均在次表层达到 DIC 浓度最小值、DOC 浓度最大值，秋季分层现象相比夏季明显减弱；冬季随水库热分层逐渐消失，垂向剖面 DIC、DOC 分层基本消失。DIC 浓度均值分别在冬季、夏季有最大值和最小值，分别为 223.92mg/L、190.90mg/L；DOC 浓度均值分别在冬季、春季有最大值与最小值，分别为 3.53mg/L、1.98mg/L。夏季水温分层最为显著，DIC 垂向空间分层十分显著，DIC 浓度在次表层较低且深度增加至 4m 左右，随水深增加而呈现递增趋势，库首、库中、库尾表层与底层水体 DIC 浓度分别相差 64.16mg/L、64.50mg/L、75.11mg/L，这与夏季水库叶绿素 a 垂向空间分布在次表层浓度较高相对应。与夏季相比，冬季表层水温较低，导致水库上下水体混合，分层基本消失，但在次表层处仍出现 DIC 浓度较低值，DOC 浓度较高值，水库垂向剖面其他位置浓度无明显差异，推测原因在于，冬季采样期间（2 月），水库次表层仍存在少部分藻类，仍能进行较弱的生物碳泵效应吸收水体中 DIC，且藻类细胞在此处释放部分有机碳。

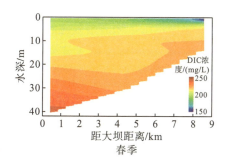
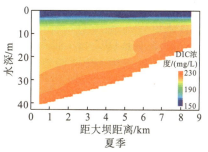

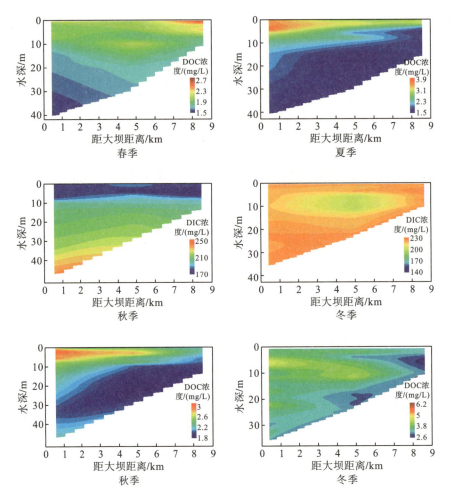

图 3-81　西北口水库 DIC 及 DOC 垂向空间分布

3) 生物碳泵效应对水体 DIC、DOC 时空分布的影响

　　浮游植物水生光合作用过程中会直接利用水中的 $CO_2(aq)$，从而导致水体中的 pH 升高，而在高 pH 条件下，DIC 的主要成分为 HCO_3^-，而非 $CO_2(aq)$；当水中 CO_2 不能满足水生植物光合作用生长所需时，水生光合藻类利用 CCM(CO_2 concentrating mechanism) 机制，直接以 HCO_3^- 为碳源，以满足对 C 元素的需求[63,119]。生物碳泵效应利用 DIC 形成有机质和 O_2，因此可以通过水中 Chla 浓度和 DO 浓度指示生物碳泵效应的强度，生物碳泵效应越强，对水体中 DIC 利用越多。西北口水库沿程 DIC 时空分布主要受流域内碳酸盐岩化学风化及表层水体水生光合藻类生物碳泵效应作用的影响。由表层水体 Chla、DO 及 DIC 浓度分布可知，在空间尺度上，西北口水库生物碳泵效应由强到弱依次为库尾、库中、库首、玉林溪库湾、司家沟库湾、三隅口库湾、入库河水和坝下出库水，库尾 Chla 和 DO 浓度高，DIC 浓度相对较低，生物碳泵效应较强。在时间尺度上，生物碳泵效应夏季相对较为强烈，夏季辐射强度显著增加，且水温显著升高，引起水库明显的水温分层，

这为水生浮游藻类提供了十分适宜的生长环境，使得夏季西北口水库生物碳泵效应最强，水中 DIC 消耗量最大。

Chla 是水生生物新陈代谢过程方向和强度的重要指标，可以反映水体藻类等水生生物光合作用的强度[120]。西北口水库分层期水体 Chla 浓度与 DIC 浓度、DOC 浓度的关系如图 3-82 所示，Chla 浓度和水体中 DIC 浓度呈显著负相关关系（$P<0.01$），其线性拟合方程为：$y=-2.25x+211.782$，皮尔逊相关系数为-0.56[图 3-82（a）]；相反 DOC 浓度与 Chla 浓度呈较显著的正相关关系（$P<0.05$），其线性拟合方程为：$y=0.05x+1.95$，皮尔逊相关系数为 0.51[图 3-82（b）]。水体浮游藻类及水生植物生物碳泵效应可通过光合作用吸收利用水中的 DIC，且较高的浮游藻类浓度对应较低的 DIC 浓度。当水体浮游藻类数量较低时，对应 DOC 浓度较低；水体浮游藻类数量较高时，对应 DOC 浓度相对较高，可能原因为浮游藻类生物碳泵效应较强合成大量内源有机碳，并通过藻类细胞部分释放到水体中，且有研究表明，浮游藻类的死细胞会释放高分子量 DOC[121]。

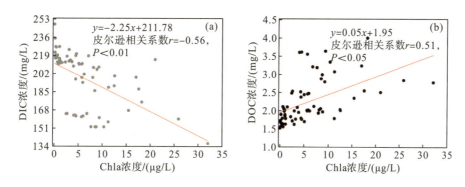

图 3-82　分层期水体 Chla 浓度与 DIC 浓度及 DOC 浓度的关系

为进一步探析西北口水库生物碳泵效应对水体 DIC、DOC 时空分布的影响，对水库分层期水体 DIC、DOC 浓度与部分水化学指标进行相关性分析（表 3-30）。分析结果显示，西北口水库 DIC 浓度与水体 pH、DO 浓度和 T 均呈现显著负相关关系（$P<0.01$），与 EC、Ca^{2+}浓度和 HCO_3^-浓度呈显著正相关关系（$P<0.01$）；而 DOC 浓度与 pH、DO 浓度和 T 呈显著正相关关系（$P<0.01$），但与 EC、Ca^{2+}浓度和 HCO_3^-浓度呈显著负相关关系（$P<0.01$）。与 Chla 浓度变化相似，DIC 浓度随着 pH、DO 浓度和 T 的升高而减小，随着 EC、Ca^{2+}浓度和 HCO_3^-浓度的升高而升高，这说明在垂向空间分布上，水库热分层和水温的升高导致水生光合藻类的生长繁殖加快，使得生物碳泵效应明显增强，水生光合藻类大量吸收水体中 DIC 转化为有机碳，致使水体中 pH、DO 浓度上升，EC、Ca^{2+}浓度和 HCO_3^-浓度下降。同时，水体温度较高会促使水中 CO_2 向大气扩散，造成水体 CO_2 的溶解度降低，进而导致 DIC 浓度降低。然而生物碳泵效应加强的同时，水体 DOC 浓度随着 pH、DO 浓度和 T 的升高而增加，随着 EC、Ca^{2+}浓度和 HCO_3^-浓度的升高而下降，这是水温和光照强度的升高导致水体浮游藻类大量繁殖生长，生物碳泵效应引起 pH、DO 浓度升高、EC、Ca^{2+}浓度和 HCO_3^-浓度下降的同时，水体中 DIC 大量转化为内源有机碳，此时水中浮游藻类细胞会释放部分 DOC，使得水体中 DOC 浓度增加。

表 3-30   分层期水体 DIC 及 DOC 浓度与水化学指标相关分析

参数指标(n=67)	DIC 浓度	DOC 浓度
pH	−0.687**	0.573**
DO 浓度	−0.592**	0.550**
T	−0.852**	0.718**
EC	0.837**	−0.632**
Ca^{2+}浓度	0.944**	−0.805**
HCO_3^-浓度	0.993**	−0.754**

注：**表示在 0.01 水平（双侧）上显著相关。

4. 生物碳泵效应对碳酸盐岩平衡体系的影响

1）表层水体 SI_C 时空分布及对生物碳泵的响应分析

方解石饱和指数（SI_C）是指在一定温度条件下的 Ca^{2+}和 CO_3^{2-} 离子活度积与其溶度积（K_{sp}）间的比值[122]，可反映碳酸盐岩平衡体系反应［式（3-31）］方向。

$$H_2CO_3 + CaCO_3 \longrightarrow Ca^{2+} + 2HCO_3^- \longleftrightarrow Ca(HCO_3)_2 \longrightarrow$$
$$CaCO_3 \downarrow + H_2O + CO_2 \uparrow \tag{3-31}$$

西北口水库表层水体 SI_C 分布如图 3-83 所示，全年表层水体 SI_C 变化为 1.15~1.45，平均值为 1.31，呈过饱和状态。春季、夏季水库热分层较明显，其间表层水体 SI_C 沿程分布趋势较为一致，夏季入库河水 SI_C 明显大于其他采样点，说明入库河水方解石过饱和程度较高，入库河流生物碳泵效应低于水库。坝下出库水处 SI_C 均为本季节最低值，说明水库底层水

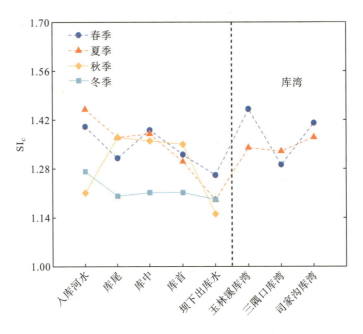

图 3-83   西北口水库表层水体 SI_C 分布

体方解石饱和程度较低。在三个有支流汇入的库湾处夏季 SI_C 与水库内其他采样点类似，但春季库湾处 SI_C 出现较大波动，可能与外源因素干扰有关。秋季 SI_C 变化趋势与其他季节相反，入库河水 SI_C 低于水库内样点，推测原因在于秋季水库内浮游藻类逐渐消亡，且水温仍相对较高，藻类细胞裂解速度较快。冬季水库水体混合均匀且生物碳泵效应最弱，除入库河水 SI_C 相对较高外，水库内其他采样点 SI_C 无明显差别，但由于冬季受水库流域内水文气候环境影响，碳酸盐岩风化溶解速度较慢，故冬季 SI_C 普遍低于其他季节。

2）表层水体 p_{CO_2} 时空分布及对生物碳泵的响应分析

CO_2 分压（p_{CO_2}）可以用于反映水体溶解 CO_2 与大气 CO_2 平衡状态，可用于判断水体 CO_2 的源或汇[123,124]。西北口水库表层水体 p_{CO_2} 分布如图 3-84 所示，全年变化为 131.32～1653.87μatm，西北口水库存在明显的季节差异，在春季、夏季、秋季水库入库河水 p_{CO_2} 均大于水库内采样点，入库河水 p_{CO_2} 呈现秋季＞夏季＞冬季＞春季，各季节 p_{CO_2} 最大值均出现在坝下出库水处，冬季各采样点 p_{CO_2} 从入库河水至坝下出库水呈沿程递增。p_{CO_2} 全年最大值出现在春季坝下出库水处，为 1653.87μatm，在夏季库尾采样点有 p_{CO_2} 最小值，为 131.32μatm；春季、夏季、秋季、冬季四个季节 p_{CO_2} 均值为 515.33μatm，高于大气 CO_2 平均浓度 409μatm。入库河水生物碳泵效应明显弱于水库内水体，水生光合植物生物碳泵效应过程吸收水中 DIC，碳酸盐岩平衡体系[式(3-31)]正向移动，导致春季、夏季、秋季水库内采样点 p_{CO_2} 明显偏低，冬季水温及光照强度降低使得生物碳泵效应减弱，除坝下出库水外其余采样点 p_{CO_2} 变化不明显；坝下出库水为水库底层泄水，深水层有机质矿化过程中有氧呼吸释放大量 CO_2，导致 p_{CO_2} 和 DIC 浓度增加。

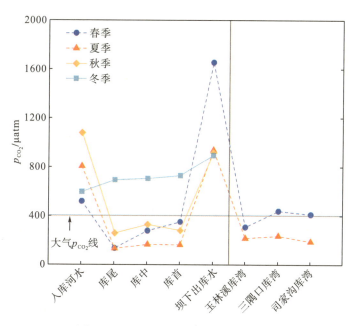

图 3-84　西北口水库表层水体 p_{CO_2} 分布

注：1atm=1.01325×10⁶Pa。

水体中 p_{CO_2} 主要影响因素有温度、营养盐、生物活动等[125]。西北口水库分层期表层水体 p_{CO_2} 与主要影响因子的皮尔逊相关系数见表 3-31，水库分层期表层水体 p_{CO_2} 与 DIC、NO_3^- 浓度呈显著正相关，与 Chla、DOC 浓度呈显著负相关。水体 DIC 浓度与 p_{CO_2} 呈显著正相关关系，水库中 DIC 以 HCO_3^- 为主，说明 HCO_3^- 浓度通过碳酸盐岩平衡体系[式(3-31)]影响水体中 p_{CO_2}，水库表层水体 p_{CO_2} 主要受流域内碳酸盐岩平衡体系的控制。分层期水库中浮游藻类吸收大量 NO_3^- 等进行光合作用，其生长越茂盛进而导致水体中 p_{CO_2} 越低，这与西北口水库分层期表层水体 p_{CO_2} 与 NO_3^- 呈较显著正相关关系的研究结果一致。水中浮游藻类生物碳泵效应吸收水中 DIC 及 Ca^{2+}，使水体 pH 升高，从而导致 p_{CO_2} 降低，因此分层期 Chla 浓度与 p_{CO_2} 呈显著负相关。西北口水库水体 p_{CO_2} 与 DOC 浓度呈显著负相关，有研究表明，在库区土壤较薄导致外源有机碳输入较低的湖库中，p_{CO_2} 与 DOC 浓度呈负相关[126]，本书研究结果与之一致。西北口水库流域内为典型的岩溶地貌，两岸山体石漠化，土壤较为浅薄，且水库建库时间长达 31a，水体滞留时间在 1a 以上，DOC 可能以水库内源为主；同时，水库分层期间浮游藻类生物碳泵效应产生有机碳，p_{CO_2} 与 DOC 浓度也呈负相关。由此可说明，生物碳泵效应利用水体中 Ca^{2+}、HCO_3^- 加快了碳酸盐平衡体系向右移动，促进岩溶地区碳酸盐岩风化溶解，过程中吸收 CO_2 且生成较为稳定的内源有机碳和大约等量的碳酸钙沉淀，具有一定碳汇效应。

表 3-31　分层期表层水体 p_{CO_2} 与主要影响因子皮尔逊相关系数

项目	Chla 浓度/(μg/L)	NO_3^- 浓度/(mg/L)	DIC 浓度/(mg/L)	DOC 浓度/(mg/L)
p_{CO_2}	−0.697**	0.514*	0.857**	−0.684*

注：**表示在 0.01 水平(双侧)上显著相关；*表示在 0.05 水平(双侧)上显著相关。

参 考 文 献

[1] Jones J B, Mulholland P J. Influence of drainage basin topography and elevation on carbon dioxide and methane supersaturation of stream water[J]. Biogeochemistry, 1998, 40(1): 57-72.

[2] Delsontro T, Mcginnis D F, Sobek S, et al. Extreme methane emissions from a Swiss hydropower reservoir: contribution from bubbling sediments[J]. Environmental Science & Technology, 2010, 44(7): 2419-2425.

[3] Maavara T, Chen Q W, Van Meter K, et al. River dam impacts on biogeochemical cycling[J]. Nature Reviews Earth & Environment, 2020, 1(2): 103-116.

[4] 赵小杰, 赵同谦, 郑华, 等. 水库温室气体排放及影响因素[J]. 环境科学, 2008, 29(8): 2377-2384.

[5] 程炳红, 郝庆菊, 江长胜. 水库温室气体排放及其影响因素研究进展[J]. 湿地科学, 2012, 10(1): 121-128.

[6] 王欢, 韩霜, 邓红兵, 等. 香溪河河流生态系统服务功能评价[J]. 生态学报, 2006, 26(9): 2971-2978.

[7] 唐涛, 黎道丰, 潘文斌, 等. 香溪河河流连续统特征研究[J]. 应用生态学报, 2004, 15(1): 141-144.

[8] 叶麟, 黎道丰, 唐涛, 等. 香溪河水质空间分布特性研究[J]. 应用生态学报, 2003, 14(11): 1959-1962.

[9] Ye L, Li D F, Tang T, et al. Spatial distribution of water quality in Xiangxi River, China[J]. Chinese Journal of Applied Ecology, 2003, 14(11): 1959.

[10] 李凤清, 叶麟, 刘瑞秋, 等. 三峡水库香溪河库湾主要营养盐的入库动态[J]. 生态学报, 2008, 28(5): 2073-2079.

[11] 唐涛, 渠晓东, 蔡庆华, 等. 河流生态系统管理研究: 以香溪河为例[J]. 长江流域资源与环境, 2004, 13(6): 594-598.

[12] 黄钰铃. 三峡水库香溪河库湾水华生消机理研究[D]. 咸阳: 西北农林科技大学, 2007.

[13] 惠阳, 张晓华, 陈珠金. 香溪河流域资源环境状况及开发策略探讨[J]. 长江流域资源与环境, 2000, 9(1): 27-33.

[14] 石田. 鄂西香溪河流域工业结构优化调整的研究[J]. 湖北大学学报(自然科学版), 1996, 18(2): 185-189.

[15] Fang T, Fu C Y, Ao H Y, et al. The comparison of phosphorus and nitrogen pollution status of the Xiangxi Bay before and after the impoundment of the Three Gorges Reservoir[J]. Acta Hydrobiologica Sinica, 2006, 30(1): 26-30.

[16] 胡征宇, 蔡庆华. 三峡水库蓄水前后水生态系统动态的初步研究[J]. 水生生物学报, 2006, 30(1): 1-6.

[17] 王海云. 三峡水库蓄水对香溪河水环境的影响及对策研究[J]. 长江流域资源与环境, 2005, 14(2): 233-237.

[18] 蔡庆华, 胡征宇. 三峡水库富营养化问题与对策研究[J]. 水生生物学报, 2006, 30(1): 7-11.

[19] 杨正健, 徐耀阳, 纪道斌, 等. 香溪河库湾春季影响叶绿素 a 的环境因子[J]. 人民长江, 2008, 39(15): 33-35.

[20] 况琪军, 毕永红, 周广杰, 等. 三峡水库蓄水前后浮游植物调查及水环境初步分析[J]. 水生生物学报, 2005, 29(4): 353-358.

[21] 王岚, 蔡庆华, 张敏, 等. 三峡水库香溪河库湾夏季藻类水华的时空动态及其影响因素[J]. 应用生态学报, 2009, 20(8): 1940-1946.

[22] 周广杰, 况琪军, 胡征宇, 等. 香溪河库湾浮游藻类种类演替及水华发生趋势分析[J]. 水生生物学报, 2006, 30(1): 42-46.

[23] 周广杰, 况琪军, 胡征宇, 等. 三峡库区四条支流藻类多样性评价及"水华"防治[J]. 中国环境科学, 2006, 26(3): 337-341.

[24] Wang Y S, Wang Y H. Quick measurement of CH_4, CO_2 and N_2O emissions from a short-plant ecosystem[J]. Advances in Atmospheric Sciences, 2003, 20(5): 842-844.

[25] Huttunen J T, Väisänen T S, Heikkinen M, et al. Exchange of CO_2, CH_4 and N_2O between the atmosphere and two northern boreal ponds with catchments dominated by peatlands or forests[J]. Plant and Soil, 2002, 242(1): 137-146.

[26] Demarty M, Bastien J, Tremblay A, et al. Greenhouse gas emissions from boreal reservoirs in Manitoba and Québec, Canada, measured with automated systems[J]. Environmental Science & Technology, 2009, 43(23): 8908-8915.

[27] Guérin F, Abril G, Richard S, et al. Methane and carbon dioxide emissions from tropical reservoirs: significance of downstream rivers[J]. Geophysical Research Letters, 2006, 33(21): L21407.

[28] Tremblay A, Lambert M, Gagnon L. Do hydroelectric reservoirs emit greenhouse gases?[J]. Environmental Management, 2004, 33(1): 509-517.

[29] 王仕禄, 万国江, 刘丛强, 等. 云贵高原湖泊 CO_2 的地球化学变化及其大气 CO_2 源汇效应[J]. 第四纪研究, 2003, 23(5): 581.

[30] 陈永根, 李香华, 胡志新, 等. 中国八大湖泊冬季水-气界面 CO_2 通量[J]. 生态环境, 2006, 15(4): 665-669.

[31] 王东启, 陈振楼, 王军, 等. 夏季长江口潮间带 CH_4, CO_2 和 N_2O 通量特征[J]. 地球化学, 2007, 36(1): 78-88.

[32] 李香华, 胡维平, 杨龙元, 等. 太湖梅梁湾冬季水-气界面二氧化碳通量日变化观测研究[J]. 生态学杂志, 2005, 24(12): 1425-1429.

[33] 张曼, 曾波, 张怡, 等. 温度变化对藻类光合电子传递与光合放氧关系的影响[J]. 生态学报, 2010, 30(24): 7087-7091.

[34] 杨正健, 刘德富, 马骏, 等. 三峡水库香溪河库湾特殊水温分层对水华的影响[J]. 武汉大学学报(工学版), 2012, 45(1): 1-9.

[35] 杨正健. 基于藻类垂直迁移的香溪河水华暴发模型及三峡水库调控方案研究[D]. 宜昌: 三峡大学, 2010.

[36] 毛战坡, 王雨春, 彭文启, 等. 筑坝对河流生态系统影响研究进展[J]. 水科学进展, 2005, 16(1): 134-140.

[37] Dunnivant F M, Elzerman A W. Aqueous solubility and Henry's law constant data for PCB congeners for evaluation of quantitative structure-property relationships(QSPRs)[J]. Chemosphere, 1988, 17(3): 525-541.

[38] Rosa L P, Santos M A D. Certainty and uncertainty in the science of greenhouse gas emissions from hydroelectric reservoirs[R]. Cape Town: Thematic Review Ⅱ.2 Dams and Global Change, Prepared as an Input to the World Commission on Dams, 2000.

[39] Rigler E, Zechmeister-Boltenstern S. Oxidation of ethylene and methane in forest soils-effect of CO_2 and mineral nitrogen[J]. Geoderma, 1999, 90(1-2): 147-159.

[40] Wanninkhof R. Relationship between wind speed and gas exchange over the ocean[J]. Journal of Geophysical Research: Oceans, 1992, 97(25): 7373-7382.

[41] Rosa L P, Dos Santos M A, Matvienko B, et al. Biogenic gas production from major Amazon reservoirs, Brazil[J]. Hydrological Processes, 2003, 17(7): 1443-1450.

[42] 吕东珂, 于洪贤, 马成学, 等. 泥河水库春季水-气界面二氧化碳通量与其影响因子的相关性分析[J]. 湿地科学与管理, 2010, 6(2): 44-48.

[43] Marino R, Howarth R W. Atmospheric oxygen exchange in the Hudson River: dome measurements and comparison with other natural waters[J]. Estuaries and Coasts, 1993, 16(3): 433-445.

[44] Krumbein W E. Photolithotropic and chemoorganotrophic activity of bacteria and algae as related to beachrock formation and degradation (gulf of Aqaba, Sinai)[J]. Geomicrobiology Journal, 1979, 1(2): 139-203.

[45] Dumestre J F, Vaquer A, Gosse P, et al. Bacterial ecology of a young equatorial hydroelectric reservoir (Petit Saut, French Guiana)[J]. Hydrobiologia, 1999, 400: 75-83.

[46] Therrien J, Tremblay A, Jacques R. CO_2 Emissions from Semi-Arid Reservoirs and natural aquatic ecosystems[J]. Greenhouse Gas Emissions—Fluxes and Processes, 2005: 233-250.

[47] Paasche E. On the relationship between primary production and standing stock of phytoplankton[J]. ICES Journal of Marine Science, 1960, 26(1): 33-48.

[48] Pinckney J L, Paerl H W, Tester P, et al. The role of nutrient loading and eutrophication in estuarine ecology[J]. Environmental Health Perspectives, 2001, 109(5): 699-706.

[49] 吕东珂. 泥河水库水-气界面 CO_2 通量研究[D]. 哈尔滨: 东北林业大学, 2009.

[50] Del Giorgio P A, Cole J J, Caraco N F, et al. Linking planktonic biomass and metabolism to net gas fluxes in northern temperate lakes[J]. Ecology, 1999, 80(4): 1422-1431.

[51] Cole J J, Pace M L, Carpenter S R, et al. Persistence of net heterotrophy in lakes during nutrient addition and food web manipulations[J]. Limnology and Oceanography, 2000, 45(8): 1718-1730.

[52] 刘佳, 雷丹, 李琼, 等. 黄柏河流域梯级水库沉积物磷形态特征及磷释放通量分析[J]. 环境科学, 2018, 39(4): 1608-1615.

[53] 黄珂珂, 董晓华, 陈亮, 等. 黄柏河流域近 40 年极端降水变化特性分析[J]. 三峡大学学报(自然科学版), 2019, 41(5): 19-24.

[54] 王雪竹, 刘佳, 牛凤霞, 等. 基于走航高频监测的水库冬季水体溶解甲烷浓度分布: 以湖北西北口水库为例[J]. 湖泊科学, 2021, 33(5): 1564-1573.

[55] 马晓阳, 牛凤霞, 肖尚斌, 等. 高磷沉积物有机磷形态分布及释放动力学特征: 以宜昌西北口水库为例[J]. 中国环境科学, 2022, 42(1): 293-301.

[56] 李昶. 不同水库淤积形态对总有机碳、总氮埋藏通量的影响[D]. 上海: 华东师范大学, 2018.

[57] 包宇飞, 胡明明, 王殿常, 等. 黄柏河梯级水库沉积物营养盐与重金属分布特征及污染评价[J]. 生态环境学报, 2021, 30(5): 1005-1016.

[58] 姚敬劬, 刘明忠. 宜昌市矿产资源[M]. 武汉: 中国地质大学出版社, 2012.

[59] Xiao S B, Liu L, Wang W, et al. A fast-response automated gas equilibrator (FaRAGE) for continuous in situ measurement of CH_4 and CO_2 dissolved in water[J]. Hydrology and Earth System Sciences, 2020, 24(7): 3871-3880.

[60] 严宇鹏, 牛凤霞, 刘佳, 等. 雅鲁藏布江上游夏季水化学特征及来源解析[J]. 中国环境科学, 2022, 42(2): 815-825.

[61] Huang X, Sillanpaa M, Gjessing E T, et al. Water quality in the Tibetan Plateau: major ions and trace elements in the headwaters of four major Asian rivers[J]. Science of the Total Environment, 2009, 407(24): 6242-6254.

[62] Zeng S B, Liu H, Liu Z H, et al. Seasonal and diurnal variations in DIC, NO_3^- and TOC concentrations in Check for spring-pond ecosystems under different land-uses at the Shawan Karst Test Site, SW China: carbon limitation of aquatic photosynthesis[J]. Journal of Hydrology, 2019, 574: 811-821.

[63] Verspagen J M H, Van de Waal D B, Finke J F, et al. Contrasting effects of rising CO_2 on primary production and ecological stoichiometry at different nutrient levels[J]. Ecology Letters, 2014, 17(8): 951-960.

[64] Parkhurst D L. User's guide to PHREEQC a computer program for speciation, batch-reaction, one-dimensional transport, and inverse geochemical calculations[J]. US Geological Survey, Water-Resources Investigations Report, 1999, 312.

[65] 邓浩俊, 陶贞, 高全洲, 等. 河流筑坝对生源物质循环的改变研究进展[J]. 地球科学进展, 2018, 33(12): 1237-1247.

[66] 刘丛强, 汪福顺, 王雨春, 等. 河流筑坝拦截的水环境响应: 来自地球化学的视角[J]. 长江流域资源与环境, 2009, 18(4): 384-396.

[67] Raymo M E, Ruddiman W F. Tectonic forcing of late Cenozoic climate[J]. Nature, 1992, 359: 117-122.

[68] 张利田, 陈静生. 我国河水主要离子组成与区域自然条件的关系[J]. 地理科学, 2000, 20(3): 236-240.

[69] Piper A. A graphic procedure in the geochemical interpretation of water-analyses[J]. Eos Transactions American Geophysical Union, 1944, 25(6): 914-928.

[70] Gibbs R J. Mechanisms controlling world water chemistry[J]. Science, 1970, 170: 1088-1090.

[71] 张昱. 石羊河流域不同环境背景下水库水化学特征及影响因素[D]. 兰州: 西北师范大学, 2020.

[72] Gaillardet J, Dupré B, Louvat P, et al. Global silicate weathering and CO_2 consumption rates deduced from the chemistry of large rivers[J]. Chemical Geology, 1999, 159(1): 3-30.

[73] 张涛, 蔡五田, 李颖智, 等. 尼洋河流域水化学特征及其控制因素[J]. 环境科学, 2017, 38(11): 4537-4545.

[74] 吕婕梅, 安艳玲, 吴起鑫, 等. 贵州清水江流域丰水期水化学特征及离子来源分析[J]. 环境科学, 2015, 36(5): 1565-1572.

[75] 阿列金 O A. 水文化学原理[M]. 张卓元, 彭一民, 等译. 北京: 地质出版社, 1960.

[76] Basak B, Alagha O. The chemical composition of rainwater over Büyükcekmece Lake, Istanbul[J]. Atmospheric Research, 2004, 71(4): 275-288.

[77] Thomas J, Joseph S, Thrivikramji K P, et al. Seasonal variation in major ion chemistry of a tropical mountain river, the southern Western Ghats, Kerala, India[J]. Environmental Earth Sciences, 2014, 71(5): 2333-2351.

[78] Reta G L. 人类活动污染物对黄柏河流域水质的影响[D]. 宜昌: 三峡大学, 2020.

[79] Li Z J, Li Z X, Song L L, et al. Environment significance and hydrochemical characteristics of supra-permafrost water in the source region of the Yangtze River[J]. Science of The Total Environment, 2018, 644: 1141-1151.

[80] Noh H, Huh Y, Qin J H, et al. Chemical weathering in the Three Rivers region of Eastern Tibet[J]. Geochimica et Cosmochimica Acta, 2009, 73(7): 1857-1877.

[81] Daniel M H B, Montebelo A A, Bernardes M C, et al. Effects of urban sewage on dissolved oxygen, dissolved inorganic and organic carbon, and electrical conductivity of small streams along a gradient of urbanization in the Piracicaba river basin[J]. Water, Air & Soil Pollution, 2002, 136(1-4): 189-206.

[82] 姜伟, 周川, 纪道斌, 等. 三峡库区澎溪河与磨刀溪电导率等水质特征与水华的关系比较[J]. 环境科学, 2017, 38(6): 2326-2335.

[83] Reynolds C, Bellinger E. Patterns of abundance and dominance of the phytoplankton of Rostherne Mere, England: evidence from an 18-year data set[J]. Aquatic Sciences, 1992, 54:10-36.

[84] 赵炎, 曾源, 吴炳方, 等. 水库水气界面温室气体通量监测方法综述[J]. 水科学进展, 2011, 22(1): 135-146.

[85] 肖薇, 刘寿东, 李旭辉, 等. 大型浅水湖泊与大气之间的动量和水热交换系数: 以太湖为例[J]. 湖泊科学, 2012, 24(6): 932-942.

[86] Marotta H, Pinho L, Gudasz C, et al. Greenhouse gas production in low-latitude lake sediments responds strongly to warming[J]. Nature Climate Change, 2014, 4(6): 467-470.

[87] 张成, 吕新彪, 龙丽, 等. 极低风速条件下水-气界面甲烷气体传输速率分析[J]. 环境科学, 2016, 37(11): 4162-4167.

[88] Heiskanen J J, Mammarella I, Haapanala S, et al. Effects of cooling and internal wave motions on gas transfer coefficients in a boreal lake[J]. Tellus B: Chemical and Physical Meteorology, 2014, 66(1): 22827.

[89] 陈敏, 许浩霆, 王雪竹, 等. 降雨径流事件对三峡水库香溪河库湾甲烷释放的影响[J]. 环境科学, 2021, 42(2): 732-739.

[90] Liu J, Xiao S B, Wang C H, et al. Spatial and temporal variability of dissolved methane concentrations and diffusive emissions in the Three Gorges Reservoir[J]. Water Research, 2021, 207: 117788.

[91] Liu L, Yang Z J, Delwiche K, et al. Spatial and temporal variability of methane emissions from cascading reservoirs in the Upper Mekong River[J]. Water Research, 2020, 186(1): 116319.

[92] Yang F Y, Zhong J C, Wang S M, et al. Patterns and drivers of CH_4 concentration and diffusive flux from a temperate river–reservoir system in North China[J]. Journal of Environmental Sciences, 2022, 116(1): 184-197.

[93] Phelps A R, Peterson K M, Jeffries M O. Methane efflux from high-latitude lakes during spring ice melt[J]. Journal of Geophysical Research: Atmospheres, 1998, 103(D22): 29029-29036.

[94] Johnson M S, Matthews E, Bastviken D, et al. Spatiotemporal methane emission from global reservoirs[J]. Journal of Geophysical Research: Biogeosciences, 2021, 126(8): e2021JG006305.

[95] Kraev G, Schulze E D, Yurova A, et al. Cryogenic Displacement and accumulation of biogenic methane in frozen soils[J]. Atmosphere, 2017, 8(6): 105.

[96] Paranaíba J R, Barros N, Mendonça R, et al. Spatially resolved measurements of CO_2 and CH_4 concentration and gas-exchange velocity highly influence carbon-emission estimates of reservoirs[J]. Environmental Science and Technology, 2018, 52(2): 607-615.

[97] 叶琳琳, 史小丽, 吴晓东, 等. 西太湖秋季蓝藻水华过后细胞裂解对溶解性有机碳影响[J]. 中国环境科学, 2011, 31(1): 131-136.

[98] Vorosmarty C J, Sahagian D. Anthropogenic disturbance of the terrestrial water cycle[J]. BioScience, 2000, 50(9): 753-765.

[99] Jiao N Z, Herndl G J, Hansell D A, et al. Microbial production of recalcitrant dissolved organic matter: long-term carbon storage in the global ocean[J]. Nature Reviews Microbiology, 2010, 8(8): 593-599.

[100] 范志伟, 郝庆菊, 黄哲, 等. 三峡库区水体中可溶性 C、N 变化及影响因素[J]. 环境科学, 2017, 38(1): 129-137.

[101] 王秀君, 房传苓, 于志同, 等. 新疆博斯腾湖水体颗粒和溶解有机碳的季节变化及其来源初探[J]. 湖泊科学, 2014, 26(4): 552-558.

[102] 王伟颖, 吕昌伟, 何江, 等. 湖泊水-沉积物界面 DIC 和 DOC 交换通量及耦合关系[J]. 环境科学, 2015, 36(10): 3674-3682.

[103] Fujii M, Ikeda M, Yamanaka Y. Roles of biogeochemical processes in the oceanic carbon cycle described with a simple coupled physical-biogeochemical model[J]. Journal of Oceanography, 2005, 61(5): 803-815.

[104] 王君波, 鞠建廷, 朱立平. 季风期前后西藏纳木错湖水及入湖河流水化学特征变化[J]. 地理科学, 2013, 33(1): 90-96.

[105] 陈崇瑛, 刘再华. 喀斯特地表水生生态系统生物碳泵的碳汇和水环境改善效应[J]. 科学通报, 2017, 62(30): 3440-3450.

[106] Wang B L, Zhang H T, Liang X, et al. Cumulative effects of cascade dams on river water cycle: evidence from hydrogen and oxygen isotopes[J]. Journal of Hydrology, 2019, 568: 604-610.

[107] 喻元秀, 刘丛强, 汪福顺, 等. 乌江流域梯级水库中溶解无机碳及其同位素分异特征[J]. 科学通报, 2008, 53(16): 1935-1941.

[108] Liu Z H, Dreybrodt W, Wang H J. A new direction in effective accounting for the atmospheric CO_2 budget: considering the combined action of carbonate dissolution, the global water cycle and photosynthetic uptake of DIC by aquatic organisms[J]. Earth-Science Reviews, 2010, 99(3-4): 162-172.

[109] 韩翠红, 孙海龙, 魏榆, 等. 喀斯特筑坝河流中生物碳泵效应的碳施肥及对水化学时空变化的影响: 以贵州平寨水库及红枫湖为例[J]. 湖泊科学, 2020, 32(6): 1683-1694.

[110] Schindler D W, Kling H, Schmidt R V, et al. Eutrophication of lake 227 by addition of phosphate and nitrate: the second, third, and fourth years of enrichment, 1970, 1971, and 1972[J]. Journal of the Fisheries Research Board of Canada, 1973, 30(10): 1415-1440.

[111] Liu Z H, Macpherson G L, Groves C, et al. Large and active CO_2 uptake by coupled carbonate weathering[J]. Earth Science Reviews, 2018, 182: 42-49.

[112] Liu Z H, Li Q, Sun H L, et al. Seasonal, diurnal and storm-scale hydrochemical variations of typical epikarst springs in subtropical karst areas of SW China: soil CO_2 and dilution effects[J]. Journal of Hydrology, 2007, 337(1-2): 207-223.

[113] Mann C J, Wetzel R G. Dissolved organic carbon and its utilization in a riverine wetland ecosystem[J]. Biogeochemistry, 1995, 31(2): 99-120.

[114] Raymond P A, Bauer J E. Riverine export of aged terrestrial organic matter to the North Atlantic Ocean[J]. Nature, 2001, 409(6819): 497-500.

[115] 王华, 张春来, 杨会, 等. 利用稳定同位素技术研究广西桂江流域水体中碳的来源[J]. 地球学报, 2011, 32(6): 691-698.

[116] Guo X H, Wong G T F. Carbonate chemistry in the Northern South China Sea Shelf-sea in June 2010[J]. Deep-Sea Research Part II-Topical Studies in Oceanography, 2015, 117: 119-130.

[117] Naiman R J, Melillo J M, Lock M A, et al. Longitudinal patterns of ecosystem processes and community structure in a subarctic river continuum[J]. Ecology, 1987, 68(5): 1139-1156.

[118] Sun H L, Han C H, Liu Z H, et al. Nutrient limitations on primary productivity and phosphorus removal by biological carbon pumps in dammed karst rivers: implications for eutrophication control[J]. Journal of Hydrology, 2022, 607: 127480.

[119] Giordano M, Beardall J, Raven J A. CO$_2$ concentrating mechanisms in algae: mechanisms, environmental modulation, and evolution[J]. Annual Review of Plant Biology, 2005, 56: 99-131.

[120] 林佳, 苏玉萍, 钟厚璋, 等. 一座富营养化水库: 福建山仔水库夏季热分层期间浮游植物垂向分布[J]. 湖泊科学, 2010, 22(2): 244-250.

[121] 杨平, 唐晨, 陆苗慧, 等. 亚热带河口区水库 DOC 和 DIC 浓度时空变化特征[J]. 湖泊科学, 2021, 33(4): 1123-1137.

[122] Xu M, Higgins S R. Effects of magnesium ions on near-equilibrium calcite dissolution: step kinetics and morphology[J]. Geochimica et Cosmochimica Acta, 2011, 75(3): 719-733.

[123] 曾成, 何春, 肖时珍, 等. 湿润亚热带典型白云岩流域的岩溶无机碳汇强度[J]. 地学前缘, 2022, 29(3): 179-188.

[124] Wang W F, Li S, Zhong J, et al. Carbonate mineral dissolution and photosynthesis-induced precipitation regulate inorganic carbon cycling along the karst river-reservoir continuum, SW China[J]. Journal of Hydrology, 2022, 615: 128621.

[125] 周梅, 叶丽菲, 张超, 等. 广东新丰江水库表层水体 CO$_2$ 分压及其影响因素[J]. 湖泊科学, 2018, 30(3): 770-781.

[126] 吕迎春, 刘丛强, 王仕禄, 等. 贵州喀斯特水库红枫湖、百花湖 p(CO$_2$) 季节变化研究[J]. 环境科学, 2007, 28(12): 2674-2681.

第4章 水库水-气界面碳通量冒泡研究

4.1 沉积物物理结构在 CH_4 气泡储存和释放中的作用

冒泡是内陆水域 CH_4 排放的重要途径。然而，控制 CH_4 气泡在水生沉积物中形成和释放的机制仍不清楚。实验室孵化实验用以研究 CH_4 气泡形成、储存和释放的动力学，以响应三种不同类型的天然沉积物(黏土沉积物、粉砂沉积物、粗砂沉积物)中的静水压头下降。用均质的黏土、粉砂和粗砂沉积物(最初在柱子的深度上是准均匀的)在室内培养三周，我们观察到 CH_4 气泡形成和释放的三个阶段：第 I 阶段——微气泡形成，从沉积物孔隙中置换流动水，冒泡可忽略不计；第 II 阶段——形成大气泡，取代周围的沉积物，同时增加冒泡；第 III 阶段——形成相对稳定的冒泡管道。稳定状态下的最大深度平均体积气体含量从黏土沉积物中的 18.8%到粉砂沉积物中的 12.0%和粗砂沉积物中的 13.2%不等。沉积柱中的气体储存表现出强烈的垂直分层，大部分游离气体储存在上层，其厚度随沉积物粒度而变化。个别冒泡事件的幅度与静水压头下降呈线性相关，并且从黏土沉积物到粗砂沉积物再到粉砂沉积物逐渐减少，超过仅根据气体膨胀估计的值，表明孔隙水 CH_4 在释放。这些发现与能够确定主要沉积物类型和沉积带的流体动力学模型相结合，有助于解决内陆水域大中型 CH_4 冒泡的空间异质性问题。

4.1.1 引言

冒泡对湖泊和水库总 CH_4 通量的贡献可达 80%～90%[1]。虽然沉积物中 CH_4 的形成是一个相对稳定的过程，但与冒泡相关的 CH_4 通量是随机的，并且通常以"热期"为特征，即在短时间内释放大量气体[2]。冒泡在空间和时间上的间歇性使得内陆水域 CH_4 通量的准确量化变得困难[3]。

冒泡通常由大气压力或静水压力变化引发[4-6]。在水位频繁波动的水体中，冒泡的时间动态主要受静水压力变化的控制。冒泡可以通过两种不同的机制增加或减少压力来触发。前者导致气泡体积收缩，从而使气泡流动性向上迁移；后者影响毛细管力(或抗断裂性[7])和气泡膨胀引起的浮力之间的平衡。在内陆水域，相对压力增加时触发冒泡过程比较有限的研究，大量研究强调了压降对冒泡的影响[2,4-6]。尽管在现场数据中观察到冒泡释放的气体量与压降幅度之间通常呈线性关系，但也观察到例外情况[5,6]。这种不确定性与沉积物特征和沉积物中的气体储存有关[5]。

粒度和沉积物力学性质被认为是控制气泡形成、储存和运输的两个重要因素。布德罗等发现气泡的形状从软泥质沉积物中的拉长形状变为砂质沉积物中的球形。模型和实验[8,9]表明，根据沉积物的粒径大小，沉积物中的气体输送受两种机制控制：毛细管侵入和破裂。拉伸断裂韧性是控制气泡生长和软黏性沉积物初始上升的参数[10]，随晶粒尺寸而变化[11]。在最初上升后，气泡会沿着现有路径移动[12]。野外观察还发现，湖床上有个别管道释放的气泡羽流形成的麻点结构[13,14]。

在湖泊和水库中，沉积物粒度分布受水动力环境的影响，并可能表现出强烈的时空异质性[15]，导致 CH_4 冒泡的局部"热点"[16,17]。然而，人们对控制气泡储存、释放大小、动态过程的因素和沉积物特性知之甚少。以前的研究仅限于检查单个气泡形成和传输的瞬态过程。实验室实验主要集中于研究沉积物中气泡的短期动态，不包括气体聚集和释放过程。引发冒泡的机制是众所周知的，但释放潜力（即可以释放的储存游离气体的百分比）和气藏的大小在很大程度上是未知的。为了加深对水生沉积物中 CH_4 气泡形成、储存和释放机制的理解，我们进行了扩展的实验室孵化实验，以研究具有不同粒度分布的天然沉积物中 CH_4 气泡的形成和释放动力学。

4.1.2　材料与方法

1. 沉积物样品采集与处理

从德国西南部的不同地点收集三种类型的天然沉积物，每种各 80L。砂质沉积物于 2015 年 10 月 21 日从霍克施塔特（Hochstadt）的一条小溪（49.24678°N，8.22675°E；深度 20cm）收集。2015 年 11 月 25 日，使用铲子从一个浅水池（49.25575°N，7.96158°E；深度 30cm）收集粉砂沉积物。2015 年 11 月 25 日，在格默斯海姆（Germersheim）的莱茵河支流（49.221735°N，8.382457°E；深度 1m）近岸收集黏土沉积物，使用抓取采样器收集表面 20~30cm 沉积物。

沉积物经过仔细筛分（网孔大小为 2mm×2mm），以去除动物群、大块木质碎片和贝壳。为提高 CH_4 产量，在开始实验前将风干的秋叶粉（1L 湿沉积物中含有 10g）添加到沉积物中。

2. 沉积物特征

沉积物物理特性包括粒度分布和初始孔径分布，在实验室中测量。采用连续湿筛法评估每种沉积物的粒度分布。使用粒度分析仪（LISST-100X，美国）通过激光衍射测量小于 63μm 的颗粒。将经过处理的每个沉积物子样本放入 56mL 塑料管中，使用 1H-NMR 弛豫计（Bruker，卡尔斯鲁厄，德国）测量初始孔径。对每个水饱和沉积物样品，将测得的水质子横向磁化衰减转换为各自的弛豫时间分布，并按照耶格尔（Jaeger）等开发的校准程序确定孔径分布。

通过与演化气体分析（Netzsch Aëolus QMS）相连的热重分析法（STA Netzsch F3 449 Jupiter，德国）测量修正沉积物的总有机质含量。通过 9mL 沉积物样品的厌氧培养和每周顶空 CH_4 浓度测量来修正沉积物的 CH_4 产生率[2]。

3. 实验设置

每个沉积物都在圆柱形腔室中孵育(图 4-1)。气密室由透明丙烯酸塑料制成，壁厚 1cm，直径 18.5cm，高 49cm，带有漏斗形盖子和长 22cm 的上圆柱状腔体(内径 5.2cm)。为了在实验过程中控制静水压头，在每个圆柱状腔体的顶部添加了一根长 2m 的垂直 PVC 管(内径 16mm)。将充气气囊(最大体积 1.5L)连接到管的末端，以测量产气总量。室上的一个端口连接到外部水桶，该水桶用于调节室中静水压头的蓄水池。安装了两个通风压力传感器(BCM Sensor Technologies，比利时；精度为±0.1mm)以测量沉积物水界面 (sediment-water interface，SWI)上方和沉积物内(室底上方 5cm)水柱中的静水压力，持续 2s 记录间隔。在沉积物表面上方的水柱中安装光学氧气传感器(FirestingO$_2$，Pyroscience，德国)，用于监测溶解氧。使用压力和温度记录器(TDR 2050，RBR，加拿大)以 10s 的采样时间间隔测量实验室内的大气压力和温度。

实验于 2015 年 12 月 30 日至 2016 年 2 月 19 日在温度为(19.4±1.3)℃的暗室中进行。在彻底混合以取代现有气泡后，将沉积物填充到每个腔室中，注意避免引入气泡，腔室中的初始沉积物深度约为 30cm。沉积物制备后，腔室充满自来水直至上缸，以便进行水位 (water level，WL)测量。每天测量气袋中的气体体积和每个腔室中的 SWI 水平。同时，拍摄侧视图照片以跟踪每列中气泡的发展。

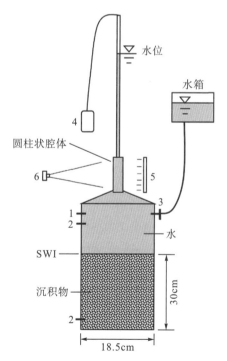

1-氧气传感器；2-压力传感器；3-水位控制端口和水龙头；4-气囊；5-光源；6-摄像头

图 4-1　实验装置示意图

4. 沉积柱含气量

通过水位变化测量沉积物中每日截留的总气体量(S_{tot})；每日冒泡体积(Eb)为日总气体产生体积(P_{tot})和沉积物中的日总气体滞留量(S_{tot})之间的差；由沉积物膨胀捕获的游离气体体积(S_{exp})根据每天的 SWI 变化计算(精度为±1mm)。总体积气体含量(θ_{tot})和沉积物膨胀捕获的气体含量(θ_{exp})分别由 S_{tot} 和 S_{exp} 计算。WL 变化对沉积物中储存的气体体积的影响可以忽略不计，因此不包括在气体含量计算中。为了对冒泡体积与沉积物中储存的游离气体体积进行比较，将冒泡体积校正为原位静水压力。

从腔室侧壁的照片中追踪气泡轮廓(从直立腔室的侧视图拍摄，大约占腔室壁总面积的 1/3)。这展示了侧壁上可见气体空隙面积，并用于外推θ_{tot}来给出 1cm 深度间隔处的气体体积含量θ_i，见式(4-1)：

$$\theta_i = (\theta_{tot} - \theta_{exp}) + \theta_{exp} \cdot (A_i / \textstyle\sum A_i) \cdots \tag{4-1}$$

式中，A_i 是每个子层 i 中的气孔面积。

根据每日气体含量剖面图绘制了显示沉积物中气体含量时空动态的等值线图。

5. 通过 X 射线计算机断层扫描(CT)追踪沉积物结构

由于存在壁效应，气体含量的估计可能存在偏差。为了验证上文方法，准备了 6 个额外的沉积物岩芯(每种沉积物两个，直径 60mm，长度 60cm，填充至 30cm)，并保存在当地医院进行 X 射线 CT 扫描(西蒙斯 AS，德国；120kV，曝光时间 1s)。岩芯存放在恒温 19.3℃的空调房中。在 6 个岩芯中，3 个岩芯(每种沉积物 1 个)在 12h 前填充，其余 3 个岩芯在第一次扫描前 6 天填充，以便在不同的两天通过 CT 获取沉积物结构信息。共进行 3 次 CT 扫描，得到每种沉积物 0d、6d、7d、13d、28d、34d 的时间序列 CT 图像，获得空间分辨率为 1mm/像素(切片厚度 4mm)的垂直横截面的单个 CT 图像。

使用阈值法分析 CT 图像，用对应于气孔的像素数除以每个子层的像素总数来计算气体含量分布(沉积物柱被分成 30 个子层，厚度为 1cm)，处理多个图像取平均值。

6. 静水压头变化时的冒泡

三周孵育后，静水压头稳定在 210cm 水平。通过降低 WL 来控制静水压头的减少，以研究它们对冒泡的影响。对于每个腔室，操作时 WL 下降 12 次。压力记录器记录 WL 下降的幅度，并在 4h 后测量冒泡体积。4h 后 WL 恢复到初始值，为下一次下降做准备。为了让沉积物从气体损失中恢复，两次 WL 下降之间的时间窗口设置为至少 1d，具体取决于之前的气体损失和观察到的气体生产率。

沉积物孔径分布是根据静水压头变化实验前拍摄的沉积物侧壁照片估算的。充气孔的当量球径(D_{pore})由气体空隙面积获得。

使用 GoPro 相机(HERO 3，GoPro Inc.，San Mateo，美国)通过视频观察圆柱体中上升的气泡来估计压力下降时不同沉积物释放的气泡大小分布。白色发光二极管面板用作漫射光源，从后面照亮圆柱体。在每个实验期间，视频以 30 帧/s 的帧速率录制 15min。在校正镜头畸变后，在视觉上选择显示清晰可辨的单个气泡的帧以估计等效球体直径

(D_{bubble})。气泡大小分布是从每种沉积物的 900 多个单独的气泡观察中获得的。由多个单独的气泡轨迹来评估气泡上升过程中距离和气泡体积膨胀变化引起的不确定性。

4.1.3　结果

1. 沉积物特征

沉积物中黏土、粉砂和粗砂的初始总有机质含量分别为 7.1%、6.3% 和 2.8%。叶料的添加使有机质含量相应增加了 1.5%、0.9% 和 0.6%。沉积物的 CH_4 产生率从最初的 1.6g/(m^3·d)（黏土）、4.3g/(m^3·d)（粉砂）和 0.8g/(m^3·d)（粗砂）分别增加到 21.8g/(m^3·d)（黏土）、21.0g/(m^3·d)（粉砂）和 13.5g/(m^3·d)（粗砂）。

沉积物的组成以 72.6% 的黏土细颗粒（23.4% 粒径为 20～63μm）为主，64.7% 的中等颗粒（63～200μm）为粉砂，89.3% 为粗颗粒（≥200μm）的粗砂（表 4-1）。在 CH_4 气泡形成之前，使用 1H-NMR 弛豫计测量显示初始沉积物中的孔径分布。沉积物组成对初始孔径分布的影响是明显的，毛细孔（粒径<0.2μm）和中孔（粒径 0.2～10μm）的相对贡献从黏土到粉砂和粗砂依次递减，粗孔的比例（粒径>10μm）从粗砂中的 79.2% 减少到粉砂中的 51.3% 和黏土中的 30.8%（表 4-2）。在超粗孔中（粒径大于 50μm），黏土和粉砂中只有一小部分（≤2.5%），而粗砂中的比例要大得多（32.2%），这表明粗砂中大孔隙占优势。

表 4-1　三种沉积物的粒径分布（质量百分比）

类型	粒径分布/%					
	<20μm	20～63μm	63～200μm	200～630μm	630～2000μm	≥2000μm
黏土	49.2	23.4	20.6	5.3	0.9	0.6
粉砂	5.5	6	64.7	23.5	0.3	0
粗砂	3	1.3	6.4	76.8	12.1	0.4

表 4-2　三种沉积物的孔径分布（体积百分比）

类型	孔径分布/%				
	毛细孔 <0.2μm	中孔 0.2～10μm	粗孔 >10μm	中粗孔 10～50μm	超粗孔 >50μm
黏土	22.2	47	30.8	29.6	1.2
粉砂	19.6	29.1	51.3	48.8	2.5
粗砂	13.5	7.3	79.2	47	32.2

2. 气泡储存动力学

实验沉积物上方水柱中的 O_2 在实验开始 7h 内消耗殆尽，从初始值 6.5mg/L 迅速下降至 0mg/L。孵化器设置后立即开始大量产气。前三周孵化期间气体形成和储存的动态可分为三个不同的阶段（图 4-2）。第Ⅰ阶段为前 6 天（沙子为 7 天），除了粉砂的第一天外，其他起泡是最小的（Eb/P_{tot}<20%）。第Ⅱ阶段的特点是 Eb/P_{tot} 从<20%稳定增加到100%左右（除黏土的第 11 天外，其冒泡是水位下降意外触发的）。在第Ⅲ阶段（13 天后，粗砂为 14 天），冒泡的比例保持在 100%左右，表明沉积物中气体储存量处于稳定状态。沉积物中的最大柱平均体积气体含量在黏土中达到 18.8%（每立方米湿沉积物中有 188L 气体），在粉砂中达到 12.0%（每立方米湿沉积物中有 120L 气体），在粗砂中达到 13.2%（每立方米湿沉积物中有 132L 气体）。

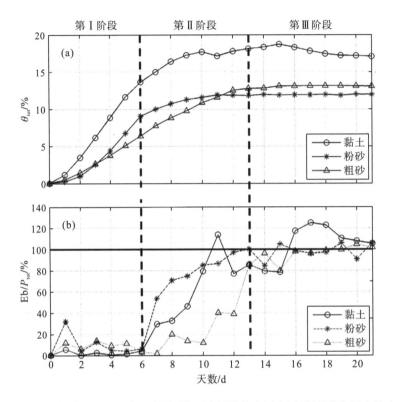

图 4-2　总体积气体含量（θ_{tot}）和每日冒泡（修正为原地静水压力）与每日产气量之比（Eb/P_{tot}）

注：粗体水平线表示 100%；两条粗体垂直虚线将含气量发展的三个阶段分开。

在粉砂和粗砂中，体积气体含量的初始增加分别与前 3 天和前 5 天的沉积物膨胀无关。这表明在这两种类型的沉积物中，气泡最初是由毛细管侵入形成的，即通过从孔隙中置换流动水产生。$\theta_{exp}/\theta_{tot}$ 在达到恒定值之前开始增加约一周（图 4-3），表明沉积物膨胀的重要性越来越大，即沉积物颗粒通过生长的位移气泡，用于储气。

与粉砂和粗砂相反，从培养的第一天开始就在黏土中观察到沉积物膨胀，并且在第 6 天，$\theta_{exp}/\theta_{tot}$ 急剧增加到接近 100%（图 4-3）。因此，毛细管侵入对于黏土中的气体储存来说是次要的。在最初增加之后，$\theta_{exp}/\theta_{tot}$ 在三种沉积物中都相对恒定，在黏土沉积物中的平均值为 83.7%，粉砂为 55.6%，粗砂为 25.5%。冒泡主要发生在沉积物膨胀过程中，而毛细管侵入储气则不伴有冒泡［图 4-2（b）］。

黏土沉积物的第 6 天快速膨胀的特征是圆顶形表面的发展。气体聚集在第 6 天达到最大值，即第 Ⅰ 阶段的末尾(图 4-3)，其特点是在第 6 天之前和之后 $\theta_{exp}/\theta_{tot}$ 快速线性增大和减小。同时圆顶形沉积物表面破裂，导致冒泡增加，表明沉积物内聚强度失效(图 4-3)。虽然在粉砂和粗砂中没有观察到气顶的形成和破裂，但在第 11 天的沙子中观察到 $\theta_{exp}/\theta_{tot}$ 的明显转折点(图 4-3)。

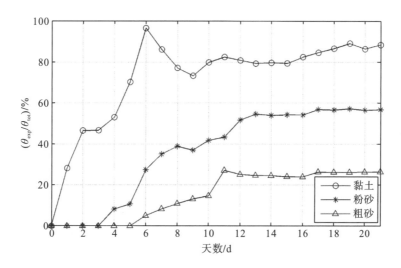

图 4-3　三种沉积物中由沉积物膨胀引起的气体含量(θ_{exp})占总气体含量(θ_{tot})的百分比随时间变化

三个沉积柱中的体积气体含量随深度变化很大(图 4-4)。在黏土中，气体高度集中在深度 5~25cm 处，其中最大气体含量为 46.8%。相反，在粗砂中，大部分气体储存在最上层 10cm 处，最大气体含量较小，为 25.4%。在粉砂中，储气带的含气层厚度(12cm)和最大含气量(35.3%)介于粉砂和粗砂之间。就总储气量而言，含气区各占游离气总量的 83.7%(黏土)、55.6%(粉砂)和 25.5%(粗砂)。

三个培养室壁上气孔分布变化(图 4-5)表明，每种沉积物的气孔覆盖率从初始阶段到后期阶段显著增加。在第 Ⅰ 阶段，三个柱中的气泡都很小且稀疏。在第 Ⅱ 阶段，黏土和粉砂中出现大气泡，而在粗砂中观察到更大且更紧密堆积的气泡。在第 Ⅲ 阶段，大气泡的数量增加，并且在三个柱中都观察到细长的导管，导管一旦形成，往往会保持其形状和位置。

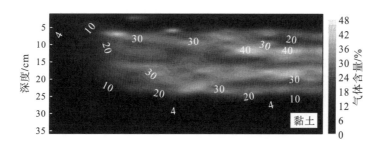

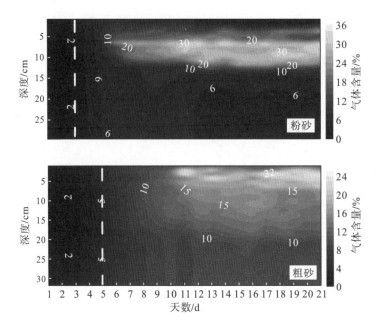

图 4-4　三个沉积柱中体积气体含量的时空动态

注：白色虚线表示气体含量垂直梯度的开始。

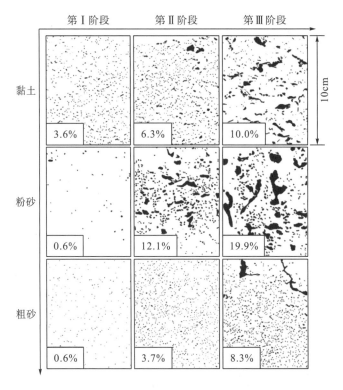

图 4-5　三个培养室壁上不同阶段的气孔轮廓(黑色区域)示例

注：左下角的数字表示气孔覆盖率。

　　X 射线 CT 成像证实了三种沉积物中的含气量随时间变化和深度分层(图 4-6)。与几乎无气泡的初始阶段(黏土、粉砂和粗砂分别为 0.3%、0.1%和 1%)相比，CT 成像显示，从第 7 天起，黏土和粉砂中的气泡在数量和体积上都有显著增长。CT 剖面显示的特征与主要实验装置的特征一致(图 4-4)，黏土中含气量升高为 5～25cm，粉砂中含气量超过 12cm，粗砂中含气量超过 8cm。最大气体含量值(黏土中为 27.2%，粉砂中为 20.0%，粗砂中为 13.9%)小于主室中的气体含量，这与预期相符，因为 X 射线无法分辨直径小于 1mm 的气泡，所以使用的是 CT 成像系统。

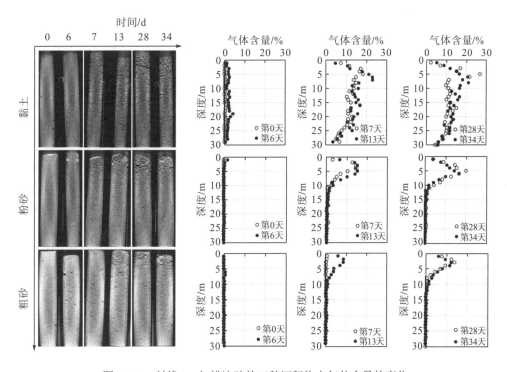

图 4-6　X 射线 CT 扫描追踪的三种沉积物中气体含量的变化

注：左侧的 X 射线 CT 图像显示在不同日期拍摄的沉积物岩芯的选定纵向横截面(这些图像上的气泡为黑色)；相应的平均气体含量曲线图在右侧。

3. 静水压头下降引起的冒泡

　　在 3.8～184.5cm 内的静水压头(Δh)减少触发了 12 次强烈冒泡事件。释放气体的最大体积从黏土中的 494mL、粗砂中的 284mL 到粉砂中的 258mL 不等，对应于每种沉积物的最大 Δh 分别为 184.5cm、166.0cm 和 161.5cm。在静水压头下降之前用沉积物中储存的气体总量对冒泡进行归一化，发现沉积物中储存的气体通过冒泡释放的比例之间存在很强的线性关系($R^2 \geqslant 0.95$，$P < 0.001$)。$\Delta\theta_{tot}/\theta_{tot}$ 和三种沉积物 Δh 之间的关系见图 4-7(a)。气体释放总是伴随着沉积物体积的减少，沉积物表面高度在黏土中最多下降 0.8cm，在粉砂和粗砂中最多下降 0.3～0.4cm。$\Delta\theta_{tot}/\theta_{tot}$ 与 SWI 水平的下降幅度线性相关($R^2 > 0.8$，$P < 0.001$)[图 4-7(b)]，表明冒泡过程中沉积物膨胀形成的气层有直接贡献。

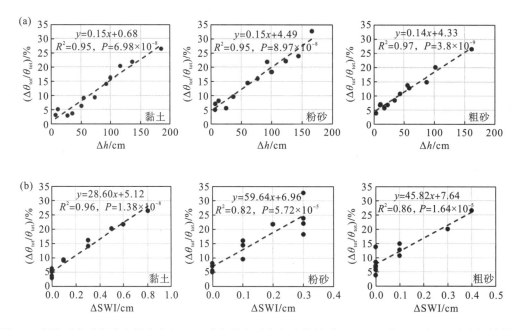

图 4-7　冒泡引起的气体含量变化（$\Delta\theta_{tot}/\theta_{tot}$）与静水压头（$\Delta h$）的关系及 $\Delta\theta_{tot}/\theta_{tot}$ 与 SWI（ΔSWI）之间的关系

注：冒泡导致的气体损失体积在静水压头降低之前被校正为初始原位静水压力。

　　释放的气泡大小分布因沉积物类型而异（图 4-8）。最丰富的气泡大小从黏土中的 8.9mm 减少到粉砂中的 6.1mm 和粗砂中的 4.8mm。黏土（18.2mm）和粉砂（17.4mm）中观察到的气泡最大，而沙子中的所有气泡均小于 10.8mm。气泡大小呈对数正态分布，粗砂最窄，粉砂和粗砂为单峰分布，黏土为双峰分布。

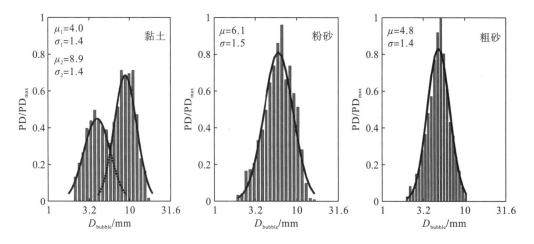

图 4-8　冒泡事件期间气泡大小（D_{bubble}）的概率密度分布

注：x 轴缩放是对数的；PD/PD$_{max}$ 表示三种沉积物最大值的归一化概率密度；粗线表示观测数据的拟合正态分布，μ 表示平均值，σ 表示标准偏差。

4.1.4　讨论

1. 沉积物物性在储气中的作用

通过分析水饱和沉积柱中的气体含量变化，我们确定了三个不同阶段。第 I 阶段——气体聚集，通过毛细管侵入导致水位移而没有沉积物膨胀（黏土第 I 阶段缺失）；第 II 阶段——空隙形成和冒泡增加，沉积物颗粒位移导致沉积物膨胀和气泡释放；第 III 阶段——恒定的储气量和产气量与冒泡速率达到稳态。这三个发展阶段可能与各自沉积物的物理性质有关。

第 I 阶段受沉积物中初始孔径分布的控制。在粗砂中，粗孔隙空间为流动水的快速毛细管侵入和驱替提供了优先通道。与沉积物颗粒的位移相比，孔隙水移动需要的力要小得多[8]。结果进一步表明，这种机制的程度和第 I 阶段的持续时间取决于沉积物中粗孔隙的比例。在初始状态下以大部分粗孔隙（79.2%的孔隙粒径>10μm）为特征的粗砂中，毛细管侵入持续了 5d，与粉砂（3d）和黏土（0d）形成对比，粗孔比例下降，分别为 51.3%和 30.8%。

从毛细管侵入到第 III 阶段的沉积物膨胀的转变，也可以用沉积物特性来解释。在此阶段结束时，大部分游离气（74.8%）被保留在粗砂的粗孔隙中，而黏土中的游离气比例很小（16.8%）。这种差异与沉积物的不同粒度分布有关，粗砂 90%的沉积物颗粒粒径>200μm，而黏土只有 6.8%。沉积物粒径与初始孔径分布之间的强烈对应关系支持我们的论点，即粒径是沉积物中气体积累和储存能力的主要控制因素。

最近在泥炭土的研究中强调了沉积物结构在确定储气特性方面的重要性。将 CH_4 气泡储存与沉积物特征联系起来的其他研究[15,18]只能确定湖泊和水库中气体含量原位稳态的空间变异性，而本书的实验表明气体积累对沉积物结构有很强的依赖性。有机质含量通常与沉积物粒度有关[19]，这一发现有助于解决沉积物中气体含量分布的空间变异性问题。此外，通过考虑沉积物粒度分布的空间变化，可以改进对湖泊和水库 CH_4 冒泡的局部测量。

2. 沉积柱中的气体含量分布及其与沉积物力学特性的联系

跟踪水体沉积物中的原位体积气体含量深度剖面具有挑战性。在实验中，气体含量分布是通过监测 WL 和 SWI 的变化以及观察腔室侧壁上可见气泡面积的比例来确定的。最初的工作假设是，在淤泥和沙子沉积物发育的第 I 阶段，毛细管侵入会导致气体沿深度均匀分布，这一假设已通过延时 X 射线 CT 成像得到验证。

实验进一步揭示了沉积柱中存在高气体含量的上层，这在均质沉积物中是出乎意料的，在均质沉积物中 CH_4 产生率可以被认为与深度无关。在湖泊和水库沉积物中，活跃的 CH_4 产量通常发生在顶部几厘米处，并随着深度的增加呈指数下降，这与温度、O_2 的可用性、底物限制和微生物活动有关[2,20,21]。对于均质沉积物，这些因素被排除在本书的实验之外，我们提出以下可能导致含气量分层发展的原因，这些原因与沉积物的力学特性和行为有关。

一方面，为了让沉积物置换气泡生长，它们必须克服随深度增加的流体静力和岩石静力载荷。因此，可能存在产量足以克服载荷的最佳深度。此外，沉积物表面附近的低岩石静力载荷可能不足以补偿浮力，气泡会立即释放。另一方面，来自更深处的 CH_4 向上扩散通量可能有助于沉积物中部的气泡生长。此外，假设通过毛细管侵入向上输送的富含 CH_4 的孔隙水也将有助于表层的局部气体聚集。另一个含气层发展的重要控制因素与沉积物的弹性有关。黏性沉积物中拉伸断裂韧性的现场剖面分析和杨氏模量的测量表明，表层的值比深度增加时的值相对较小，这可能与致密性和粒度分布有关[11]。对于均质沉积柱，气体层的存在可能不是由于粒度分层，而是与体积密度分层的发展有关，即与沉积物压实和上沉积层的充气过程有关。随着实验的进行，湿散状沉积物的质量和沉降导致沉积物密实度从最初的准均匀状态变为典型的从底部到表面的指数减小状态。分析模型[22]表明，沉积物断裂韧性最小，较大气泡的形成仅限于近地表层。综合上述原因，含气层厚度可由溶解气体压、与沉积物断裂韧性和环境静压的关系确定。

在实验中观察到的圆顶形沉积物表面的形成和破裂与 Barry 等[11]的观察结果一致，即弹性薄板力学解释了黏土中的气体圆顶形成原因。沉积物表面破裂并没有发生在淤泥或沙子中，三个沉积物中不同形状的气孔也表明沉积物膨胀过程受沉积物力学性质的影响。在含气量开发阶段(第Ⅲ阶段)，在上部沉积层中观察到垂直方向的管道，这是裂缝破坏的结果。这一观察结果与黏土沉积物的理论一致，表明最初的气泡上升是由压裂控制的[12]。在水饱和非黏性颗粒介质中进行的其他实验室实验也发现，气体在初始突破后沿通道发生传输。在本书的实验中，管道的发展与第二阶段末 $\theta_{exp}/\theta_{tot}$ 的转折点(图 4-5)一致，这与颗粒材料中气体传输的发现一致。当冒泡被触发时，从这些管道中观察到强烈的气泡羽流。

3. 气泡释放和尺寸分布

气体含量发展的三个阶段的冒泡动力学不同。自发冒泡与气泡形成有关，但在第Ⅰ阶段可忽略不计[图 4-2(b)]，自发冒泡在与沉积物膨胀相关的第Ⅱ阶段增加，然后在第Ⅲ阶段保持在恒定的高水平。这表明粗孔隙空间中的气体传输速率(与毛细管侵入有关)低于与第Ⅱ阶段沉积物膨胀相关的气体传输速率。前者由毛细管力和浮力之间的平衡决定，后者由沉积物力学性质决定。在第Ⅲ阶段，沉积物膨胀对日总储气量的稳定值[图 4-2(b)]表明，已建立的沉积物孔隙结构的输送能力与总产气率达到平衡，含气层可能作为气体积累和缓冲区。

在泥炭土中观察到冒泡通量与压力变化幅度(＜10cm)之间具有线性关系($R^2=0.44\sim0.82$)。应用更大范围的静水压头变化(3.8～184.5cm)，发现冒泡与静水压头减少之间的相关性更强($R^2 \geqslant 0.95$，$P<0.001$)。SWI 水平的下降也与冒泡体积呈线性相关，这可能表明气体层具有直接响应。然而，冒泡潜力是根据总储气量估算的，而不是仅根据气体层中的储量估算的。事实上，释放的气体总量比仅根据体积膨胀估计的多100%，并且相关的冒泡持续了很长时间。这种长时间的强烈冒泡意味着气体层突然膨胀损失(可能作为气体传输的中间缓冲)，气体从更深的空隙中缓慢释放，以及孔隙水 CH_4 逐渐溶解和释放[7]。在泥炭土中的实验还表明，由于较致密的下层气泡释放延迟，静水

压头减少导致冒泡时间延长。在实验中观察到,富气上层带的发育导致的修改后的孔隙率剖面被认为具有类似的效果。

从沉积物中冒出的气泡的大小以及它们到达空气-水界面必须移动的距离决定了有多少 CH_4 到达大气层[23]。在浅水区,大气泡可以通过冒泡向大气输送 CH_4[24]。我们获得了从天然沉积物中出现的气泡大小的分布定量数据(尽管在实验室条件下用有机物质进行了修正)。结果表明,粗沉积物中气泡的狭窄尺寸分布转变为细沉积物中气泡的更广泛分布和更大的气泡。气泡大小呈对数正态分布,这与颗粒材料中气泡传输的研究一致。与粉砂和粗砂沉积物相比,黏土沉积物中气泡的双峰尺寸分布可能与储气机制的差异有关。盖斯特林戈尔(Geistlinger)在粗糙和刚性(不可变形)多孔介质(1mm 玻璃珠)渗滤过程中发现,气泡和孔径(直径≤1mm)之间具有很好的一致性。然而,由于沉积物膨胀形成了大的气孔,因此观察到黏土双峰孔径分布,而粗砂则不太显著(图 4-8)。三种沉积物的孔径分布总体上与释放气泡的尺寸密切相关,尽管气泡比孔隙大。造成这种现象的可能原因在于二维侧壁图片孔径估计的不确定性。对这种双峰尺寸分布的另一个合理解释是,气泡在上升时可能会合并,正如 Algar 等[12]在明胶气泡注射实验中观察到的那样。

4. 现有研究的局限性和未来工作

近年来,已经报道了具有高沉积率和碳埋藏的水库和蓄水水域的高 CH_4 冒泡率[1,2,17]。此类人造水体的一个显著特征是经常发生水位波动,例如,通过水库运行或船舶锁定触发强烈的冒泡事件。实验可能反映了此类系统中的沉积物结构、CH_4 产生和气泡动力学(通常具有高沉积速率[1,17,25])。事实上,所用的 30cm 厚的均质沉积物与萨尔河的情况相似,其最高沉积速率为 0.29m/a[2,17];经过修正的沉积物的 CH_4 形成率也与萨尔河的相当[2]。然而,将发现扩展到沉积速率低得多的内陆水域可能会受到限制,其中产气沉积层主要限于上层几厘米[21],并随着深度的增加 CH_4 产生速率急剧下降[2]。

在实验中,在沉积物中添加了有机质(植物叶)来促进 CH_4 产生。主孵化室中的 CH_4 形成率[稳态下为 20.1g/($m^3\cdot$d)、16.6g/($m^3\cdot$d) 和 10.5g/($m^3\cdot$d)]与瓶孵化室中的 CH_4 形成率[21.8g/($m^3\cdot$d)、21.0g/($m^3\cdot$d) 和 13.5g/($m^3\cdot$d)]相当。这表明通过添加天然有机碳源促进 CH_4 生产的策略是有效的,并表明碳质量对 CH_4 形成的重要性,即仅增加极少数有机碳就会促进 CH_4 产量增加十倍以上。

现有研究的局限性在于:①在实验中,没有足够的时空分辨率来跟踪沉积物中的单个气泡迁移(即亚秒级的时间尺度和微米级的空间分辨率);②进一步的限制与基于腔室壁气泡观察的体积气体含量的估计程序有关,并且由于壁效应,可以预期壁附近的气泡动力学与内部气泡的动力学不同,这些差异可能会集中或排除气泡,从而改变气体空隙面积。使用高分辨率 X 射线 CT 扫描仪可以更好地实现沉积物结构对气泡生长动力学影响的进一步定量研究。

此外,我们没有预料到,随着深度的增加在沉积物柱中会出现强烈的含气量分层。尽管我们提出了合理的假设,但还需要进一步的实验来定量验证。更深入地研究冒泡与沉积物结构的关系应定量跟踪不同沉积物中沉积物结构发展和气泡迁移的动态。

4.1.5　结论

扩展孵化实验表明，与储气相关的沉积物结构发育和水生沉积物中的冒泡行为均受粒度的强烈影响。储气能力随沉积物的粒度分布变化很大，在细粒沉积物中，游离气体主要通过沉积物膨胀储存；而在较粗的沉积物中，沉积物基质的毛细管侵入主导储气。在沉积物柱中发育了一层富含气体的上层，其厚度因沉积物类型而异。虽然存储在该层中的气体是快速冒泡释放的重要气体来源，但存储在柱内更深处的气体会导致冒泡时间延长，总冒泡量远远超过单独膨胀引起的潜在释放，表明孔隙水 CH_4 的溶解和释放。储气量对粒度分布的依赖性为消除 CH_4 冒泡中的空间异质性提供了希望，解决方法是将沉积物输送模型与气体形成的生物地球化学模型相结合。

4.2　用 X 射线 μCT 观测水体沉积物 CH_4 气泡产生和迁移

CH_4 气泡的产生和迁移是水生沉积物生物地球化学碳循环的重要组成部分。为了提升对淡水沉积物力学性质如何影响 CH_4 气泡产生和迁移的认识，本书采用均质化天然黏土和沙子，进行一项为期 20d 的室内培养实验。通过计算机断层扫描(μCT)对高分辨率下 CH_4 气泡产生进行研究。微小气泡(粒径＜0.1mm)主要以毛细侵入形式产生，随着气体的持续产生(黏土为 4d，粗砂为 8d)，大气泡通过挤压周围沉积物而形成，从而增强了沉积物间大孔的连通性。在剪切屈服强度(shear yield strength，SYS)较低(SYS＜100Pa)的沉积物中，由于气体压力较大，大气泡(粒径＞1mm)是可能产生的。在沙子中，由于毛细入口处所需压力较低，因此在较高的 SYS(SYS＞360Pa)下，会产生大量的微小气泡。通过降低静水压头，观察到黏土柱中存在明显的气泡迁移；而在沙子中，可迁移气泡仅限于上部6cm。同时实验发现，大孔网络是两种沉积物中气泡产生和迁移的主要途径。

4.2.1　引言

温室气体 CH_4 是在水生沉积物中通过厌氧有机物分解产生的。其溶解度低且扩散迁移缓慢，导致沉积物中易积聚 CH_4 气泡。固定气体空隙在减少垂直物质迁移的同时也提供了气体迁移的捷径[26]。当沉积物中的气体储存量超过了某个极限时，气体就会以气泡的形式逸出沉积物[27]。研究表明，在内陆水体中，冒泡是 CH_4 释放到大气中的重要途径[1,17,28,29]。此外，气泡的释放还可以增强沉积物水界面(SWI)上的溶质迁移速率[30-32]。因此，理解沉积物中 CH_4 气泡的产生和迁移有助于理解水生系统中的生物地球化学循环、排放动态和控制因素。

CH_4 气泡产生的主要控制因素是沉积物气体的产生速率[33-35]，超过扩散迁移的 CH_4 产生量是导致孔隙水过饱和从而形成气泡的必要条件。在海洋沉积物中，CH_4 气泡的积聚只会在含有硫酸盐的表层以下开始[36,37]。在淡水沉积物中，CH_4 的产生在表层最为强烈，并且随着深度的增加呈指数下降[20,38]。由于产生的 CH_4 通常随深度的增加而减少，而气泡形成需要 CH_4 产生量超过源头的扩散迁移，因此新的气泡形成通常只会出现在沉积物的上层。研究表明，在一个河流水库中，冒泡现象与沉积物中的 CH_4 产生量之间呈良好的相关性，而沉积物深度大于 1m 的部分被认为对总的冒泡贡献较小[2]。

在 CH_4 产生气泡的条件下，沉积物力学性质变得很重要[8,39,40]。实验证明，通过毛细入侵进行气泡生长的过程取决于沉积物粒径尺寸[8,9]。粗颗粒沉积物更有利于微小气泡(气泡粒径＜颗粒粒径)形成；而在细颗粒沉积物中，气泡(气体空隙)会通过弹性或塑性变形变得比沉积物颗粒更大[41-43]。凝聚性海洋沉积物中气泡的产生可以通过线性弹性断裂力学(linear elastic fracture mechanics，LEFM)来解释[10,44,45]。这些气泡或空隙的大小和形状都与沉积物的拉伸断裂韧性密切相关[22,40,44]，并对气泡迁移有很大的影响。

气泡迁移通过有效地运输气体，进而主导沉积物中 CH_4 的扩散过程[41,46]，且其受到沉积物力学性质的控制[7,12]。在弱胶状沉积物中，气泡运动由浮力驱动[47]；而在坚固的细颗粒沉积物中，初始气泡受弹性断裂的控制，气泡释放则通过垂直或次垂直断裂的迁移得以促进[12,44]。这种断裂的形成和传播可以看作是沉积物的拉伸破坏，符合凝聚性沉积物气泡产生的 LEFM 理论[12,44]。同时，这些断裂等结构变化是沉积物持续气泡释放的原因[13,14,47,48]。

目前，关于海洋沉积物和人造沉积物中气泡的产生和迁移的研究较多，但对淡水沉积物中气体储存能力和气泡对外界干扰的响应的研究仍然有限。在淡水沉积物中，低离子强度使得细颗粒沉积物的絮凝和凝聚比在海洋沉积物中更加困难[49,50]。淡水沉积物，尤其在河流拦水坝和水库中，还可能受到水文和水动力条件的强烈影响[51]。因此，沉积物颗粒大小、有机物含量和沉积物压实程度可能在不同地点之间差距很大，这可能限制了从一个系统到另一个系统的沉积物力学性质的适用性。

本书研究对象是河流型水库的天然沉积物(沙子和粉砂质黏土)，而河流型水库通常有快速的沉积和主要来自森林集水区的颗粒有机物输入。通过高分辨率 X 射线 μCT，我们对沉积物气泡进行室内培养[52]。同时，培养后逐时 μCT 扫描气泡的运动过程。此外，通过对沉积物 SYS 和可压缩性研究，阐明气泡产生和迁移模式。因此，本书研究可用于构建气泡释放模型，也可用于解释淡水沉积物中 CH_4 气泡的储存和释放机制。

4.2.2　材料与方法

使用均质沉积物代替完整岩芯有两个目的：①模拟具有快速沉积速率(30cm/a)和高效有机碳埋藏速率(如德国萨尔河[2])的河流型水库沉积物 CH_4 气泡的生长；②避免在淡水沉积物中 CH_4 产生受到底层和年龄的限制，从而阻碍气泡的形成，因为淡水沉积物中产生的气体通常会随着深度和年龄的增加而急剧下降[20,38]。

1. 定义

为了简化与"气泡"和"气体空隙"相关的术语，我们将"气泡"定义为被液体或固体包围的自由气体。空隙是沉积物中的准静态特征，可能同时包含气体或水的空隙。

在土壤中，大孔隙是为水流提供优先通道(绕过土壤基质)的结构，与大小无关，而其测量的大小在很大程度上取决于测量方法[53,54]。研究表明，土壤中大孔隙的等效直径通常大于$50\mu m$[53]。受μCT扫描空间分辨率的限制，这里将大孔隙定义为等效直径大于$100\mu m$的孔隙。

2. 沉积物的收集、处理和表征

2016年6月，分别从德国格默斯海姆莱茵河支流(49.221735°N，8.382457°E)和霍克施塔特的一条河流(49.24678°N，8.22675°E)采集了黏土和粗砂沉积物样品。河流型水库沉积物可能具有快速沉积和较厚的均质层。天然淡水沉积物通常包括颗粒有机质，由叶片或木质碎屑组成，它们的存在会通过增加黏土沉积物中粗大物质的比例来改变粒径分布。为了均匀地促进产气，我们去除大块的有机质(通过筛分去除粒径大于2mm的有机质)，并用风干椴木叶粉状沉积物(10g/L湿沉积物)进行修正。叶物质修正使沉积物有机质含量(根据550℃点燃时的损失估算)在黏土中增加到12.5%，在砂土中增加到2.1%(分别增加1.3%和0.7%)。使用粒径分析仪(Mastersizer 3000，Malvern，英国)通过激光衍射测定沉积物粒度分布，黏土的中位粒径(D_{50})为$21\mu m$，砂土的D_{50}为$352\mu m$。

3. 实验设置

首先，对每个含有沉积物的亚克力管(高60cm，厚2mm，内径6cm)进行成对培养，管内充满约30cm高的混合沉积物，加入高15cm的自来水，然后用橡胶塞密封。每个管顶部连接一个容积为1.5L的可充气气囊，用于测量产生的总气体体积(用V表示，单位为mL)。每天监测V、水位、沉积物管内高度(h_w)及管内SWI的高度h_s。V与沉积物总储气量的日变化量之差为冒泡量(Eb)。以沉积物管内的高度和高度变化来表示沉积物气体含量(θ_g)，而不是以体积来表示。假设在实验过程中(无气体)沉积物和水的质量(非体积)相对恒定。θ_g与管内的h_w和h_s相关，即$\theta_g=(\sum\Delta h_w)/h_s$，通过毛细入侵的气体储存量$\theta_{cap}=\theta_g-(\sum\Delta h_s)/h_s$。其中，$\Delta h_w$和$\Delta h_s$分别表示$h_w$和$h_s$的每日变化量。每天从气囊中提取10mL气体样品，使用温室气体分析仪(Los Gatos，美国)测量，以追踪CH_4和CO_2的浓度。根据V和浓度测量结果计算CH_4和CO_2通量。实验结束后，使用孔隙水采样滤管从不同深度的沉积柱中提取2mL孔隙水样品，并真空吸取到10mL的玻璃瓶中。孔隙水中溶解CH_4和CO_2浓度通过顶空浓度来估算。

每对培养柱中的一根柱子用于μCT扫描，另一根用于过量溶解气体压力(excess dissolved gas pressure，EDGP)测量。孔隙水的EDGP是采用3个通气压力传感器(SENECT，德国；分辨率为0.001kPa，采样间隔为10s)与孔隙水接触，通过气体渗透性膜(Contros，德国)经由管道侧壁测量。前两个EDGP传感器安装在黏土中，分别在SWI以下15cm和25cm处；第三个EDGP传感器安装在沙子中，在SWI以下20cm处。

为避免对柱状沉积物的运输干扰，柱状沉积物样品培养时与μCT扫描仪相邻并保持恒定温度[(24.5±0.8)℃]。培养后，将岩芯切成厚2cm的片，并分别存放在50mL的密封塑料瓶中，以测量沉积物含水量(θ_w)和干颗粒密度(黏土为2553.7kg/m³，沙子为2557.3kg/m³)。

4. X 射线计算机微断层扫描（μCT）

用自制高能 CT 系统 HECTOR27（由比利时根特大学 X 射线断层扫描中心提供）对柱状沉积物进行扫描。通过 7 次垂直重叠扫描，实现整个柱状沉积物 64.1μm 体素（体积像素）大小扫描。同时，用 1mm 的铜过滤器减少射线硬化，其中，黏土使用 60W、190kV 的 X 射线管操作，沙子使用 55W、190kV 的 X 射线管操作。每次扫描后，会在中央圆柱形区域（region of interest，ROI）（直径 19.7mm，高度 19.7mm）进行高分辨率扫描（体素大小为 19.7μm），此时不使用过滤器（功率 15～16W，190kV）。通过在培养的第 1 天、4 天、8 天、14 天和 20 天进行扫描，以追踪气泡产生的过程。沙子在第 20 天还进行了额外的 ROI 扫描，涵盖上部 5cm 沉积物，但对于黏土来说，由于柱状扫描已足够捕捉到气泡，因此不进行扫描。此外，在第 20 天扫描之后，将亚克力管中的水位降低 8cm 以触发冒泡，并在 8h 后扫描。在扫描间隔期间，保持柱状沉积物不受干扰，以便准确追踪气泡运动的空间变化。

5. CT 数据分析

在图像处理和分割之后，使用赝势实空间分析软件 Octopus Analysis（前身为 Morpho+）从最终图像中提取气泡和孔隙参数（气泡或孔隙体积、等效球直径 D_{eq}、连通性、气泡形状、方向和 θ_g）[55]。利用欧拉-波恩卡雷特特征（E）和大孔隙数量（N）对整体大孔隙的连通性（大小 64.1μm）进行定量化[56]，E/N 指数越小，大孔隙连通性越强。气泡球度（0～1）表征最大内切球直径与 D_{eq} 之比。气泡的方向（0°～180°）用等效椭球的主轴与垂直（z 轴）的夹角来描述。

通过生成最近 2 天 20μCT 扫描图像的差值图像来证明沉积物柱气泡迁移。利用 Octopus 在生成的图像中应用柱状特定的阈值进行分析，对于最初由水填充的新形成的气泡，采用较低的阈值；对于由于运动而消失的气泡，采用较高的阈值。

6. 沉积物的流变学和可压缩性

通过测量第 20 天的 θ_w 和 ρ_{dry}，计算无气体的沉积物湿体密度 ρ_{wet}。对于每个扫描，通过测量的 CT 扫描 θ_g 剖面和 θ_{cap} 数据计算固体沉积物颗粒的体积分数 θ_s（黏土为 14.9%～22.8%，沙子为 44.2%～70.4%），还计算所有扫描的包括气相在内的湿容重剖面。

使用流变仪（Anton Paar，MCR 102，奥地利）测量 SYS，插入一个四叶片（直径 22mm）到一个杯子（直径 29mm）中，杯子中装有无气体的均质沉积物样品（对于黏土，θ_s 为 9.0%～24.7%；对于沙子，θ_s 为 37.4%～61.6%）。在对数间隔中逐渐增加剪切应力，同时测量应变，直到沉积物被破坏，SYS 值取自初始线性阶段的断点处[57]。由于 SYS 与 θ_s 明显的指数依赖关系，因此可以通过逆推计算出每个 CT 扫描的 SYS 深度剖面（假设由 θ_g 发展引起的 θ_s 变化导致了 SYS 的类似变化）。

利用压缩仪（型号 08.67，Eijkelkamp，荷兰）对具有不同 θ_s（黏土 20.1%～26.2%，沙子 52.6%～68.7%）的样品进行沉积物的可压缩性测试。测试采用静态递增载荷（黏土 5kPa，10kPa，20kPa，…，60kPa；沙子 5kPa，10kPa，50kPa，…，600kPa）。通过这种方式，

将沉积物的预压缩应力与其 θ_s 相关联。在垂直应力为 5kPa 和 10kPa 的情况下(位于测量沉积物 EDGP 范围内),沉积物的体积变形和 θ_s 之间存在强烈的线性相关性,从而可以根据初始深度 θ_s 预测两种沉积物的 θ_g 深度剖面。

4.2.3　结果

在培养过程中,黏土中的 θ_g 急剧增加;第 4 天,θ_g 达到最大值,约为 20%,此后稳定在 18.4%左右。在粗砂中,θ_g 发育较慢,8 天后约稳定在 15.2%。根据 θ_g 的发展,前 2 天冒泡较弱。在黏土第 5 天、粗砂第 9 天出现稳态,即产气量等于冒泡量($Eb/V=100\%$),表明沉积储气能力已经实现。观察到的 CH_4 通量在 θ_g 发育的初始阶段(直到黏土中的第 3 天和粗砂中的第 5 天)最小(小于 0.01mmol/d),然后在稳态时急剧增加(黏土和粗砂分别高出约 2 个数量级和 1 个数量级),这突出了冒泡在 CH_4 运输中的重要性。相较 CH_4 的变化,顶空 CO_2 比值(与 Eb/V 的变化一致)在早期经历了一个初始峰值,并稳定在稳态(黏土约为 1.7,粗砂约为 0.3)。这可以解释为 CO_2 相对 CH_4 的溶解度更大,在达到饱和之前的早期阶段,更多的 CO_2 进入溶液。培养结束时,在黏土和粗砂溶液中分别发现了约 3%和约 13%的 CH_4,而 CO_2 溶解约为 50%。在培养期间,CO_2 比率在黏土和粗砂中分别约为 1 和 0.3。

1. 毛细入侵导致气泡的产生

在黏土和粗砂两种沉积物中,毛细管入侵主导了气体含量的发展,粗砂比黏土更受影响。在黏土中,θ_{cap}/θ_g 在前 4 天从最初的 100%急剧下降到 47.6%,最后稳定在约 67%;在粗砂中,θ_{cap}/θ_g 在前 5 天为 100%,到第 12 天线性下降至 80%。EDGP 动力学也证实了毛细管侵入的存在,在前 4 天,表层急剧下降了 10.0kPa,深层下降了 8.0kPa;在砂土中,EDGP 在第 2~8 天从最初的 3.6kPa 上升到 5.0kPa。这种沉积物 EDGP 的减少符合毛细管侵入的气泡生长动力学。

粗砂中的微气泡尺寸分布(来自 µCT 扫描)在 60µm 直径处达到峰值。EDGP 测量表明,黏土中直径为 30µm 的微泡(通过 10.0kPa 的 EDGP 减小值估计)在毛细孔的尺寸范围内。这证实了黏土和粗砂两种沉积物中都存在毛细管侵入进而形成气泡的现象,这与 Reed 等[58]的结论一致,他们的 µCT 扫描发现了相似尺寸范围(直径大于 60µm)的气泡。

2. 沉积物力学性能对大气泡生长的影响

含气量剖面图和二维垂直 CT 切片均显示了含气量和气泡尺寸分布的大深度梯度发展,在黏土和粗砂中,这些现象可归因于泥沙的力学特性。

µCT 扫描显示,黏土和粗砂两种沉积物的气泡大小分布发生了显著变化(图 4-9a),这些变化可归类为两种气泡产生的一般模式:模式一,气泡密度 ρ_{bub}(每单位沉积物体积中的气泡数量)随着气泡体积增加而减少;模式二,ρ_{bub} 随时间增加而不伴随气泡体积增加。气泡产生模式一在整个黏土柱中都能观察到,但在粗砂中,只有表层可以观察到,其中 ρ_{bub} 减少了两个数量级。最初,气泡大小在所有深度都是对数正态分布,然后逐渐变为双峰分布。粗砂中间层气泡的生长表现为模式二：随着时间的推移，气泡大小的对数正态分布持续存在，微气泡的 ρ_{bub} 增大，而峰值气泡大小减小，表明气泡通过侵入较小的孔隙而生长。这些气泡产生模式通过 3D 可视化得到确认（图 4-9b），同时还能检测到仅通过气泡尺寸分布统计无法明显观察到的变化，即与第 8 天相比，黏土表层的气泡在密度和体积上都明显减少。

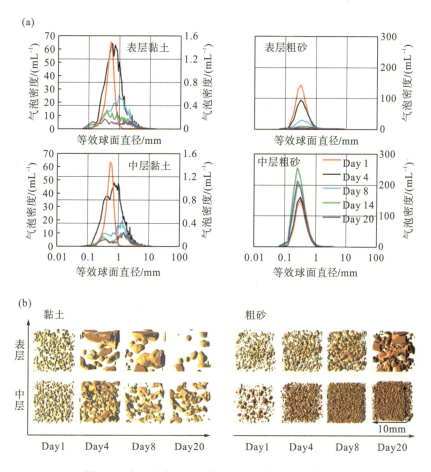

图 4-9　表层和中层沉积物中黏土、粗砂的物理指标

注：（a）不同孵育天数沉积物柱表层（0～6cm）和中间层（13～19cm）的气泡尺寸分布。气泡体积的概率密度由分析的沉积物体积进行归一化，即每个分布的积分等于分析的沉积物层的总体积气体含量。（b）在选定的沉积物柱深度处，控制体积（1cm³）中气体空隙（带阴影的金色）的三维可视化。

3. 沉积物的最大储气量可能与沉积物的可压缩性有关

在 5kPa 的 EDGP 下，黏土的预期 θ_g 为 19%～24.9%（图 4-10），与稳定气泡产生时的 θ_g 相当（除了上方 4cm）。同时，实测最大黏土 θ_g 值在 10kPa 的 EDGP 预测范围内。在粗砂中，预测的 5kPa 载荷下的 θ_g 仅解释一半气体含量的形成。将粗砂的 EDGP 从 5kPa 增加到 10kPa，体积膨胀 1%，表明砂粒压缩性较差。孔隙水从粗砂中排出的时间（5min）远少于黏土（90min），间接证实了与黏土中的水排斥相比，粗砂中的毛细管入侵更容易发生。

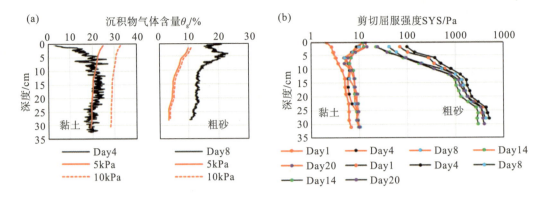

图 4-10 气泡生长引起的沉积物机械性能变化

注：(a) 在孵育第 20 天测得的 θ_g 深度剖面(粗黑线)和沉积物压缩性测试中不同 EDGP(5kPa 和 10kPa；分别用红色实线和虚线表示)初始沉积物的预测 θ_g。(b) 根据 θ_s 深度剖面计算的不同孵化日黏土(左侧，红线)和粗砂(右侧，黑线)的沉积物剪切屈服强度。

两种沉积物的 SYS 随着 θ_s 呈指数增长，并受抵消作用、沉积物压实和气体含量的影响，前者增加了剪切强度，而后者削弱了剪切强度。在黏土中，这两种效应都很小，同时，所有黏土的 SYS 都小于 15Pa；而在粗砂中，压实作用增加了整个深度范围内的 SYS(第 1～4 天)，而气体含量的发展降低了沉积物的强度(从第 4 天开始)，这在表层最为明显(第 4 天时，SYS 在 99～376Pa，而第 20 天时为 25～94Pa)。

与气体含量一样，沉积物压缩性可解释黏土中气泡尺寸分布随深度的变化，例如，黏土表层气泡尺寸分布峰值从 1.7mm 减少到底层的 1mm。气泡的球度和方向(除了气体含量和气泡尺寸外)与沉积物力学性质的深度梯度密切相关。在表层黏土中，气泡近似球形(球度=0.6)，但在较低深度下变得扁长(球度<0.4)，大约 50% 的气泡是水平方向。在粗砂中，这种模式更为明显，气泡形状从 3.5cm 以上的球形(球度=0.6)转变为 3.5～6cm 深度处具有水平方向的扁长气泡(球度=0.3，大约 34% 的气泡水平取向)。

4. 沉积物大孔隙

沉积物含气量的变化不仅改变了沉积物的强度，还由于塑性沉积物体积变形而改变了大孔隙结构(表 4-3)。随着 CH_4 气泡的增长，两种沉积物中各深度的 ρ_{pore} 均减小，而大孔隙的总体积增大。在黏土中，培养期间整个深度的大孔隙率翻倍；而在粗砂中，由于毛细入侵在气泡产生中的主导作用，初始的大孔隙度较高，孔隙体积的增加不太明显(中间层增加 6%，表层增加 10.6%)。大孔隙的减小和大孔隙的增加增强了两种沉积物中的大孔隙连通性，这在 E/N 的变化中得到了体现。尽管在稳定状态的气体含量发展过程中两种沉积物的大孔隙连通性很高($E/N<1$，表明有良好发展的大孔隙网络)，但在初期，E/N 变化更加不稳定。在培养期间最初的 4d，观察到黏土中 E/N 的大幅度减小(表层从 0.6 减小到-0.6，中间层从 1.1 减小到-3.6)；相反，在粗砂中，头 4 天 E/N 增加(表层增加 5.02，中间层增加 2.3)，然而从第 4 天到第 8 天发生了反转。在初始的 E/N 变化后(黏土为第 4 天，粗砂为第 8 天)，两种沉积物的 E/N 大都呈稳定增加趋势。

表 4-3　两个沉积柱随时间变化的宏观孔隙连通性(E/N)、宏观孔隙密度(ρ_{pore})和宏观孔隙率

沉积物类型	时间/d	表层（0～6cm）			中间层（13～19cm）		
		E/N	ρ_{pore}	大孔隙率/%	E/N	ρ_{pore}	大孔隙率/%
黏土	1	0.60	314	13.9	1.10	365	15.0
	4	−0.60	63	37.2	−3.60	25	41.0
	8	−0.30	164	34.7	0.10	114	33.4
	14	0.10	203	30.0	0.60	160	29.0
	20	0.10	192	30.2	0.60	172	28.6
粗砂	1	−5.00	491	29.0	−1.80	645	26.7
	4	0.02	698	22.7	0.50	716	20.2
	8	−3.60	292	41.6	−16.70	150	32.8
	14	−3.10	354	39.9	−14.70	179	31.8
	20	−2.10	349	39.6	−11.60	195	32.7

注：大孔隙连通性随着 E/N 的减少而增加（当 $E/N>1$ 时，大孔隙被隔离）；ρ_{pore} 是通过分析的沉积物体积归一化的孔隙数量。

大孔隙连通性的发展与大气泡的产生密切相关（图 4-11）。在黏土表层中，存在孤立的小气泡[图 4-9(b)]。在第 4～8 天，大孔隙的连通性的大幅增加与沉积物基质变形导致的大气泡生长相吻合。

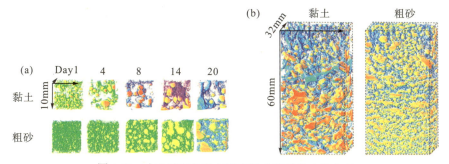

图 4-11　大孔隙和气体空隙在黏土和粗砂中的分布

注：(a) 大孔隙和气体空隙在表面层中控制体积（1cm³）的三维可视化，(b) 第 20 天黏土和粗砂表层中大孔隙和气体空隙的三维可视化，充满水的大孔是蓝色/绿色和红色/黄色。

5. 气泡的移动性

在培养的第 20 天，进行 8cm 水位下降的实验。在水位变化前后扫描了每个沉积物柱，从而表征气泡的迁移率。黏土表层的孔隙在 8h 内保持稳定，观察到剧烈的气泡运动（图 4-12），其中一些气泡与相对较弱的孔隙连接有关，并且在第 1 天就能观察到[图 4-11(a)]。随着气泡的增大，沉积物储气量在第 4 天达到最大值[图 4-9(b)]，以充气为主的大孔隙扩大，连通性显著增强。在黏土中，从第 4 天开始，强烈的气泡释放导致充满水的大孔隙形成[图 4-11(a)]。在粗砂中也观察到这种情况，但延迟了 4 天。在第 1～4 天，大孔隙的连通性减少与轻微的初始沉降有关，而由毛细管入侵形成的微小气泡并没有对沉积物大孔隙连通性的变化作出贡献，这在两次扫描的差异图像中很明显[图 4-12(c)]。

虽然气体在整个黏土柱中发生移动，但它仅限于粗砂中最上面的 6cm [图 4-12(d)]。黏土中估计的气泡通量(125.2mL/d)约为粗砂中的 5.8 倍(21.6mL/d)。

黏土和粗砂的气泡迁移率差异与大孔隙有关，大孔隙增强了孔隙连通性，降低了毛细管压力。在粗砂中，这种现象在表层被观察到，而在中间层则没有。然而，所有可移动气泡的直径都在毫米范围内(黏土为 0.2~6.1mm，粗砂为 0.2~3.5mm)，与孔隙大小相当(图 4-13)。

在两种沉积物中，可移动气泡的形状没有明显的规律。在黏土中，平均运动气泡球度[图 4-12(c)]为 0.4，较小，但与触发运动前的气泡相当[球度=0.6，图 4-12(a)]。此外，在两种沉积物中均未观察到活动气泡的优先取向。

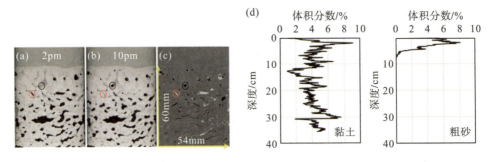

图 4-12   气泡和毛孔水随沉积物深度变化

注：(a)和(b)6cm 黏土表面的延时扫描；(c)图像 a 和 b 之间的差异；气泡和毛孔水运动分别显示为白色和黑色补丁。黑色圆圈表示晚上 10 点新形成的气泡；红色圆圈突出显示了最初被困在毛孔中的气泡的消失。分析体积的高度和直径用黄色轴标记；(d)气泡运动的平均垂直剖面。黑线表示气相体积分数的变化。

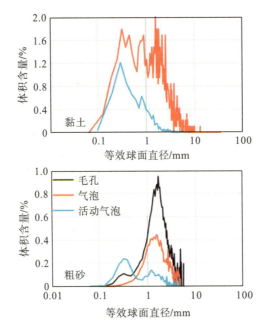

图 4-13   沉积物气泡和孔径分布

注：气泡体积的概率密度通过分析的沉积物体积进行归一化。黑线和红线分别表示水位变化前沉积物上部 6cm 的孔隙和气泡大小分布；蓝线用于活动气泡。

4.2.4　讨论

1. 沉积物力学性质在气泡产生中的作用

海洋软质沉积物中的 CH_4 气泡呈盘状,沿垂直或次垂直方向[45,59]。它们的产生可以很好地用 LEFM 理论解释[39,44],即这些气泡通过沉积物的弹性断裂来产生。然而,在本书研究中,我们并未观察到盘状气泡的形成。相反,在黏土和粗砂中的沉积物置换气泡要么接近球形,要么呈水平方向的细长形状,这表明气泡的生长是通过沉积物基质的弹塑性变形而不是弹性压裂来控制的。

在黏土中,可压缩性解释了沉积物基质变形导致较大气泡的产生,尽管气泡大小与压缩性之间的定量关系仍然不明确。虽然存在少量高估的现象(图 4-10),但在 5kPa 和 10kPa 的等效 EDGP 下,预测 θ_g 与观测到的 θ_g 一致。在砂土中,这种差异超过了 10%。在黏土中,由于孔隙排水缓慢,应用的压缩载荷由孔隙水负担,高含水量和黏塑性类似流体的沉积物很容易变形。相反,在砂土中,孔隙水的自由排水意味着应用的应力由沉积物基质负担,与由毛细管入侵主导的气泡形成相一致($\theta_{cap}/\theta_g > 80\%$)。因此,在粗砂中对 θ_g 的低估可能是孔隙水推移微小气泡所致。在黏土中,沉积物的可压缩性低估了测量的 EDGP 而导致的 θ_g,这是由气体储存能力和浮力引起的不稳定性控制的。同时,测得黏土中 EDGP 为 8.1~10kPa,对应于预期的 θ_g 为 29.6%,比 μCT 测得的 θ_g 高出 9.9%。然而,高气体含量导致 ρ_{wet} 小于水密度,从而引发由浮力引起的不稳定性,过多的气体含量向上释放[47]。此外,黏土初始无气体 ρ_{wet} 的临界 θ_g($1270kg/m^3$)为 25.5%。ρ_{wet} 深度剖面显示,在 5cm 以下存在充气层,$\rho_{wet} < 1000kg/m^3$,因此力学稳定性较低时,浮力会限制储气容量。这种对最大储气量的限制并不适用于粗砂,因为其 $\rho_{wet} > 1200kg/m^3$。

研究发现,软沉积物(SYS<10Pa)中的气泡大小被限制在 9mm(等效球形直径)以内,超过这个大小的气泡会离开沉积物,而在粗沉积物(SYS 为几百帕)中,气体释放则通过断裂得以促进[60]。在本书中,粗砂的 SYS($10^2 \sim 10^4$Pa)足以稳定断裂[47];黏土则较弱(SYS<15Pa),无法形成连续的长断裂,但可以稳定连接宏观孔隙的短断裂/大孔隙。

粗砂中气泡形状的深度梯度与较强的垂直 SYS 梯度相对应,气泡在 3.5cm 深度以下从球形变为水平的细长形状,SYS 约为 94Pa,而在 6cm 深度时则翻倍至约 192Pa,这与其他研究观察结果一致[60]。在黏土中,较大的 SYS 深度梯度不存在,但能观察到类似的气泡形状变化。水平气泡的形成可以用沉积物密实度随深度增加来解释,即沉积物在水平方向上比在垂直方向上更容易被压缩,这与以前在黏性沉积物中观察到的气体穹顶形成相符[11]。

2. 大孔隙网络——气泡迁移的框架

在本书研究中,大孔隙运输被证明是气泡移动的主要形式。通过 μCT 扫描揭示了气泡聚集和移动的大孔隙连接结构的发育。这些结构类似于土壤中的大孔隙,它们为空气和水的运动提供了优先通道[53,54,61]。在沉积物形成过程中,通过沉积物变形形成的毫米到厘米尺度的大孔隙层中，气泡迁移最明显和强烈(图 4-12 和图 4-13)。同时，在亚毫米范围内(如在粗砂中间层)存在沉积大孔隙大部分被微泡占据的现象(约 50%)。在这一层中，气体的传输受到高度互连的孔隙网络的促进，这在粗砂中显示为 EDGP 在第 8 天之前急剧增加。气泡移动的程度取决于大孔隙发展的阶段，在黏土和粗砂的沉积物膨胀过程中，大孔隙都随着气泡生长而增加。在现有的大孔隙网络中，气泡以离散的距离间隔以相对均匀的空间格局产生，这种普遍模式持续存在，并且与亚克力柱中气泡上升的观察结果相似[62]，这也得到了先前实验的支持[27,44]，并观察到了气泡链在孔隙中的移动。大孔隙对土壤中的溶质运输以及气泡具有重要作用[63,64]，大孔隙由断裂连接。之前的气泡迁移形成的上升气泡可以通过垂直或次垂直方向的断裂促进[图 4-11(b)、图 4-12(a)和图 4-12(b)]，这可由黏弹性断裂解释[12]。

除了大孔隙运输之外，气泡迁移的潜在替代机制包括浮力迁移和流动化[47,60]。在流动化迁移中，临界气泡直径非常小(直径<0.1mm)，不动气泡具有稳定状态(D_{eq}>2mm)。由于较小的气泡在大孔内可以自由移动，本书实验观察结果不支持流动化作为相关的气泡传输机制。事实上，Johnson 等[60]观察到即使在极低强度的沉积物中(SYS=7Pa)也没有流动化现象。关于浮力作用，正如前面已经讨论的，只有大气泡(D_{eq}>9mm)在非常弱的沉积物中才会迁移。在本书研究中，较大气泡(D_{eq}>2mm)倾向于静止不动(图 4-13)，只有较小的气泡(D_{eq}<2mm)具有流动性，这种流动性受到气泡与孔隙相对大小的强烈影响。因此，尽管黏土柱的沉积物强度较低(SYS<15Pa)，我们仍然没有证据表明浮力迁移是一个重要的气泡运动机制，并且提出大孔隙迁移在高产 CH_4 的淡水沉积物系统中是主导冒泡供给的机制。

3. 实际意义

本书实现了对淡水沉积物中气泡形成和迁移机制的小尺度高分辨率研究。然而，小直径的柱状亚克力容器是一个限制因素，为了研究更大尺度的结构，需要使用几米宽的培养容器[65,66]。尽管存在这个限制，μCT 技术仍捕捉到了黏土表层中发育良好的大孔隙结构(图 4-12)。虽然最初使用的是均匀的天然沉积物，但在培养第 20 天达到稳态大孔结构时，黏土中的沉积物孔隙率为 80.8%。这与先前在湖泊和河流型水库中报道的淡水沉积物的孔隙率相一致(例如，以色列基尼烈湖为 70%~87%[25]，德国萨尔河为 80%±0.4%[17])。同时，添加植物叶片物质也是合理的，刺激了 CH_4 的产生，与观察到的自然河流沉积物的水平一致[2]。在培养的自然河流沉积物中产生的气泡中，发现 CH_4 和 CO_2 的比值相对较高(约为 1.7)，这表明通过收集 CH_4 并将其燃烧为 CO_2，有可能缓解温室气体排放，这个想法在其他研究中已提出，适用于大型热带水库[67,68]。

改变静水压力使气泡的深度范围在沉积物之间有显著差异，突出了孔隙结构对沉积物冒泡动力学的重要性。我们认为，这里的观测结果适用于经常发生的强洪水沉积事件的自然系统，这些事件形成了富含有机质的厚且混合良好的沉积层，而将其推广到沉积缓慢的淡水系统(例如湖泊)是不合适的。

高分辨率 μCT 直接揭示了大孔隙在淡水沉积物 CH_4 气泡运移中的重要作用，而沉积物 SYS 是确定大孔隙网络发育的表层深度的关键物理性质。此外，沉积物的含气量可以通过沉积物的可压缩性来预测，而可压缩性是对沉积物在施加载荷下的弹塑性变形的估计。可以预期，改进后的模型包含了这些物理特征，如深度相关的大孔隙率和孔径分布，可以更好地捕捉水生沉积物中气泡的储存和释放动态。

4.3　沉积物气体蓄积对基尼烈湖冒泡空间分布的控制

在淡水湖中，冒泡是生物源 CH_4 从沉积物中逸出并进入大气的重要途径。然而，冒泡的高时空变异性限制了我们准确测量或预测湖泊 CH_4 通量的能力。为了探索控制冒泡空间分布的因素，我们对以色列基尼烈湖底部沉积物中的游离气体蓄积进行了研究。在四个不同水深和到海岸不同距离的位置收集了沉积物，分析沉积物孔隙水的溶解 pH、DOC、乙酸盐、硫酸盐和 CH_4 含量，通过培养沉积物样品来测定沉积物中厌氧 CH_4 的产率。为表征原位体积沉积物气体含量，在取沉积物位置和湖泊的多个横断面上进行不同频率的水声测量。沉积物上部 30cm 处 CH_4 产量最小，这与此处孔隙水硫酸盐富集相一致。综合各深度沉积物 CH_4 的产量能够可靠地预估沉积物中 CH_4 冒泡的长期情况，而短期变化率则与季节性湖泊水位变化有关。声学测量结果显示，沿海地区沉积物中没有游离气体，浅水区的冒泡率较低。本书首次报道了 CH_4 产量在决定淡水沉积物中游离气体含量空间变异性中的作用，进一步证明了沉积物气体含量在解释湖泊气体冒泡空间变异性中的重要性。

4.3.1　引言

在湖泊等淡水生态系统中缺氧沉积物能够产生大量的 CH_4[17,69]。这些淡水系统排放的 CH_4 构成了当前全球大气 CH_4 收支最重要的不确定性来源[70]，其中湖泊贡献最大(约占 70%)[3]。因此，精确地计算湖泊内 CH_4 收支(生产、储存和释放)非常重要，特别是其对气候变化、富营养化和其他影响的敏感性[71,72]。

通过水-气界面直接测量 CH_4 通量具有很大的不确定性，因为不同途径介导的通量及其时空变异性非常复杂[73-75]。特别是对于由气泡介导的通量尤其如此，与扩散输送相比，冒泡在时间和空间上的变化要大得多[5,16,76]。对淡水系统为期一年多的 CH_4 冒泡的连续监测结果表明，平均冒泡通量与沉积物中厌氧 CH_4 产生速率之间存在高度的一致性，这反映了季节和沉积物温度的影响。这突出表明，极短期(瞬时)的冒泡率可能与生产潜力有较大偏差，也凸显了沉积物储气的重要性[2,5]，这一假设已经被实验室实验所证实[27,77]。此外，冒泡通量的空间异质性与湖泊和水库的沉积模式有关[17,78]。根据观察，气泡是由压力驱动释放的自由气体积聚在沉积物中，直到达到沉积物特定的储气能力[27]，我们假设冒泡的空间分布与沉积物气体含量及静水压力/大气压力变化的驱动有关。水体沉积物中的微生物产生的 CH_4 在饱和状态下产生游离气体，或在适当的压力和温度条件下产生气体水合物。这一过程在海洋环境中得到了充分证明，只有在有氧呼吸消耗 O_2 和沉积物孔隙水中硫酸盐耗尽之后，CH_4 的产生和积累才开始占主导地位[79,80]。然而，高浓度硫酸盐通

常会阻止海底附近 CH_4 的形成，并且还会导致 CH_4 厌氧氧化(anaerobic oxidation of methane，AOM)，这是向上迁移 CH_4 的主要汇[81,82]，相比之下，淡水环境中普遍较低的硫酸盐浓度导致湖床附近的 CH_4 产量较高，而此时 AOM 可以忽略不计，因此游离气体可以在表层沉积物中积聚[83]。而许多淡水湖泊研究表明，浅层沉积物(深度<20cm)孔隙水中的硫酸盐略有富集[84-87]。即使在硫酸盐低浓度情况下(<1mmol/L)，硫酸盐还原细菌有机物降解过程中产生的 CH_4 可能多过产甲烷菌产生的 CH_4[88]。目前尚不清楚的是，溶解的硫酸盐对淡水系统中 CH_4 的收支和浓度有多大程度的影响。

利用水下声学测量技术对基尼烈湖的 CH_4 冒泡进行深入的研究[89,90]。在较大尺度上，冒泡的季节和年际变化与水位相关[91,92]，且有研究表明能够通过沉积物气成藏来控制[15]。本书研究进行了两次野外调查采样，绘制了湖泊沉积物游离气成藏的空间变化图，量化了垂向上沉积物 CH_4 的产率，并研究了冒泡与沉积物游离气空间变异性之间的联系。

4.3.2 材料与方法

1. 研究区域

基尼烈湖位于断裂带山谷内，受亚热带地中海气候影响，是以色列北部(32°50′N，35°35′E)一个相对较大的中富营养化淡水湖，总面积 166km² (图 4-14)。由于灌溉和饮用水的取水[93]和近年来严重的天气干旱，湖泊水位在−213~−209m(高于平均海平面)呈季节性和年际变化。它是一个较深的单一湖泊(最大水深 41.7m，水位为−209m)，3~4 月和 12 月热分层强烈，1~3 月混合充分[94]。在分层期间，深水层水温全年为 14~16℃，表层水温为 24~30℃[95]。

2. 沉积物采样

2016 年 12 月 1 日至 12 月 8 日，在基尼烈湖进行现场样品采集，以确定沉积物气体含量。为了探究从沿海到深海的沉积物性质梯度，在水深 11m、19m 和 36.7m 处(分别为图 4-14 中的 H 站、F 站和 A 站)取了 3 个冻结沉积物柱芯。沉积物柱芯直径 7cm，长度 45~60cm，在覆盖层处于静止状态时被冻结，以保持原位沉积物储存的气体含量。根据 Dück 等[96]的研究，将冻结沉积物柱芯对原位沉积物气体含量的影响进行了校正，估计沉积物体积气体含量减少了约 30%。冷冻沉积物柱芯被运送到波里亚的巴鲁·帕德赫 (Baruch Padeh)医疗中心，使用医用 X 射线计算机断层扫描仪(Simons AS，120kV)对气体含量进行表征。通过对三维辐射强度分布进行阈值化，分析 CT 图像的气体含量[77]。

在 2017 年 11 月 27 日至 12 月 4 日期间进行第二次现场样品采集，另外收集一组沉积物柱芯，用于沉积物 CH_4 产率测量和化学分析。采用重力取芯器(Uwitec，澳大利亚)获取 H 站、F 站和 A 站的沉积物柱芯样品(长度大于 1m，直径为 6cm)，另一个沉积物柱芯取自约旦河入口处附近(图 4-14 中 G 站，水深 20m)。在沉积物柱芯采集后，立即使用手持式热敏电阻在不同深度(通过胶带预钻孔)测量沉积物温度。一组沉积物柱芯以 2cm 的深度间隔分层切片，分层的沉积物转移到 50mL 亚克力管中。样品在 4℃下避光保存直至运送到德国进行培养和分析。第二组沉积物柱芯在取出后立即进行样品采集,在规定的深度间隔(30cm 沉积层上部 2cm,下方 4cm)进行孔隙水溶解 CH_4(DCH_4)浓度测定。使用 3mL 塑料切断注射器通过盖管侧壁上预钻的孔提取沉积物。为了在沉淀物孔隙水中保存 DCH_4,将 3mL 湿沉淀物样品立即转移到 20mL 玻璃瓶中,玻璃瓶中填充 4mL NaOH 溶液(2.5%)。这些小瓶用丁基橡胶塞和铝盖密封,并上下颠倒保存。样品被带到德国,使用气体分析仪(Picarro G201-i,美国)测量瓶中顶空气体中 CH_4 的浓度和稳定碳同位素($\delta^{13}C$)。根据原位温度、静水压力和孔隙水矿化度,计算孔隙水 DCH_4 的饱和极限[97,98]。

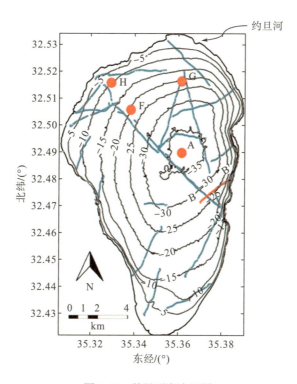

图 4-14　基尼烈湖水深图

注:黑线表示−213.7m 高度时的水深等高线;四个取芯站用红圈标出,在 H 站、F 站和 A 站采集冷冻岩芯,在所有 4 个站采集重力岩芯,所有取芯点都进行了固定水声测量;蓝线表示巡航水声测量的轨迹,样带 B-B′用红线突出显示。

　　CH_4 和 CO_2 的产率是通过在恒温[(19.2±0.3)℃]的黑暗条件下厌氧培养沉积物样品来测定的。取样后 1 周内开始实验室培养,避免样品长期存放带来的不确定性。重复样本(3mL)在 120mL 血清瓶中缺氧条件下培养[82]。每周的测量是通过用气密性注射器从顶部空间取一个小样本(0.1mL)来完成的。气体样品使用温室气体分析仪(UGGA,Los Gatos Research,美国)采用闭环操作方法进行测量[99]。气体产生速率是根据绝对顶空 CH_4 和 CO_2 浓度随时间的增加来估算的。为了计算沉积物 CH_4 产率(沉积物 CH_4 产率为单位湿沉积物的 CH_4 日产量),根据淡水沉积物 CH_4 产率的温度相关性,对原位沉积物温度进行修正,利用亚热带和温带的文献报告的平均值计算得到温度系数为 1.12[100]。

采用 CHNS 分析仪(Vario MicroCUBE，德国)测定沉积物颗粒有机碳(particulate organic carbon，POC)含量。用剩余的材料离心提取沉淀物孔隙水。孔隙水电导率和 pH 使用多探头传感器(WTW，德国)测量。采用膜过滤器(孔径 0.45μm)过滤后，使用离子色谱法(881 Compact IC pro，Metrohm，瑞士)分析水样中硫酸盐、硝酸盐、乙酸盐、DOC(仪器：multiNC 2100S，Analytik Jena，德国)、铁离子(Fe^{2+}、Fe^{3+})和锰离子(Mn^{4+})(仪器 Q-ICP-MS XSeries2，Thermo Fisher Scientific，德国)的浓度。

3. 沉积物-水界面气体冒泡的水声测量

2016 年 12 月，使用分束科学回声测深仪(120kHz，Simrad EY60，挪威)对水柱中气泡的空间分布进行表征。声学测量沿着覆盖整个湖区的 14 个样带进行。脉冲宽度设置为 0.256ms，采样率为 5pings/s。数据采集的下限阈值设置为−75dB，最低底部散射强度设置为−35dB，用于底部检测。数据是在湖床以上 4m 的水层中收集的。有关该方法的更多细节请参阅相关文献[90]。

利用 Sonar 5-Pro 对声学数据进行处理，利用软件自带的擦除工具对非气泡目标进行去除，然后对气泡密度进行量化[101]。体积后向散射系数 s 在宽 4m、500pings 的垂直箱中计算，沿每个样带定义 4~9 个采样单元。近底部水体中气泡的体积浓度 V 使用经验 V-S_v 相关关系计算[102]。近底气泡通量被量化为气泡体积密度乘以气泡上升速度(25cm/s)。假设近底部深度气泡中的 CH_4 浓度为 90%，对气泡体积进行原位静水压力校正，以计算 CH_4 气泡到大气的通量[102]。通量以湖床面积归一化的每日微摩尔 CH_4 释放率表示。

4. 估算沉积物气体含量分布的水声测量

2016 年 12 月进行额外的水声调查，以探究沉积物气体含量的空间分布。在平行水平上使用两个仪器进行测量：第一个是单波束双频线性回声测深仪(EA400，Kongsberg Maritime，挪威)；第二个是次底部分析器(SES2000 Compact，Innomar，德国)。EA400(波束角 7°×13°)从两个换能器发射两个主声脉冲，频率分别为 38kHz 和 200kHz。SES2000 是一个单波束非线性(参数)系统，主频为 100~115kHz，次频为 4~15kHz。由于在高声压下声音传播的非线性，两个信号相互干扰并产生低频声脉冲(次频)。这种次频(在我们的测量中为 10kHz)可以穿透沉积物，同时仍然保留一个小足迹[103,104]。在沉积物中没有游离气体的情况下，可以穿透到几米以下。然而，如果存在自由气体，回声脉冲会强烈衰减，从而产生所谓的声浑浊层[105-107]。参数系统用于支持沉积物分类结果，通过线性系统重点检测游离气体。

静止声学剖面记录 30s(>300ping)。为了产生最佳结果，使用大范围的不同脉冲长度。此外，还进行了全湖声学测量，以表征气体含量的空间分布。

由平稳计算得到每个取芯站的声学剖面水声参数(所有 ping 信号的平均值)，然后与沉积物的物理性质相关联。EA400 的测量回波分为 3 个阶段[18]。阶段 1：攻击——从脉冲到达湖床的那一刻起，直到脉冲的后坡到达湖底为止，它的持续时间大约为 1 个脉冲长度，从底部测点或沉积物-水界面开始。阶段 2：衰减——从攻击阶段的结束，距离沉积物-水界面一个脉冲长度的距离开始，一直持续到脉冲的前缘到达理想光束模式的边界(约 3 个脉冲长度)。阶段 3：释放——持续到脉冲完全进入底部。第 3 阶段不包括在内，因为计算的代数值可以忽略[88]。分别计算第一次回波前两个阶段的平均体积后向散射强度(Sv，单位为 dB)，即攻击期间的 Sv(AttackSv1)和衰变期间的 Sv(DecaySv1)使用文献[18]中提供的公式和 Sonar 5-Pro 软件进行计算。SES2000 数据的可视化和后处理使用德国 Innomar 公司的 ISE2 软件。

4.3.3　结果

1. 产 CH_4 作用对沉积物含气量垂直分布的控制

在原位静水压力和沉积物温度下，在沉积物-水界面以下 25～30cm 处，较深采样点(水深>15m，F 站、A 站和 G 站)均观察到沉积物孔隙水中 CH_4 过饱和(图 4-15)。原位孔隙水 DCH_4 浓度的峰值进一步表明这些层中存在气泡。从冰冻岩芯获得的原位沉积物体积气

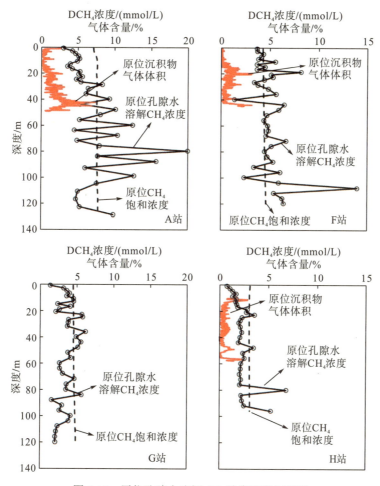

图 4-15　原位孔隙水溶解 CH_4 浓度深度剖面图

注：图中为 4 个站点(2017 年 11 月至 12 月)的体积气体含量及 H 站、F 站和 A 站点(2016 年 12 月采集)的冷冻取芯特征；原位 CH_4 饱和浓度极限深度剖面图用虚线表示，根据原位静水压力(及泥砂负荷)和泥砂温度计算孔隙水 DCH_4 饱和极限。

体含量的深度剖面证实了这一发现。在 A 站和 F 站，沉积物体积气体含量在 30cm 以下呈增加趋势；在 A 站，沉积物体积气体含量在岩芯下端(约 40cm 深度)附近的最大值为 7%；在 F 站，约 40cm 深度的气体含量的窄峰与 DCH_4 浓度的峰值重合，两者在 30~40cm 深度之间均为最小值。孔隙水 DCH_4 浓度深度剖面与原位气体含量吻合较好，表明 DCH_4 过饱和度可以很好地预测沉积物中游离气体的分布。

在 4 个岩芯中，CH_4 产量在 10~20cm 沉积物深度处为地表以下的最小值，尽管在 F 站这一点不太明显(图 4-15)。在此深度，CH_4 产率(MP)明显偏离幂律($MP = a \times$深度 $b, R^2 \geqslant 0.83$)，它描述了最小层以下和其他层的产量随深度的变化。表层 CH_4 产量的最小值与硫酸盐(SO_4^{2-})浓度的升高一致，表明硫酸盐还原带的存在。至于其他潜在的 CH_4 氧化剂和生成抑制剂(替代终端电子受体)，如 NO_3^-、Fe^{3+} 和 Mn^{4+}，其浓度(数据未显示)至少比硫酸盐低一个数量级，并且这些浓度与 CH_4 生成之间没有相关性。上层 30cm 沉积物中 CH_4 产率的抑制水平可以通过预测 CH_4 产率(使用拟合的 30cm 以下沉积物中 MP-深度公式外推)和实测 CH_4 产率的差值来估算。4 个站点表层 1m 沉积物中基于深度累计的整体 CH_4 产率(经原位沉积物温度校正)为 22.3~40.8mmol/(L·d)，而 G 点对 CH_4 产率的抑制水平最高[1.3mmol/(L·d)]，A 点的抑制水平最低[<0.1mmol/(L·d)]。

原位沉积物温度剖面图显示出从滨水带到深水带的强烈梯度。F 站和 G 站(水深 20m)沉积物温度曲线与 A 站(水深 36.7m)相似，温度升高 4~5℃。除 H 站外，其余站点的沉积物温度均受上覆水温的影响。H 站沉积物温度随沉积物深度的增加而升高，表明冬季对沉积物的降温作用较强。

CO_2 的消耗(即负产速率)在不同的深度都有观察到(图 4-17)，除 H 站外，在 40~50cm 的上层最明显。在 H 站，整个沉积物深度都观察到了正的 CO_2 产速率。一般来说，低浓度的乙酸盐(<6μmol/L)出现在硫酸盐还原区(A 站、G 站深度低于 40~60cm 区域)，其他两个点浓度稍高，达 18.7μmol/L。在硫酸盐还原带下方，乙酸显著富集(在深度 50cm 以下，pH 随乙酸盐浓度的增加而略有增加)(图 4-17)。沉积物上层相对较高的 POC 含量(高达 600mmol/g)和较低的孔隙水 DOC 浓度表明，表层 CH_4 生成的最小值不受 POC 来源的限制，而更多的是由产 CH_4 过程中不稳定的 DOC 的可利用率决定的。此外，在较大的沉积深度处，乙酸盐明显富集(图 4-17)，表明产 CH_4 不受底物限制。

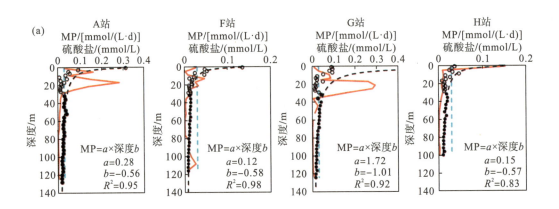

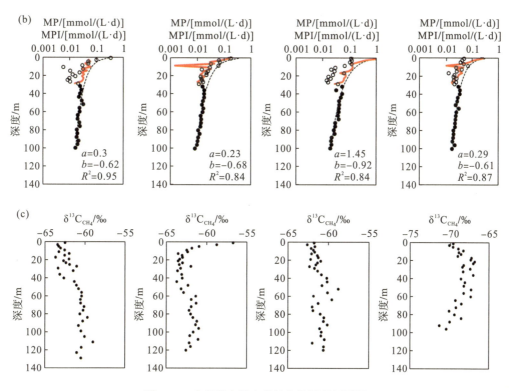

图 4-16　本书四个测点关键参数深度剖面图

注：(a) CH₄ 产率 (MP，黑色符号) 和孔隙水硫酸盐浓度 (红线)。黑色虚线表示 MP 在较低深度范围 (<30cm，填充黑色符号)，延伸到硫酸盐富集层 (开放黑色符号)；蓝色虚线表示硫酸盐还原的阈值浓度 (0.03mmol/L)[108]。(b) 计算 MP 和 MP 抑制率 (MPI)。根据原位沉积物温度对 MP 率进行校正，红色粗线是 MPI，计算为预测之间的差异 (根据从深度 >30cm 导出的功率拟合方程外推) 和实际 MP。(c) 孔隙水 DCH₄ δ¹³C$_{CH_4}$ 值深度剖面。

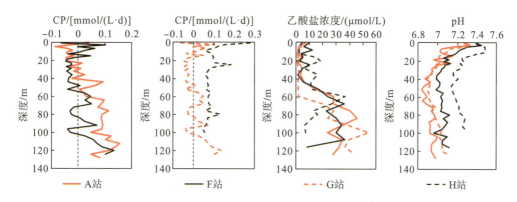

图 4-17　本书四个站点 CO₂ 产量 (CP)、乙酸盐浓度和 pH 深度剖面图

2. 沉积物含气量的空间 (水平) 分布

线性回声测深仪 (EA400) 观测到第二阶段回波的声波后向散射强度与孔隙水 DCH₄ 浓度 (在 1m 沉积物深度的平均深度上) 呈正相关。根据声学参数 DecaySv1 计算 DCH₄ 浓度的方程，发现声学参数与沉积物 CH₄ 产率之间没有相关性。值得注意的是，沉积物气体含

量，即孔隙率(来自冻结岩芯分析)与声学参数之间没有明显的相关性。这可以解释为冻结岩芯的长度有限，可能导致对深层平均气体体积含量的估计不准确。

沿着选定样条(图 4-14 中 B-B′)进行声学测量表明，DCH$_4$ 浓度与无沉积物气体聚集和气体沸腾之间具有良好的相关性(图 4-18)。在水深 15m 时，根据声衰减参数(DecaySv1)估计的 DCH$_4$ 浓度在 5~9mmol/L 变化，平均值为 7mmol/L，远高于与深度相关的饱和极限(≤6mmol/L)(图 4-18)。在水深<15m 处，DCH$_4$ 浓度急剧下降，但在较浅区域仍保持在饱和极限以下。在相似的水深处，观察到声穿透的明显变化(10kHz)，即从水深>15m 处的沉积物表层反射较强；在水深<15m 处，声波穿透到更深的沉积物中(图 4-18 和图 4-19)。这表明在深水处沉积物中存在游离气体；相比之下，在较浅的水域，沉积物中没有自由气体。这支持了 DCH$_4$ 浓度可以作为地表沉积物中自由气体聚集的预测因子的观点。在存在游离气体的区域观测到的强烈气泡(图 4-18 和图 4-19)证实了气泡的空间变异性与沉积物气体含量之间的联系。

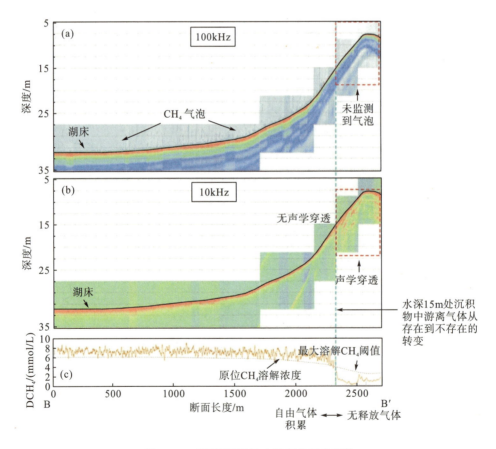

图 4-18　声学测量沿选定样带的声学参数

注：图中深水自由气聚集向无气浅层区转变。(a)100kHz 换能器的回声图显示在水深>15m 处，浅层水柱中未观察到气泡。(b)10kHz 回声图显示，在无气体的浅层区域，深声波穿透到沉积物中，而在较深的区域，穿透被阻挡在沉积物的表层。(c)利用回归方程(DCH$_4$=0.88×DecaySv1+20.05)估算的孔隙水计算平均 DCH$_4$ 浓度(地表 1m 沉积物)。

3. 冒泡与无沉积物气体聚集的空间分布

我们发现原位沉积物气体含量(孔隙分数)与原位 DCH_4 浓度之间具有良好的线性相关性。该相关性可应用于深度平均(超过 1m 沉积物深度)DCH_4 浓度计算,该浓度由声衰减参数 DecaySv1 推断。这表明沉积物声学衰减参数 DecaySv1 可以很好地代表沉积物气体含量。10m 等深层是浅层富气沉积物和无气沉积物的近似边界(图 4-20 中用高/低声衰减表示)。湖东部富气沉积物和无气沉积物的边界出现在水深 15m 处(图 4-19)。10～15m 以下沉积物水声衰减较低,向深水区增强。声波法测得的瞬态冒泡通量总体上遵循沉积物气体含量的空间分布规律,但冒泡通量具有较高的变异性。冒泡通量最高的位置在湖的北部,靠近约旦河入湖口(G 站),该位置沉积物 CH_4 产量与冒泡通量相当[$>40mmol/(m^2 \cdot d)$];在其他地点,总冒泡通量低于沉积物 CH_4 产量(60%～85%)。

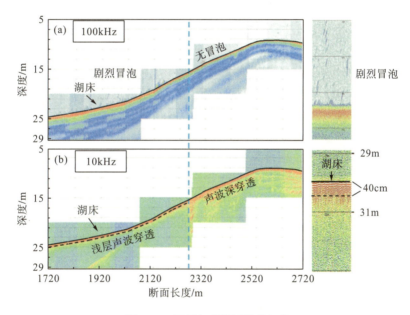

图 4-19　天然气成藏过渡带细节

注: (a)100kHz 测深仪沿 B-B′样带探测到湖床附近强烈的沸腾,水深>17m,在水柱中可以清楚地看到气泡。(b)在水深 15m 处由含气沉积物向无气沉积物急剧转变,深水区浅层声穿透(水深>15m)表明沉积物表层存在游离气体。

4.3.4　讨论

1. 历史人为扰动导致的硫酸盐还原带深度扩大

在基尼烈湖上 30cm 沉积物中,硫酸盐浓度与 CH_4 生成速率降低相吻合。在这个硫酸盐还原带上,观察到较低的 DCH_4 浓度,与表面沉积物气体含量的最小值一致(图 4-15)。我们的观察结果得到了后续研究的证实,用声学方法估计了基尼烈湖沉积物气体层的厚度[109]。在淡水湖中,硫酸盐还原与表层沉积物中气体含量之间的明显相关性以前从未被描述过。与其他湖泊相比,基尼烈湖的深层硫酸盐还原带是不常见的,在其他湖泊中，CH_4 生成速率通常在含氧沉积物中急剧下降。在这些系统中，硫酸盐浓度通常小于 $30\mu mol/L$[20]，游离气体在沉积物表面附近积聚[92]。

除浅层 H 站外，基尼烈湖沉积物孔隙水中的硫酸盐浓度在 $15\sim30cm$ 深度处明显最大，而近地表浓度较低。这解释了之前的研究结果，即在基尼烈湖最上面几厘米的沉积物中不会发生硫酸盐依赖的厌氧 CH_4 氧化[85,110]。沉积物-水界面处较低的硫酸盐浓度似乎与湖水是孔隙水硫酸盐直接来源的假设相反，尽管先前在硫酸盐浓度较高（$2mmol/L$）的湖泊沉积物中观察到相当深度的硫酸盐还原带（$25cm$）[87]。本书提出了基尼烈湖沉积物中硫酸盐深度分布的几种可能机制。最上层沉积物中低硫酸盐浓度可以用低磷水稀释来解释，因为在冬季混合时发现低磷离子中的硫酸盐浓度较低[111]。由于湍流混合，沉积物-水界面上溶质通量的增强已经在湖泊浅水区进行了研究（水深 $<10m$），同时观察到沉积物最上层 $8.5cm$ 孔隙水硫酸盐浓度降低[112]。内波诱导的对流孔隙水混合可能是沉积物孔隙水与上覆水之间硫酸盐交换增强的原因。事实上，在德国的斯特克林湖（Stechlin Lake），已经发现内波引起的间歇性变暖和变冷影响的深度可达沉积物-水界面以下 $10cm$[91]。

除了季节变化外，湖水中硫酸盐浓度还受到历史上人为扰动的影响。最近的事件是 1967 年建造了一个泵站，用于从基尼烈湖抽取水到国家水运系统[93]。近岸的含盐泉水被直接引到出水口，以防止湖水含盐量变得更高。因此，在过去的 60 年里，基尼烈湖水的盐度一直在下降。在湖中心（A 站）$30cm$ 深度处，硫酸盐浓度增强，在该深度剖面中，湿容重和孔隙水盐度也出现了转折点。假设沉降速率为 $4.5mm/a$，在基尼烈湖用铀-铅测年[113]，该深度相当于约 67 年的时间跨度。这些转折点因此可以追溯到 20 世纪 50 年代，也就是在引水系统建成之前的 17 年。然而，$1951\sim1958$ 年，上游的胡拉湖和周围的沼泽被排干[93]，沼泽中富含营养的水被排入基尼烈湖。这导致湖水和沉积物的生物地球化学特性发生了巨大变化，例如，A 站沉积物中的硫含量在 20 世纪五六十年代期间增加了数倍[114]。

除了上述机制外，另一个可能的因素是沸腾介导的孔隙水混合。这在海洋沉积物中也有报道，气泡释放导致硫酸盐还原带沉积物孔隙水的强烈混合[115]。考虑到在基尼烈湖沉积物中 $30cm$ 深度以下观察到气体含量增加的事实，从更深的深度释放气泡可能是出现硫酸盐富集层的原因。最近一项基于 X 射线扫描沉积物孔隙结构的建模研究也表明，CH_4 气泡的形成和释放可以显著增强水力导电性[116]，从而增强沉积物-水界面的溶质交换。

2. 沉积物-水界面 CH_4 通量——深层 CH_4 生成的重要性

我们对 CH_4 产率的估计 $[8.2\sim14.9mol/(m^2\cdot a)]$ 与先前基尼烈湖的长时间平均气泡测量值 $[15.4mol/(m^2\cdot a)]$[117] 以及气泡通量测量值 $[10mol/(m^2\cdot a)]$ 的估计十分一致[90]。通过沉积物-水界面产生的深度综合 CH_4 通量远高于高纬度湖泊的 CH_4 通量，例如，美国威斯康星州湖泊的 CH_4 通量为 $1.6\sim2.2mol/(m^2\cdot a)$[118]；与高泥沙负荷的蓄水河流相当，为 $43.3mol/(m^2\cdot a)$[2]。

沉积物 CH_4 产量的空间变化可以用沉积的空间格局和原位沉积温度来解释。受约旦河流入的影响，G 站的沉积速率最高值为 6.3mm/a，其次是中央 A 站，由集中的藻类沉积速率引起的沉积速率为 4.5mm/a[25,119]。然而，在浅水站点（H 站）报道的低沉降速率（2mm/a）并没有导致 CH_4 产量的显著减少，这是因为该地点沉积物温度较高（平均 23.6℃）。观测到的沉积物温度在深度上的升高表明存在局部温暖的盐水泉，这种泉水在基尼烈湖滨带已经被发现[120]。

在硫酸盐还原带以下，CH_4 产量较低，但对 1m 沉积深度综合 CH_4 产量的贡献为 30%～48%（0.3～1m 沉积深度综合 CH_4 产量占 1m 沉积深度综合 CH_4 产量的比例）。假定 1m 以下的 CH_4 产量对通过沉积物-水界面的 CH_4 总通量的贡献可以忽略不计，在基尼烈湖，约 80% 的 CH_4 通量通过沉积物-水界面被发现由气泡介导[117]。本书的测量结果表明，硫酸盐还原带以下的沉积物气体含量最大，这表明深层沉积物中的 CH_4 气泡对沉积物-水界面上的冒泡通量有很大的潜在贡献。深层充气层气泡的生长和释放受沉积物力学特性的影响[39,40]，并应在未来的调查中予以考虑。

虽然以往的研究为基尼烈湖沉积物产 CH_4 和厌氧 CH_4 氧化提供了有价值的信息，但大多数研究仅限于相对浅层的沉积物（深度<30cm），即硫酸盐还原带以下的沉积物很少被研究，最近只有一项研究[121]达到了 40cm 的深度。通过使用长度大于 1m 的沉积物岩芯，本书为沉积物 CH_4 生成提供了新的见解，这在以前的研究中很少涉及[38,85,91]。

在低硫酸盐浓度下，沉积物中同时存在硫酸盐还原和 CH_4 生成（<0.3mmol/L）。硫酸盐还原区产生 CH_4 的潜在途径是以 CO_2/H 为基础 CH_4 生成与硫酸盐还原相结合。在低乙酸盐浓度（<6μmol/L）中，硫酸盐还原菌对以乙酸盐为基础的产甲烷有抑制作用，而硫酸盐还原菌对乙酸盐的产 CH_4 作用强于产甲烷菌[108,122,123]。同时，硫酸盐还原剂产生的 CO_2 可用于产 CH_4，但其速率可能受到硫酸盐还原速率的限制[38]。在硫酸盐还原区观察到的 CO_2 消耗速率与 CH_4 的产生速率在同一数量级，这一想法得到了支持。这种合成乙酸 CH_4 的形成被假设为 $\delta^{13}C_{CH_4} \sim -62‰$ 的同位素特征[38]，这与我们的测量结果相差不大（图 4-16）。

考虑到孔隙水硫酸盐的历史来源，它使 CH_4 的产量减少了 25%～59.1%，随着硫酸盐池的不断枯竭，未来基尼烈湖的 CH_4 排放量可能会增加。未来的工作应该整合 CH_4 产生和排放两个过程，并进一步评估胡拉沼泽的排水对基尼烈湖和其他淡水系统碳循环的影响及这些系统受人为因素的影响。

由于难以准确测量空间和时间变化的通量，对淡水湖泊的 CH_4 排放还远未完全了解，因此在气候变化下的预测存在很大的不确定性。统计数据显示，全球湖泊表面温度呈上升趋势[124]。温度升高预计会导致分层期延长，沉积物的氧暴露减少，碳埋藏率增加[21]。本书研究表明，利用一种综合（自下而上）方法，即直接与沉积物 CH_4 形成潜力联系起来，可以更为便捷地研究湖泊 CH_4 气泡通量的潜力[2]。这可以通过利用模拟湖泊热结构和气泡溶解动力学的模型来补充[117]，以改进变化的气候条件下冒泡通量的预测。

3. 将冒泡的空间变异性与气泡的形成联系起来

基尼烈湖沉积物气体含量具有高度的空间异质性，这影响了冒泡的空间变异性。在基尼烈湖进行的低频水声声波反射测量表明，沉积物气体含量也存在类似的深度依赖性[125]。然而，沉积物中缺乏游离气体且沿岸沉积物中的气体冒泡(图 4-20)与在其他湖泊中观察到的情况相反，在其他湖泊中，冒泡通常在沿岸地区最活跃[126,127]。浅层活跃的冒泡是高温和低静水压力共同作用的结果。深层状湖泊的沿岸区水温较高，促进了沉积物中 CH_4 的生成。此外，较低的溶解气体浓度需要达到过饱和且在浅水中才形成气泡。基尼烈湖滨带以有机质含量较低的砂质沉积物为主，其模式可能与湖滨带湖床的暖盐水泉的地质环境有关[120]。此外，基尼烈湖在夏季暴露于强风中，产生表面和内部波，倾向于将沿海带的有机物集中到深海带[128,129]。在浅层区域观察到低频声波的深穿透，以前的声学调查也有报道[120]。

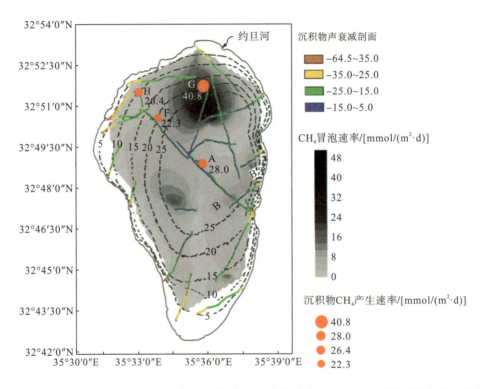

图 4-20　2016 年 12 月 3～5 日的冒泡通量(灰度)和沉积物声衰减 DecaySv1(彩色线)的空间分布

注：沉积物气体含量的每个数据点是通过求 10 个单独地测量的平均值来计算的。沉积物 CH_4 生成速率(MP)用填充的圆圈表示(圆圈旁边的值)，圆圈的面积与 MP 成正比；虚线表示等深线(m)；使用声学方法评估气体冒泡。

应该注意的是，气泡和沉积物气体含量的空间分布都可以被气体气泡的时间变化所掩盖。静水压力变化已被证明会引起沸腾的强烈时间变异[5,13,130]。在基尼烈湖，以往的研究已经观察到沸腾通量对水位变化有很强的依赖性。夏季和秋季通量最高，这是因为水位的降低有利于气泡的形成和释放[15,92]。这解释了 2016 年冬季观测到的沉积物 CH_4 产气量与冒泡通量之间的差异。气泡释放是 CH_4 产生及其溶解对沉积物孔隙气腔补给后与沉积物基质相互作用的结果[13]。沉积物可以储存大量的游离气体[83]。沉积物的储气能力与沉积物的结构和力学特性有关[27,77]。气泡的形成是一个缓慢的过程，主要受沉积物 CH_4 生成的控制,而气泡的释放是一个受静水压力变化控制的快速过程。这意味着,假设储气容量相似,沿海地区的气体沸腾对压力变化比深海地区更敏感[89]。这也许可以解释观察的较高沉积物气体含量的湖的上层带中具有较低的沸腾速率的原因(图 4-20)。因此,短期沸腾动力学可以暂时与沉积物 CH_4 生成的动力学耦合,并依赖于过去沉积物气体储量的变化。例如,在 A 站,假设在极端沸腾事件期间,气体库存完全清空,根据 CH_4 产量的平均测量率,需要大约 5 个月补充 2.3%的沉积物气体含量。未来的研究应开发基于过程的模型,以便更好地理解这些复杂的气体储存和释放模式。

4.3.5 结论

通过冷冻取芯将原位 DCH_4 浓度剖面与水声测量相结合,研究了基尼烈湖沉积物气体含量的分布。这为通过表征沉积物气体聚集来预测沸腾的空间格局提供了一种有效的方法。我们首次探索了淡水湖中气泡与沉积物气体含量之间的联系。基尼烈湖沉积物气体含量在垂直和水平上都是不均匀的。深度梯度较大时,游离气在 30cm 以下聚集;深度梯度较小时,气体含量明显较低。沉积物上层气体含量低的原因是硫酸盐还原作用导致 CH_4 产量极少。沉积物 30cm 以上轻微富集的硫酸盐(浓度<0.3mmol/L)是胡拉湖排出的富含硫酸盐的水造成的。

20 世纪 50 年代,沼泽变成了湖泊。研究结果表明,硫酸盐还原带使沉积物中深度综合 CH_4 产量降低了 25%~59.1%。沉积物深度综合 CH_4 产量与沉积物-水界面上的 CH_4 通量密切一致。硫酸盐还原带下方充气层对总 CH_4 通量的高贡献(30%~48%)表明,充气层是气体沸腾的重要来源。在水声测量中,沉积物气体含量有较大的水平梯度。游离气在沸腾速率较低的滨海带较低,并向深水带增加。这种梯度产生的原因在于有机质含量较低的粗粒沉积物和沿海地区存在水下泉水。本书研究将为今后淡水湖泊气体沸腾空间分布的研究和预测提供参考。

4.4 澜沧江上游梯级水库 CH_4 排放的时空变化

水库是大气 CH_4 的重要来源,CH_4 是一种强效温室气体。澜沧江是亚洲较大的河流之一,已被大量筑坝,可能成为 CH_4 排放的潜在热点。虽然先前报道了澜沧江上游梯级水库的低 CH_4 扩散通量,但冒泡的贡献仍未得到探索。为了更好地了解澜沧江中水库的冒泡程度和驱动因素,在其中四个水库(分别为苗尾水库、功果桥水库、漫湾水库和大朝山水库)中安装了自动气泡捕集器,在六个月内以高时间分辨率连续监测 CH_4 冒泡通量。为了表征由冒泡和扩散方式排放的 CH_4 通量的空间变异性,使用用于气泡观测的科学回声测深仪和用于监测表层水体溶解 CH_4 浓度的水-气平衡装置进行整个水库的调查,从而估计 CH_4 扩散通量。在气泡捕集器部署地点附近收集沉积物岩芯,并进行实验室培养,估计 CH_4 的潜在产生速率和厌氧氧化速率。沉积物中 CH_4 的产生潜力沿着梯级水库自上而下快速增加,大部分通过厌氧氧化减少。相比之下,表层水体 CH_4 通量在冒泡和扩散途径中都表现出很高的空间变异性[在所有水库中，冒泡和扩散途径的 CH_4 通量分别为 0.05～44mg/(m^2·d) 和 1.8～6.4mg/(m^2·d)]。冒泡通量比扩散通量高出约一个数量级，在 30～45m 深的地点仍然很显著。冒泡的重复空间模式(坝区的通量比上游段的通量高)表明，沉积物运输和沉积可能控制 CH_4 排放量。

4.4.1 引言

内陆水域向大气排放大量温室气体，包括 CO_2 和 CH_4[3,131,132]。CH_4 的排放尤为重要，因为其对全球变暖的贡献是 CO_2 的 28～34 倍[133]。尽管 CH_4 是一种重要的温室气体，造成了前工业化时代以来约 20%的全球变暖，但对其源和汇的分布和动态仍知之甚少[19]。内陆水域的排放率限制不佳，是全球 CH_4 预测不确定性的主要来源[70]。

内陆水域受到全球富营养化和河流筑坝的影响[134-136]。据观察，水库表面是内陆水域 CH_4 排放的热点之一[137-139]。新鲜沉积物的持续供应和沉积是河流型水库 CH_4 排放主要原因[1,17]。例如，Maeck 等[17]观察到，与温带水库的自由流动段相比，蓄水水库中的 CH_4 排放量增加了 80 倍。水库的年龄和地理位置最初被认为是热带地区新建水库 CH_4 排放量高的重要因素[137]，然而，最近的研究[71,139]表明，营养状态是水库 CH_4 排放的更重要驱动因素。在这些先前的研究中存在很大的地理差距[137,139]，中国西南地区尤其如此，而该地区是正在进行和计划进行的水电开发的热点地区之一[136]。

澜沧江是亚洲较大的河流之一，形成了世界上较大的梯级水库系统之一[140,141]。澜沧江上游梯级水库的高泥沙捕获效率[142]表明，这些水库可能是 CH_4 排放的潜在热点[143-145]。据报道，这些水库的 CH_4 扩散通量虽然相对较低[143]，但尚未评估冒泡(起泡)的贡献。为了更好地探索这些梯级水库 CH_4 通量的大小、驱动因素以及空间和时间变化，我们在澜沧江的四个水库进行了密集测量。在空间调查中，绘制溶解 CH_4 浓度(由此计算扩散通量)和冒泡通量的空间分布图，从系泊的气泡捕集器中获得冒泡速率的时间序列，并通过实验室培养测量沉积物样品的 CH_4 净产生潜力和厌氧 CH_4 氧化速率。

4.4.2 材料与方法

1. 研究地点和采样概述

澜沧江发源于青藏高原，流经 6 个国家，在越南排入南海。澜沧江流域属于热带季风气候，雨季为 5～10 月，旱季为 11 月～次年 4 月。我们研究了位于梯级水电站上游的四个水库，这些水库长约 440km(24°01′48″N～26°32′34″N)，约占澜沧江总长度的 10%，表 4-4 总结了四个水库的主要特征。

本书研究团队分别在苗尾(MIW)、功果桥(GGQ)、漫湾(MAW)和大朝山(DCS)水库进行了两次采样活动。在 2018 年 3 月(旱季)的第一次采样中，我们安装了四个自动气泡捕集器(每个水库一个)、水温和水位记录仪。在每个水库内的选定地点对水柱中的溶解 CH_4 浓度和上升气泡中的 CH_4 含量进行监测。在气泡捕集器附近收集沉积物岩芯，并在实验室中培养，以测量 CH_4 净潜在产生速率和厌氧 CH_4 氧化速率。在 2018 年 9 月(雨季)的第二次采样期间，我们使用基于船的原位采样技术对地表水中的溶解 CH_4 浓度和水柱中上升的气泡进行高分辨率测绘。在两次采样期间(雨季和旱季)以及年中和年末测量了大坝上游水柱垂直剖面的理化性质。

表 4-4　研究水库的特征

指标	苗尾 (MIW)	功果桥 (GGQ)	漫湾 (MAW)	大朝山 (DCS)
库龄/a	4	6	25	15
水力停留时间/a	0.52	0.01	0.78	0.3
高程/m	1408	1307	994	899
平均深度/m	67	43	22	48
最大深度/m	108	76	56	92
平均宽度/m	335	340	380	330
总长度/km	61	37	70	89
表面积/km²	17.5	12.96	23.6	30.1

注：库龄以 2018 年为计算基础；水力停留时间取自文献[143]；高程、平均深度、最大深度、平均宽度、总长度和表面积是指每个水库正常水位下的特征。

2. 沉积物潜在 CH_4 产生、氧化速率

2018 年 3 月，使用重力取芯器在四个自动气泡捕集器附近收集沉积物岩芯(每个水库一个岩芯，直径 6cm，长度 22～70cm)。将岩芯在野外切成厚 2～8cm 的层，并将均质的沉积物样品储存在气密的小瓶中，以备日后分析。

在德国科布伦茨兰道大学，沉积物样品在缺氧条件下于 20℃培养，以确定 CH_4 的净产生速率。根据淡水系统中 CH_4 生产速率和沉积物温度之间的相关性，对现场温度进行校正[146,147]，使用 1.12 的温度系数[100]，通过面积加权深度平均生产率 $[MP_{ave} = (\sum MP_i \cdot h_i)/\sum h_i$，$MP_{ave}$ 是面积加权深度的平均生产率，MP_i 是厚度为 h_i 的每个深度层的 CH_4 生产率，i 是随深度增加的亚沉积物层数]乘以原位温度校正后的沉积物深度。每个沉积物子样品中的有机物含量估计为 550℃下的灼烧损失。

瑞士巴塞尔大学使用放射性示踪剂 $^{14}CH_4$ 技术[148]测量 1cm、3cm、5cm 和 7cm 沉积物深度沉积物样品(20℃)中的厌氧 CH_4 氧化速率。CH_4 总产量是通过将厌氧 CH_4 氧化速率与 CH_4 净产量相加来计算的。

3. 使用回声测深仪和自动气泡捕集器进行气泡观测

在 2018 年 9 月的巡航调查中，使用分束科学回声测深仪(Simrad，EY60，挪威；采用 120kHz 换能器，波束角为 7°×7°)观察水柱中上升气泡的数量和大小(大朝山除外，调查中仪器出现故障)。测量是通过将换能器安装到船上(向下看)并沿"Z"形轨迹以 5km/h 的恒定速度行驶来进行的。脉冲宽度设置为 0.256ms，采样率为 10pings/s(水深>60m 时

为 5pings/s)。换能器的窄波束角 (7°) 导致波束足迹直径为 2.7～8.2m (面积 5.7～53.2m²)，对应于三个调查水库中 22～67m 的平均水深 (表 4-4)。苗尾、功果桥和漫湾水库的回声探测轨迹的总长度分别为 18.3km、24.8km 和 46.1km，对应于 $17.6×10^3 m^2$、$67.2×10^3 m^2$ 和 $87.3×10^3 m^2$ 的总覆盖范围 (苗尾的覆盖范围较低是由于对水库调查的面积有限)。测量到大坝的距离分别为 1.1～11.9km、1～15.5km 和 0.5～26.5km，三个水库的最大覆盖水深分别为 95m、39m 和 46m。

利用 Ostrovsky 等[92]和 Delsontro 等[24]的程序进行声学数据分析。简言之，气泡被识别为目标强度在 -65～-40dB 的单个声目标，在至少 5 次 pings 中观察到。基于目标上升速度 (下阈值为 25cm/s) 区分气泡与非气泡。声学数据用 Sonar5Pro (Lindem data Acquisition，Oslo，挪威) 进行处理，并被限制在最大 10m 厚的近底层水域，那里的回声图质量最高。使用 Ostrovsky 等[92]提供的经验关系，并通过现场校正静水压力的气泡体积，根据声目标强度估计气泡体积。最后，将近底部气泡通量化为体积气泡密度和气泡上升速度的乘积。每个样带以 50m 的距离间隔被划分为多个片段，最终通量取为片段平均值。

在四个水库中 (大坝上游约 2.5km) 都部署了一个自动气泡捕集器。由于难以找到进入水库的通道，水位波动较大，气泡捕集器的部署仅限于近岸区域，苗尾水库、功果桥水库、漫湾水库和大朝山水库的水深分别为 12m、28m、40m 和 32m。气泡捕集器由倒置的漏斗 (直径 0.8m) 组成，连接到带有数据记录器的光学气泡尺寸传感器[149]。气泡捕集器是在水面以下约 1.5m 的漂浮浮标上部署的。根据电池寿命和沉积物对传感器的堵塞情况，苗尾水库、功果桥水库、漫湾水库和大朝山水库的冒泡时间序列分别为 140d、116d、114d 和 161d，大多数数据采集于 2018 年 3～6 月。

用倒置漏斗 (开口直径 0.2m) 捕获气泡，在水面以下的 2～3 个位置手动收集气泡气体，该漏斗安装在 20mL 充水玻璃小瓶上。这是用锚重扰动沉积物来触发气泡的释放而实现的，这些气泡在水面正下方被捕获。使用便携式温室气体分析仪 (UGGA，Los Gatos Research，美国) 和闭环方法[99,150]测量气体样品气泡中的 CH_4 含量。

所有的冒泡 CH_4 通量都被报道为在大气压力和原位温度下的表面通量。对于从气泡捕集器获得的数据，通过用基于手动气泡样品的估计 CH_4 气泡含量校正体积通量来计算 CH_4 通量。对于回声测深仪收集的近底部气泡通量数据，通过考虑气泡上升过程中水柱中的气泡溶解来估计表面 CH_4 通量[23]。通过使用 Greinert 和 Mcginnis[151]开发的气泡溶解软件校正原位静水压力、气泡气体中的平均 CH_4 含量和水柱中溶解 CH_4 的深度分布来实现的。

4. 溶解 CH_4 浓度测量和扩散通量计算

使用与便携式气体分析仪 (gas Scouter Picarro G4301，美国) 耦合的快速响应气体平衡仪[152]原位绘制近地表水中的溶解 CH_4 浓度。测绘部分是结合回声测深仪测量进行的，并遵循 "Z" 形路线 (覆盖河岸附近的浅水区、支流海湾以及主要河道)。

利用薄边界层模型[153]，根据地表水中溶解的 CH_4 浓度计算 CH_4 扩散通量。使用 Liss 等[154]提出的方程，用 2m/s 的风速计算气体传输系数，该风速对应于 Shi 等[143]报告的研究水库的平均风速。

5. 环境数据的测量

水位和温度记录仪(HOBO U20L-02,美国；TDR,RBR,加拿大)部署在苗尾水库、功果桥水库和漫湾水库,靠近自动气泡捕集器(沉积物-水界面上方 1m,数据记录时间间隔为10min),但记录仪和数据丢失导致时间序列变长。在采样期间(2018 年 3 月、7 月、9 月和 2019 年 1 月),使用多参数探针测量气泡捕集器部署地点附近的水温、溶解氧和叶绿素 a 的深度分布。

6. 统计分析

利用线性回归检验沉积物 CH_4 净生成速率与有机物含量之间的相关性、冒泡 CH_4 通量与静水压降的相关性和冒泡 CH_4 流量与水深的相关性。结果中的 R^2 根据数据点的数量进行调整。回归斜率的显著性通过方差分析进行检验,显著性水平 P 为 0.05。

4.4.3 结果

1. 沉积物潜在的 CH_4 产生和厌氧 CH_4 氧化速率

在沉积物岩芯中观察到的 CH_4 净潜在产生速率沿着梯级水库从上游到下游单调增加(表 4-5)。最上游苗尾水库沉积物的平均体积生产率为(1.4±1.3)mg/(L·d)(平均值±标准差),最下游大朝山水库沉积物的平均体积生产率为(9.5±4.6)mg/(L·d)。

表 4-5 沉积物潜在 CH_4 产量表示为深度综合净生产率

指标	苗尾 (MIW)	功果桥 (GGQ)	漫湾 (MAW)	大朝山 (DCS)
沉积物有机质含量/%	4.2±0.4	3.5±0.5	3.9±1.1	7.3±0.8
叶绿素 a 浓度/(μg/L)	1.5±1.7	1.3±1.2	1.4±0.7	1.9±1.5
20℃时氧化造成的 CH_4 损失分数/%	7.9	1.8	0.1	0.0
20℃时 CH_4 产生速率/[mg/(m²·d)]	2222	2316	3127	8766
现场温度下的 CH_4 产生速率/[mg/(m²·d)]	1762	1851	3479	10391
CH_4 冒泡通量(气泡捕集器)/[mg/(m²·d)]	8±13.4	14±34.1	44±55.8	0.05±0.4
CH_4 冒泡通量(回声测深仪)/[mg/(m²·d)]	2.1±5.3	82±89.3	40.7±109.4	无数据
CH_4 扩散通量/[mg/(m²·d)]	4.7±1.9	3.9±11.9	6.4±4.2	1.8±1.5

注：此处报告了两种速率：①CH_4净产量；②校正原位沉积物温度后的 CH_4 净产量。厌氧氧化导致的 CH_4 损失分数(%)为(综合)上部 8cm 沉积物柱的厌氧氧化/总产量·100%(总产量=净产量+厌氧氧化量)。扩散通量是根据调查期间观测到的地表水 CH_4 浓度的平均值和 2m/s 的风速估计的,这与 Shi 等在研究水库的测量报告的平均风速相对应[143]。除沉积物 CH_4 产生速率外,其他数据均为平均值±标准偏差(SD)。

大朝山水库的有机质含量最高[(7.3±0.8)%]，上游三个水库中的有机物含量相似，为平均 3.5%～4.2%[表 4-5 和图 4-21(c)]，并且与 CH₄ 净潜在生产速率显著正相关($P<$0.001)。尽管在漫湾和大朝山水库中观察到沉积物表面附近有高产量的薄层(分别为 2cm 和 4cm)，但单个岩芯内的生产率没有显示出一致的垂直变化[图 4-21(b)]。与生产速率相比，潜在的厌氧 CH₄ 氧化速率通常较低[0.001～0.062mg/(L·d)][图 4-21(a)，图 4-21(b)]。除了最上游的苗尾(7.9%，表 4-5)水库外，其他水库由于厌氧氧化而损失的 CH₄ 部分(相对于总产量)在上部 8cm 沉积物中起着次要作用。20℃下由于氧化造成的 CH₄ 损失分数在功果桥时沿梯级水库急剧下降至 1.8%，在漫湾和大朝山时可忽略不计(分别为 0.1%和 0.0%)。

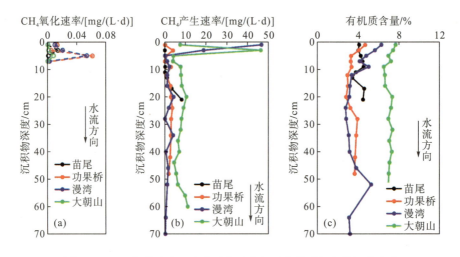

图 4-21　CH₄ 氧化速率、产生速率及有机质含量随沉积物深度变化

注：(a)、(b)在部署气泡捕集器的地点，沉积物厌氧 CH₄ 氧化的深度剖面和净生产率(每天每升湿沉积物中 CH₄ 的质量)，在 8cm 沉积物深度以上测定 CH₄ 氧化速率，为了进行比较，这些速率是在培养温度(20℃)下测量的，并且没有针对原位沉积物温度进行校正；(c)沉积物有机质含量的深度剖面(干重的质量百分比)。

2. CH₄ 冒泡通量

1)冒泡的时间动力学

在所有水库中(大朝山除外)，气泡捕集器部署地点的连续观测结果揭示了不同时间尺度下冒泡通量的高时间变异性[图 4-22(a)，图 4-22(b)]。冒泡 CH₄ 通量在分钟时间尺度上从 0 到$(1.5\sim33)\times10^3$mg/(m²·d)不等[图 4-22(a)]，而在日时间尺度上时间变异性降低了两个数量级，从 0 到$(5\sim238)$mg/(m²·d)不等[图 4-22(b)]，这表明在这种动态系统中连续测量冒泡通量的必要性。功果桥水库收集了最完整的水位数据，其每小时时间尺度的冒泡时间序列[图 4-22(c)]表明，由于水库运行，静水压力变化的影响很大。冒泡通量的明显峰值与每天水位的快速下降(0.2～1.3m)非常对应，水位上升是抑制冒泡的一个因素。在气体冒泡幅度(通过考虑压降和气泡释放之间的潜在时间滞后，在压降的时间段内累积的冒泡 CH₄ 通量)和水位下降之间发现了显著的正非线性关系($P=0.002$)[图 4-22(d)]。

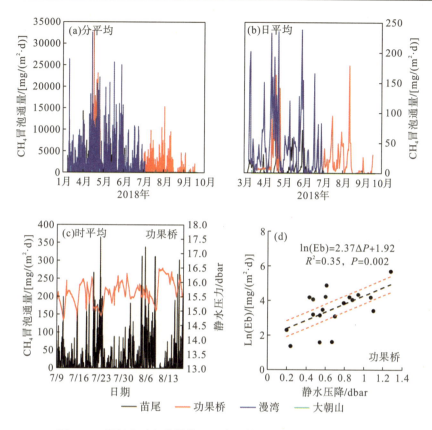

图 4-22　通过自动气泡捕集器观察到的冒泡速率的时间动力学

注：(a) 1min 时间分辨率下的冒泡记录；(b) 日平均冒泡率；(c) 功果桥水库每小时冒泡速率(黑线)与静水压力数据(红线)的组合示例；(d) 功果桥水库中响应静水压降(ΔP)的每小时冒泡 CH_4 流量(Eb)，此处 y 轴是对数变换的；黑点表示在静水压力下降的时间段内累积的冒泡 CH_4 通量(考虑了压力下降和气泡释放之间的时间滞后)；黑色虚线表示根据图中所示的方程和回归统计的线性回归(对数转换的冒泡率)；两条红色虚线表示拟合的 95% 置信度的上限和下限。1bar=10^5Pa。

2) 冒泡的空间异质性

由冒泡 CH_4 通量显示出强烈的水库内和水库间空间变异性(图 4-23)。回声测深观察到，从上游苗尾水库到漫湾水库，三个调查水库的冒泡通量都在纵向上持续增加[图 4-23(a)～图 4-23(c)]。苗尾和漫湾水库的通量略高，与功果桥水库的"热点"形成对比，功果桥水库的冒泡通量是苗尾水库的 3 倍多[图 4-23(d)]。冒泡在位于最上游的苗尾水库中最不活跃[CH_4 冒泡通量平均值为 2.1mg/(m^2·d)]，在功果桥水库中急剧增加[CH_4 冒泡通量平均为 82mg/(m^2·d)]，最终在下游漫湾水库中下降到 40.7mg/(m^2·d)。在三个水库中，表层水面收集的气泡 CH_4 含量相似，平均 CH_4 体积浓度在 42%～57%。

在调查的苗尾、功果桥、漫湾三个水库中，没有观察到一致的水深对冒泡率的控制(图 4-24)。在苗尾和漫湾水库中，CH_4 冒泡通量均随水深而降低，而只有苗尾中的关系显著(P=0.01)[图 4-24(a)、图 4-24(c)]；相反，在功果桥水库中，往往在更深的水下冒泡更活跃[图 4-24(b)]。

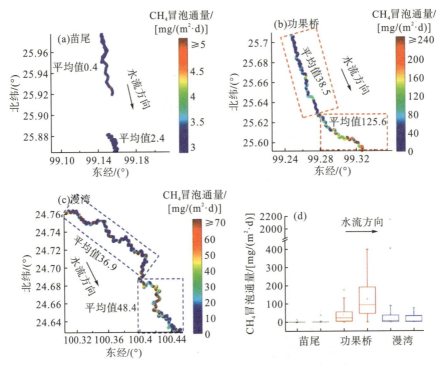

图 4-23 使用回声测深仪测量的冒泡率的空间分布

注：（a）、（b）和（c）分别代表苗尾、功果桥和漫湾上游的坝区横断面。所有数据都是面积平均表面通量（在 50m 的流动分段尺度上进行平滑和平均），并根据静水压力变化、气泡上升和水柱的溶解气体进行校正以及面积平均。（d）为水库内和水库间冒泡 CH_4 通量的比较。各个水库两个方框图分别显示上游和坝段的冒泡 CH_4 通量；方框图显示中位数（方框内的水平线）、平均值（正方形）、25 个百分点和 75 个百分点（方框的下端和上端）、1 个百分点和 99 个百分点（延伸到方框外的垂直线）以及最小/最大值（交叉）；水流方向用箭头指示。

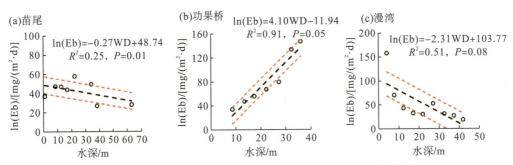

图 4-24 三个水库的分段平均冒泡率（Eb）与水深（WD）的关系

注：（a）、（b）和（c）分别显示出了苗尾、功果桥和漫湾水库的情况；此处 y 轴是对数变换的；通量数据根据水深以 5m 的间隔进行平均；深色虚线显示了根据图中所示的方程和回归统计的线性回归；两条浅色虚线显示了拟合的 95% 置信度的上限和下限。

3）溶解 CH_4 浓度和通量

地表水中溶解 CH_4 浓度的高分辨率空间映射揭示了较大的空间变化［图 4-25 和图 4-26（a）］。观察到三种空间模式：①在苗尾和漫湾的中间水库段观察到高浓度；②在分布式控制系统的中间水库段测得相对较低的浓度；③上游部分是功果桥水库中溶解 CH_4 的热点。大朝山水库的平均 CH_4 浓度（和标准偏差）在（0.4±0.3）μmol/L 到漫湾的（1.4±1.0）μmol/L。

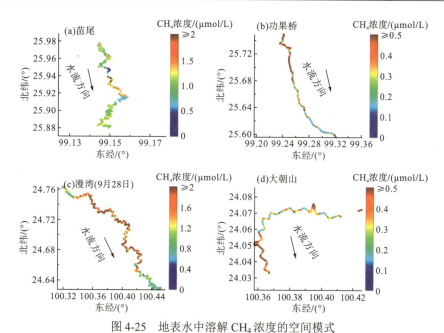

图 4-25　地表水中溶解 CH₄ 浓度的空间模式

注：(a)、(b)、(c) 和 (d) 分别显示了苗尾、功果桥、漫湾和大朝山水库的测量结果。通过颜色比例显示了船只调查沿 "Z" 形路线的浓度；水流方向用黑色箭头指示；为了增强可视化，在 50m 的距离处对浓度进行平均；在漫湾水库进行了两次测量（2018年 9 月 25~28 日），此处仅显示 2018 年 9 月 28 日的数据。

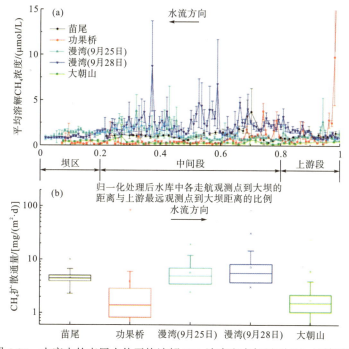

图 4-26　水库中的表层水体平均溶解 CH₄ 浓度和水气界面 CH₄ 扩散通量

注：(a) 为四个水库的地表水中溶解 CH₄ 浓度在到每个水库大坝的归一化距离上的分布。在每个水库中，根据各点到大坝的距离和大坝到上游最大距离进行归一化处理。在漫湾进行了两次测量（2018 年 9 月 25 日与 9 月 28 日）。(b) 为四个水库中 CH₄ 扩散通量的箱形图。箱形图显示中位数（方框内的水平线）、平均值（正方形）、25 个百分点和 75 个百分点（方框的下端和上端）、1 个百分点和 99 个百分点（延伸到方框外的垂直线）以及最小/最大值（交叉）；扩散通量是根据 2m/s 风速下的溶解 CH₄ 浓度测量值估算的；水流方向用箭头指示。

最大浓度高达 $30\mu mol/L$。所得扩散通量在大朝山处最小$[1.8mg/(m^2 \cdot d)]$，在漫湾处最大$[$两次连续测量的平均值为 $6.4mg/(m^2 \cdot d)][$图 4-26（b）和表 4-5$]$。四个水库的扩散排放没有显示出明显的纵向模式$[$图 4-26（b）$]$。上游三个水库除了功果桥外没有明显差异$[$图 4-26（b）$]$，由于上游区域溶解的 CH_4 浓度极高，观察到扩散排放的高度可变性$[0.5 \sim 130mg/(m^2 \cdot d)]$。

4.4.4　讨论

1. CH_4 冒泡通量的贡献

在使用两种不同方法（自动气泡捕集器和回声测深仪）收集的数据之间（表 4-5），没有观察到冒泡通量的一致性差异。在功果桥中，回声测深仪测得的 CH_4 冒泡通量几乎是气泡捕集器的 4 倍，而在苗尾和漫湾水库则相反，回声测深器测得的冒泡通量比气泡捕集器低。功果桥 CH_4 排放热点的气泡羽流的存在（参见表 4-4 中气泡羽流示例回波图）可以解释该水库自动气泡捕集器的通量估计与空间调查之间的差异。局部气泡羽流造成的 CH_4 热点可能对冒泡通量的贡献不成比例，但鉴于其较小的空间轨迹，它们不太可能被气泡捕集器拦截。Wilkinson 等[155]发现了基于气泡捕集器和回声测深仪的通量估计之间的差异，这也归因于气泡羽流的存在。

向大气中扩散和冒泡的 CH_4 通量沿梯级水库的增加与沉积物中的生产率不同，表现出强烈的空间和时间变异性。中国水库的 CH_4 扩散通量估计值$[(1.8\pm1.5) \sim (6.4\pm4.2)mg/(m^2 \cdot d)]$低于平均扩散通量$[(10.2\pm33.4)mg/(m^2 \cdot d)]$[156]。由于缺乏精确的气体交换系数或风速，研究结果可能被低估了，具有相当高的不确定性。扩散通量和冒泡率的总和在 $6.8 \sim 85.9mg/(m^2 \cdot d)$ 变化，这属于全球平均通量的中低范围$[32 \sim 149mg/(m^2 \cdot d)]$[139]。虽然先前的研究表明，较年轻水库排放更多的 CH_4[137]，但在这里研究的四个梯级水库中没有发现这种关系，其中最古老的水库（漫湾，库龄为 25a）显示出第二高的 CH_4 排放率$[$扩散通量和冒泡通量之和为 $47.1mg/(m^2 \cdot d)]$。

本书首次估算了澜沧江水库的冒泡 CH_4 流量。与 Shi 等报告的 CH_4 通量相比，气泡介导的传输是本书观察到的通量高出 10 倍以上的主要原因[143]。对于未测量到冒泡的水库，缺乏现场冒泡数据也是中国水库排放不确定性和可能被低估的主要原因[156]。迫切需要更多的研究来进一步限制这些系统中 CH_4 排放的不确定性。

本书研究的一个重要局限性是，只调查了四个相对较浅的水库，而一些大型水库没有包括在内，例如，小湾和糯扎渡，这两个水库都有较大的水深（最大深度 $>200m$）[157]。这些水深较大的水库，冒泡对总 CH_4 排放的贡献可能较小。此外，由于全年的热分层，观察到水库底部的温度较低（例如，小湾的低泥质地层温度为 $14℃$，见文献[157]；糯扎渡的低泥化地层温度为 $16℃$，参见文献[158]），这可以减少沉积物中 CH_4 的产生（与调查的水库相比）。此外，沉积物-水界面的好氧 CH_4 氧化仍然活跃，尽管存在常年的热分层，但滞温层已完全氧化[159]，应将其纳入未来的研究，以便对澜沧江上游水库的 CH_4 排放量进行更准确的估计。

2. 冒泡通量的时空变化及其相关的不确定性

本书的观察结果[图 4-25(d)]与 Maeck 等[17]的研究一致，在该研究中，沿着较小的河道型梯级水库(德国萨尔河)观察到 CH_4 冒泡的重复模式。在他们的研究中，作者证明大坝附近的地区是冒泡的热点，CH_4 通量与沉积物沉积速率有关。这表明，尽管没有关于沉积速率的相关数据，但澜沧江上游水库的沉积物沉积对冒泡通量有很强的控制作用。虽然就冒泡强度而言，水库具有共同的水库内部空间模式，但水库之间存在显著差异。最上游的苗尾水库显示出三者中最低的冒泡活性[图 4-25(a)，图 4-25(d)和图 4-26(a)]，这可能是因为水深大(最大深度 108m，平均深度 67m，见表 4-4)。功果桥中较高的冒泡通量是由于：①相对较浅的水深(最大深度 76m，平均深度 43m，见表 4-4)；②从大坝前几千米的支流供应富含有机物的沉积物，在那里观察到浑浊的水进入水库。Delsontro 等[16]和 Beaulieu 等[160]强调了河湖过渡和沿海地区的不成比例的贡献，在这些地区，富含有机物的沉积物积累为 CH_4 的产生提供底物。在卡里巴(Kariba)大型热带水库中，发现河流三角洲的 CH_4 冒泡通量比非河流海湾高至少一个数量级[16]。Beaulieu 等[160]在温带水库中进行的一项更具空间分辨率的研究表明，尽管支流相关区域仅占水库总面积的 12%，但它们是总 CH_4 排放量的 41%，其中大部分(>90%)来自冒泡。

在长周期监测中，自动气泡捕集器观测到的 CH_4 通量由于时间不确定性降低了两个数量级，极端值从分钟时间尺度的 $1.5 \times 10^3 \sim 33 \times 10^3 mg/(m^2 \cdot d)$ 变化到日时间尺度的 $5 \sim 238 mg/(m^2 \cdot d)$。然而，这些长期的气泡捕集器测量只提供了一个空间快照。同样，一次性回声探测调查只能提供一个时间快照。因此，本书和类似研究中报告的通量，如 Maeck 等[17]和 Paranaíba 等[161]，与高水平的不确定性有关，时间和空间的可变性都是不确定性的来源[162]。在本书中，在声学测量中观察到气泡通量的较大标准偏差[变异系数(标准偏差除以平均值)为 109%~1005%]与 2/3 水库中的气泡捕集器时间序列(变异系数为 79%~244%)相比(表 4-5)，关于空间变异性是否是一个更重要的不确定性来源，还无法得出一个可靠的结论。这是因为自然界中的冒泡发生在热点，因此声学调查在观察气泡时测量到更大的变化。然而，如果对给定的水体进行足够的声学测量，则可以很好地表征冒泡的空间模式[75,163]。因此，未来需要更多的空间调查(具有足够的覆盖度)来减少不确定性。同时，在每个单独的水库内部署多个自动气泡捕集器时，应采用空间平衡采样方法[160]，即应更好地解决水深和流速的梯度问题。此外，还需要利用两个大型深层水库(小湾和糯扎渡)来更全面地覆盖梯级水库，尽管它们的地理跨度大(包括糯扎渡时超过 500km)给研究带来新的挑战。

尽管在量化 CH_4 冒泡通量方面存在巨大的不确定性，但在澜沧江水库的首次冒泡数据突出了 CH_4 冒泡排放这一先前被忽视途径的重要性。研究结果还表明，水位波动对这些梯级水库的短期冒泡动力学有控制作用[例如，功果桥水库，图 4-22(c)，图 4-22(d)]，这在许多不同的系统中都有观察到[4-6]。对沉积物气泡的形成、储存和释放机制进行更多的研究[27,77]，结合潜在的沉积物 CH_4 产生和沉积物沉积模式[164,165]，可以改进对冒泡 CH_4 通量的预测，从而有助于减小测量的不确定性。虽然受到频繁水位波动的影响[例如，功果桥的日变化超过 1m，图 4-22(c)]，水位降低可能触发冒泡的"热"时刻[图 4-22(d)][166]，但与恒定水位下观察到的通量相比，总体(长期)CH_4 通量可能降低。这是因为在高水位期间，冒泡可能被抑制[167]，并且在完全氧化的低含水层中，好氧 CH_4 氧化[159]可能降低扩散沉积物介导的 CH_4 通量。水位管理措施可用于减少这些水库的 CH_4 排放。

3. 影响澜沧江上游水库 CH_4 产生和通量的因素

沿着澜沧江上游的梯级水库，从上游到下游，水库沉积物中的 CH_4 净产生潜力持续增加[图 4-23(a)]。CH_4 净产生潜力变化的原因是多方面的。首先，与上游三个水库(苗尾、功果桥和漫湾)相比，大朝山的沉积物 CH_4 产生潜力更高，这与沉积物有机质含量的增加很好地对应[图 4-23(b)和表 4-5]。研究表明，有机物(包括陆地和浮游植物)的富集可以为水库中的 CH_4 冒泡提供底物[168]。沉积物有机质质量(即来源)除了数量外，还调节沉积物 CH_4 的产生[169]，我们系统中的有机质主要来源于集水区(本书研究水库中的平均叶绿素 a 浓度<2μg/L，见表 4-5)。其次，澜沧江上游水库沿线沉积物粒度的减小[170]可能是一个潜在的驱动因素。在小型河流中，沉积物 CH_4 的产生和氧化潜力与细沉积物颗粒的比例呈正相关[171]。最后，温度在控制沉积物 CH_4 产生潜力方面发挥着重要作用(表 4-5)。9月，当进行回声测深调查时，水库底部水温从上游两个水库(苗尾和功果桥水库)的 17.5℃和17.6℃纵向上升到漫湾和大朝山水库的 21.2℃和21.8℃(表 4-5)。水温升高表明，位于上游两个水库和下游两个水库之间的大型深层水库小湾对水温的升高产生了重要影响。除了初夏期间在苗尾的 54m 以下观察到明显的热分层外，四个水库在一年中的整个水深范围内都很好地混合在一起(表 4-5)。相比之下，小湾全年(特别是夏季)的强分层导致上层混合层变暖[157]，水从上层混合层排放到下游水库，导致两个下游水库(漫湾和大朝山)的水温升高3.6℃。由于沉积物 CH_4 生产速率高度依赖于温度，与20℃实验室温度下的速率相比，上游两个水库(苗尾和功果桥)的底层水温较低，预计 CH_4 净生产潜力将降低约 21%和 20%[2222mg/(m²·d)降低至 1762mg/(m²·d)，2316mg/(m²·d)降低至 1851mg/(m²·d)]；相反，由于温度升高，漫湾和大朝山 CH_4 净生产潜力分别增加了 11%和 18%[由 3127mg/(m²·d)增至 3479mg/(m²·d)，8766mg/(m²·d)增至 10391mg/(m²·d)]。

测得的沉积物 CH_4 产生率在数量上与德国莱茵河及其支流水库中测得的接近[21,55]。先前的研究[17,155,172]表明，沉积物 CH_4 的产生与沉积物沉积呈正相关，在较浅、较新的沉积物中 CH_4 产生率较高。然而，沉积物中潜在 CH_4 产生速率的垂直梯度不一致[图 4-23(a)]表明，这些水库中存在相当动态的沉积和沉积物输送机制。这使得将测量速率外推到超过采样岩心长度的沉积深度，以及估计总生产率(即深度积分)相当困难。因此，这里报告的数字很可能被低估了，因为只考虑了表面 1m 的沉积物深度。此外，尽管 Shi 等[143]认为沉积物有机质含量与水库年龄呈负相关，澜沧江的 CH_4 排放量未来可能会减少，但本书研究的澜沧江水库数据显示，水库年龄与 CH_4 产量之间没有相关性。因此，由于新鲜沉积物的持续和高度动态沉积，澜沧江上游水库 CH_4 排放量减少的未来预测结果[143]可能值得怀疑。相反，沉积物管理实践，例如，澜沧江流域的疏浚和土壤保护，可能有助于减少 CH_4 排放。

CH_4 排放率比经温度校正的沉积物 CH_4 净产生的估计通量至少小两个数量级(表 4-5)，表明只有一小部分产生的 CH_4 到达大气。因为一年中的大部分时间水柱都是富氧的，沉积物中产生的大部分 CH_4 最有可能通过好氧 CH_4 氧化转化为 CO_2。未来的研究应考虑好氧 CH_4 氧化，并将重点放在控制氧化 CH_4 分数的环境因素上。根据水文状况，Sawakuchi 等[173]估计，CH_4 氧化使亚马孙河流的扩散通量减少了 28%～96%。在梯级水库中，水文状况由大坝运行控制，这为通过水库管理减少水库 CH_4 排放提供了可能。

4.4.5　结论

本书首次估计了澜沧江上游梯级水库的潜在 CH_4 产量和冒泡通量。冒泡的排放途径导致 CH_4 排放率比之前报道的高出 10 倍以上。由上游三个水库数据可以确定冒泡通量的重复空间分布模式，与上游相比，在大坝附近的区域观察到更高的 CH_4 冒泡通量。此外，沉积物 CH_4 的产生和排放都与库龄无关。研究结果表明，沉积物有机质含量、沉积物输运和水库水动力学是梯级水库沉积物中 CH_4 净产生的主要驱动因素。在解释这些水库的 CH_4 排放时，沉积物 CH_4 净产生率的可预测性较差，这表明好氧氧化是控制沉积物中产生 CH_4 排放的重要因素。

参 考 文 献

[1] Delsontro T, Mcginnis D F, Sobek S, et al. Extreme methane emissions from a swiss hydropower reservoir: contribution from bubbling sediments[J]. Environmental Science & Technology, 2010, 44(7): 2419-2425.

[2] Wilkinson J, Maeck A, Alshboul Z, et al. Continuous seasonal river ebullition measurements linked to sediment methane formation[J]. Environmental Science & Technology, 2015, 49(22): 13121-13129.

[3] Bastviken D, Tranvik L J, Downing J A, et al. Freshwater methane emissions offset the continental carbon sink[J]. Science, 2011, 331(6013): 50.

[4] Chanton J P, Martens C S, Kelley C A. Gas transport from methane-saturated, tidal freshwater and wetland sediments[J]. Limnology and Oceanography, 1989, 34(5): 807-819.

[5] Varadharajan C, Hemond H F. Time-series analysis of high-resolution ebullition fluxes from a stratified, freshwater lake[J]. Journal of Geophysical Research: Biogeosciences, 2012, 117(G2): G02004.

[6] Maeck A, Hofmann H, Lorke A. Pumping methane out of aquatic sediments: ebullition forcing mechanisms in an impounded river[J]. Biogeosciences, 2014, 11(11): 2925-2938.

[7] Algar C K, Boudreau B P, Barry M A. Release of multiple bubbles from cohesive sediments[J]. Geophysical Research Letters, 2011, 38(8): L08606.

[8] Jain A K, Juanes R. Preferential mode of gas invasion in sediments: grain-scale mechanistic model of coupled multiphase fluid flow and sediment mechanics[J]. Journal of Geophysical Research: Solid Earth, 2009, 114: B08101.

[9] Choi J H, Seol Y, Boswell R, et al. X-ray computed-tomography imaging of gas migration in water-saturated sediments: from capillary invasion to conduit opening[J]. Geophysical Research Letters, 2011, 38(17): L17310.

[10] Johnson B D, Boudreau B P, Gardiner B S, et al. Mechanical response of sediments to bubble growth[J]. Marine Geology, 2002, 187(3-4): 347-363.

[11] Barry M A, Boudreau B P, Johnson B D. Gas domes in soft cohesive sediments[J]. Geology, 2012, 40(4): 379-382.

[12] Algar C K, Boudreau B P, Barry M A. Initial rise of bubbles in cohesive sediments by a process of viscoelastic fracture[J]. Journal of Geophysical Research: Solid Earth, 2011, 116: B04207.

[13] Scandella B P, Varadharajan C, Hemond H F, et al. A conduit dilation model of methane venting from lake sediments[J]. Geophysical Research Letters, 2011, 38(6): GL046768.

[14] Bussmann I, Damm E, Schlüter M, et al. Fate of methane bubbles released by pockmarks in Lake Constance[J]. Biogeochemistry, 2013, 112(1): 613-623.

[15] Ostrovsky I, Tęgowski J. Hydroacoustic analysis of spatial and temporal variability of bottom sediment characteristics in Lake Kinneret in relation to water level fluctuation[J]. Geo-Marine Letters, 2010, 30(3): 261-269.

[16] Delsontro T, Kunz M J, Kempter T, et al. Spatial heterogeneity of methane ebullition in a large tropical reservoir[J]. Environmental Science & Technology, 2011, 45(23): 9866-9873.

[17] Maeck A, Delsontro T, Mcginnis D F, et al. Sediment trapping by dams creates methane emission hot spots[J]. Environmental Science and Technology, 2013, 47(15): 8130-8137.

[18] Hilgert S, Wagner A, Kiemle L, et al. Investigation of echo sounding parameters for the characterisation of bottom sediments in a sub-tropical reservoir[J]. Advances in Oceanography and Limnology, 2016, 7(1): 5623.

[19] Kirschke S, Bousquet P, Ciais P, et al. Three decades of global methane sources and sinks[J]. Nature Geoscience, 2013, 6(10): 813-823.

[20] Zepp Falz K, Holliger C, Grosskopf R, et al. Vertical distribution of methanogens in the anoxic sediment of Rotsee (Switzerland)[J]. Applied and Environmental Microbiology, 1999, 65(6): 2402-2408.

[21] Sobek S, Durisch-Kaiser E, Zurbrügg R, et al. Organic carbon burial efficiency in lake sediments controlled by oxygen exposure time and sediment source[J]. Limnology & Oceanography, 2009, 54(6): 2243-2254.

[22] Katsman R. Correlation of shape and size of methane bubbles in fine-grained muddy aquatic sediments with sediment fracture toughness[J]. Journal of Structural Geology, 2015, 70: 56-64.

[23] Mcginnis D F, Greinert J, Artemov Y, et al. Fate of rising methane bubbles in stratified waters: how much methane reaches the atmosphere?[J].Journal of Geophysical Research: Oceans, 2006, 111: C09007.

[24] Delsontro T, Mcginnis D F, Wehrli B, et al. Size does matter: importance of large bubbles and small-scale hot spots for methane transport[J]. Environmental Science & Technology, 2015, 49(3): 1268-1276.

[25] Sobek S, Zurbrügg R, Ostrovsky I. The burial efficiency of organic carbon in the sediments of Lake Kinneret[J]. Aquatic Sciences, 2011, 73(3): 355-364.

[26] Flury S, Glud R N, Premke K, et al. Effect of sediment gas voids and ebullition on benthic solute exchange[J]. Environmental Science & Technology, 2015, 49(17): 10413-10420.

[27] Liu L, Wilkinson J, Koca K, et al. The role of sediment structure in gas bubble storage and release[J]. Journal of Geophysical Research: Biogeosciences, 2016, 121(7): 1992-2005.

[28] Baulch H M, Dillon P J, Maranger R, et al. Diffusive and ebullitive transport of methane and nitrous oxide from streams: are bubble-mediated fluxes important?[J]. Journal of Geophysical Research: Biogeosciences, 2011, 116: JG001656.

[29] Xiao S, Yang H, Liu D, et al. Gas transfer velocities of methane and carbon dioxide in a subtropical shallow pond[J]. Tellus B: Chemical and Physical Meteorology, 2014, 66(1): 23795.

[30] Klein S. Sediment porewater exchange and solute release during ebullition[J]. Marine Chemistry, 2006, 102(1): 60-71.

[31] Viana P Z, Yin K, Rockne K J. Field measurements and modeling of ebullition-facilitated flux of heavy metals and polycyclic aromatic hydrocarbons from sediments to the water column[J]. Environmental Science & Technology, 2012, 46(21): 12046-12054.

[32] Cheng C H, Huettel M, Wildman R A. Ebullition-enhanced solute transport in coarse-grained sediments[J]. Limnology and Oceanography, 2014, 59(5): 1733-1748.

[33] Lubetkin S D. The fundamentals of bubble evolution[J]. Chemical Society Reviews, 1995, 24(4): 243-250.

[34] Jones S F, Evans G M, Galvin K P. Bubble nucleation from gas cavities: a review[J]. Advances in Colloid and Interface Science, 1999, 80(1): 27-50.

[35] Boudreau B P, Gardiner B S, Johnson B D. Rate of growth of isolated bubbles in sediments with a diagenetic source of methane[J]. Limnology and Oceanography, 2001, 46(3): 616-622.

[36] Martens C S, Berner R A. Methane production in the interstitial waters of sulfate-depleted marine sediments[J]. Science, 1974, 185(4157): 1167-1169.

[37] Flury S, Røy H, Dale A W, et al. Controls on subsurface methane fluxes and shallow gas formation in Baltic Sea sediment (Aarhus Bay, Denmark)[J]. Geochimica et Cosmochimica Acta, 2016, 188: 297-309.

[38] Nüsslein B, Eckert W, Conrad R. Stable isotope biogeochemistry of methane formation in profundal sediments of Lake Kinneret (Israel)[J]. Limnology and Oceanography, 2003, 48(4): 1439-1446.

[39] Boudreau B P. The physics of bubbles in surficial, soft, cohesive sediments[J]. Marine and Petroleum Geology, 2012, 38(1): 1-18.

[40] Katsman R, Ostrovsky I, Makovsky Y. Methane bubble growth in fine-grained muddy aquatic sediment: insight from modeling[J]. Earth and Planetary Science Letters, 2013, 377: 336-346.

[41] Wheeler S J. A conceptual model for soils containing large gas bubbles[J]. Geotechnique, 1988, 38(3): 389-397.

[42] Sills G C, Wheeler S J, Thomas S D, et al. Behaviour of offshore soils containing gas bubbles[J]. Geotechnique, 1991, 41(2): 227-241.

[43] Wheeler S J, Gardner T N. Elastic moduli of soils containing large gas bubbles[J]. Geotechnique, 1989, 39(2): 333-342.

[44] Boudreau B P, Algar C, Johnson B D, et al. Bubble growth and rise in soft sediments[J]. Geology, 2005, 33(6): 517-520.

[45] Gardiner B S, Boudreau B P, Johnson B D. Growth of disk-shaped bubbles in sediments[J]. Geochimica et Cosmochimica Acta, 2003, 67(8): 1485-1494.

[46] Wheeler S. Movement of large gas bubbles in unsaturated fine-grained sediments[J]. Marine Geotechnology, 1990, 9(2): 113-129.

[47] Van Kessel T, Van Kesteren W G M. Gas production and transport in artificial sludge depots[J]. Waste Management, 2002, 22(1): 19-28.

[48] Scandella B P, Delwiche K, Hemond H F, et al. Persistence of bubble outlets in soft, methane-generating sediments[J]. Journal of Geophysical Research: Biogeosciences, 2017, 122(6): 1298-1320.

[49] Droppo I G, Leppard G G, Flannigan D T, et al. The freshwater floc: a Functional relationship of water and organic and inorganic floc constituents affecting suspended sediment properties[J]. Water, Air, and Soil Pollution, 1997, 99(1): 43-53.

[50] Aberle J, Nikora V, Walters R. Effects of bed material properties on cohesive sediment erosion[J]. Marine Geology, 2004, 207(1-4): 83-93.

[51] Mouri G, Shiiba M, Hori T, et al. Modeling reservoir sedimentation associated with an extreme flood and sediment flux in a mountainous granitoid catchment, Japan[J]. Geomorphology, 2011, 125(2): 263-270.

[52] Cnudde V, Boone M N. High-resolution X-ray computed tomography in geosciences: a review of the current technology and applications[J]. Earth-Science Reviews, 2013, 123: 1-17.

[53] Beven K, Germann P. Macropores and water flow in soils[J]. Water Resources Research, 1982, 18(5): 1311-1325.

[54] Jarvis N J. A review of non-equilibrium water flow and solute transport in soil macropores: principles, controlling factors and consequences for water quality[J]. European Journal of Soil Science, 2007, 58(3): 523-546.

[55] Vlassenbroeck J, Dierick M, Masschaele B, et al. Software tools for quantification of X-ray microtomography at the UGCT[J]. Nuclear Instruments and Methods in Physics Research Section A: Accelerators, Spectrometers, Detectors and Associated Equipment, 2007, 580(1): 442-445.

[56] Vogel H J, Roth K. Quantitative morphology and network representation of soil pore structure[J]. Advances in Water Resources, 2001, 24(3/4): 233-242.

[57] Barnes H A, Nguyen Q D. Rotating vane rheometry: a review[J]. Journal of Non-Newtonian Fluid Mechanics, 2001, 98(1): 1-14.

[58] Reed A H, Boudreau B P, Algar C, et al. Morphology of gas bubbles in mud: a microcomputed tomographic evaluation[C]//Heraklion: Naval Research Lab Stennis Space Center Ms Seafloor Sciences Directorate, 2005.

[59] Anderson A L, Abegg F, Hawkins J A, et al. Bubble populations and acoustic interaction with the gassy floor of Eckernförde Bay[J]. Continental Shelf Research, 1998, 18(14/15): 1807-1838.

[60] Johnson M, Fairweather M, Harbottle D, et al. Yield stress dependency on the evolution of bubble populations generated in consolidated soft sediments[J]. AIChE Journal, 2017, 63(9): 3728-3742.

[61] Lin H S, Bouma J, Wilding L P, et al. Advances in hydropedology[J]. Advances in Agronomy, 2005, 85: 1-89.

[62] Roosevelt S E, Corapcioglu M Y. Air bubble migration in a granular porous medium: experimental studies[J]. Water Resources Research, 1998, 34(5): 1131-1142.

[63] Pierret A, Capowiez Y, Belzunces L, et al. 3D reconstruction and quantification of macropores using X-ray computed tomography and image analysis[J]. Geoderma, 2002, 106(3/4): 247-271.

[64] Peth S, Horn R, Beckmann F, et al. Three-dimensional quantification of intra-aggregate pore-space features using synchrotron-radiation-based microtomography[J]. Soil Science Society of America Journal, 2008, 72(4): 897-907.

[65] Winterwerp J C, Van Kesteren W G. Introduction to the Physics of Cohesive Sediment Dynamics in the Marine Environment[M]. Berlin: Elsevier, 2004.

[66] Gauglitz P A, Buchmiller W C, Probert S G, et al. Strong-sludge gas retention and release mechanisms in clay simulants[R]. Richland: Pacific Northwest National Lab, 2012.

[67] Lima I B T, Ramos F M, Bambace L A W, et al. Methane emissions from large dams as renewable energy resources: a developing nation perspective[J]. Mitigation and Adaptation Strategies for Global Change, 2008, 13(2): 193-206.

[68] Ramos F M, Bambace L A W, Lima I B T, et al. Methane stocks in tropical hydropower reservoirs as a potential energy source[J]. Climatic Change, 2009, 93(1): 1-13.

[69] Fan Z, Jiang C, Muhammad T, et al. Impacts of conventional and biodegradable microplastics on greenhouse gas emissions and microbial communities in lake sediment under diverse aging methods[J]. Journal of Cleaner Production, 2024, 467: 142834.

[70] Saunois M, Bousquet P, Poulter B, et al. The global methane budget 2000-2012[J]. Earth System Science Data, 2016, 8(2): 697-751.

[71] Delsontro T, Beaulieu J J, Downing J A. Greenhouse gas emissions from lakes and impoundments: upscaling in the face of global change[J]. Limnology and Oceanography Letters, 2019, 3(3): 64-75.

[72] Sepulveda-Jauregui A, Hoyos-Santillan J, Martinez-Cruz K, et al. Eutrophication exacerbates the impact of climate warming on lake methane emission[J]. Science of the Total Environment, 2018, 636: 411-419.

[73] Bastviken D, Cole J, Pace M, et al. Methane emissions from lakes: dependence of lake characteristics, two regional assessments, and a global estimate[J]. Global Biogeochemical Cycles, 2004, 18: GB4009.

[74] Petrescu A M R, Qiu C, McGrath M J, et al. The consolidated European synthesis of CH_4 and N_2O emissions for the European Union and United Kingdom: 1990-2019[J]. Earth Syst Sci Data, 2023, 15(3): 1197-1268.

[75] Tuser M, Picek T, Sajdlova Z, et al. Seasonal and spatial dynamics of gas ebullition in a temperate water-storage reservoir[J]. Water Resources Research, 2017, 53(10): 8266-8276.

[76] Rosenfeld D, Zhu Y, Wang M, et al. Aerosol-driven droplet concentrations dominate coverage and water of oceanic low-level clouds[J]. Science, 2019, 363(6427): eaav0566.

[77] Liu L, De Kock T, Wilkinson J, et al. Methane bubble growth and migration in aquatic sediments observed by X-ray μCT[J]. Environmental Science & Technology, 2018, 52(4): 2007-2015.

[78] Santos Teixeira de Mello N A, Brighenti L S, Barbosa F A R, et al. Spatial variability of methane (CH_4) ebullition in a tropical hypereutrophic reservoir: silted areas as a bubble hot spot[J]. Lake and Reservoir Management, 2018, 34(2): 105-114.

[79] Claypool G E, Kaplan I R. The origin and distribution of methane in marine sediments[C]//Natural Gases in Marine Sediments. Berlin: Spriger, 1974: 99-139.

[80] Rice D D, Claypool G E. Generation, accumulation, and resource potential of biogenic gas[J]. Aapg Bulletin, 1981, 65(1): 5-25.

[81] Barnes R O, Goldberg E D. Methane production and consumption in anoxic marine sediments[J]. Geology, 1976, 4(5): 297-300.

[82] Kirillin G, Engelhardt C, Golosov S J. Transient convection in upper lake sediments produced by internal seiching[J]. Geophysical Research Letters, 2009, 36(18): GL040064.

[83] Anderson M A, Martinez D. Methane gas in lake bottom sediments quantified using acoustic backscatter strength[J]. Journal of Soils and Sediments, 2015, 15(5): 1246-1255.

[84] Whiticar M J, Faber E J. Methane oxidation in sediment and water column environments: isotope evidence[J]. Organic Geochemistry, 1986, 10(4-6): 759-768.

[85] Adler M, Eckert W, Sivan O. Quantifying rates of methanogenesis and methanotrophy in Lake Kinneret sediments (Israel) using pore-water profiles[J]. Limnology & Oceanography, 2011, 56(4): 1525-1535.

[86] Kuivila K M, Murray J W, Devol A H, et al. Methane production, sulfate reduction and competition for substrates in the sediments of Lake Washington[J]. Geochimica Et Cosmochimica Acta, 1989, 53(2): 409-416.

[87] Schubert C J, Vazquez F, Lösekann-Behrens T, et al. Evidence for anaerobic oxidation of methane in sediments of a freshwater system (Lago di Cadagno)[J]. FEMS Microbiology Ecology, 2011, 76(1): 26-38.

[88] Lovley D R, Klug M J. Sulfate reducers can outcompete methanogens at freshwater sulfate concentrations[J]. Applied and Environmental Microbiology, 1983, 45(1): 187-192.

[89] Ostrovsky I. Methane bubbles in Lake Kinneret: quantification and temporal and spatial heterogeneity[J]. Limnology and Oceanography, 2003, 48(3): 1030-1036.

[90] Ostrovsky I, Mcginnis D F, Lapidus L, et al. Quantifying gas ebullition with echosounder: the role of methane transport by bubbles in a medium-sized lake[J]. Limnology & Oceanography Methods, 2008, 6(2): 105-118.

[91] Eckert W, Conrad R. Sulfide and methane evolution in the hypolimnion of a subtropical lake: a three-year study[J]. Biogeochemistry, 2007, 82(1): 67-76.

[92] Ostrovsky I, Rimmer A, Yacobi Y Z, et al. Long-term Changes in the Lake Kinneret Ecosystem: the Effects of Climate Change and Anthropogenic Factors[M]. New York: John Wilty & sons, 2012.

[93] Berman T, Zohary T, Nishri A, et al. General background[M]//Zohary T, Sukenik A, Berman T, et al. Lake Kinneret. Berlin: Spring.

[94] Rimmer A, Gal G, Opher T, et al. Mechanisms of long-term variations in the thermal structure of a warm lake[J]. Limnology and Oceanography, 2011, 56(3): 974-988.

[95] Imberger J, Marti C L. The seasonal hydrodynamic habitat[M]//Zohary T, Sukenik A, Berman T, et al. Lake Kinneret: Ecology and Management. Berlin: Springer Netherlands, 2014: 133-157.

[96] Dück Y, Liu L, Lorke A, et al. A novel freeze corer for characterization of methane bubbles and assessment of coring disturbances[J]. Limnology and Oceanography, Methods, 2019, 17(5): 305-319.

[97] Duan Z H, Møller N, Greenberg J, et al. The prediction of methane solubility in natural waters to high ionic strength from 0 to 250℃ and from 0 to 1600 bar[J]. Geochimica Et Cosmochimica Acta, 1992, 56(4): 1451-1460.

[98] Dale A W, Aguilera D, Regnier P, et al. Seasonal dynamics of the depth and rate of anaerobic oxidation of methane in Aarhus Bay (Denmark) sediments[J]. Journal of Marine Research, 2008, 66(1): 127-155.

[99] Wilkinson J, Bors C, Burgis F, et al. Measuring CO_2 and CH_4 with a portable gas analyzer: closed-loop operation, optimization and assessment[J]. Plos One, 2018, 13(4): e0193973.

[100] Aben R C, Barros N, Van Donk E, et al. Cross continental increase in methane ebullition under climate change[J]. Nature Communications, 2017, 8(1): 1682.

[101] Brehmer P A J P. Fisheries acoustics: theory and practice[J]. Fish and Fisheries, 2006, 7(3): 227-228.

[102] Hasanoğlu A, Faki E, Seçer A, et al. Co-solvent effects on hydrothermal co-gasification of coal/biomass mixtures for hydrogen production[J]. Fuel, 2023, 331: 125693.

[103] Wunderlich J, Müller S. High-resolution sub-bottom profiling using parametric acoustics[J]. International Ocean Systems, 2003, 7(4): 6-11.

[104] Wunderlich J, Wendt G, Müller S. High-resolution echo-sounding and detection of embedded archaeological objects with nonlinear sub-bottom profilers[J]. Marine Geophysical Researches, 2005, 26(2-4): 123-133.

[105] Tóth Z, Spiess V, Keil H. Frequency dependence in seismoacoustic imaging of shallow free gas due to gas bubble resonance[J]. Journal of Geophysical Research: Solid Earth, 2015, 120(12): 8056-8072.

[106] Tóth Z, Spiess V, Mogollón J M, et al. Estimating the free gas content in Baltic Sea sediments using compressional wave velocity from marine seismic data[J]. Journal of Geophysical Research: Solid Earth, 2014, 119(12): 8577-8593.

[107] Schneider V, Weinrebe W, Tóth Z, et al. A low frequency multibeam assessment: spatial mapping of shallow gas by enhanced penetration and angular response anomaly[J]. Marine & Petroleum Geology, 2013, 44: 217-222.

[108] Lovley D R, Klug M J. Model for the distribution of sulfate reduction and methanogenesis in freshwater sediments[J]. Geochimica Et Cosmochimica Acta, 1986, 50(1): 11-18.

[109] Katsnelson B, Lunkov A, Ostrovsky I, et al. Estimation of gassy sediment parameters from measurements of angular and frequency dependencies of reflection coefficient[C]//Minneapolis: 175th Meeting of the Acoustical Society of America, 2018.

[110] Schwarz J I K, Eckert W, Conrad R. Community structure of Archaea and Bacteria in a profundal lake sediment Lake Kinneret (Israel)[J]. Systematic & Applied Microbiology, 2007, 30(3): 239-254.

[111] Hadas O, Pinkas R. Sulfate reduction processes in sediments at different sites in Lake Kinneret, Israel[J]. Microbial Ecology, 1995, 30(1): 55-66.

[112] Mortimer R J G, Krom M D, Boyle D R, et al. Use of a high-resolution pore-water gel profiler to measure groundwater fluxes at an underwater saline seepage site in Lake Kinneret, Israel[J]. Limnology & Oceanography, 1999, 44(7): 1802-1809.

[113] Erel Y, Dubowski Y, Halicz L, et al. Lead concentrations and isotopic ratios in the sediments of the Sea of Galilee[J]. Environmental Science & Technology, 2001, 35(2): 292-299.

[114] Nishri A. Long-term impacts of draining a watershed wetland on a downstream lake, Lake Kinneret, Israel[J]. Air, Soil and Water Research, 2011, 4: S6879.

[115] Haeckel M, Boudreau B P, Wallmann K. Bubble-induced porewater mixing: a 3-D model for deep porewater irrigation[J]. Geochimica Et Cosmochimica Acta, 2007, 71(21): 5135-5154.

[116] Mahabadi N, Zheng X L, Yun T S, et al. Gas bubble migration and trapping in porous media: pore-scale simulation[J]. Journal of Geophysical Research: Solid Earth, 2018, 123(2): 1060-1071.

[117] Schmid M, Ostrovsky I, Mcginnis D F. Role of gas ebullition in the methane budget of a deep subtropical lake: what can we learn from process-based modeling?[J]. Limnology and Oceanography, 2017, 62(6): 2674-2698.

[118] Bastviken D, Cole J J, Pace M L, et al. Fates of methane from different lake habitats: connecting whole-lake budgets and CH_4 emissions[J]. Journal of Geophysical Research: Biogeosciences, 2008, 113(G2): G02024.

[119] Koren N, Klein M. Rate of sedimentation in Lake Kinneret, Israel: spatial and temporal variations[J]. Earth Surface Processes and Landforms, 2000, 25(8): 895-904.

[120] Ben-Avraham Z, Shaliv G, Nur A. Acoustic reflectivity and shallow sedimentary structure in the Sea of Galilee, Jordan Valley[J]. Marine Geology, 1986, 70(3-4): 175-189.

[121] Bar-Or I, Elvert M, Eckert W, et al. Iron-coupled anaerobic oxidation of methane performed by a mixed bacterial-archaeal community based on poorly reactive minerals[J]. Environmental Science & Technology, 2017, 51(21): 12293-12301.

[122] Oremland R S, Polcin S. Methanogenesis and sulfate reduction: competitive and noncompetitive substrates in estuarine sediments[J]. Applied and Environmental Microbiology, 1982, 44(6): 1270-1276.

[123] Winfrey M R, Zeikus J G. Effect of sulfate on carbon and electron flow during microbial methanogenesis in freshwater sediments[J]. Applied and Environmental Microbiology, 1977, 33(2): 275-281.

[124] O'reilly C M, Sharma S, Gray D K, et al. Rapid and highly variable warming of lake surface waters around the globe[J]. Geophysical Research Letters, 2015, 42(24): 10773-10781.

[125] Katsnelson B, Katsman R, Lunkov A, et al. Acoustical methodology for determination of gas content in aquatic sediments, with application to Lake Kinneret, Israel, as a case study[J]. Limnology and Oceanography Methods, 2017, 15(6): 531-541.

[126] Natchimuthu S, Sundgren I, Gålfalk M, et al. Spatio-temporal variability of lake CH_4 fluxes and its influence on annual whole lake emission estimates[J]. Limnology & Oceanography, 2016, 61(S1): S13-S26.

[127] Wik M, Crill P M, Varner R K, et al. Multiyear measurements of ebullitive methane flux from three subarctic lakes[J]. Journal of Geophysical Research-Biogeosciences, 2013, 118(3): 1307-1321.

[128] Ostrovsky I, Yacobi Y Z. Organic matter and pigments in surface sediments: possible mechanisms of their horizontal distributions in a stratified lake[J]. Canadian Journal of Fisheries and Aquatic Sciences, 1999, 56(6): 1001-1010.

[129] Ostrovsky I, Yacobi Y Z. Sedimentation flux in a large subtropical lake: spatiotemporal variations and relation to primary productivity[J]. Limnology and Oceanography, 2010, 55(5): 1918-1931.

[130] Scandella B P, Pillsbury L, Weber T, et al. Ephemerality of discrete methane vents in lake sediments[J]. Geophysical Research Letters, 2016, 43(9): 4374-4381.

[131] Raymond P A, Hartmann J, Lauerwald R, et al. Global carbon dioxide emissions from inland waters[J]. Nature, 2013, 503(7476): 355-359.

[132] Cole J J, Prairie Y T, Caraco N F, et al. Plumbing the global carbon cycle: integrating inland waters into the terrestrial carbon budget[J]. Ecosystems, 2007, 10(1): 172-185.

[133] Stocker T F, Qin D, Plattner G K, et al. IPCC (2013) Climate change 2013: The physical science basis. contribution of working group I to the fifth assessment report of the intergovernmental panel on climate change[J]. Computational Geometry, 2013, 18(2): 95-123.

[134] Syvitski J P M, Vörösmarty C J, Kettner A J, et al. Impact of humans on the flux of terrestrial sediment to the global coastal ocean[J]. Science, 2005, 308(5720): 376-380.

[135] Vörösmarty C J, Mcintyre P B, Gessner M O, et al. Global threats to human water security and river biodiversity[J]. Nature, 2010, 467(7315): 555-561.

[136] Zarfl C, Lumsdon A E, Berlekamp J, et al. A global boom in hydropower dam construction[J]. Aquatic Sciences, 2015, 77(1): 161-170.

[137] Barros N, Cole J J, Tranvik L J, et al. Carbon emission from hydroelectric reservoirs linked to reservoir age and latitude[J]. Nature Geoscience, 2011, 4(9): 593-596.

[138] Fearnside P M, Pueyo S. Greenhouse-gas emissions from tropical dams[J]. Nature Climate Change, 2012, 2(6): 382-384.

[139] Deemer B R, Harrison J A, Li S Y, et al. Greenhouse gas emissions from reservoir water surfaces: a new global synthesis[J]. BioScience, 2016, 66(11): 949-964.

[140] Fan H, He D M, Wang H L. Environmental consequences of damming the mainstream Lancang-Mekong River: a review[J]. Earth-Science Reviews, 2015, 146(1): 77-91.

[141] Wang W, Lu H, Ruby Leung L, et al. Dam construction in Lancang-Mekong River Basin could mitigate future flood risk from warming-induced intensified rainfall[J]. Geophysical Research Letters, 2017, 44(20): 10378-10386.

[142] Fu K D, He D M. Analysis and prediction of sediment trapping efficiencies of the reservoirs in the mainstream of the Lancang River[J]. Chinese Science Bulletin, 2007, 52(2): 134-140.

[143] Shi W Q, Chen Q W, Yi Q T, et al. Carbon emission from cascade reservoirs: spatial heterogeneity and mechanisms[J]. Environmental Science & Technology, 2017, 51(21): 12175-12181.

[144] Lin L, Lu X X, Liu S D, et al. Physically controlled CO_2 effluxes from a reservoir surface in the upper Mekong River Basin: a case study in the Gongguoqiao Reservoir[J]. Biogeosciences, 2019, 16(10): 2205-2219.

[145] Räsänen T A, Varis O, Scherer L, et al. Greenhouse gas emissions of hydropower in the Mekong River Basin[J]. Environmental Research Letters, 2018, 13(3): 034030.

[146] Duc N T, Crill P, Bastviken D. Implications of temperature and sediment characteristics on methane formation and oxidation in lake sediments[J]. Biogeochemistry, 2010, 100(1-3): 185-196.

[147] Yvon-Durocher G, Allen A P, Bastviken D, et al. Methane fluxes show consistent temperature dependence across microbial to ecosystem scales[J]. Nature, 2014, 507 (7493): 488-491.

[148] Iversen N, Jorgensen B B. Anaerobic methane oxidation rates at the sulfate-methane transition in marine sediments from Kattegat and Skagerrak (Denmark)[J]. Limnology and Oceanography, 1985, 30 (5): 944-955.

[149] Delwiche K, Hemond H F. An enhanced bubble size sensor for long-term ebullition studies[J]. Limnology and Oceanography: Methods, 2017, 15 (10): 821-835.

[150] Lv Y, Xie P, Xu J, et al. Methane measurement method based on F-P angle-dependent correlation spectroscopy[J]. Optics Express, 2024, 32 (13): 23646-23662.

[151] Greinert J, Mcginnis D F. Single bubble dissolution model: the graphical user interface SiBu-GUI[J]. Environmental Modelling & Software, 2009, 24 (8): 1012-1013.

[152] Xiao S B, Liu L, Wang W, et al. A Fast-response automated gas equilibrator (FaRAGE) for continuous in situ measurement of CH_4 and CO_2 dissolved in water[J]. Hydrology and Earth System Sciences, 2020, 24 (7): 3871-3880.

[153] Liss P S, Slater P G. Flux of gases across the air-sea interface[J]. Nature, 1974, 247 (1): 181-184.

[154] Liss P S, Merlivat L. The Role of Air-Sea Exchange in Geochemical Cycling[M]. Berlin: Springer, 1986.

[155] Wilkinson J, Bodmer P, Lorke A. Methane dynamics and thermal response in impoundments of the Rhine River, Germany[J]. Science of the Total Environment, 2019, 659 (1): 1045-1057.

[156] Li S Y, Bush R T, Santos I R, et al. Large greenhouse gases emissions from China's lakes and reservoirs[J]. Water Research, 2018, 147 (1): 13-24.

[157] 梁斯琦, 陆颖, 杨福平, 等. 澜沧江小湾水电站坝前水温垂向分布特征[J]. 南水北调与水利科技, 2019, 17 (6): 156-162.

[158] Wang F S, Ni G H, Riley W J, et al. Evaluation of the WRF lake module (v1.0) and its improvements at a deep reservoir[J]. Geoscientific Model Development, 2019, 12 (5): 2119-2138.

[159] Guan Z Y, Wang S, Zhang S S, et al. Effect of water stratification on vertical distribution of dissolved oxygen in different reservoirs in the middle reaches of Lancang River[J]. Journal of China Three Gorges University (Natural Sciences), 2020, 42 (3): 12-18.

[160] Beaulieu J J, Mcmanus M G, Nietch C T. Estimates of reservoir methane emissions based on a spatially balanced probabilistic-survey[J]. Limnology and Oceanography, 2016, 61 (S1): S27-S40.

[161] Paranaíba J R, Barros N, Mendonça R, et al. Spatially resolved measurements of CO_2 and CH_4 concentration and gas-exchange velocity highly influence carbon-emission estimates of reservoirs[J]. Environmental Science & Technology, 2018, 52 (2): 607-615.

[162] Wik M, Thornton B F, Bastviken D, et al. Biased sampling of methane release from northern lakes: a problem for extrapolation[J]. Geophysical Research Letters, 2016, 43 (3): 1256-1262.

[163] Greinert J, Lewis K B, Bialas J, et al. Methane seepage along the Hikurangi Margin, New Zealand: overview of studies in 2006 and 2007 and new evidence from visual, bathymetric and hydroacoustic investigations[J]. Marine Geology, 2010, 272 (1-4): 6-25.

[164] Liu L, Sotiri K, Dück Y, et al. The control of sediment gas accumulation on spatial distribution of ebullition in Lake Kinneret[J]. Geo-Marine Letters, 2020, 40 (4): 453-466.

[165] Hilgert S, Sotiri K, Marcon L, et al. Resolving spatial heterogeneities of methane ebullition flux by combining hydro-acoustic measurements with methane production potential[C]. //Panama: 38th IAHR World Congress, 2019: 3576-3585.

[166] Harrison J A, Deemer B R, Birchfield M K, et al. Reservoir water-level drawdowns accelerate and amplify methane Emission[J]. Environmental Science & Technology, 2017, 51(3): 1267-1277.

[167] Beaulieu J J, Balz D A, Birchfield M K, et al. Effects of an experimental water-level drawdown on methane emissions from a eutrophic reservoir[J]. Ecosystems, 2018, 21(4): 657-674.

[168] Grinham A, Dunbabin M, Albert S. Importance of sediment organic matter to methane ebullition in a sub-tropical freshwater reservoir[J]. Science of the Total Environment, 2018, 621(1): 1199-1207.

[169] Berberich M E, Beaulieu J J, Hamilton T L. Spatial variability of sediment methane production and methanogen communities within a eutrophic reservoir: importance of organic matter source and quantity[J]. Limnology and Oceanography, 2020, 65(3): 1-23.

[170] Guo X J, Zhu X S, Yang Z J, et al. Impacts of cascade reservoirs on the longitudinal variability of fine sediment characteristics: a case study of the Lancang and Nu Rivers[J]. Journal of Hydrology, 2020, 581(1): 124343.

[171] Bodmer P, Wilkinson J, Lorke A. Sediment properties drive spatial variability of potential methane production and oxidation in small streams[J]. Journal of Geophysical Research: Biogeosciences, 2020, 125(1): e2019JG005213.

[172] Isidorova A, Grasset C, Mendonça R, et al. Methane formation in tropical reservoirs predicted from sediment age and nitrogen[J]. Scientific Reports, 2019, 9(1): 1-9.

[173] Sawakuchi H O, Bastviken D, Sawakuchi A O, et al. Oxidative mitigation of aquatic methane emissions in large Amazonian rivers[J]. Global Change Biology, 2016, 22(3): 1075-1085.

第 5 章　过坝下泄水体消气通量研究

5.1　基本原理

消气是指水库底层水体在经过水轮机和溢洪道时,由于剧烈压力变化引起的气体的释放,以这种方式释放的气体包括 CO_2 和 CH_4。为了有足够的动力来运行水轮机,大部分水电站大坝将进水口设计在接近水库底部的位置。水库水柱中温跃层通常会阻碍水体混合和 CH_4 向表层水体扩散,随着水深的增加,水柱溶解 CH_4 的浓度逐渐增加[1]。根据亨利定律,气体在液体中的溶解度与气体的分压成正比,压力的突然降低会导致溶液中产生气泡。当水库底部富含温室气体的水从水轮机中流出时,静水压力立即降至 1atm(1atm=101.325kPa)的水平,大量的溶解气体从水中释放出来,就好比打开一瓶可口可乐,许多微小的气泡会立即从液体中冒出来[2]。这个过程发生很快,特别是 CH_4 没有时间被甲烷氧化菌氧化,从而导致大量的 CH_4 释放到空气中。虽然大气中 CH_4 的含量远低于 CO_2,但是百年尺度内 CH_4 单分子的变暖效率是 CO_2 的 28～34 倍,其对全球温室效应的贡献率已达 30%左右[3,4]。

水温的升高也会降低气体的溶解度,当温度从 15℃升高到 25℃时,CH_4 在水中的溶解度会降低 18.3%[5]。当水库(尤其是热带水库)水体出现热分层现象时,上层水温高,底部水温低,水体对流减弱,CH_4 在底部累积。当水库底部低温水体经过水轮机组后,水温的升高降低了气体的溶解度,使得更多的气体从水体中释出来。相比较压力巨大且即时的变化,水温的变化并不是瞬时性的,达到一个新的温度通常需要一定的时间。因此,水温的变化对水库水体消气过程的影响可能更多地体现在大坝下游水体中。

此外,水库水体通过溢洪道时也会释放温室气体,如果水库保持满水位的时间持续较长,那么溢洪道水体中的气体释放通量将非常大[1]。水通过溢洪道时,气体的释放不仅受到压力降低和温度变化的影响,还与水流出方式有关[6]。溢洪道的滑跃设计主要是为了最大限度提高进入大坝下游水体的含氧量,当水体从狭窄的溢洪道中逸出时,被粉碎成无数水滴,使得水体的表面积突然增大,加大了气体的逸出量,导致了水体中 CO_2 和 CH_4 的快速释放[5]。过坝及下游温室气体释放示意图见图 5-1。

5.2　过坝下泄水体消气国内外研究进展

水轮机和溢洪道的消气作用是水库中温室气体释放至大气中的重要途径,Fearnside[5]

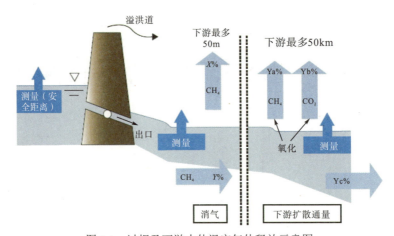

图 5-1　过坝及下游水体温室气体释放示意图

Y、Y_c 表示水体中 CH_4 溶存的比例值；X、Y_a、Y_b 表示不同段 CH_4、CO_2 的扩散释放比例值

对巴西图库鲁伊(Tucurui)水库研究结果显示，水库通过水轮机和溢洪道的 CH_4 排放量有时会占到整个水库排放量的 70%；Soumis 等[7]观测了美国六个水库温室气体源-汇变化的基本情况，包括 CO_2 和 CH_4 在水-气界面的扩散释放量以及水轮机和泄洪道消气作用下的释放量，监测结果显示，水-气界面 CO_2 和 CH_4 气体扩散释放量分别为−141～96t/d 和 0.143～1.413t/d，而水轮机和泄洪道消气作用下的气体释放量为 16～324t CO_2/d 和 0.003～0.815t CH_4/d。但 Duchemin 等[8]认为，在水轮机的消气作用对水库温室气体的排放量贡献较小；Rosa 等[9]认为，通过水轮机和溢洪道水体的温室气体瞬时释放量有可能被夸大，因为“可乐瓶子”被打开时，在初始的一段时间内一直都有气体以气泡的形式释放出来，所有的气体并不是在打开瓶盖的瞬间立刻逃逸出来的。

　　不同学者在不同的气候带观测与计算了不同途径气体交换通量所占比例，指出大坝下游、水轮机等特殊区域温室气体的释放存在较大的时空差异性，产生这些差异的原因可能是水库的自然地理特征、水库自身特性和采样分析方法不同，以及可利用的数据有限[10]。Roehm 和 Tremblay[10]对加拿大魁北克两个水库进行了水轮机 CO_2 源-汇变化影响的测试，对水体溶解 CO_2 以每月一次的频率进行了为期一年的采样，研究结果表明，采样期间在两个水库的水轮机 CO_2 的释放量分别是 5～45t/d 和 5～25t/d，水轮机的消气作用在冬季和春季最为剧烈，消气作用下 CO_2 的释放量变化具有明显的季节性。在位于阿尔卑斯山区的三个水库的监测结果显示，CH_4 通过水轮机时的排放量仅占到水库总排放量的 14%～44%，与热带水库的研究结果相比处于较低的水平，分析其原因可能是水库的泄水过程导致了水体富氧，使得部分 CH_4 被氧化，造成通过水轮机和溢洪道传输到大气中的 CH_4 量减少[11]。

　　大坝下游河段释放的温室气体同样是水库表面温室气体排放的重要组成部分。有研究表明，经过水轮机和溢洪道的水体中仍含有大量的 CH_4，大坝下游河流中 CH_4 浓度有时会高于上游[12,13]。水库在泄水过程中通过水轮机和溢洪道作用将部分温室气体排放到大气中，但水体中仍然含有部分的溶解有机碳、颗粒有机碳和溶解 CO_2、CH_4 排至水库下游。因此，也有部分的 CO_2、CH_4 通过大坝下游的消气途径释放到大气，靠近出水口处可能释放速度最大，而随着与大坝距离的增大，释放速度逐渐降低，可以影响大坝下游近至几十米，远至 50km 的河段。在热带小苏特(Petit Saut)和巴尔比纳(Balbina)水库，由水库泄水引起的下游河段 CH_4 的剧烈释放分别可达 40km 和 30km，其中小苏特水库大坝下游河流与水库深层水体中的 CO_2 和 CH_4 浓度有很显著的相关性，大坝下游河流温室气体排放在整个水库温室气体的释放中占据很大的比例，CO_2 和 CH_4 分别可占到 40% 和 70%[12,14]。加拿大魁北克两个水库大坝下游河流中的 CO_2 分压高于大气中的分压，即使在下游 5km 的地方仍未到达平衡[10]。巴西巴尔比纳水库 CO_2 排放的研究也得出相似结果，但大坝下游 CH_4 排放所占比例相对较低[14,15]。

5.3 实 例 分 析

5.3.1 研究区域

长江中上游流域是我国最重要的水电开发基地之一，拥有以三峡水库、金沙江梯级水库等系列巨型梯级水电站，在国家能源结构与水电清洁能源战略中具有重要地位。三峡水库位于长江上游，具有防洪、发电、通航和抗旱等多重功能，库容 3930 亿 m^3，蓄水满水位 175m，防洪能力 2215 亿 m^3。三峡水库的运行受多种时空因素的制约，蓄水高程在 145～175m 变化。三峡大坝是世界上最大的水电大坝之一，拦截蓄水后形成三峡水库，自 2008 年底以来一直满负荷运行。开工建设以来，三峡水库对长江流域生态系统功能可持续性的影响就一直备受关注。水库的修建与蓄水发电不可避免地淹没一定量土地，使先前饱含氧的土壤转变成被水和沉积物覆盖的缺氧环境，在一定程度上改变原有区域温室气体产汇变化特征。

5.3.2 野外采样与实验室分析

本书研究主要包括水轮机和溢洪道的消气和大坝下游河道的温室气体释放等重要过程。选取坝前茅坪($110°58'56''E$, $30°51'4''N$)、下游河道西陵大桥($111°4'1''E$, $30°50'12''N$)和南津关($111°17'10''E$, $30°46'1''N$)作为采样点，每月进行采样监测。西陵大桥距三峡大坝约 5km，南津关距三峡大坝约 30km。

1. 水轮机及溢洪道消气通量

使用尼尔森卡式采水器采集坝前典型断面的分层水体，建立溶解气体浓度剖面，利用气体垂直轮廓计算坝前气体平均浓度；同步监测水质参数，分析溶解性气体含量变化特征及环境因子控制规律。研究过坝下泄水体中溶解气体浓度，通过计算与坝前对应深度水体中溶解气体浓度的差，乘以各自方式下泄的流量，来估算二者的气体通量。

2. 水体溶解气体浓度

溶解气体浓度采用顶空平衡技术进行分析，具体操作方法为[16]：首先在现场抽取一定体积的水样用注射器注入预先清洗干净的真空气袋中,加汞保存,然后尽快转移至实验室进行分析;在实验室内按照1:2水气的比例向装有水样的气袋内注入高纯N_2,剧烈振荡后静置24h以上,直至气袋内气体在水相和气相中达到平衡;最后抽取气袋内顶空气体用气相质谱仪分析气相中的CO_2和CH_4浓度,进行换算得出水体溶解气体浓度。

3. 大坝下游河道脱气通量

在下游河道中,使用静态通量箱连接温室气体在线分析仪进行水-气界面气体通量的观测,估算下游一定长度河段内水-气界面扩散气体通量,分析温室气体释放随距大坝距离的变化规律,揭示大坝对下游河道温室气体释放的影响范围及季节性特征。同步监测相关水质理化指标、水环境指标以及气象因子,结合水坝运行的典型阶段(洪峰、排沙、发电等),分析过坝下泄水体温室气体释放机制和下游河道内气体通量的规律及影响因子。

5.3.3 计算方法

(1)水体溶解气体浓度的计算公式为[17]

$$c_{w} = c_{gas}\left(\beta \times \frac{RT}{22.356} + \frac{V_{gas}}{V_{liq}}\right) \tag{5-1}$$

式中,c_{gas}为平衡后顶空容器内气相中的气体浓度,mol/L;β为Bunsen系数,L/(L·atm);R为普适气体常数,0.082L·atm/(mol·K);T为温度,K;22.356为气体摩尔体积,L/mol;V_{liq}和V_{gas}为顶空容器内液体和气体的体积。

(2)消气量的计算公式为

$$Flux - degassing = \left[Gas_{upT} - Gas_{downT}\right] \times Q_{T} + \left[Gas_{upS} - Gas_{downS}\right] \times Q_{S} \tag{5-2}$$

式中,Gas_{upT}为电站上游处的溶解气体浓度,mol/m³;Gas_{downT}为电站下游处的溶解气体浓度,mol/m³;Q_{T}为经过水轮机的流量,m/d;Gas_{upS}、Gas_{downS}和Q_{S}分别是溢洪道的相应参数。

(3)水-气界面气体通量计算公式为[18]

$$Flux_{air-water} = slope \times (V / A) \times F_{1} \times F_{2} \tag{5-3}$$

式中,$Flux_{air-water}$为水-气界面的气体通量,mg/(m²·h);slope为箱内温室气体浓度随时间的变化率,ppm/s;F_{1}为ppm到mg/m³的转化系数,CO_2为1.798,CH_4为0.655;F_{2}为时间的转化系数;V为通量箱漂浮在水面时箱内气体的体积,m³;A为通量箱箱底的面积,m²。

5.3.4 三峡水库过坝下泄水体通量

通过两个水文年度的持续监测发现,受三峡水库泄水量的季节性变化影响,水轮机组和溢洪道的消气作用具有明显的季节性变化,在低水位运行阶段的平均消气量要高于高水位运行阶段(图5-2)。

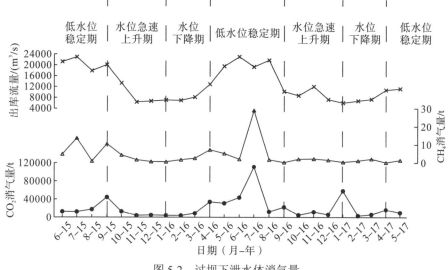

图 5-2　过坝下泄水体消气量

　　两年的监测期内，CO_2 总消气量为 $4.97×10^5 t (N=24)$，每月消气量变化为 $3.29×10^3$～$111.14×10^3 t$。从 2015 年 6 月开始呈上升趋势；在 9 月达到峰值后呈下降趋势，在 2015 年 11 月到 2016 年 3 月高水位运行阶段变化趋势平缓；从 2016 年 4 月开始呈逐渐上升趋势，在 2016 年 7 月达到监测期内最大值后开始下降，至监测结束，除在 2017 年 1 月出现峰值外，其余时段呈较缓的波动状态。

　　两年监测期内，CH_4 的消气量在 0.17～28.93t 变化，消气总量为 97.44t $(N=24)$，远小于 CO_2 的消气量。监测期内，除 2016 年 7 月出现最高峰之外，其他阶段 CH_4 月消气量变化较小，波动平缓。从 2015 年 6 月开始上升，在 9 月达到峰值后开始下降，之后平缓变化，2016 年 7 月达到最大值；从 2016 年 8 月至监测结束，CH_4 月消气量明显降低，呈波动变化。

5.3.5　大坝下游河道温室气体释放

　　通过水轮机的水中仍然含有大量的 CO_2 和 CH_4 气体，在 2015～2017 年监测期间，大坝下游河流中的 CO_2 和 CH_4 浓度仍高于大气含量(图 5-3)。同时，下游河道水体和茅坪深层水体中的 CO_2 和 CH_4 浓度显著相关(表 5-1)。监测期内，水库下游河道各监测点(西陵大桥和南津关)水-气界面 CO_2 和 CH_4 通量均呈现向大气释放状态，表现为大气 CO_2 和 CH_4 的源。

表 5-1　下游河流表层水体和茅坪深层水体 CO_2 和 CH_4 浓度相关性分析

测点	CH_4 浓度		CO_2 浓度	
	西陵大桥	南津关	西陵大桥	南津关
茅坪	0.644**	0.606**	0.953**	0.927**

注：*为 0.05 置信水平显著相关；**为 0.01 置信水平显著相关。

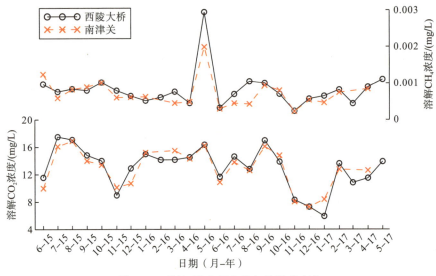

图 5-3　下游河道表层水体气体浓度变化

西陵大桥和南津关监测点 CO_2 和 CH_4 通量变化趋势一致，受三峡水库泄水影响明显，水库低水位稳定期内 CO_2 和 CH_4 月通量变化剧烈，且明显高于水位急速上升和下降期内的 CO_2 和 CH_4 通量，2016 年和 2017 年两个自然年度的 CO_2 和 CH_4 通量最高值均出现在每年的低水位稳定期内（图 5-4 和表 5-2）。由于监测点封闭施工，2016 年 2 月和 9 月以及 2017 年 3 月至 5 月，南津关监测点未进行水-气界面通量的监测。

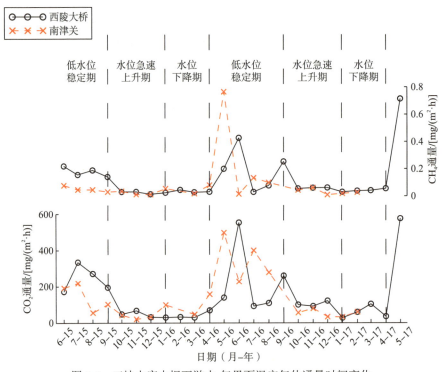

图 5-4　三峡水库大坝下游水-气界面温室气体通量时间变化

表 5-2　三峡水库大坝下游水-气界面温室气体释放通量

指标	西陵大桥		南津关	
	CO_2 通量	CH_4 通量	CO_2 通量	CH_4 通量
最小值/[mg/($m^2 \cdot h$)]	28.06	0.01	21.26	0.01
最大值/[mg/($m^2 \cdot h$)]	575.75	0.71	497.80	0.77
平均值/[mg/($m^2 \cdot h$)]	148.46	0.12	139.23	0.08
标准差/[mg/($m^2 \cdot h$)]	152.81	0.16	134.40	0.17

监测期内，西陵大桥监测点 CO_2 通量月变化特征明显，最低值出现在 2017 年 1 月 [28.06mg/($m^2 \cdot h$)]，最高值出现在 2017 年 5 月 [575.75mg/($m^2 \cdot h$)]。2015 年 6 月开始呈上升趋势，7 月达到本自然年度的最高值 [353.174mg/($m^2 \cdot h$)]，后呈持续下降趋势，至 10 月、11 月小幅度上升后开始下降，12 月达到本自然年度的最小值。2015 年 12 月至 2016 年 3 月，CO_2 呈稳定释放状态，无明显变化。2016 年 4 月至 2017 年 5 月监测期结束，CO_2 通量月变化呈持续波动状态。2016 年 4 月开始，随着库区水位的持续下降，CO_2 通量呈持续上升趋势，6 月达到峰值后开始下降，2017 年 1 月达到监测期内的最小值后逐渐上升，2017 年 5 月达到整个监测期内的最大值。

南津关断面 CO_2 月通量在监测期内呈持续波动状态，全年平均通量为 139.23mg/($m^2 \cdot h$)，最低值出现在 2015 年 11 月 [21.26mg/($m^2 \cdot h$)]，最高值出现在 2016 年 5 月 [497.80mg/($m^2 \cdot h$)]。2015 年 7 月上升达到本自然年度最高值 [219.10mg/($m^2 \cdot h$)] 以后呈下降趋势；2015 年 8 月至 2016 年 3 月，CO_2 月通量变化相对较小，2015 年 9 月和 2016 年 1 月出现两个高峰值；2016 年 4 月至 2016 年 10 月，CO_2 月通量变化剧烈，2016 年 5 月达到监测期内的最大值；2016 年 10 月至 2017 年 5 月监测期结束，CO_2 月通量呈较缓的波动状态。

监测期内，西陵大桥和南津关监测点 CH_4 全年释放量小，变化波动明显。西陵大桥监测点 CH_4 通量变化趋势与 CO_2 通量变化趋势一致，最低值出现在 2015 年 12 月 [0.01mg/($m^2 \cdot h$)]，最高值出现在 2017 年 5 月 [0.71mg/($m^2 \cdot h$)]。2015 年 6 月开始呈逐渐降低趋势；2015 年 10 月至 2016 年 4 月，CH_4 通量呈较缓的波动状态；2016 年 5 月开始上升，至 6 月达到高峰值后逐渐下降，9 月再次达到峰值后开始下降，该阶段 CH_4 月通量变化剧烈；2016 年 10 月至 2017 年 4 月，CH_4 呈稳定释放状态，无明显变化；2017 年 5 月达到整个监测期内最高值。

南津关断面 CH_4 通量变化明显，2016 年 4 月至 2016 年 10 月变化最为剧烈，其他阶段波动平缓，2016 年 5 月急剧上升达到监测期内最高值 [0.77mg/($m^2 \cdot h$)]，之后逐渐下降，2016 年 12 月出现监测期内最低值 [0.08mg/($m^2 \cdot h$)]。

空间上，受水库下泄水体影响明显，西陵大桥监测点 CO_2 和 CH_4 释放通量均高于南津关监测点。西陵大桥监测点 CO_2 全年的平均通量为 (148.46±152.81) mg/($m^2 \cdot h$)，CH_4 全年的平均通量为 (0.12±0.16) mg/($m^2 \cdot h$)，该结果与 Zhao 等[19]于 2010 年 6 月至 2011 年 5 月在西陵大桥监测点附近监测结果 [CO_2 为 (148.5±146.67) mg/($m^2 \cdot h$)，CH_4 为 0.11mg/($m^2 \cdot h$)] 十分

接近。南津关监测点 CO_2 全年的平均通量为 $(139.23\pm134.40)\,\text{mg}/(\text{m}^2\cdot\text{h})$，$CH_4$ 全年的平均通量为 $(0.08\pm0.17)\,\text{mg}/(\text{m}^2\cdot\text{h})$。

5.3.6　大坝下游河道环境因子变化及影响

同步监测的香溪河主要环境因子的变化情况见图 5-5 和表 5-3。

监测期间，下游河道受水流掺混影响，各监测点表层水体水温、DO 含量、电导率变化一致。水体表层水温全年变化幅度较大，西陵大桥和南津关监测点温度变化分别为 12.6～29.2℃ 和 12.8～26.8℃，最高值均出现在 2015 年 8 月，最低值均出现在 2016 年 3 月。各监测点表层水体 DO 含量全年高于 6.8mg/L，处于较高水平。表层水体叶绿素 a 的变化呈持续的波动状态，但总体低于 $3\mu\text{g/L}$。表层水体 pH 变化幅度较小，总体上呈弱碱性。各监测点表层水体 DOC 全年处于波动状态，变化幅度大，西陵大桥和南津关监测点变化分别为 0.87～15.89mg/L 和 0.87～16.73mg/L。受沿河道人类活动影响，南津关监测点平均含量高于西陵大桥监测点。

水库中以溶解及微粒形态存在的有机物、溶解的 CO_2 和 CH_4 通过水坝排放运输到下游，下游水-气界面的通量应该是排水速率、溶解气体、DOC、POC 等共同作用的结果。水体中丰富的有机物是 CO_2 与 CH_4 产生的驱动力。水库中生成的有机物在河流中因微生物的呼吸作用产生 CO_2。沉积物厌氧层中产生的 CH_4，一部分通过扩散方式上升到水面，在上升过程中，由于水中氧含量的逐渐上升，产生的大部分 CH_4 被有氧-缺氧临界面的甲烷氧化菌消耗掉，最终生成 CO_2 排放至大气中，从而使得水体扩散到大气的 CH_4 量明显减少。由温室气体通量与环境因子的相关性分析可以看出，各监测点 CO_2 通量与 CH_4 通量之间均表现出显著相关性 (表 5-4)。此外，西陵大桥监测点 CO_2 通量与水库出库流量、水温及 DO 含量显著相关，而 CH_4 通量与水温和 DO 含量显著相关；南津关监测点 CO_2 通量与出库流量显著相关，CH_4 通量与各环境因子之间的相关性并不显著。

表 5-3　三峡水库下游监测点环境因子汇总

采样点		水温/℃	pH	DO 含量/(mg/L)	电导率/(μS/cm)	叶绿素 a 含量/(μg/L)	DOC 含量/(mg/L)
西陵大桥	最小值	12.6	7.3	6.89	300	0.14	0.87
	最大值	29.2	9.6	10.79	404	1.90	15.89
	平均值	20.1	7.9	8.46	353	0.95	6.53
	标准差	4.8	0.5	1.05	30	0.54	3.39
南津关	最小值	12.8	6.9	6.84	300	0.32	0.87
	最大值	26.8	9.6	10.20	400	2.72	16.73
	平均值	20.7	7.8	8.20	342	1.16	9.06
	标准差	4.3	0.7	0.91	28	0.66	4.09

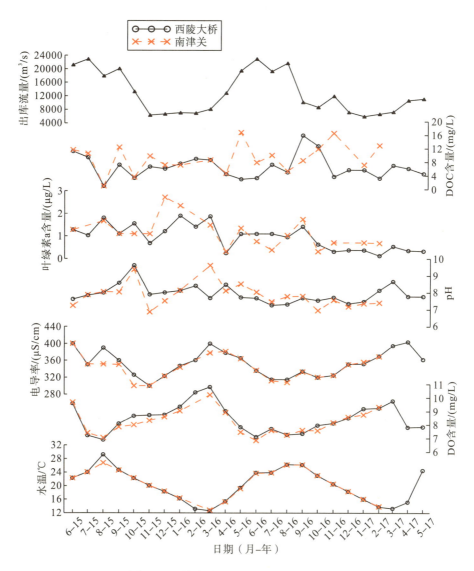

图 5-5　三峡水库下游监测点环境因子变化

表 5-4　三峡水库下游温室气体通量与环境因子相关分析

采样点		CH_4 通量	出库流量	水温	pH	DO 含量	电导率	叶绿素 a 含量	DOC 含量
西陵大桥	CO_2 通量	1	0.498*	0.594**	−0.172	−0.564**	0.008	−0.01	−0.072
	CH_4 通量	0.924**	0.355	0.486*	−0.172	−0.417*	0.096	−0.041	−0.064
南津关	CO_2 通量	1	0.701**	0.222	0.102	−0.370	0.080	−0.230	0.320
	CH_4 通量	0.758**	0.318	−0.046	0.205	−0.208	0.173	−0.008	0.444

注：*为 0.05 置信水平显著相关；**为 0.01 置信水平显著相关。

参 考 文 献

[1] Fearnside P M. Greenhouse gas emissions from a hydroelectric reservoir(Brazil's Tucuruí Dam)and the energy policy implications[J]. Water, Air, and Soil Pollution, 2002, 133(1-4): 69-96.

[2] Fearnside P M. Do hydroelectric dams mitigate global warming? The case of Brazil's CuruÃ-una Dam[J]. Mitigation and Adaptation Strategies for Global Change, 2005, 10(4): 675-691.

[3] Stocker T F, Qin D, Plattner G K, et al. Climate Change 2013: The Physical Science Basis[R]. IPCC, 2013.

[4] Hertwich E G. Addressing biogenic greenhouse gas emissions from hydropower in LCA[J]. Environmental Science & Technology, 2013, 47(17): 9604-9611.

[5] Fearnside P M. Greenhouse gas emissions from hydroelectric dams: controversies provide a springboard for rethinking a supposedly 'clean' energy source: an editorial comment[J]. Climatic Change, 2004, 66(1-2): 1-8.

[6] 赵小杰, 赵同谦, 郑华, 等. 水库温室气体排放及其影响因素[J]. 环境科学, 2008, 29(8): 2377-2384.

[7] Soumis N, Duchemin É, Canuel R, et al. Greenhouse gas emissions from reservoirs of the western United States[J]. Global Biogeochemical Cycles, 2004, 18(3): GB3002.

[8] Duchemin E, Lucotte M, Canuel R. Comparison of static chamber & thin boundary layer equation methods for measuring greenhouse gas emissions from large water bodies[J]. Environmental Science & Technology, 1999, 33(2): 350-357.

[9] Rosa L P, Dos Santos M A, Matvienko B, et al. Scientific errors in the fearnside comments on greenhouse gas emissions(GHG) from hydroelectric dams and response to his political claiming[J]. Climatic Change, 2006, 75(1-2): 91-102.

[10] Roehm C, Tremblay A. Role of turbines in the carbon dioxide emissions from two boreal reservoirs, Québec, Canada[J]. Journal of Geophysical Research Atmospheres, 2006, 111(D24): D24102.

[11] Diem T, Koch S, Schwarzenbach S, et al. Greenhouse gas emissions(CO_2, CH_4, and N_2O) from several perialpine and alpine hydropower reservoirs by diffusion and loss in turbines[J]. Aquatic Sciences, 2012, 74(3): 619-635.

[12] Guérin F, Abril G, Richard S, et al. Methane and carbon dioxide emissions from tropical reservoirs: significance of downstream rivers[J]. Geophysical Research Letters, 2006, 33(21): L21407.

[13] Abril G, Guérin F, Richard S, et al. Carbon dioxide and methane emissions and the carbon budget of a 10-year old tropical reservoir(Petit Saut, French Guiana)[J]. Global Biogeochemical Cycles, 2005, 19(4): GB4007.

[14] Kemenes A, Forsberg B R, Melack J M. Methane release below a tropical hydroelectric dam[J]. Geophysical Research Letters, 2007, 34(12): L12809.

[15] Kemenes A, Forsberg B R, Melack J M. CO_2 emissions from a tropical hydroelectric reservoir(Balbina, Brazil)[J]. Journal of Geophysical Research Biogeosciences, 2011, 116(G3): G03004.

[16] Lei D, Liu J, Zhang J W, et al. Methane oxidation in the water column of Xiangxi Bay, Three Gorges Reservoir[J]. Clean-Soil Air Water, 2019, 47(9): 1800516.

[17] Johnson K M, Hughes J E, Donaghay P L, et al. Bottle-calibration static head space method for the determination of methane dissolved in seawater[J]. Analytical Chemistry, 1990, 62(21): 2408-2412.

[18] Lambert M, Fréchette J L. Analytical techniques for measuring fluxes of CO$_2$ and CH$_4$ from hydroelectric reservoirs and natural water bodies[M]// Tremblay A, Varfalvy L, Roehm C, et al. Greenhouse Gas Emissions-Fluxes and Processes. Berlin: Springer, 2005: 37-60.

[19] Zhao Y, Wu B F, Zeng Y. Spatial and temporal patterns of greenhouse gas emissions from Three Gorges Reservoir of China[J]. Biogeosciences, 2013, 10(2): 1219-1230.

第6章 水库消落带温室气体排放

消落带是陆地与水域之间的过渡带，亦称涨落带、消涨带、消落地等，是指河流、湖泊、水库中由于季节性水位涨落，而被水淹没的土地周期性出露水面，成为陆地的一段特殊区域，属于湿地范畴[1]。其作为水陆生态系统间物质循环、能量流动、信息传递的"廊道"和"过滤器"，是一个特殊而又重要的地貌单元，在维持水陆生态系统间物质平衡、生物多样性、生态安全等方面具有重要作用[2]。水位波动带来周围水域和陆地的营养物质，提高消落带的生产力，消落带又为许多动植物提供繁殖、生长、隐蔽的生存环境，促进生物多样性，生物多样性的提高有利于调节区域气候、减缓生存压力，同时水库消落带可以有效防止水土流失稳定河岸，因此消落带具有巨大的生态价值[3]。然而，相对于天然河流和湖泊消落带，水库消落带受人类活动的影响较大，水位波动幅度较大，生境较为特殊，生态系统相对脆弱。随着水库蓄水量的增多和淹没范围的加大，水位在短时间内的大幅涨落会对水库消落带产生较为强烈的土壤侵蚀、淤积影响，容易打破水陆生态系统之间的平衡，引发水土流失、崩塌滑坡、生境退化等状况。消落带内植被种类稀少且结构简单，土壤结构易受破坏，生态系统的稳定性、抗干扰能力以及对生态环境胁迫的适应性较差，气候变化和人类活动都会对其产生显著影响。如全球气候变化引发长期的干旱和频繁的洪水暴发，可能加剧水位波动的影响，致使土壤侵蚀与水土流失加剧、地质灾害频发，破坏原有消落带生态系统。

除此之外，水库消落带受自然降水和人为管理的双重影响，水位波动和植被演替现象明显，使其成为生物地球化学过程的热点区域，特别是温室气体的源、汇研究一直是气候变化研究的重点。水域生态系统接收大量的陆地外源有机碳和内源有机碳，沉积后长期被水淹没形成低氧环境，使其矿化速率受到限制而长期埋藏。但当水文条件发生改变时（干旱或水位下降），沉积在水库底部的有机物会进一步发生矿化而降低，这一过程降低的有机碳可达原始水平的40%~79%。实际上，随着气候变化和用水需求的不断增加，水库水位波动会更加频繁，消落带面积也会急剧上升，但形成消落带而带来的水库温室气体排放的改变并未纳入水域碳预算之内，也未纳入陆地碳循环中，而这种改变所带来的结果是显著的。随着消落带水体干涸，水库沉积物暴露到空气中，此时埋藏的有机物进行有氧呼吸，释放大量的 CO_2 到大气中，其排放量甚至比水库水面释放量更高，如果将这部分额外的 CO_2 计入内陆水体 CO_2 的排放估计，预计将使内陆水体排放到大气的 CO_2 量增加 0.4%~10%[4]。此外，随着淹没的水位逐渐降低，形成半湿润状态，此时消落带还将释放大量的 CH_4 到大气中，而这部分 CH_4 在水位较高时往往在水柱中被氧化或由于静水压力较大无法释放到大气中。但最新的水库沉积物温室气体排放量的全球估计假定消落带 CH_4 的排放量为0，其根本原因在于现有研究仍较为缺乏[4]，环境因素驱动 CH_4 通量的因素尚不完全清楚，因此还需要对消落带沉积物 CH_4 排放开展更加深入的研究，才能实现消落带对全球 CH_4 排放贡献的估计。

6.1　水库消落带 CO_2 排放速率及影响因素

6.1.1　CO_2 排放速率

水库消落带温室气体排放的研究相对较少，表 6-1 总结了全球水库消落带的 CO_2 排放情况。Keller 等根据全球 38 个水库提出全球水库消落带 CO_2 的排放速率为 (194 ± 478) mmol/$(m^2 \cdot d)$[5]；表 6-1 中统计所得全球水库消落带 CO_2 排放速率（除 Keller 等外）为 217 mmol/$(m^2 \cdot d)$，与 Keller 等所得结果基本一致。同时，该结果低于池塘 $[(267\pm221)$ mmol/$(m^2 \cdot d)]$ 和湖泊 $[(215\pm353)$ mmol/$(m^2 \cdot d)]$ 的消落带 CO_2 排放速率，高于溪流 $[128\pm218)$ mmol/$(m^2 \cdot d)]$ 的 CO_2 排放速率，与水库水面向大气的 CO_2 扩散通量估算 $[27$ mmol/$(m^2 \cdot d)]$ 相比高出一个量级以上，由此说明消落带是水域生态系统中生物地球化学过程的热点区域[5]。

Chapéu D'Uvas 水库不同时期的监测结果表明，其消落带的 CO_2 排放速率分别是 154.5 mmol/$(m^2 \cdot d)$ 和 202.6 mmol/$(m^2 \cdot d)$，是水库水面排放速率的 3～5 倍。同样地，El Gergal 和 Soyang 水库消落带 CO_2 排放速率超过了水库水面排放速率一个数量级[6]。水库水面由于其水生系统具有较高的生产力，其释放量往往较低，甚至表现出 CO_2 的汇，消落带中的沉积物环境接触到大量 O_2 后快速矿化，释放大量 CO_2。在室内的培养实验结果中发现，沉积物上部存在的上覆水可显著地抑制 CO_2 的产生，其排放量也将显著低于低含水率沉积物，差值可达一个数量级[7]。首先，消落带的沉积物产生的 CO_2 缺少水柱的阻隔作用，促进沉积物和空气中 CO_2 的交换，令其可以更好地释放到大气中；其次，O_2 的可用性增加刺激了酶的活性和相关微生物的生长，也可增加 CO_2 的产生速率。在热带 Nam Theun 2 水库的监测结果中发现，消落带的 CO_2 排放速率不一定高于水库水面，这主要是与水库水面的选点密切相关，位于湍流中的水库始终具有较高的 CO_2 排放速率[8]。实际上，从表 6-1 看来，消落带 CO_2 排放速率是水面区域的 3～7 倍，个别的水库可达 10 倍以上。

在 Keller 等的研究中还指出，没有发现不同气候区、不同生态系统之间 CO_2 排放速率的显著差异，极地 $[(60\pm58)$ mmol/$(m^2 \cdot d)]$、大陆 $[(174\pm140)$ mmol/$(m^2 \cdot d)]$、温带 $[(178\pm308)$ mmol/$(m^2 \cdot d)]$、干旱地区 $[(233\pm470)$ mmol/$(m^2 \cdot d)]$ 和热带地区 $[(236\pm403)$ mmol/$(m^2 \cdot d)]$ 的 CO_2 排放速率均在同一范围内[6]；而单独提取水库消落带的结果发现，极地 $[43$ mmol/$(m^2 \cdot d)$，$n=3]$、大陆 $[261$ mmol/$(m^2 \cdot d)$，$n=3]$、温带 $[247$ mmol/$(m^2 \cdot d)$，$n=25]$、干旱地区 $[92$ mmol/$(m^2 \cdot d)$，$n=2]$ 和热带地区 $[24$ mmol/$(m^2 \cdot d)$，$n=5]$ CO_2 排放量速率相差较大，大陆和温带的 CO_2 速率是热带地区的 10 倍，但数据量不足致使无法判断气候带之间差异的关键原因，特别是在判断极地、干旱地区和热带地区时。而考虑全球消落带中 CO_2 排放速率与毗邻陆地土壤排放通量的结果发现，消落带略低于高于消落带的陆地土壤排放通量 $[(212\pm190)$ mmol/$(m^2 \cdot d)]$，说明消落带的 CO_2 排放可能更接近陆地生态

系统。在 Nam Theun 2 水库消落带的岸边是森林或农田的生态系统中，CO_2 排放速率均高于或接近消落带[8]；与之相反的结果出现在地中海的 El Gergal 水库，在该水库的消落带边缘多是沙地且无植被生长，水面 CO_2 排放速率明显低于消落带[9]，表明消落带 CO_2 的排放速率与毗邻的陆地生态系统之间的关系更多地取决于其局地属性，且这种局地属性优于地理空间差异，也说明消落带中 CO_2 排放的驱动因素可能是普遍的，这有助于在全球范围内评估 CO_2 释放过程。

表 6-1　水库消落带 CO_2 排放速率统计

时间/年	地点/实验条件	水面/[mmol/(m²·d)]	消落带/[mmol/(m²·d)]	远离消落带/[mmol/(m²·d)]	文献
2018	Chapéu D'Uvas	29.4	154.5		[6]
	Chapéu D'Uvas	60.5	202.6		
2018	El Gergal		196±207		[9]
2019	El Gergal	2.9	203		[10]
2015	Soyang	76.3	515		[11]
2017	Rappbode		135		[12]
2010	Nam Theun 2（点位 1）	40	201±19	265±37	
2011		67±7	251±99	328±43	
2010	Nam Theun 2（点位 2）	503±97	184±50	231	
2011		391±23	186±57	366±14	
2010	Nam Theun 2（点位 3）	332±5	138±21	183±1	
2011		166±23	339±52	531±41	
2010	Nam Theun 2（点位 4）	286±59	110±10	86±0	[8]
2011		660±121	239±44	468	
2010	Nam Theun 2（点位 5）	34±7	143±24	342±70	
2010	Nam Theun 2（点位 6）	34±7	168±28	326±20	
2011		115	619±39	526±35	
2013		393±57	443±67	232±50	
	Nam Theun 2		279±27		
2014~2015	室内培养-变干时期	5.7	37.41		[7]
	室内培养-淹水期	10.36	39.2		
2011	三峡水库-草地		255±56		
	三峡水库-玉米地		244±19		[13]
	三峡水库-花生		247±23		
2018	Enobieta	−36.65	295		[14]
2015	Sau		13.9		
2013	Boadella		170		
2017	Rappbode		232		[15]
2015	Königshütte		193		
2016	Undurraga		134		
—	全球估计		194±478	212±190	[5]

6.1.2　CO_2 排放影响因素

消落带沉积物的含水率是 CO_2 排放的主要驱动因素之一，不论是消落带在干燥过程中剩余的水分，或者是以其他方式在短时间内重新润湿沉积物带来的水分[7]。水分控制 CO_2 通量的机制是复杂的，因为它不仅控制着微生物呼吸作用，同时也会限制气体扩散。研究指出，水分是影响土壤有机碳矿化的主导因素，水分状况主要通过影响土壤有机碳组分和土壤的微生物活性来影响有机碳矿化速率和矿化量。当土壤水分减少时，沉积物的有机质含量和温度都不影响 CO_2 的排放，缺水干燥会使土壤微生物的种类、数量及活性受到限制从而降低微生物对土壤有机碳的利用能力，影响土壤有机碳的分解和转化。适度增加土壤水分含量能增强微生物活性，提高微生物含量，从而促进土壤有机碳矿化。而含水率过高，或者是沉积物上方还有上覆水的存在，将直接阻隔 CO_2 的排放通道；同时，淹水条件会抑制土壤微生物活性，使其土壤腐殖化系数较通气条件更高，导致土壤中有机碳的矿化速率降低，进而有利于大量有机碳积累，极大地抑制其排放。但有研究发现，在一些农业用地中，含水率较高会促进有机碳的矿化，这是由于厌氧条件下需要通过分解和利用更多的有机物来获得能量，使得矿化速率较高。也有学者报道，有机碳的矿化速率在淹水和非淹水条件下无明显差异，使得含水率对 CO_2 的排放影响较低。实际的研究结果发现，在含水率降低过程中，水生环境中的 O_2 含量增加刺激了酶的活性和微生物的生长，促进了有机碳的矿化过程；同时，当沉积物暴露在空气中时，空气中的 CO_2 扩散速率比在水中快 10000 倍，强烈地增加了沉积物与大气之间的 CO_2 交换通量[8]。Kosten 等采集巴西 Chapéu D'Uvas 水库沉积物培养实验后发现，沉积物中 O_2 含量增加可能会促进有机物的降解，并潜在地导致 CO_2 排放增多，但当沉积物干燥的过程进一步加剧时，微生物活性下降导致温室气体排放量减少，这可能是前文所提热带地区或其他完全干燥区域 CO_2 排放较低的重要原因[6]。在 Soyang 水库消落带的调查中就发现，靠近陆地植被的干土壤含水率为 66%，而刚刚露出水面的沉积物含水率为 88%，但 CO_2 的排放速率却完全相反，在 Soyang 水库中观测到酶活性的空间变化通常与 CO_2 的排放速率一致，尤其是在最近暴露的沉积物中酶活性最高，苯酚氧化酶的空间差异比其他酶更明显，这种现象也符合众多学者提出的干旱期间 O_2 可用性的增加会大大提高沉积物中酚氧化酶活性的结论，但无法避免的是，水分对酶活性的影响存在一定的阈值，完全干燥可能会降低酶活性[11]。而当完全干燥的沉积物重新进入湿润状态时，原本极低的 CO_2 的排放速率又将重新升高，这是由于重新湿润的过程将导致微生物的生物量增加以及群落的改变。

消落带 CO_2 的排放速率还与有机碳的含量密切相关。研究表明，沉积物中有机质的空间差异可导致水库中 CO_2 的排放速率出现强烈的空间变化。陆地生态系统中 CO_2 的排放速率略高于消落带，与其有机碳含量相对应。不仅如此，由全球消落带估算结果也发现，池塘中 CO_2 的排放速率较高的原因可能是池塘湿周较大而有利于沉积物有机质的积累，致使其与溪流、湖泊和水库相比有机物含量较高，进而使得池塘消落带的 CO_2 的排放速率在全球各个生态系统中最高。实际上，有机碳对沉积物矿化的影响主要取决于其 DOC 含量。其中 DOC 虽然在整个沉积物有机碳库中只占很小的比例，但它却是沉积物微生物群落的重要能量来源，会影响微生物的活性，在沉积物生物化学转化过程中发挥着不容忽视的作用，同时对生态系统碳循环也具有十分重要的意义。有机碳要矿化分解为 CO_2 等气体必须要先将其溶于液体中，使其能得以分裂和溶解。因此，水分含量对沉积物中 DOC 的释放至关重要，增加含水量有利于沉积物 DOC 的形成，使得淹水条件下 DOC 含量要高于非淹水条件。但也有研究认为，在沉积物中，淹水状态条件下的 DOC 含量会显著降低，而含水率较低的沉积物 DOC 含量则未受水分含量的明显影响。有研究发现，随着水分含量的增加，DOC 含量表现出线性增加的趋势，淹水条件下的 DOC 含量要明显高于干旱条件，淹水条件的有机碳矿化量高于通气条件主要是由于淹水使得 DOC 含量显著增加。在有机质含量为 3.0%和大约 5.4%的沉积物之间进行的比较实验表明，在有机质含量较高的沉积物中，重新润湿时 CO_2 排放量增加了 1.7 倍，该现象也表明沉积物中有机碳含量越高，越有利于 CO_2 的释放[7]。

温度是影响沉积物有机碳矿化的重要因子，有机碳矿化速率与土壤微生物活动密切相关，温度主要通过影响土壤中微生物活性、数量和群落组成来影响有机碳矿化，而微生物菌群的数量、结构和活性都会影响有机碳矿化速率，最终影响 CO_2 的释放。温度升高有利于增强微生物的活性，使有机碳的矿化速率上升。

6.2　水库消落带 CH_4 排放速率及影响因素

6.2.1　CH_4 排放速率

就对气候的影响力而言，水库的总碳排放以 CH_4 为主。然而，与 CO_2 相比，消落带的 CH_4 排放量是相对较低的。表 6-2 总结了国内外水库消落带 CH_4 排放情况，水库消落带 CH_4 排放的研究相对较少，更多的研究集中在海滨等受水位波动影响频繁的区域，我国对消落带的研究主要集中在三峡水库、密云水库等区域。三峡水库消落带的研究结果显示，消落带 CH_4 排放存在较强的时空差异性，例如，在同一区域不同高程 (155~175m) 的消落带，CH_4 排放存在显著差异，表现出海拔越高排放量越低的规律，在海拔 155m、165m 和 175m 处 CH_4 排放速率依次是 $(0.29\pm0.18)\,mg/(m^2\cdot d)$、$(0.16\pm0.10)\,mg/(m^2\cdot d)$ 和 $(0.02\pm0.06)\,mg/(m^2\cdot d)$。在消落带被淹没时也呈现出同样的分布规律，在海拔 155m、165m 和 175m 处 CH_4 排放速率分别为 $(1.00\pm0.63)\,mg/(m^2\cdot d)$、$(1.20\pm0.54)\,mg/(m^2\cdot d)$、$(1.51\pm0.73)\,mg/(m^2\cdot d)$。与水库水面和岸边永久非淹水区 CH_4 排放速率对比发现，消落带 CH_4 排放速率高于非淹水区一个数量级以上，而低于水面 CH_4 一个数量级[16]。三峡水库秭归、巫山、云阳等区域的研究结果也发现，消落带 CH_4 排放速率极低，分别为 $(-0.012\pm0.04)\,mg/(m^2\cdot d)$、$(-0.018\pm0.024)\,mg/(m^2\cdot d)$、$(0.011\pm0.040)\,mg/(m^2\cdot d)$，部分时间段甚至表现为大气 CH_4 的汇。同时研究还发现，在水位较高时，不同类型的消落带水面 CH_4 排放速率无显著差异，休耕地、农田和森林砍伐地的 CH_4 排放速率分别为 $(0.22\pm0.29)\,mg/(m^2\cdot d)$、$(0.22\pm0.26)\,mg/(m^2\cdot d)$、$(0.21\pm0.21)\,mg/(m^2\cdot d)$；然而一旦水位下降，消落带沉积物暴露在空气中，旱地的 CH_4 排放速率[$3.36\sim6.72\,mg/(m^2\cdot d)$]明显高于其他土地利用类型。值得关注的是，人为 CH_4 排放量的重要来源，水库消落带中的水稻田 CH_4 排放在所有类型中最为显著 [7.20mg/(m²·d)]，其排放速率高于其他类型 [玉米地和花生地 CH_4 排放速率分别为 (−0.05±0.39)mg/(m²·d) 和 (−0.21±0.05)mg/(m²·d)] [13]。密云水库的研究结果显示，消落带的 CH_4 排放速率 [(50.40±9.60mg/(m²·d)] 介于不同区域的水面之间 [(74.40±2.00)mg/(m²·d)] 和 [(31.20±4.80)mg/(m²·d)]，高于永久性非洪泛区 [(−0.064±0.221)mg/(m²·d)]，与三峡水库的研究结果差异较大。原作者认为，密云水库消落区域内生长大量的草本植物，当水位上升后，非耐淹植物发生腐烂，从而极大地促进 CH_4 的排放 [17]。

水库水位波动是促使消落带形成的主要原因，普遍认为 CH_4 在水中的溶解度低，在沉积物中易形成气泡。水位下降导致沉积物干燥的过程，会使得这部分 CH_4 气泡直接暴露在空气中，致使其 CH_4 释放量较高，部分学者就此开展大量模拟实验，结果发现，处于淹水或湿润状态的消落带沉积物，其 CH_4 排放速率为 (8.10±11.00)mg/(m²·d)，而沉积物刚刚变干时其 CH_4 排放速率极高，为 (547.40±688.80)mg/(m²·d)，当这部分沉积物从干燥状态到再次湿润时，CH_4 排放速率的增高趋势并不显著 [(3.10±0.30)mg/(m²·d)] [7]。相反，在其他研究中发现，多数环境下消落带沉积物从干燥到湿润后，整体 CH_4 排放速率为负值，即水体表现为 CH_4 的汇，而在有机质丰富的土壤中则表现为 CH_4 的源 [18]。

表 6-2　水库消落带 CH_4 排放速率统计

时间/年	地点或实验条件	水面/[mg/(m²·d)]	消落带/[mg/(m²·d)]	远离消落带/[mg/(m²·d)]	文献
2010~2012	三峡水库-180m			0.12±0.07	[16]
	三峡水库-175m	1.51±0.73	0.02±0.06		
	三峡水库-165m	1.20±0.54	0.16±0.10		
	三峡水库-155m	1.00±0.63	0.29±0.18		
2010	三峡水库-秭归	0.14±0.15	−0.012±0.04		[19]
	三峡水库-巫山	0.25±0.33	−0.018±0.024		
	三峡水库-云阳	0.28±0.25	0.011±0.040		
	三峡水库-休耕地	0.22±0.29	0.015±0.053		
	三峡水库-农田	0.22±0.26	−0.007±0.031		
	三峡水库-森林砍伐地	0.21±0.21	−0.007±0.030		
	三峡水库-旱地	3.36~6.72	−0.48		
	三峡水库-水稻田	7.2	94.56		
2012	三峡水库-休耕地			0.24	[13]
	三峡水库-玉米地		−0.05±0.39		
	三峡水库-花生地		−0.21±0.05		
2012	密云水库-永久淹水区	74.40±2.00			[17]
	密云水库-永久淹水区	31.20±4.80			
	密云水库-季节性淹水区		50.40±9.60		
	密云水库-永久性非洪泛区			−0.064±0.221	

时间/年	地点或实验条件	水面/[mg/(m²·d)]	消落带/[mg/(m²·d)]	远离消落带/[mg/(m²·d)]	文献
2013	砂土-干燥期		0.326±0.149		[18]
	砂土-湿润初期		−0.019±0.598		
	砂土-湿润后期		0.204±0.367		
	砂质壤土-干燥期		0.033±0.194		
	砂质壤土-湿润初期		−0.157±1.270		
	砂质壤土-湿润后期		−0.002±0.228		
	壤土-干燥期		0.425±0.552		
	壤土-湿润初期		1.138±1.14		
	壤土-湿润后期		1.097±1.83		
2013	弗卢维亚河和穆加河	220.8±161.6	3.20±8.00		[20]
2015	室内培养-淹水期	1.90±0.90	8.10±11.00		[7]
	室内培养-干燥期	0.80±0.90	547.40±688.80		
	室内培养-干燥	2.80±3.10	2.20±0.50		
	室内培养-再淹水	1.30±0.30	3.10±0.30		

6.2.2 CH₄ 排放影响因素

消落带沉积物的水分与 CH_4 的产生密切相关。水位波动通过调节沉积物含水率、氧化还原电位等因素调控 CH_4 的产生和氧化相关微生物的活性和数量。水位波动对库区消落带植物群落结构有一定的影响,而植物的根系分泌物能够为产甲烷菌提供栖息和繁殖的场所,并为产甲烷菌提供可利用的底物,同时植物的组织能够成为 CH_4 传输、排放的重要途径。密云水库的消落带在被水淹没 20 天以后, CH_4 排放量急剧上升,远超过其他类型的实验场地。部分研究认为,当水位上升植物被淹没后,植物对 CH_4 的传输能力下降,植物向根际输送碳的能力也下降,从而导致植物被水淹没后 CH_4 排放量下降。实际上,消落带被水淹没后发生了明显的植物腐烂现象,其厌氧分解是主导该时期 CH_4 排放量升高的关键因素,这与三峡水库的结果基本一致。水位波动控制着消落带内植物的生长演替,原生陆生植物因无法耐受水淹胁迫而死亡,从而导致原有植被大规模退化,而耐淹、耐旱一年生或多年生草本植物则会被保留下来,因此生长有耐淹植物和非耐淹植物消落带的 CH_4 通量往往存在差异[17]。密云水库的研究还发现,如果在水位上升之前将消落带植物去除,其 CH_4 排放量会降低 50%左右;此外,水位上升后非耐淹植物会快速腐烂分解消耗水体溶解 O_2 量,为 CH_4 的产生提供厌氧环境和充足有机质,极大地增加 CH_4 排放量,说明消落带 CH_4 排放量与消落带植被生长密切相关[17]。三峡水库消落带 CH_4 排放存在极大的时空差异,主要是在不同时期水库水位的波动情况差异使得消落带受到不同程度水淹。淹水会降低土壤的氧化还原电位,继而影响产甲烷菌的活性,同时厌氧环境会抑制好氧呼吸,促进有机质的积累。因此,水库的海拔越低,其淹没时间越长,导致缺氧时间越长,厌氧状态越强,有利于 CH_4 的产生[16]。通过模拟消落带水分变化对 CH_4 排放的影响,结果发现在不同土壤类型其对消落带 CH_4 排放的影响显著，呈现出壤土最高 $[(1.097\pm1.83)\,mg/(m^2\cdot d)]$，而砂土最低 $[(0.204\pm0.367)\,mg/(m^2\cdot d)]$ 的趋势。对比沉积物水分含量对 CH_4 排放的影响发现，在湿润环境下，砂土 $[(-0.019\pm0.598)\,mg/(m^2\cdot d)]$ 和沙质壤土 $[(-0.157\pm1.270)\,mg/(m^2\cdot d)]$ 对 CH_4 的吸收增强，而在壤土中则呈现出释放增强的趋势 $[(1.138\pm1.14)\,mg/(m^2\cdot d)]$，其主要原因是粗糙、干燥以及生源物质有限的消落带沉积物中存在着 CH_4 氧化的条件，而在质地细、潮湿、营养高的土壤中存在着产 CH_4 条件，这说明水分对消落带 CH_4 排放的影响与其环境密切相关[18]。尽管大部分学者都发现消落带 CH_4 排放速率较低，或呈现出吸收状态，但也有其他学者的研究发现，处于淹水或湿润状态的消落带沉积物，在刚刚变干时有极高的 CH_4 排放量，而原本干燥的沉积物再次湿润时，其 CH_4 排放量的增高趋势并不显著[7]，这说明消落带 CH_4 排放存在着极大的时间异质性，其大小与淹水时的环境有关。

　　另外，由于水库水位涨幅较大，在水库低水位时期消落带常用于从事一些农业活动，农田开垦及其耕种行为使其生物量与其他类型的消落带有明显区别，最终导致 CH_4 排放有差异。在三峡水库澎溪河消落带的休耕地 $[CH_4$ 排放速率为 $0.24\,mg/(m^2\cdot d)]$、花生地 $[CH_4$ 排放速率为 $(-0.05\pm0.39)\,mg/(m^2\cdot d)]$ 和玉米地 $[CH_4$ 排放速率为 $(-0.21\pm0.05)\,mg/(m^2\cdot d)]$ 研究发现 CH_4 排放量存在显著差异，值得注意的是，种植花生和玉米有利于缓解消落带的温室效应[13]。另外，有学者发现，消落带的水稻田具有相当高的 CH_4 排放速率，主要发生在水稻的生长期[19]。其他因素，例如，温度对 CH_4 产生的影响主要体现在对 CH_4 产生途径、有机物分解和产甲烷菌活性等方面。不同生态系统中均观测到 CH_4 产率随温度升高而增加[21-25]，但是温度与其他因素的相互作用使得其对 CH_4 产生的影响在不同生态系统间存在显著差异[26]。

6.3　三峡水库研究实例

　　三峡水库在调蓄过程中形成了高 30m 的消落带，是三峡库区碳循环的重要组成部分。以三峡水库支流香溪河和大宁河消落带为研究对象，在水位消落期采用快速温室气体分析仪连接不透光密闭通量箱完成温室气体通量观测。监测点位为香溪河和大宁河河口至上游各点位对应的消落带区域，点位信息与第 2 章一致。香溪河和大宁河均为峡谷型河流，岸坡较陡，受三峡水库调度的影响，消落区内土石裸露，植被稀少，有大量基岩和土壤裸露，香溪河消落带区域主要覆盖植被为狗牙根和太阳草，大宁河消落带则是以狗牙根为主。因此，本书研究主要开展香溪河和大宁河消落带内无植被、植被稀疏和植被茂盛区域的温室气体通量监测。

　　对比香溪河与大宁河消落带 CO_2 和 CH_4 通量监测结果发现，大宁河 CO_2 和 CH_4 排放量更高。香溪河消落带 CO_2 平均释放通量为 $10417.7\,mg/(m^2\cdot h)$，最高值和最低值均出现在 XX02 点位植被茂盛区（表 6-3），分别为 $47851.14\,mg/(m^2\cdot h)$ 和 $-5738.17\,mg/(m^2\cdot h)$，其中 CO_2 通量的高值出现在夜晚，最低值出现在白天，呼吸作用和光合作用是主导消落带 CO_2 通量的主要因素。相较于 CO_2，香溪河消落带 CH_4 呈现出 CH_4 的汇，最高值和最低值分别出现在 XX06 的无植被区域 [7.476mg/(m²·h)] 和 XX03 的植被茂盛区 [−4.93mg/(m²·h)]，这说明消落带 CH_4 排放有极强的空间异质性。在消落期 22 次监测中，消落带 CO_2 通量仅有 4 次表现出大气 CO_2 的汇，其他时期均为源，而 CH_4 通量近一半的点位均是汇，这说明消落带是大气 CO_2 的强释放源，CH_4 的源汇属性较弱。

表 6-3　香溪河消落带 CO_2 和 CH_4 排放情况

点位/指标	2010/6/15	2010/8/15	2010/9/14		2011/3/15	2011/4/18	2011/5/15
XXHK			无植被	植被茂盛			
CO_2 释放通量/[mg/(m²·h)]			11366.8	21661.1			
CH_4 释放通量/[mg/(m²·h)]			0.425	0.34			
XX01		植被茂盛	无植被	植被茂盛			
CO_2 释放通量/[mg/(m²·h)]		1485.3	1601.49	1456.4			
CH_4 释放通量/[mg/(m²·h)]		0.21	−0.127	−0.976			
XX02	植被茂盛	植被稀疏	无植被	植被茂盛	无植被	植被稀疏	植被茂盛
CO_2 释放通量/[mg/(m²·h)]	−5738.17	156.05	9426.07	47851.14	5391	9591.44	13581.52
CH_4 释放通量/[mg/(m²·h)]	−0.0066	−0.17	−1.19	0.81	0.807	0.297	0.892
XX03	植被茂盛	无植被					
CO_2 释放通量/[mg/(m²·h)]	−4297.51	−3192.25					
CH_4 释放通量/[mg/(m²·h)]	−4.93	−2.8					
XX04	无植被						
CO_2 释放通量/[mg/(m²·h)]	88.811						
CH_4 释放通量/[mg/(m²·h)]	−1.657						
XX06			无植被	植被茂盛	无植被	植被茂盛	植被茂盛
CO_2 释放通量/[mg/(m²·h)]			18952.83	29305.04	6728.528	21394.33	9900.5
CH_4 释放通量/[mg/(m²·h)]			7.476	2.336	0.382	0.425	1.572
XX09			无植被	植被茂盛			
CO_2 释放通量/[mg/(m²·h)]			27608.22	−155.464			
CH_4 释放通量/[mg/(m²·h)]			−1.572	−1.869			

对比不同植被覆盖量对消落带 CO_2 和 CH_4 释放量的影响发现 (图 6-1)，无植被区域 CO_2 平均释放通量为 9072.5mg/(m²·h)，植被稀疏区域 CO_2 平均释放通量为 4873.7mg/(m²·h)，植被茂盛区域 CO_2 释放通量最高且变幅最大，CO_2 平均通量为 12404.0mg/(m²·h)，其中植被稀疏区域仅有 2 次调查，可能无法代表整体水平。植被茂盛区域呼吸作用和光合作用强度均较高，使得其 CO_2 释放通量更高，变幅也最强。无植被区域 CH_4 平均释放通量为 0.117mg/(m²·h)，植被稀疏区域为 0.063mg/(m²·h)，植被茂盛区域最低，为−0.108mg/(m²·h)。

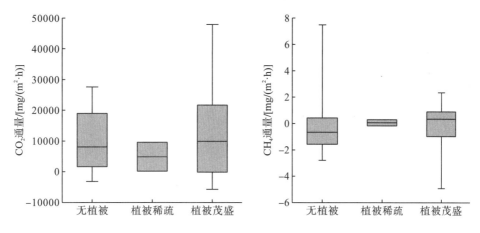

图 6-1　不同植被条件下香溪河消落带 CO_2 和 CH_4 排放通量

监测结果发现 (表 6-4)，大宁河消落带 CO_2 平均释放通量为 14392.9mg/$(m^2 \cdot h)$，最高值和最低值出现在 DN03 无植被区域和植被茂盛区域，分别为 41317.94mg/$(m^2 \cdot h)$ 和 −16070.8mg/$(m^2 \cdot h)$。大宁河消落带 CH_4 呈现出 CH_4 的源，平均通量为 0.453mg/$(m^2 \cdot h)$，最高值和最低值分别出现在 DN03 的无植被区域 [9.132mg/$(m^2 \cdot h)$] 和 DN03 的植被茂盛区 [−2.464mg/$(m^2 \cdot h)$]，这说明大宁河 DN03 点位消落带受影响最为明显，CO_2 和 CH_4 排放有极强的异质性。在消落期 22 次监测中，消落带 CO_2 通量仅有 4 次表现出大气 CH_4 的汇，其他时期均为源，而 CH_4 通量有 11 次的监测结果显示为汇，这说明大宁河消落带是大气 CO_2 的强释放源，CH_4 源汇属性较弱。

表 6-4　大宁河消落带 CO_2 和 CH_4 排放情况　　　　　[单位：mg/$(m^2 \cdot h)$]

点位/指标	2010/6/15					
DN	植被茂盛	植被稀疏		植被茂盛	植被稀疏	无植被
CO_2	−12859	−9662.06		6878.864	18197.65	5290.546
CH_4	−0.68	−0.55		−0.765	−0.765	−0.934
DN03	植被茂盛	植被稀疏	无植被			
CO_2	−16070.8	−4302.64	3922.26			
CH_4	1.19	1.23	−0.34			

点位/指标	2010/8/17		2010/9/13	2010/9/14	2011/3/14	2011/4/17	2011/5/14
DN	无植被	植被茂盛					
CO_2	22294.02	27340.18					
CH_4	4.035	−0.127					
DN03	植被茂盛	无植被	植被茂盛	无植被	无植被	植被稀疏	植被稀疏
CO_2	34812.7	20096.08	24750	41317.94	6028.24	7135.37	38308.88
CH_4	−0.17	0.42	−2.464	−1.741	9.132	0.17	1.189
DN			无植被	植被茂盛	无植被	植被稀疏	植被茂盛
CO_2			19325.76	9363.604	21663.539	14505.68	38308.88
CH_4			−1.359	0.17	101.046	0.085	1.189

对比大宁河不同植被覆盖量对消落带 CO_2 和 CH_4 释放量的影响发现(图6-2),无植被区域 CO_2 平均释放通量为 $17492.3mg/(m^2\cdot h)$,植被稀疏区域 CO_2 平均释放通量为 $10697.1mg/(m^2\cdot h)$,植被茂盛区域释放通量最高且变幅最大,CO_2 平均通量为 $14065.5mg/(m^2\cdot h)$,3次调查结果无显著差异。对比 CH_4 排放通量发现,无植被区域 CH_4 平均释放通量为 $1.466mg/(m^2\cdot h)$,植被稀疏区域为 $0.238mg/(m^2\cdot h)$,植被茂盛区域最低,为 $-0.261mg/(m^2\cdot h)$。

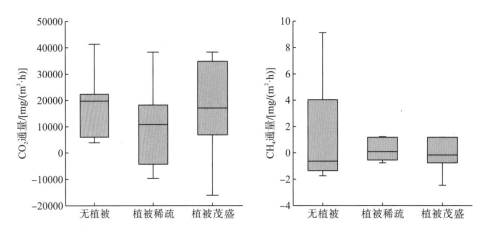

图6-2 不同植被条件下大宁河消落带 CO_2 和 CH_4 排放通量

参 考 文 献

[1] 李姗泽, 邓玥, 施凤宁, 等. 水库消落带研究进展[J]. 湿地科学, 2019, 17(6): 689-696.

[2] 刘泽彬. 三峡库区消落带两种植物对淹水环境适应性的模拟研究[D]. 北京: 中国林业科学研究院, 2014.

[3] 林俊杰, 张帅, 杨振宇, 等. 干湿循环对三峡支流消落带沉积物中可转化态氮及其形态分布的影响[J]. 环境科学, 2015, 36(7): 2459-2464.

[4] Keller P S, Marcé R, Obrador B, et al. Global carbon budget of reservoirs is overturned by the quantification of drawdown areas[J]. Nature Geoscience, 2021, 14(6): 402-408.

[5] Keller P S, Catalán N, Von Schiller D, et al. Global CO_2 emissions from dry inland waters share common drivers across ecosystems[J]. Nature Communications, 2020, 11(1): 2126.

[6] Almeida R M, Paranaíba J R, Barbosa Í, et al. Carbon dioxide emission from drawdown areas of a Brazilian reservoir is linked to surrounding land cover[J]. Aquatic Sciences, 2019, 81(4): 68.

[7] Kosten S, van den Berg S, Mendonça R, et al. Extreme drought boosts CO_2 and CH_4 emissions from reservoir drawdown areas[J]. Inland Waters, 2018, 8(3): 329-340.

[8] Deshmukh C, Guérin F, Vongkhamsao A, et al. Carbon dioxide emissions from the flat bottom and shallow Nam Theun 2 Reservoir: drawdown area as a neglected pathway to the atmosphere[J]. Biogeosciences, 2018, 15(6): 1775-1794.

[9] Pozzo-Pirotta L J, Montes-Pérez J J, Sammartino S, et al. Carbon dioxide emission from drawdown areas of a Mediterranean reservoir[J]. Limnetica, 2022, 41(1): 61-72.

[10] Montes-Pérez J J, Obrador B, Conejo-Orosa T, et al. Spatio-temporal variability of carbon dioxide and methane emissions from a Mediterranean reservoir[J]. Limnetica, 2022, 41(1): 43-60.

[11] Jin H, Yoon T K, Lee S H, et al. Enhanced greenhouse gas emission from exposed sediments along a hydroelectric reservoir during an extreme drought event[J]. Environmental Research Letters, 2016, 11(12): 124003.

[12] Lesmeister L, Koschorreck M. A closed-chamber method to measure greenhouse gas fluxes from dry aquatic sediments[J]. Atmospheric Measurement Techniques, 2017, 10(6): 2377-2382.

[13] Li Z, Zhang Z Y, Lin C X, et al. Soil–air greenhouse gas fluxes influenced by farming practices in reservoir drawdown area: a case at the Three Gorges Reservoir in China[J]. Journal of Environmental Management, 2016, 181: 64-73.

[14] Amani M, von Schiller D, Suárez I, et al. The drawdown phase of dam decommissioning is a hot moment of gaseous carbon emissions from a temperate reservoir[J]. Inland Waters, 2022, 12(4): 451-462.

[15] Marcé R, Obrador B, Gómez-Gener L, et al. Emissions from dry inland waters are a blind spot in the global carbon cycle[J]. Earth-Science Reviews, 2019, 188: 240-248.

[16] Hao Q J, Chen S J, Ni X, et al. Methane and nitrous oxide emissions from the drawdown areas of the Three Gorges Reservoir[J]. Science of the Total Environment, 2019, 660: 567-576.

[17] Yang M, Geng X M, Grace J, et al. Spatial and seasonal CH_4 flux in the littoral zone of miyun reservoir near Beijing: the effects of water level and its fluctuation[J]. Plos One, 2014, 9(4): e94275.

[18] Gallo E L, Lohse K A, Ferlin C M, et al. Physical and biological controls on trace gas fluxes in semi-arid urban ephemeral waterways[J]. Biogeochemistry, 2014, 121(1): 189-207.

[19] Yang L, Lu F, Wang X K, et al. Surface methane emissions from different land use types during various water levels in three major drawdown areas of the Three Gorges Reservoir[J]. Journal of Geophysical Research: Atmospheres, 2012, 117(D10): D10109.

[20] Gómez-Gener L, Obrador B, von Schiller D, et al. Hot spots for carbon emissions from Mediterranean fluvial networks during summer drought[J]. Biogeochemistry, 2015, 125(3): 409-426.

[21] Pelletier L, Moore T R, Roulet N T, et al. Methane fluxes from three peatlands in the La Grande Riviere watershed, James Bay lowland, Canada[J]. Journal of Geophysical Research: Biogeosciences, 2007, 112: G01018.

[22] Turetsky M R, Treat C C, Waldrop M P, et al. Short-term response of methane fluxes and methanogen activity to water table and soil warming manipulations in an Alaskan peatland[J]. Journal of Geophysical Research: Biogeosciences, 2008, 113: G00A10.

[23] Treat C C. Temperature and peat type control CO_2 and CH_4 production in Alaskan permafrost peats[J]. Global Change Biology, 2014, 20(8): 2674-2686.

[24] Yvon-Durocher G, Allen A P, Bastviken D, et al. Methane fluxes show consistent temperature dependence across microbial to ecosystem scales[J]. Nature, 2014, 507(7493): 488-491.

[25] Cui M M, Ma A Z, Qi H Y, et al. Warmer temperature accelerates methane emissions from the Zoige wetland on the Tibetan Plateau without changing methanogenic community composition[J]. Scientific Reports, 2015, 5: 11616.

[26] Stanley E H, Casson N J, Christel S T, et al. The ecology of methane in streams and rivers: patterns, controls, and global significance[J]. Ecological Monographs, 2016, 86(2): 146-171.

第7章 沉积物 CH_4 产生与氧化

淡水生态系统(如湖泊、水库等)的沉积物汇集了大量来自陆地生态系统中的有机碳，是重要的全球碳储存库[1]。厌氧条件下的淡水沉积物有机碳矿化所产生的 CH_4 是淡水水体 CH_4 的主要来源[2]。沉积物中大量的可利用有机碳、较高的温度和厌氧条件是驱动产 CH_4 过程的重要因子，相应地，与此相关的水体富营养化也与 CH_4 产生具有正相关关系[3]。同时，来自沉积物的 CH_4 在穿过沉积物进入水体的过程中受到 CH_4 氧化过程(有氧氧化和厌氧氧化)的影响，尽管厌氧氧化在淡水水体中占比很小。沉积物 CH_4 的产生和氧化过程受到不同物理、化学和生物因素的影响，如温度、溶解氧含量、pH、水体分层、可利用有机碳含量、营养盐、产甲烷菌和甲烷氧化菌群落组成等[4]，最终进入水体的 CH_4 通量取决于沉积物 CH_4 产生和氧化两个过程。

7.1 沉积物 CH_4 产生研究进展

自然环境中的 CH_4 是通过有机碳在严格厌氧环境中活动矿化产生的，并在产甲烷菌的参与下完成。产甲烷菌是一种严格的厌氧代谢菌群，属于古细菌。它们普遍存在于厌氧环境中，如缺氧水柱和淡水湖沉积物中。自然界中 CH_4 生成占总碳矿化的 $10\% \sim 50\%$[5]。一般而言，水域 CH_4 主要生成于沉积物有机质的矿化分解过程[2]。沉积物中有机碳在 O_2、NO_3^- 和 SO_4^{2-} 等氧化剂充足的情况下被氧化生成 CO_2，当这些氧化剂不足时，有机碳在各种发酵过程中降解而生成 CH_4 和 CO_2[6]。一般情况下，未受污染的淡水环境中可利用的 NO_3^- 和 SO_4^{2-} 较少，CH_4 的产生主要受 O_2 浓度控制[7]。富营养化湖泊沉积物的室内培养实验表明，缺氧的环境可以促使 CH_4 的产生，并且缺氧时 CH_4 的释放量要比富氧时大得多[8]。有机质矿化分解作用的最后两个过程是硫酸盐还原和产 CH_4。在大多数情况下，产甲烷菌竞争沉积物代谢产物(如乙酸、H_2 及一些低分子的有机化合物)的能力远不及硫酸盐还原菌。因此，只有当间隙水中这些代谢产物氧化消耗完硫酸盐后，才能开始产 CH_4，继而有可能在沉积物中形成较高浓度的 CH_4[9]。大气中 $70\% \sim 80\%$ 的 CH_4 由生物产生[10]。在好氧环境下，沉积物有机质的降解主要通过氧化反应进行，好氧细菌分解水体和水底大量被淹没的有机碳，生成 CO_2。在缺氧环境下，产甲烷菌的活动占优势，有机碳在各种发酵性过程中降解，生成 CH_4 及 CO_2，该过程本质就是产甲烷菌利用细胞内一系列特殊的酶和辅酶，将 CO_2 或甲基化合物中的甲基通过一系列的生物化学反应还原成 CH_4 以获取能量的过程[11]。最新研究发现，陆生真菌、植物和其他真核生物在氧化条件下能产生大量 CH_4[12,13]，如在海水水生系统中，上层富氧的水体中的微生物利用浮游植物的甲基化代谢物在氧化的海水中产生 CH_4[14-16]。

　　产甲烷古菌是一类严格厌氧且系统发育差异极大的古菌[17]。从传统上来说，科学家认为产甲烷古菌属于广古菌门，大致可以分为两大类六个目：包括甲烷球菌目、甲烷火菌目、甲烷杆菌目、甲烷八叠球菌目、甲烷微菌目以及甲烷胞菌目。同时，最新研究也发现了新型产甲烷古菌，其确切的生理代谢机制和生态功能还有待进一步研究[17]。总体上，根据产甲烷菌可利用的底物类型，可以将产 CH_4 过程分为氢营养型产 CH_4、乙酸发酵型产 CH_4、甲基营养型产 CH_4 三种途径：①氢营养型产 CH_4（$CO_2+4H_2 \longrightarrow CH_4+2H_2O$），即氢气（$H_2$）还原 CO_2 产生 CH_4。该途径是淡水生态系统中常见的产 CH_4 途径，在淡水湖、水库等许多淡水生态系统中贡献了很大一部分的 CH_4，且在热带洪泛区中对 CH_4 生成的贡献较高，贡献比例占 CH_4 总产量的 53%～63%[18]。另外，氢营养型产甲烷古菌可以利用二元醇、丙酮酸盐作为电子供体，如嗜有机物产甲烷菌（*Methanogenium organophilum*）和乙醇产甲烷囊菌（*Methanofollis ethanolicus*）可以直接利用乙醇、2-丙醇或 2-丁醇产 CH_4，产甲烷球菌（*Methanococcus* spp.）可以利用丙酮酸盐作为电子供体还原 CO_2 产生 CH_4，热自养产甲烷杆菌（*Methanothermbacter thermoautotrophicus*）可以利用低浓度 CO 生长并产生 CH_4[19]。②乙酸发酵型产 CH_4（$CH_3COOH \longrightarrow CH_4+CO_2$），乙酸中的羧基被氧化成 CO_2，甲基被还原成 CH_4，这种途径通常为冷温带淡水湖泊中最重要的 CH_4 源[20]。目前已发现的此类古菌只有产甲烷八叠球菌（*Methanosarcina*）和产甲烷丝菌（*Methanothrix*）两种[19]。③甲基营养型产 CH_4，甲基先被还原为甲基辅酶 M，然后被还原为 CH_4，相应的另一个甲基被氧化成 CO_2，该途径占总体产 CH_4 的比例大于 67%[20]。甲基营养型产甲烷古菌主要分布在甲烷八叠球菌科（Methanosarcinaceae）、甲烷团球菌（*Methanomassiliicoccus*）和甲烷球形菌（*Methanosphaera*）中。通常，由于产生甲基化合物的原始物质在淡水中含量很少，甲基营养型产 CH_4 过程更多发生在海水中，所以淡水中的 CH_4 主要由氢营养型和乙酸发酵型产甲烷古菌产生。总体上，目前对沉积物产 CH_4 过程中的物质转换、能量代谢途径以及其生态功能和环境效应都取得了相当的进展，为进一步认识未来变化条件下沉积物 CH_4 释放过程及其机制奠定了良好的基础。

7.2　沉积物 CH₄ 产生影响因素及实例分析

7.2.1　影响因素

　　沉积物 CH_4 产生的影响因素包括温度、溶解氧、pH、有机物（底物）浓度和种类、产甲烷菌等。

1. 温度

　　产甲烷菌和甲烷氧化菌均受温度的影响，研究表明，在不同温度条件下，各产甲烷菌菌种对温度的响应有所差异，低温时主要依靠甲烷毛菌产生 CH_4，而高温时依靠甲烷八叠球菌，且其产 CH_4 效率大于前者[21]。同时，温度会影响甲烷氧化菌的微生物活性。Segers

的研究中提到了产甲烷菌的 Q_{10}（温度升高 10℃ 的菌种活性的增加量）为 4 左右，而甲烷氧化菌的 Q_{10} 则为 1.9[22]，产甲烷菌对温度的依赖性远高于甲烷氧化菌。Dunfield 等[23]的研究发现，产甲烷菌和甲烷氧化菌的最适温度都在 25℃ 左右。温度升高除可以提高产甲烷菌的活性之外，同时初级生产也加快，这给 CH_4 的生成提供了新鲜的有机物，故温度与产 CH_4 潜力具有正相关关系[24]。Delsontro 等[25]在中纬度地区沃伦水库采用气泡收集装置对 CH_4 冒泡进行为期 1 年的研究，并通过质量平衡对 CH_4 的冒泡通量进行计算，结果表明，水温与水中溶解 CH_4 浓度具有正相关关系。

2. 溶解氧

O_2 为沉积物中各类物质的氧化还原提供了电子受体，沉积物中有机质的降解通过氧化还原反应最终生成 CO_2。富氧与厌氧系统中 CH_4 产量的差别可达到 10 倍以上，富氧环境中电子受体浓度较高，将底物氧化，致使 CH_4 的产生受到抑制[26]。Yang 等[27]研究表明，水体溶解氧的含量较高不仅可以抑制沉积物中 CH_4 的产生，同时也可以将沉积物中向上层扩散的 CH_4 氧化，从而减少水-气界面的 CH_4 释放。

3. pH

pH 主要影响产甲烷菌和甲烷氧化菌的活性，通常情况下，pH 为 7 是产甲烷菌和甲烷氧化菌的最适宜环境，但实际研究表明，在酸性和碱性土壤中，pH 的改变对产甲烷菌的活性影响不尽相同[24]。在酸性土壤中，细菌在较低的 pH 条件下适宜存活[22]，Xu 等[28]研究发现，产甲烷菌的最适宜 pH 为 6，而甲烷氧化菌的最适宜 pH 为 5。Phelps 等[29]的研究表明，pH 从酸性条件向中性过渡时会引起 CH_4 释放增大，pH 到达 7.3 时 CH_4 的产率达到最大，在向碱性环境转变时产率开始减小。

4. 有机物浓度和种类

当沉积物中产甲烷菌存在时，有机物浓度就成了 CH_4 产生的主要限制因子，有机物浓度的增加使 CH_4 的产量也明显增加，底物浓度和 CH_4 产率存在正相关关系[22]。在湿地沉积物中，有机碳含量及种类对产 CH_4 有明显的影响，沉积物中可降解的有机物的含量和数量在很大程度上决定了产 CH_4 的速率[30]。有机物可以间接影响 CH_4 的生成，它可以促进水体中好氧微生物对水体环境中 O_2 的消耗，使得扩散进入沉积物中 O_2 的浓度降低，营造一个良好的无氧环境，有利于 CH_4 的产生[31]。Crawford 等[32]在对密西西比河有机碳对 CH_4 的影响研究中发现，初级生产力和有机碳都会刺激 CH_4 的产生，若不控制其水质污染，密西西比河将会成为温室气体的主要贡献者之一。Shi 等[33]在对澜沧江的研究中发现，上游水库 CH_4 和 CO_2 的排放量是下游的 13.1 倍和 1.7 倍，水库的修建对水体中泥沙具有拦蓄作用，较高的沉积速率为 CH_4 的产生提供了新鲜的有机物，加大了温室气体的产量。

5. 产甲烷菌

产甲烷菌是一种广泛分布于严重缺氧环境中的古菌，存在于水库、沉积物、污泥和湿地等自然环境中[34-37]。一般来说，产甲烷菌在厌氧状态下将有机质（organic matter, OM）

降解，并最终将其转化为 CH_4。

大量研究表明，产甲烷菌与 CH_4 产生速率之间的关系密切。产甲烷菌的数量和活性是决定 CH_4 产生速率的关键因素。有学者在美国阿克顿湖中的监测发现，沉积物中的总 CH_4 排放量与产甲烷菌数量具有函数关系[38]。此外，温度、末端电子受体(terminal electrical acceptors，TEAs)(如氧、硝酸盐、铁和硫酸盐等)可以通过直接或间接地影响产甲烷菌来影响 CH_4 的产生[39]。大多数研究表明，TEAs 会对 CH_4 产生速率产生抑制作用。这是因为 TEAs 与产生 CH_4 的微生物竞争底物，同时 TEAs 可以提高沉积物的氧化还原电位，这可能限制产甲烷菌的生长和代谢。但也有研究表明，某些 TEAs 可能会促进 CH_4 的产生，或者它们对 CH_4 产生的影响不太显著[40,41]。有研究发现，CH_4 产生速率与 C∶N(质量比)值呈负相关关系，氮素含量的增加会显著加快产甲烷菌对轻质有机质的分解[42]，进而提高沉积物矿化速率和 CH_4 产生速率。

7.2.2 实例分析

1. 研究对象

1) 梅子垭水库

梅子垭水库位于湖北省宜昌市夷陵区小溪塔街道梅子垭村(图 7-1)。研究区地处长江中上游接合部，自然地理环境复杂多样，地势西高东低，以丘陵为主，为鄂西山地向江汉平原的过渡地带。气候温暖湿润，阳光充足，雨量丰沛，四季分明，属亚热带季风气候。据宜昌市气象站资料统计，该区域年平均降水量 1001mm，蒸发量 1412.2mm；年平均日照时数 1538～1883h；多年平均相对湿度 77.7%；多年平均风速 1.8m/s，最大风速 15.8m/s。年表层水温变化为 7.3～31℃，平均水温为 20.8℃。

梅子垭水库蓄水面积 4km²，是一座以防洪、灌溉、供水等综合效益为主的小型水库枢纽工程。水库为年调节运行，总库容 355 万 m³，兴利库容 100 万 m³，死库容 200 万 m³，正常蓄水位 111.82m，死水位 107.77m。梅子垭水库承担了向宜昌城区供水、生态补水和农业灌溉的功能，作为居民饮用水源和灌溉用水水源，近年来该水库来水量不足，无法满足区域居民生产生活用水，且水库周边人类活动加剧，大型工程建设提速，导致农村人居环境和河流生态急剧恶化。水库周边以居民区、果园种植、鱼塘养殖为主，没有农田。

2) 三峡水库香溪河库湾

三峡水库香溪河库湾是典型的峡谷型河道，是三峡大坝上游较大的支流，也是三峡水库湖北库区最大支流，其干流全长 94km，流域范围 110°25′E～111°06′E、31°04′N～31°34′N，总面积 3099km²。香溪河流域降水量年际和年内分配不均匀，从季节分布看，夏季雨水充沛，是降雨最多的季节，占全年降水量的 41%，春季、秋季、冬季分别占 28%、26% 和 5%；汛期降水量占全年的 68% 左右，一般以 7 月份为降水高峰，1 月份降水最少。降水量分布为河流上游地区多于中下游地区，高山地区多于低山河谷地区。流域年均径流深 723.3mm，径流模数 21.49m³/(km²·s)，多年平均径流量 19.97 亿 m³。

香溪河库湾调查覆盖了三峡水库的正常水位运行期（水位 175m）、泄水期（水位 175～145m）、汛期（水位 145m）和汛后蓄水期（水位 145～175m）。沿河口至香溪河回水末端布置采样点位 10 个，样点间隔约 3km，依次为 XX00～XX09（图 7-2）。

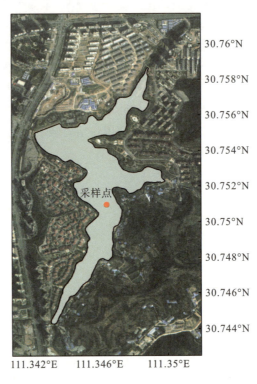

图 7-1　研究区采样点示意图

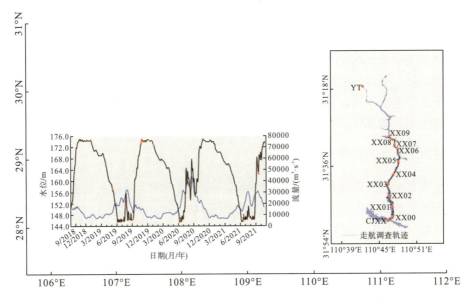

图 7-2　香溪河区域位置、采样点分布和采样期间水位流量图

2. 研究方法

1) 沉积物样品采集

(1)梅子垭水库。在水库中心使用 SWB-1 型柱状采泥器采集沉积物样品,该采泥器由连接构件、悬挂密封构件、配重及取样管组成,其取样管为直径 65mm、长 600mm 的有机玻璃管。采样点位置如图 7-1 所示,共采集两根沉积物柱状样芯,沉积物高度约为 35cm,带回实验室后每管沉积物按 2cm 间隔分层,每管沉积物分为 17 层。将两管分层后的同一层沉积物进行充分地混合,分别装入 1#和 2#有机玻璃管中,用硅胶塞密封。

(2)香溪河库湾。在正常水位运行期(2019 年 12 月)、泄水期(2021 年 5 月)、汛期(2019 年 7 月)和汛后蓄水期(2019 年 10 月)对表层沉积物样品进行定点采集。采用抓斗式采泥器采集表层沉积物(厚 0.15m),采集的沉积物混合好后放入自封袋,排空空气后带回实验室保存于−40℃冰箱待进一步分析。采用柱状采泥器采集柱状沉积物样品,每个点位采集 3 个平行样,保持沉积物和上覆水柱不变,现场用硅胶塞密封后,带回实验室进一步分析,柱状沉积物只在泄水期(2021 年 5 月)采集。

2) 沉积物 CH₄ 产率测定方法

使用自主研发的沉积物 CH₄ 产率测定装置,结合温室气体分析仪测定装置上方 CH₄ 气体浓度。通过拟合封闭系统内的 CH₄ 总质量随时间的变化来估算沉积物 CH₄ 产生速率。该观测系统主要由有机玻璃管(内径和高度分别为 5.5cm 和 11.5cm)、大容量气袋(100cm×50cm)、温室气体分析仪(Picarro G2201i)、时间控制器以及电磁阀组成,如图 7-3 所示。有机玻璃管与气袋通过两根半透明硅胶管连接,气袋内置有一个小型气泵,可连续将气袋内的气体通过硅胶管抽到有机玻璃管中,而有机玻璃管内的顶空气体则通过另一根硅胶管回流到气袋中,从而使得气袋与有机玻璃管中的气体充分混合,也确保了整个观测系统气压的稳定。此外,气泵连接有时间控制器,可设定其工作时间。气袋与温室气体分析仪之间通过两根硅胶管相连构成密闭回路,可连续监测气袋中 CH₄ 气体浓度。管路中接有时间控制器及电磁阀,电磁阀可以有效控制气路的开与闭,与时间控制器联合可以自动控制各个气袋 CH₄ 浓度的测定时间,使得温室气体分析仪按顺序循环监测装置内的气体浓度变化。

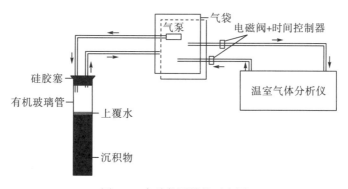

图 7-3 实验装置结构示意图

3）CH$_4$产生的培养实验

将未完全密封的 1#和 2#有机玻璃管置于恒温箱内遮光培养 2 周后开始实验，以维持稳定的产甲烷菌落，培养期间始终保持沉积物上方有 1～2cm 上覆水，上覆水取自水库。实验开始前，将有机玻璃管的进气管与增氧泵连接，使用空气对两个玻璃管上部空间进行吹扫。然后向有机玻璃管连接的两个气袋中分别充入 40L 空气，打开气泵使管内气体与空气充分交换，以减少 O$_2$ 的快速消耗可能对沉积物 CH$_4$ 产生速率的影响，待管内 CH$_4$ 浓度与气袋中 CH$_4$ 浓度一致后，连接气袋和 DLT-100 型温室气体在线分析仪形成密闭系统。依据 Miller[43]等在西尔斯维尔(Searsville)湖河床土壤及表层沉积物培养的实验研究，添加 0.1kPa 或者 0.01～0.1kPa 的 CH$_2$F$_2$ 可以抑制 CH$_4$ 氧化，对厌氧 CH$_4$ 生成几乎没有影响，尤其是对乙酸发酵型 CH$_4$ 的产生影响不大。因而通过管路的三通接口，在 2#装置中注入 40mL 的 CH$_2$F$_2$(0.1kPa)，通过时间控制器及电磁阀的切换依次测定气袋中 CH$_4$ 的初始浓度，然后每间隔 3h 测定一次气袋中 CH$_4$ 浓度，每个气袋监测 5min。根据梅子垭水库水温年变化情况，6～27℃每间隔 3℃进行一组观测实验。每个温度培养 3d 后，进行 48h 监测。

4）沉积物 CH$_4$ 产生及氧化速率估算

利用不同观测时间点测得的气袋内 CH$_4$ 浓度，乘以气袋和装置内顶空气体的体积，即可得到不同装置内每个观测时间点的 CH$_4$ 总质量，通过线性拟合 CH$_4$ 总质量和观测时间即可得 CH$_4$ 产生速率。通过添加 CH$_2$F$_2$ 抑制 CH$_4$ 氧化，装置内增加的 CH$_4$ 总质量即为总产量，其对应的速率为总产率。

5）温度敏感性指标 Q_{10}

温度敏感性通过 Q_{10} 指标来反映，计算公式为

$$Q_{10} = \left(\frac{R_2}{R_1}\right)^{\frac{10}{T_2-T_1}}$$ (7-1)

式中，Q_{10} 为两个温度(T_1 和 T_2)之间每 10℃速率(R_1 和 R_2)的变化。

Q_{10} 在 0.2～0.8 时，CH$_4$ 产量与温度为负相关；Q_{10} 在 0.8～1.5 时，CH$_4$ 产量不受温度影响；在 Q_{10}>1.5 时，CH$_4$ 产量与温度为正相关[44]。

6）柱状沉积物 CH$_4$ 产生速率

柱状沉积物在实验室的二次处理方式为：①保持柱状沉积物不受扰动，用软管引出沉积物上覆水，只留下大约 5mm 高；②硅胶塞打孔后重新进行边缘密封；③采用 N$_2$(99.999%) 通过孔洞将沉积物上部气体空间吹扫为厌氧状态(30min)，以培养厌氧环境，测得水体溶解氧浓度为 0mg/L，放入恒温箱，在黑暗条件下培养。每 24h 间隔测量一次，持续 5～7d，每次采集样品气体 1mL，取样之后补充 1mL 的 N$_2$ 以维持气压平衡。有氧环境培养则是采用空气吹扫沉积物上部空间以保证有氧环境(30min)，实验结束后测量水中溶氧量为 8mg/L，说明整个过程顶部空间为有氧状态。计算方法与式(7-1)一致，厌氧状态下得到的

是柱状沉积物最大 CH₄ 产生速率，有氧状态下的结果则是符合香溪河实际情况的沉积物 CH₄ 净产生速率，两者的比值即是实际条件下 CH₄ 在沉积物-水界面被氧化后剩余的量，从而获得 CH₄ 的氧化率，即

$$MOR = 1 - \frac{P_{oxic}}{P_{anaerobic}} \quad (7\text{-}2)$$

式中，MOR(methane oxidation rate)为水体有氧环境下 CH₄ 的氧化率；P_{oxic} 和 $P_{anaerobic}$ 为有氧和厌氧环境下柱状沉积物 CH₄ 的产生速率。

先将柱状沉积物以每 2～5cm 分层后，采用和表层沉积物 CH₄ 产生相同方法测量柱状沉积物的垂向剖面 CH₄ 产生速率。

沉积物 CH₄ 的产生途径是通过测量 CO_2 和 CH_4 的 $\delta^{13}C$ 差异计算的，在培养结束时，将柱状沉积物顶空连接 CO_2 和 CH_4 碳同位素分析仪(Picarro 2201i，美国)，进行密闭连续测量(>30min)，直到同位素比率稳定，以计算 CO_2 和 CH_4 的 $\delta^{13}C$ 分馏系数(α_C)：

$$\alpha_C = \frac{(\delta^{13}C_{CO_2} + 10^3)}{(\delta^{13}C_{CH_4} + 10^3)} \quad (7\text{-}3)$$

式中，α_C 为 CH₄ 产生过程中 CO_2 和 CH_4 的 $\delta^{13}C$ 分馏系数，当 $\alpha_C > 1.065$ 时，说明沉积物 CH₄ 的产生途径以氢营养型产 CH₄ 为主；当 $\alpha_C < 1.055$ 时，说明沉积物 CH₄ 的产生途径以乙酸发酵产 CH₄ 为主[45]；当 $1.055 \leqslant \alpha_C \leqslant 1.065$ 时，说明沉积物 CH₄ 的产生途径是氢营养型和乙酸发酵混合的。

3. 研究结果

1)梅子垭水库沉积物 CH₄ 产生对温度的响应

在不同温度条件下，CH₄ 产量随时间呈线性变化(R^2 为 0.863～0.993)，其中 6℃时装置内 CH₄ 产量的变化如图 7-4 所示。不同温度下各装置内沉积物 CH₄ 产生速率见表 7-1，

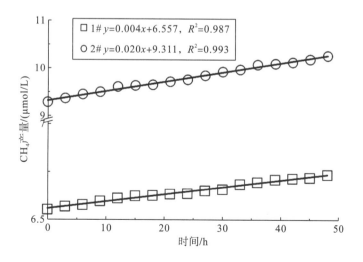

图 7-4　实验温度为 6℃时沉积物中 CH₄ 产量的变化

其中 24℃时, 1#装置由于管路问题未进行监测。梅子垭水库沉积物 CH_4 净产生速率为 $0.004 \sim 0.077\mu mol/(L \cdot h)$, 平均值为 $0.021\mu mol/(L \cdot h)$; 总产生速率为 $0.020 \sim 0.206\mu mol/(L \cdot h)$, 平均值为 $0.059\mu mol/(L \cdot h)$。观测的最高 CH_4 净产生速率(27℃)约是最低值的(6℃)19 倍。相比于其他水体沉积物的 CH_4 产生速率处于较低水平, 如瑞典中部八个湖泊沉积物在 $4 \sim 30$℃内 CH_4 产生速率为 $0.004 \sim 14.616\mu mol/(L \cdot h)$[46], 俄亥俄州(Ohio)富营养水库 $10.3 \sim 27.7$℃内 CH_4 产生速率为 $23.333 \sim 51.250\mu mol/(L \cdot h)$[45] (表 7-2)。

表 7-1　不同温度下各装置沉积物 CH_4 产生速率

温度/℃	CH_4 产生速率/$[\mu mol/(L \cdot h)]$	
	净产生速率	总产生速率
6	0.004	0.020
9	0.005	0.021
12	0.007	0.022
15	0.008	0.029
18	0.015	0.031
21	0.031	0.068
24	—	0.079
27	0.077	0.206
平均值	0.021	0.059

表 7-2　不同研究区 CH_4 净产生速率

区域	温度/℃	净产生速率
梅子垭水库(中国)	$6 \sim 27$	$0.004 \sim 0.077\mu mol/(L \cdot h)$
哈茨湖(美国)	$10.3 \sim 27.7$	$23.333 \sim 51.250\mu mol/(L \cdot h)$
瑞典湖泊群	$4 \sim 30$	$0.004 \sim 14.616\mu mol/(L \cdot h)$
北极阿拉斯加湖(美国)	$0 \sim 16$	$0.006 \sim 2.829\mu mol/(L \cdot h)$
康斯坦茨湖(奥地利、瑞士)	$4 \sim 34$	$0.07 \sim 17.7\mu mol/(L \cdot h)$
琵琶湖(日本)	$5.5 \sim 15$	$0.167 \sim 0.438\mu mol/(L \cdot h)$
格科格湖(阿塞拜疆)	$5 \sim 18$	$1.9 \times 10^{-4} \sim 4.9 \times 10^{-4}\mu mol/(L \cdot h)$
施泰希林湖(德国)	$4 \sim 12$	$1.42 \sim 3.54 nmol/(g \cdot h)$
日内瓦湖(法国/瑞士)	$4 \sim 12$	$0.45 \sim 2.70 nmol/(g \cdot h)$

Q_{10} 在 $6 \sim 27$℃内与温度呈正相关, 温度越高, CH_4 净产生速率越大且对温度越敏感(表 7-3)。CH_4 净产生速率在 $21 \sim 27$℃急剧上升(图 7-5), 呈指数型增长($R^2 = 0.993$), 其与温度存在极显著相关关系($P < 0.01$), 这与 Lofton 等[47]在北极浅水湖泊的研究结果一致。此外, Avery 等[48]采用 ^{14}C 标记对美国北卡罗来纳州白橡(White Oak)河流沉积物的研究发现, 乙酸发酵型途径产生的 CH_4 约占沉积物 CH_4 产生总量的 69%, 产甲烷菌的活性主要受控于温度, 沉积物 CH_4 的产生速率随温度升高而增长且两者之间呈指数关系。

沉积物中 CH_4 的产生受温度、溶解氧、有机碳(底物)浓度和种类、产甲烷菌种群结构和活性等因素的影响[49,50]。沉积物 CH_4 产生是由厌氧微生物介导的碳循环过程,在这一过程中,温度起着关键的作用。在本书研究中,CH_4 产生速率随温度升高而增大,与温度呈显著相关。温度越高,CH_4 产生速率对温度越敏感。这可能是由于温度升高对 CH_4 产生有促进作用,高温增强了微生物活性,促进了有机物的分解,从而为产甲烷菌提供了更多的底物,并且高温会使电子受体的消耗速率加快[51]。Yang[52]对台湾不同河流和湖泊的研究发现,当温度为 $12\sim40℃$ 时,CH_4 产生速率与温度成正比,当温度低于 $12℃$ 时,CH_4 产生受到抑制。沉积物中产甲烷菌的产率取决于培养温度,在稻田中也观察到了同样的现象。在较高温度下,CH_4 产生速率的增加表明,产甲烷菌活性的最佳范围可能超过我们实验的最高温度。CH_4 产生发生在很广的温度范围内,但只有少数研究确定了淡水沉积物中产甲烷菌活动的最佳温度。在美国门多塔(Mendota)湖的沉积物中,Zeikus 和 Winfrey[53]发现产甲烷菌在 $35\sim42℃$ 内活性最佳,高于最高观测温度 $27℃$。在康斯坦茨(Constance)湖中发现 $30℃$ 为最佳产 CH_4 温度[54]。由于梅子垭水库最高水温尚未达到 $30℃$,故未能确定使 CH_4 产率达到最高的最佳水温。李玲玲等[39]认为,沉积物 CH_4 产生的温度影响可能存在某一临界值,当温度超过这一临界值时,CH_4 的产生速率就会显著增加。武汉东湖沉积物表面 CH_4 通量研究[55]表明,温度临界值约为 $25℃$。

在本书研究中,CH_4 产率对温度响应呈指数关系,在温度 $21\sim27℃$ 急剧上升,表明梅子垭水库沉积物 CH_4 产生速率显著增长的温度临界值可能位于 $21℃$ 附近。

表 7-3 研究温度区间内 CH_4 净产生及氧化速率的 Q_{10} 值

项目	Q_{10}			
	$6\sim15℃$	$15\sim21℃$	$21\sim27℃$	$6\sim27℃$
CH_4 净产生	2.4	9.3	4.6	4.3
CH_4 氧化	1.3	2.7	7.9	2.7

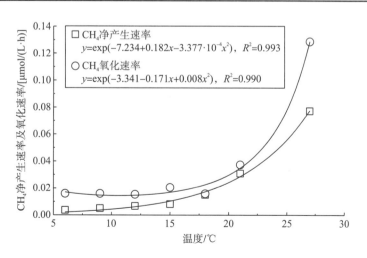

图 7-5 CH_4 净产生速率、氧化速率与温度的关系

2) 香溪河库湾沉积物 CH_4 产生空间变化特征

(1) 库湾表层沉积物 CH_4 产生速率。

香溪河库湾不同水位运行期表层沉积物 CH_4 产生速率培养实验(图 7-6)表明,四个水位运行期 CH_4 产生速率有明显差异。从高水位运行期至汛后蓄水期,CH_4 平均产生速率分别是 $0.62mol/(L\cdot d)$、$3.68mol/(L\cdot d)$、$0.45mol/(L\cdot d)$ 和 $0.41mol/(L\cdot d)$,其中汛前泄水期 CH_4 产生速率明显高于其他时期。空间上,XX05 号点位(峡口镇)可能是空间上香溪河库湾沉积物 CH_4 产生速率的分界点。XX05 号下游的点位 CH_4 的产生速率低于上游,四个时期上游平均 CH_4 产生速率是下游的 25 倍。在汛前泄水期,XX05 以上的区域出现 CH_4 产生速率极高的点,并且这些点位 CH_4 产生速率是同断面其他点位的几十至上百倍,这说明在香溪河上游区域可能存在促进沉积物 CH_4 产生的额外条件。在汛期,除上游的 XX08 点外,库湾内其他区域沉积物 CH_4 产生速率变化相对平稳,这与其他水位运行期的空间分布规律是完全不一致的,出现这种现象的原因可能是在汛期库湾上游洪水对底层沉积物的冲刷,使得表层沉积物在库湾的分布更为均匀。对比四个水位运行期 CH_4 产生速率,由于部分点位可能存在极大 CH_4 产率,少量点位的调查可能会低估库湾内沉积物 CH_4 的产量;但具有极大 CH_4 产率的现象是否出现在其他水位运行期,其机制尚未明确。

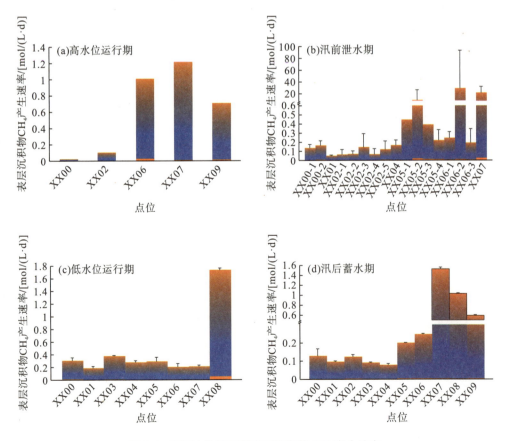

图 7-6 不同水位运行期表层沉积物 CH_4 产生速率

(2)库湾沉积物垂向剖面 CH₄ 产生速率。

香溪河表层沉积物垂向剖面 CH₄ 产生速率培养实验(图 7-7)表明，CH₄ 产生速率为 0.02～171.76mol/(L·d)，存在着极大的空间差异。垂向剖面上 CH₄ 产生速率未表现出表层 CH₄ 产生速率最高的规律。靠近河口的 XX00 和 XX01 点位沉积物产 CH₄ 速率呈现出表层低于底层的特征，两个点位平均产 CH₄ 速率分别为 0.15mol/(L·d)和 0.05mol/(L·d)；相反，越靠近上游，沉积物 CH₄ 产生速率垂向分布规律越接近理想情况，即表层最高，沿着垂向深度表现出指数降低的趋势，并在某一层深度上有突增的现象。垂向上 CH₄ 产生速率的极大值多集中在沉积物最表层和较深层沉积物中，例如，XX05 和 XX06 的表层沉积物产 CH₄ 速率明显高于底层，这也是该点位平均 CH₄ 产生速率明显高于下游点位的原因。在 XX02、XX05、XX06 和 XX07 的深层垂向剖面中(20～25cm)均发现了产 CH₄ 速率的较高值，这说明在库湾的沉积过程中可能有相似的沉积效应；但在垂向剖面上，CH₄ 产生速率未发现有速率为 0 的情况，说明当前垂向剖面 CH₄ 产生的深度还未到达 CH₄ 的氧化带[56-58]。XX07 点位垂向 CH₄ 产生速率为 3.46～35.11mol/(L·d)，均值 21.71mol/(L·d)，是下游其他点位的数百倍，在整个垂向上也保持着极高的产 CH₄ 速率，说明该点位沉积物中有刺激 CH₄ 产生的稳定源存在。

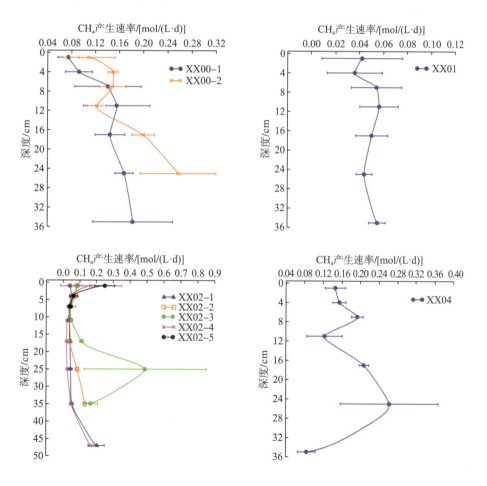

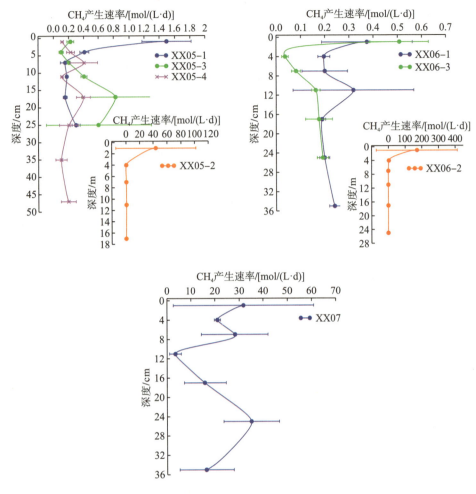

图 7-7　沉积物垂向剖面 CH_4 产生速率

通常情况下，由于垂向剖面沉积物 CH_4 产率的差异，表层沉积物 CH_4 产生速率(沉积物泥浆法)无法表征完整的沉积物垂向剖面产生速率[45]。实际上，由于沉积物深层可能存在硫酸根离子，会对产生的 CH_4 进行氧化，表层沉积物往往是沉积物 CH_4 产生的主要贡献区域[56-58]。实验结果也显示，尽管在垂向上的沉积物 CH_4 产生速率差异明显，但柱状沉积物和表层沉积物的拟合曲线显示，柱状沉积物 CH_4 产生速率是表层沉积物的 95%(图 7-7)。这一比例高于在季节性河流中的调查结果，在接近 1m 的沉积物柱状样中，作者发现全年各个季节的 CH_4 产率主要集中在 15cm 的沉积物中，其比例大约是 58%[59]。因此，将表层沉积物速率限制在 15cm 进行计算时，CH_4 的产生速率与前人室内实验模拟结果略有差异。在不考虑泄水期上游 CH_4 产生速率极大值的情况下，经过单位换算得到本书研究的 CH_4 产生速率为 21.2(0.4～103.7)mmol/$(m^2 \cdot d)$，Wang 等[60]通过 35cm 长的沉积物柱(XX05 点位)得到 CH_4 在单位面积上的产生速率为 13.6(3.4～26.8)mmol/$(m^2 \cdot d)$，这种差异可能是培养选择点位数量和区域不一引起的。本书调查发现，沉积物 CH_4 产生速率在垂向上未表现出绝对的表层 CH_4 产生速率占主导地位，或是 CH_4 产生速率集中于表层沉积物中(除了水华频发的上游部分点位)的现象，也未监测到受各类电子受体氧化导致 CH_4 产生速率为 0 的垂向分层，因为在该层对应深度以下的沉积物，仍有可能出现更高的 CH_4 产生速率[56-58]。但受限于野外调查的条件，本书只采集了表层沉积物及柱状沉积物，并进行沉积物 CH_4 产生和消耗的实验，在后续的进一步计算中也采用表层沉积物 CH_4 产生速率。

（3）库湾柱状沉积物 CH_4 产生速率对温度、O_2 的响应。

①对温度变化的响应。采用香溪河柱状沉积物模拟原位环境中不同温度下 CH_4 产生速率和氧化速率(图 7-8)。实验表明，CH_4 厌氧产生速率和有氧产生速率存在着极大的空间异质性。15℃时，CH_4 厌氧产生平均速率为 1.82mol/(L·d)[0.11～9.93mol/(L·d)]，CH_4 有氧产生平均速率为 0.18mol/(L·d)[0.02～1.08mol/(L·d)]，相较于无氧产生，有氧环境导致有 87% 的 CH_4 在沉积物中被氧化[图 7-8(a)]。空间上，柱状沉积物 CH_4 产生速率分布规律与表层沉积物相似，表现为中上游点位较高，其余点位相对较低，其中在 XX07 点位表现出最高有氧和厌氧 CH_4 产生速率。CH_4 的氧化比率在全库湾中以 XX05 和 XX06 点位最高，为 96% 和 97%。

20℃时，CH_4 厌氧产生平均速率为 1.63mol/(L·d)[0.04～5.06mol/(L·d)]，CH_4 有氧产生平均速率为 0.19mol/(L·d)[0.02～1.13mol/(L·d)]。有氧环境下，在 CH_4 产生过程中，有 83% 的 CH_4 被氧化消耗,总体上 20℃的 CH_4 产生速率相较于 15℃差别较小[图 7-8(b)]。空间上分布规律与 15℃相似，不同的是在 20℃温度下，XX05 的 CH_4 产生速率有约 30% 的提高，而 XX07 则下降了约 52%。同样地，CH_4 的氧化比率在全库湾中仍以 XX05 和 XX06 点位最高，为 97% 和 96%。

25℃时，CH_4 厌氧产生平均速率为 1.63mol/(L·d)[0.04～4.17mol/(L·d)]，CH_4 有氧产生平均速率为 0.48mol/(L·d)[0.03～2.12mol/(L·d)]，有氧环境导致有 70% 的 CH_4 在产生过程中被氧化[图 7-8(c)]。温度上升使得整个库湾的厌氧 CH_4 产生速率略有降低，而有氧产生速率相较于 15℃ 和 20℃ 则翻倍。在空间上的分布规律也与 15℃和 20℃时相似，相较于 20℃时，在 25℃温度下 CH_4 厌氧产生平均速率在 XX06 有约 65% 的明显提升。与 15℃ 和 20℃相比，25℃时 XX04～XX07 点的沉积物有氧产生速率提高了 100%，这说明在有氧环境下，香溪河库湾沉积物 CH_4 产生速率随温度上升而增加，而库湾内的水体 CH_4 浓度增加，主要是来自中游和上游点位的贡献。

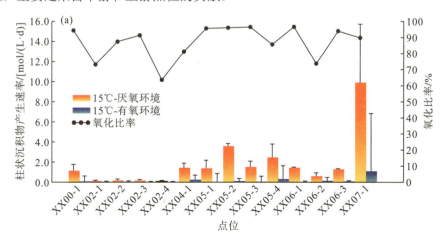

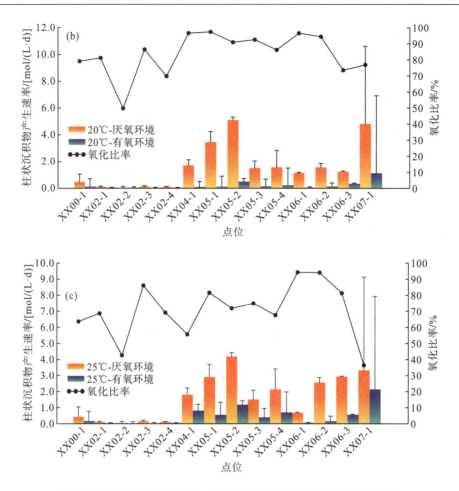

图 7-8　柱状沉积物在 15℃、20℃ 和 25℃ 时 CH_4 有氧-厌氧产生速率

②对 O_2 的响应。在厌氧环境下，CH_4 的产生速率在空间上的分布未表现出对温度的绝对依赖[图 7-9(a)]，相反，在 XX00 和 XX07 点位表现出厌氧 CH_4 产生速率随温度上升而逐渐降低。不仅如此，在其他点位的产生速率也反映出 15℃、20℃ 和 25℃ 均有可能是最适宜 CH_4 厌氧产生的温度。在有氧环境[图 7-9(b)]，空间上 CH_4 的产生速率随温度的变化规律不同于厌氧环境，25℃ 时有氧 CH_4 产生速率显著提升。通过对各个温度下有氧产生速率与厌氧产生速率的对比发现，温度上升，CH_4 的氧化量逐渐降低。随着温度的上升，香溪河库湾沉积物的 CH_4 有氧氧化比率明显降低，25℃ 对应的平均 CH_4 氧化比率最低[图 7-10(a)]，具体表现为在 15℃、20℃ 和 25℃ 时，CH_4 的平均有氧氧化比率分别为 85.9%、81.3% 和 72.5%[图 7-10(b)]。在香溪河库湾中，随着温度的上升，沉积物中 CH_4 氧化比率的降低会导致沉积物 CH_4 净产生量大于低温时期。

在沉积物中，O_2 的存在为沉积物中各类物质的氧化还原提供了电子的受体。在有 O_2 的情况下，沉积物中的有机碳降解通过氧化反应产生 CO_2。在富氧系统中，CH_4 产量与厌氧系统的差别可达 10 倍以上，CH_4 在严格的厌氧环境中生成，富氧环境中电子受体浓度

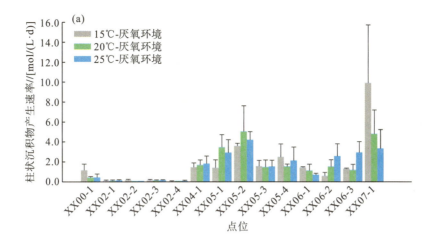

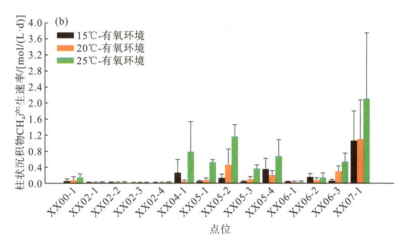

图 7-9   不同温度下柱状沉积物 CH_4 厌氧和有氧产生速率

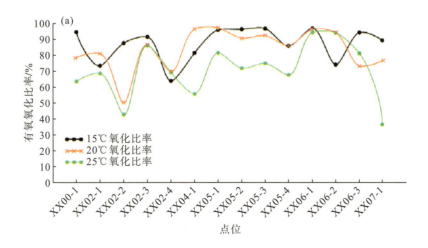

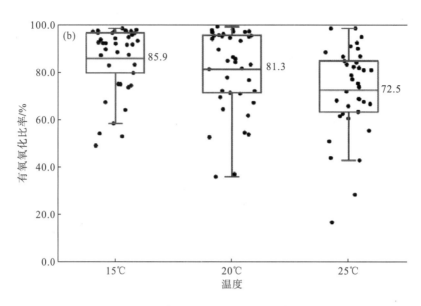

图 7-10　不同温度下柱状沉积物 CH_4 有氧氧化比率

较高，将底物氧化，使得 CH_4 的产生受到抑制[26]。在厌氧条件下，CH_4 浓度随着温度的升高而增加；而在有氧条件下，不管温度如何变化，其 CH_4 的量都在一个极低的水平[51]。本团队研究发现，由于 CH_4 的好氧氧化作用，在厌氧和有氧环境下 CH_4 产生速率存在显著差异，沉积物平均 CH_4 好氧氧化量为 80%。香溪河库湾甲烷氧化菌的微生物群落特征显示，沉积物中的甲烷好氧氧化菌占比为 86%。不仅如此，产甲烷菌和甲烷氧化菌在空间上存在显著差异，负责 CH_4 好氧氧化的 α 和 γ 变形菌在 XX07 点位最低，而该点位的平均甲烷好氧氧化比率仅有 67%，也是全库湾中最低。这说明沉积物-水界面的有氧/厌氧环境决定了该区域的甲烷氧化菌的活性和分布特征，进而影响了 CH_4 氧化比率。由此可见，香溪河水体在全年表现出富氧状态，水体中溶解氧通过扩散边界层向沉积物中扩散，即使其穿刺深度仅在 1mm 左右[61]，但微小尺度上的变化仍然影响到了更深层的甲烷氧化菌种群分布，甚至影响整个库湾的 CH_4 产生的生物地球化学过程。与其他深水水库相比较而言（尤其是常年表现出分层状态的水体），浅水水库底层水体一般表现出低溶解氧或厌氧状态，导致沉积物-水界面中 O_2 的扩散能力更弱[62]。沉积物-水界面这一区域作为有机物降解、物质循环及生命活动最强烈的场所，在此发生着剧烈的交换、降解、转化和沉积等过程[61]。富氧使得该区域内有机碳发生有氧矿化作用，而一旦进入厌氧状况，易于分解的藻类或水草等有机碳将会极大促进 CH_4 产生。根据前人在香溪河的调查结果和本书的调查，三峡水库的调度过程对香溪河库湾内水体溶解氧有明显的补给作用[63]，库湾水体在全年呈现的富氧状态，使香溪河库湾沉积物的净 CH_4 产量可能要比其他水库区域更低。

　　③对有机碳的响应。香溪河库湾沉积物 CH_4 产生和消耗速率在时空上存在极大的差异，这种差异形成的原因是复杂的。水库调度直接影响了库湾内水流速度，进一步改变了水体状态和水体滞留时间，影响库湾内沉积速率，导致有机碳的空间差异，或是改变水体

掺混程度，从而引起库湾内水华暴发，导致叶绿素在空间的差异。有机碳来源和数量的差异使得库湾沉积物 CH_4 产生速率在空间上也表现出与有机碳相同的分布趋势，即在高有机碳含量的区域有高的 CH_4 产生速率。

但是有机碳含量与 CH_4 产率的相关关系($R=0.67$)并不能完全解释 CH_4 产率的空间差异，其可能还与有机碳质量以及微生物群落组成有关。根据现场监测结果来看，香溪河库湾中上游的叶绿素 a 浓度高于下游区域，推测上游区域沉积物中内源有机碳含量高于下游，叶绿素 a 浓度与溶解 CH_4 浓度呈正相关关系，然而沉积物 C∶N(质量比)值却未能证明这一点。库湾走航调查表明，上游区域水体有更高的叶绿素 a 浓度，水体中溶解有机碳以内源有机碳为主[64]；但上游水体的 C∶N(质量比)值远高于下游，表明上游有相当量的陆源有机碳输入，从而稀释了库湾内水体内源有机碳的特征。尽管内源有机碳在沉积物总有机碳中被陆源有机碳所稀释，但这类有机碳常常极大地促进了沉积物中 CH_4 的产生[45,65]。上游源头和干流沉积物的 CH_4 产率与库湾内沉积物 CH_4 产率的差异，以及库湾上游出现的极高 CH_4 产率，均说明库湾内存在促进 CH_4 产生的额外因素。此外，库湾内溶存 CH_4 浓度与电导率存在负相关关系，说明污水排放不是库湾内高浓度溶解 CH_4 的来源[66]。排除以上因素，库湾内藻类死亡产生的内源有机碳可能促进了上游高 CH_4 产率，形成了库湾高溶解 CH_4 浓度。在通过对比内源有机碳和外源有机碳对 CH_4 产率影响的实验中就发现，像藻类一样的内源有机碳完全主导了 CH_4 的产生，并有最高的 CH_4 产率[(15.0±1.1)mmol C/g]，而外源有机碳则相对较低[(6.9±1.5)mmol C/g][67]。在太湖的相关研究也发现，蓝藻水华暴发极大地促进了沉积物 CH_4 的产生，沉积物间隙水中 CH_4 浓度是其他区域的 2.5 倍，表层水体 CH_4 浓度差则是 12.7 倍[5]。这种现象也很好地说明了在香溪河库湾上游水华暴发密集区，表层沉积物 CH_4 产生速率出现的极大值。

(4)库湾沉积物 CH_4 产生途径。

香溪河库湾沉积物 CH_4 产生过程的分馏系数见图 7-11。^{13}C-CH_4 分馏系数指示香溪河库湾沉积物 CH_4 产生途径以乙酸发酵为主(α_c<1.05)，河口区域和上游有更高的分馏系数，说明在该区域内由 H_2/CO_2 途径产生 CH_4 的贡献相较于其他区域更高。

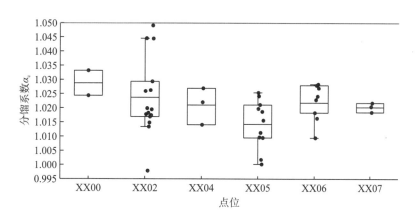

图 7-11　沉积物 CH_4 产生 ^{13}C 分馏系数

(5)CH_4产生和氧化速率与环境因子相关性分析。

对香溪河库湾柱状沉积物 CH_4 产生速率与各个因子进行相关性分析，以探讨其影响因素。结果表明，有机碳含量与 CH_4 产生速率呈显著正相关(图 7-12)。受限于统计量的数量，微生物群落特征与 CH_4 产生和消耗在不同程度上表现出不显著的正相关或负相关关系。香溪河库湾柱状 CH_4 产生速率与表层沉积物产生速率也表现出显著正相关关系，并且两者的拟合曲线斜率非常接近于1，说明在香溪河库湾15cm左右的表层沉积物中CH_4的产生在一定程度上可以代表垂向剖面沉积物CH_4产生。

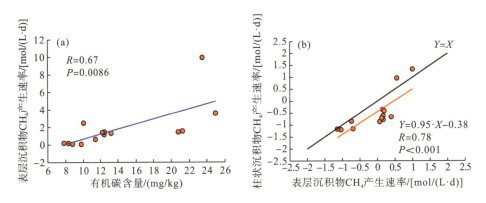

图7-12　表层沉积物CH_4产生速率与有机碳含量相关关系(a)及与柱状沉积物CH_4产生速率相关关系(b)

(6)库湾沉积物产甲烷菌群落组成。

香溪河库湾沉积物产甲烷菌目类组成和属类数量分布如图 7-13 所示。检测出的产甲烷菌主要有甲烷杆菌目、甲烷八叠球菌目、甲烷微菌目、甲烷胞菌目和第七产甲烷古菌目，有超过 1/3 的属类处于未分级的情况。在已有的分级目类中，香溪河库湾产甲烷菌以甲烷八叠球菌目、甲烷杆菌目和甲烷微菌目三个目类为主，有极少量第七产甲烷古菌目。根据不同的 CH_4 产生途径，仅有甲烷八叠球菌目类的产甲烷菌可以利用乙酸/甲胺类作为基质产生 CH_4，占整个库湾的30%，在空间上的分布存在显著差异，表现为上游最高而河口区域较高，其他两个点位相对较低。产甲烷菌其他目类则是通过 H_2/CO_2 和甲酸作为基质产生 CH_4，甲烷杆菌目和甲烷微菌目分别占 22%和 14%，均在上游最低，而在空间上甲烷杆菌目则未表现出显著差异(图 7-14)。甲烷胞菌目和第七产甲烷古菌目在香溪河沉积物整个群落中占比较低，且在空间分布上存在显著差异。垂向上，甲烷八叠球菌目和甲烷杆菌目随着深度的变化属类数量逐渐降低，而甲烷微菌目则完全相反，三个目类呈现的规律变化显著，说明沉积物深度是影响其分布的因素之一。

香溪河库湾常年表现出的富营养化状态，决定了沉积物中有充足的有机碳供给 CH_4 产生，微生物群落特征成为决定 CH_4 产生和消耗速率空间差异的另一因素。CH_4 产率与产甲烷菌和甲烷氧化菌在不同程度上表现出不显著的正相关或负相关关系，尤其是对产甲烷菌而言，CH_4 产率与甲烷微菌目和甲烷杆菌目表现出的负相关关系，说明 CH_4 产率与产甲烷菌和甲烷氧化菌可能没有相关性，这一观点已在其他淡水系统中得到证实[45,60]，在产甲烷菌存在的前提下，有机碳的质量和数量才是限制 CH$_4$ 产生的主要因子。这也说明香溪河库湾中的 CH$_4$ 产量不受产甲烷菌丰度的限制，CH$_4$ 产生所需基质的可利用性可以影响产甲烷菌的活性，进而影响 CH$_4$ 产率，而不影响产甲烷菌的丰度。

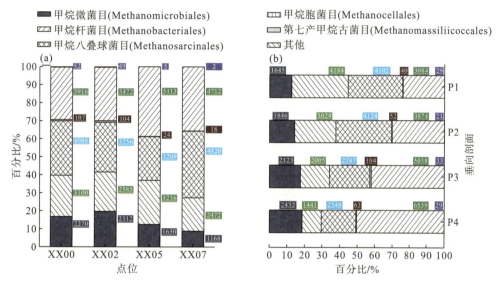

图 7-13　香溪河库湾沉积物产甲烷菌群落组成分布

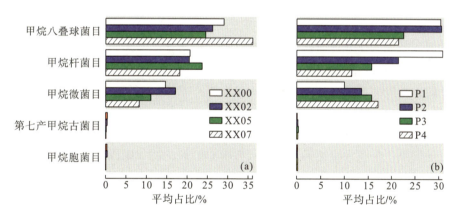

图 7-14　香溪河库湾沉积物产甲烷菌群落组成组间差异性检验

在香溪河库湾沉积物中，甲烷微菌目和甲烷杆菌目在库湾产甲烷菌总层序中占 36%（图 7-13），其中甲烷微菌目的占比在空间和剖面上的显著差异说明其代谢具有多样性（图 7-14）。作为氢营养型产甲烷菌，利用 H$_2$/CO$_2$ 和甲酸作为基质产生 CH$_4$。在淡水系统中，氢营养型产甲烷菌的占比常常达到 60%或者更高，而氢营养型的 CH$_4$ 产生量通常只占整个沉积物的 30%左右[50]。在香溪河库湾中，氢营养型产甲烷菌占比更低，说明 CH$_4$ 的产生以其他方式为主，例如，乙酸发酵。实验结果表明，在香溪河库湾沉积物中，甲烷八叠球菌目总层序占比为 30%，且上游占比更高（图 7-13）。它们不仅能利用乙酸/甲胺类

作为基质产生 CH_4，还可以利用甲基营养途径产生 CH_4，并利用各类基质保持活性[45]。例如，甲烷八叠球菌目中存在的甲烷叶菌属（*Methanolobus*）和甲烷食甲基菌属（*Methanomethylovorans*）还可以利用来源于陆地维管植物中的木质素，以及来源于植物叶片和蓝藻鞘中的果胶等进行代谢产生 CH_4[45]。尽管这些有机碳并没有直接测出，但这种推测也符合调查结果中上游具有较高陆源有机碳输入的特征，也存在一定内源有机碳的情况，促进了以乙酸发酵为主的 CH_4 产生。因此在香溪河库湾中甲烷八叠球菌表现出上游占比更高，通过乙酸发酵的形式产生 CH_4。

通过产 CH_4 途径粗略估算产 CH_4，结果表明，乙酸发酵型产甲烷菌占比更高（$\alpha_c <$ 1.05），这与产甲烷菌层序占比是匹配的，也说明在上游区域会有更高的乙酸发酵产生 CH_4，尽管下游氢营养型产甲烷菌占比更高，但香溪河库湾沉积物 CH_4 产生途径仍以乙酸发酵为主，这也符合淡水水体的普遍规律，即氢营养型产甲烷菌占比较高，但产 CH_4 途径贡献较低[50]。CH_4 产生途径在空间上也呈现出向下游甲烷八叠球菌目和乙酸发酵比例有所降低的情况，这对应着沉积物 C∶N（质量比）值沿程降低的分布趋势，说明沉积物中可利用的基质含量降低的确影响到了 CH_4 的产生及其关键途径。

7.3　沉积物 CH_4 消耗研究进展及实例分析

7.3.1　沉积物 CH_4 消耗研究进展

CH_4 氧化会在有氧和厌氧环境中发生，这主要取决于微生物过程，据估计该过程会消耗环境中产生的 60%生物 CH_4[68,69]。好氧甲烷氧化菌是甲基营养细菌的一个分支，根据细胞结构和功能关系可将其分为三大类：Ⅰ型、Ⅱ型及其他（由嗜热嗜酸菌组成，属于疣微菌门）。Ⅰ型好氧甲烷氧化菌属于 γ-Proteobacteria 纲，Methylococcaceae 科。Ⅱ型好氧甲烷氧化菌属于 α-Proteobacteria 纲，Methylocystaceae 和 Beijerinckiaceae 2 个科[70,71]。Ⅰ型好氧甲烷氧化菌通常被认为是内陆水体中 CH_4 氧化的"先锋队"[72]。在一些水体表层沉积物中Ⅱ型好氧甲烷氧化菌的 *pmoA* 基因拷贝量比Ⅰ型好氧甲烷氧化菌低 1～2 个数量级[73,74]。Ⅱ型好氧甲烷氧化菌则更像是 CH_4 氧化的"常备军"，虽然其不占优势，但对环境的变化有着较强的耐受性。CH_4 的需氧氧化有两种形式，一种称为"高亲和力氧化"，即 CH_4 浓度低于 12μL/L 时发生的氧化，主要由高亲和力甲烷氧化菌完成，该种 CH_4 氧化方式仅占总 CH_4 氧化量的 10%[75]；另一种方式称为"低亲和力氧化"，在 CH_4 浓度超过 $40×10^{-6}$μL/L 时进行，主要由甲烷氧化菌完成。湖泊中的 CH_4 氧化主要为"低亲和力氧化"，能够被氧化的 CH_4 的浓度下限为 2～3μL/L[76]。CH_4 需氧氧化的过程为：$CH_4→CH_3OH→HCHO→HCOOH→CO_2$，被氧化的 CH_4 有 50%～60%转化为 CO_2，剩余的 30%～40%被甲烷氧化菌同化吸收[77]。

据报道，以硫酸盐为末端电子受体对 CH_4 进行厌氧氧化的过程发生在包括淡水环境在内的各种环境中，硝酸盐和亚硝酸盐在富营养化的淡水环境中作为 CH_4 氧化的电子受体也得到了证实[78]。硫酸盐还原型 CH_4 厌氧氧化(sulphate-dependent anaerobic methane oxidation，SAMO），主要是由甲烷厌氧氧化古菌和硫酸盐还原菌共同作用完成[式(7-4)和式(7-5)]，这种方式能够消耗海洋系统中产生的大部分 CH_4。最新研究发现，SAMO 在硫酸盐浓度小于 $3\mu mol/L$ 时仍有可能发生[79]。CH_4 厌氧氧化也可通过反硝化作用发生[式 (7-6)]，此过程不依赖于与古细菌的营养合作，而是由与 NC10 门相关的细菌进行的，反硝化的 NC10 细菌通过 NO 从亚硝酸盐中产氧。

$$CH_4 + SO_4^{2-} + H^+ \longrightarrow CO_2 + HS^- + 2H_2O,\quad \Delta G_0' = -21.3kJ/mol \tag{7-4}$$

$$CH_4 + SO_4^{2-} + 2H^+ \longrightarrow CO_2 + H_2S + 2H_2O,\quad \Delta G_0' = -92.8kJ/mol \tag{7-5}$$

$$3CH_4 + 8NO_2^- + 8H^+ \longrightarrow 3CO_2 + 4N_2 + 10H_2O,\quad \Delta G_0' = -928kJ/mol \tag{7-6}$$

在淡水生态系统，SO_4^{2-} 稀缺可很大程度地排除 CH_4 厌氧氧化，在这种环境下，有氧 CH_4 氧化可能会占主导地位。深水沉积物中产生的 CH_4 在水柱中被氧化的比例可达 90%[80]，这种氧化即使在水体氧浓度低到无法检测时仍可发生[2]，而产自浅水沉积物的 CH_4 在被氧化之前能够到达水面，造成 CH_4 排放[81]。例如，在湖泊中已经发现，生成的 CH_4 中有 30%～99%被氧化，这种氧化作用被认为主要发生在有氧的环境条件下，可以在沉积物含氧表层、沉积物-水界面和上覆水体中发生。

实际研究中，大多数学者采用厌氧法测量 CH_4 产量[45]，将样品装入玻璃瓶中，用纯 N_2 吹扫以除去最初溶解的 CH_4，用橡胶塞密封。每间隔一定时间使用玻璃注射器从顶部空间抽取一定体积的气体样品。每次采样后，将等体积的 N_2 注入玻璃瓶中以维持培养过程瓶内压力的稳定。气体样品使用气相色谱仪进行浓度测定。每次采样后，根据顶部空间中的 CH_4 积累、空间体积、样品干重和沉积物密度来计算 CH_4 产量。此外，也有研究使用放射性同位素标记法[82]测定 CH_4 产率，氢营养和产甲烷菌作用的底物是 $NaH^{14}CO_3$ 和甲基标记的 ^{14}C 乙酸盐，将底部沉积物样品放入 5mL 塑料注射器中，用丁基橡胶塞密封，在接近原位温度的条件下培养，将 ^{14}C 标记的碳酸氢盐、^{14}C 标记的乙酸盐和 $^{14}CH_4$（0.2mL）的水溶液注入沉积物样品中，最终放射性分别为 $10\mu Ci$、$15\mu Ci$ 和 $2\mu Ci$（$1Ci=3.7\times10^{10}Bq$）。培养后，立即用 1mL 的 2mol/L NaOH 固定样品，到实验室进行相应的处理。

7.3.2　沉积物 CH_4 消耗实例分析

1. 研究对象

本书研究对象为梅子垭水库和三峡水库香溪河库湾，具体内容见 7.2.2 节。

2. 研究方法

（1）沉积物样品采集、CH_4 产率测定和培养实验见 7.2.2 节。

（2）沉积物 CH_4 氧化速率估算。利用不同观测时间点测得的气袋内 CH_4 浓度，乘以气袋和装置内顶空气体的体积，即可得到不同装置内每个观测时间点的 CH_4 总质量，通过线性拟合 CH_4 总质量和观测时间即可得 CH_4 产生速率。其中，添加 CH_2F_2 抑制剂的装置内增加的 CH_4 总质量为总产量，其对应的速率为总产率；未添加 CH_2F_2 抑制剂的装置内

增加的 CH_4 总质量即为净产量,其对应的速率为净产率。计算两个装置内 CH_4 产量差值(总产量–净产量)即可得 CH_4 在沉积物中被氧化的量,其对应的速率为氧化速率。

3. 结果

通过不同温度下梅子垭水库沉积物 CH_4 总产生速率与净产生速率的差值(图 7-15),得出其相应的氧化速率为 $0.015\sim0.129\mu mol/(L\cdot h)$,均值为 $0.036\mu mol/(L\cdot h)$,CH_4 消耗占比为 $51.24\%\sim81.25\%$,均值为 66.67%(表 7-4),Bastviken 等[5]在湖泊中也发现,深层沉积物中产生的 CH_4 有 $51\%\sim80\%$ 被氧化。CH_4 氧化速率在 $6\sim18℃$ 变化较小,从 $21℃$ 开始明显增加,$27℃$ 时达到最大。$6\sim15℃$ 内,CH_4 氧化速率不受温度影响($Q_{10}<1.5$),而较高温度下表现出明显的温度敏感性(表 7-4)。CH_4 氧化速率与温度存在显著正相关关系($P<0.05$),随着温度的升高,CH_4 氧化速率呈指数型增长($R^2=0.990$)。较低温度下($6\sim21℃$),CH_4 氧化速率对温度的敏感性低于 CH_4 净产生速率,较高温度下($21\sim27℃$)则相反(表 7-4)。在本书观测的温度范围内,沉积物 CH_4 氧化速率均高于 CH_4 净产生速率,二者差值在较高温度下更加明显。相关性分析发现,CH_4 氧化速率与净产生速率之间表现为极显著正相关关系($R^2=0.979$,$P<0.01$,$n=7$),Lofton 等[47]在北极浅水湖泊也发现了类似结果。

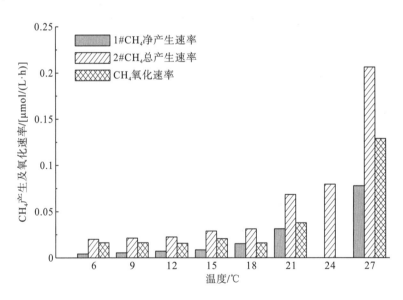

图 7-15   不同温度下沉积物 CH_4 净产生速率、总产生速率及氧化速率

表 7-4   不同温度下沉积物 CH_4 氧化速率及 CH_4 消耗占比

温度/℃	氧化速率/[$\mu mol/(L\cdot h)$]	消耗占比/%
6	0.016	81.25
9	0.016	75.91
12	0.015	69.44
15	0.021	71.66

温度/℃	氧化速率/[μmol/(L·h)]	消耗占比/%
18	0.016	51.24
21	0.037	54.71
24	—	—
27	0.129	62.48
平均值	0.036	66.67

　　低温下（6～15℃），CH$_4$ 氧化速率不受温度影响（$Q_{10} < 1.5$），随着温度的升高，其对温度的敏感性增强，这可能是由于温度升高促进了甲烷氧化菌活性和 CH$_4$ 氧化过程中酶的活性[83]，当 CH$_4$ 氧化活动从底物限制变为酶活性限制时，温度可能是较高 CH$_4$ 浓度下 CH$_4$ 氧化速率的重要驱动因素[84,85]。相关性分析显示，CH$_4$ 氧化速率与 CH$_4$ 产生速率呈极显著正相关关系，甲烷氧化菌可以利用 CH$_4$ 作为唯一碳源和能源[10]，沉积物中高的 CH$_4$ 产率使得 CH$_4$ 浓度升高，促进了甲烷氧化菌种群的增长，从而进一步提高 CH$_4$ 氧化率[46,86]。在湖泊、河流的沉积物以及湖泊水柱中的研究已经证明，控制 CH$_4$ 氧化的主要因素是 CH$_4$ 的形成，其作为底物来源影响远大于温度效应[87]。Duc 等[46]研究发现，在稳定的条件下和给定的 O$_2$ 可利用的条件下，CH$_4$ 氧化速率可能受 CH$_4$ 产生速率影响以及氧化区 CH$_4$ 的供应调节。沉积物表层 CH$_4$ 消耗占比为 51.24%～81.25%，梅子垭水库沉积物中产生的 CH$_4$ 有一半被消耗掉，其余部分释放到水体，最终排放到大气中。有研究表明，沉积物向大气中输入的 CH$_4$ 量要远远低于沉积物中 CH$_4$ 的产生量[88]。Reeburgh[89]对黑海沉积物的研究表明，沉积物 CH$_4$ 的产生量大概是其释放到大气中的量的 71 倍，其中 98%的 CH$_4$ 在贫/缺氧水体及沉积物中被消耗。

7.4　沉积物-水界面 CH$_4$ 通量时空规律

　　沉积物-水界面是物理和化学性质的突变区域，同时也是化学元素变化的敏感区和生物活动的主要区域，界面上的化学物质转化、循环、交换等过程非常活跃[90]。以三峡水库香溪河库湾为例，基于对沉积物、上覆水理化性质的研究，并与沉积物 CH$_4$ 产生速率、释放潜力相对应，对泄水期、蓄水期沉积物 CH$_4$ 产生、氧化通量进行加密监测研究，以探明沉积物-水界面 CH$_4$ 通量及其氧化率的时空规律。

　　MP 和 MO 为单位时间内单位面积 CH$_4$ 产生、氧化的量，常用它们之间的比值（即 MR）来衡量 CH$_4$ 排放量。

7.4.1　泄水期沉积物-水界面 CH$_4$ 通量特征

　　在三峡水库泄水期，沉积物-水界面原位温度为 15℃。沉积物-水界面 CH$_4$ 通量特征如下。

　　泄水期（2021 年）香溪河库湾原位温度（15 ℃）下 MP、MO 分别是

$(0.35\pm0.21)\,mmol/(m^2\cdot d)$ 与 $(0.32\pm0.19)\,mmol/(m^2\cdot d)$，其最大值均出现在上游 XX07，最小值均出现在下游 XX02（图 7-16）。MP（MO）从下游到上游整体呈上升变化趋势，TOC 作为 CH_4 的基质，从下游到上游整体亦呈上升变化趋势，表明其主要影响因素是 TOC。研究表明，水华生消过程产生的大量颗粒小分子 TOC 为 CH_4 产生提供了充足的基质[91]。同时，消落带植被分解会增加水体 OM 含量[63]，让大量新鲜 TOC 在沉积物表层沉积，这有利于 CH_4 产生[45]。

在 XX02、XX05 及 XX06 横切面上，MP 分别是 $(0.04\pm0.01)\,mmol/(m^2\cdot d)$、$(0.43\pm0.11)\,mmol/(m^2\cdot d)$ 和 $(0.29\pm0.03)\,mmol/(m^2\cdot d)$，MO 分别是 $(0.03\pm0.01)\,mmol/(m^2\cdot d)$、$(0.41\pm0.06)\,mmol/(m^2\cdot d)$ 和 $(0.27\pm0.02)\,mmol/(m^2\cdot d)$。在典型横切面 XX02、XX05 及 XX06 上，MP 和 MO 虽有差异但均不具有统计显著性；而在香溪河库湾，XX05 与 XX00、XX02 之间 MP 具有显著的差异性，XX05 与 XX00、XX02、XX07 之间 MO 亦具有显著的差异性。

香溪河库湾 MR 是 $(88\pm10)\%$，其中，XX02 横切面 MR 最低（69%），其他横切面 MR 均在 85% 以上。XX02、XX05 及 XX06 横切面 MR 依次为 $(64\pm21)\%$、$(94\pm2)\%$、$(92\pm5)\%$。相比较下游 XX02，上游 XX05、XX06 横切面 MR 更高。CH_4 氧化作为自然界 CH_4 减排的唯一途径，在有氧和缺氧条件下均可发生，进而使沉积物产生的 CH_4 在进入大气前会被大量氧化（30%～90%）[22]。Wang 等[60]研究表明，香溪河库湾 MR 为 77.4%，而 Frenzel 等[92]发现 MR 更高（为 90% 及以上）。

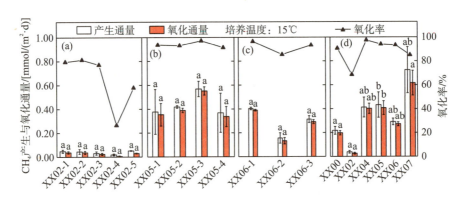

图 7-16　泄水期（2021 年）15℃时沉积物-水界面 CH_4 产生、氧化通量及氧化率空间分布

为了研究不同温度对沉积物-水界面 CH_4 通量的影响，还设定了 20℃ 与 25℃ 两个培养温度，其研究结果如下。

在 20℃ 下，MP 和 MO 分别是 $(1.50\pm1.97)\,mmol/(m^2\cdot d)$ 与 $(1.04\pm1.33)\,mmol/(m^2\cdot d)$，从下游到上游整体呈上升趋势，其最大值均出现在上游 XX07，最小值均出现在下游 XX02。如图 7-17 所示，典型横切面 XX02、XX05 及 XX06 的 MP（MO）平均值依次为 $0.19\,mmol/(m^2\cdot d)$ [$0.15\,mmol/(m^2\cdot d)$]、$0.52\,mmol/(m^2\cdot d)$ [$0.44\,mmol/(m^2\cdot d)$] 和 $0.41\,mmol/(m^2\cdot d)$ [$0.37\,mmol/(m^2\cdot d)$]，且 XX05>XX06>XX02。在典型横切面 XX02、XX06 上，MP 和 MO 整体呈河道两边低中间高分布趋势，而 XX05 恰好相反。另外，XX02、XX05 及 XX06

横切面 MR 平均值依次为 71.30%、84.15%、89.70%，即相较于下游，上游横切面的 MR 更高。香溪河库湾 MR 平均值为 82.95%，从下游到上游整体呈上升趋势，且其最大值出现在 XX06（98.50%），最小值出现在 XX02（60.02%）。

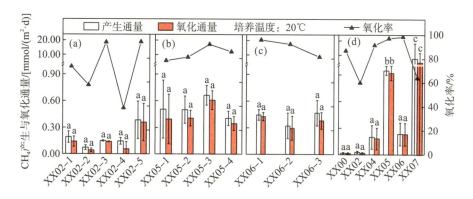

图 7-17 泄水期（2021 年）20℃时沉积物-水界面 CH₄ 产生、氧化通量及氧化率空间分布

在 25℃下，MP、MO 分别是 $(2.13\pm1.83)\,\mathrm{mmol/(m^2 \cdot d)}$ 与 $(1.97\pm1.87)\,\mathrm{mmol/(m^2 \cdot d)}$，从下游到上游整体呈上升趋势，其最大值均出现在上游 XX07，最小值均出现在下游 XX02。如图 7-18 所示，典型横切面 XX02、XX05 及 XX06 的 MP（MO）平均值依次为 $0.26\,\mathrm{mmol/(m^2 \cdot d)}$ $[0.22\,\mathrm{mmol/(m^2 \cdot d)}]$、$0.75\,\mathrm{mmol/(m^2 \cdot d)}[0.59\,\mathrm{mmol/(m^2 \cdot d)}]$ 和 $0.48\,\mathrm{mmol/(m^2 \cdot d)}$ $[0.43\,\mathrm{mmol/(m^2 \cdot d)}]$，其在典型断面上的分布及其之间的大小顺序与 20℃的一致。XX02、XX05 及 XX06 横切面 MR 平均值依次为 79.39%、79.69%、88.43%，即从 XX02 到 XX05 再到 XX06，MR 均呈上升趋势。另外，香溪河库湾 MR 平均值为 85.64%，从下游到上游整体呈上升趋势，其最大值出现在 XX05（96.44%），最小值出现在 XX02（70.07%）。

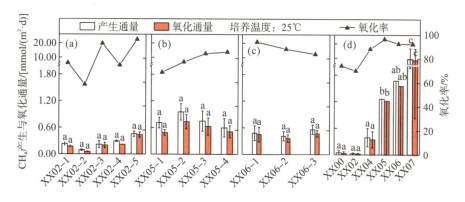

图 7-18 泄水期（2021 年）25℃时沉积物-水界面 CH₄ 产生、氧化通量及氧化率空间分布

由以上结果发现，20℃与25℃的 MP、MO 在香溪河库湾、各典型横切面上的分布特征与15℃的基本一致，但随着培养温度的上升，MP、MO 整体呈上升趋势。不同生态系统中的研究表明，CH_4 产率随温度的升高而增加[93-97]。Bodmer 等[98]研究表明，温度是沉积物 CH_4 产生的重要影响因素。但是，随着培养温度的上升，MR 整体呈下降趋势。

与 2021 年泄水期相比，在 2022 年泄水期，除了进行 15℃原位温度沉积物培养外，为了进一步探究温度对 CH_4 产生的影响，2022 年培养温度依次为 20℃、22.5℃、25℃、30℃。具体研究结果如下所示。

在香溪河库湾原位温度（15℃）下，MP、MO 分别是 $(0.62\pm0.17)\,mmol/(m^2\cdot d)$ 与 $(0.57\pm0.11)\,mmol/(m^2\cdot d)$，从下游到上游整体呈上升趋势，其最大值均出现在上游 XX07，最小值均出现在 XX00。如图 7-19 所示，典型横切面 XX02 与 XX05 的 MP（MO）平均值依次为 $0.11\,mmol/(m^2\cdot d)\,[0.11\,mmol/(m^2\cdot d)]$、$1.27\,mmol/(m^2\cdot d)\,[1.01\,mmol/(m^2\cdot d)]$。同时，在典型横切面 XX02 上，MP、MO 在河道从左向右呈上升变化趋势，而 XX05 的 MP 在河道从左向右呈上升变化趋势，MO 呈河道两边低、中间高分布趋势。另外，XX02、XX05 横切面 MR 平均值依次为 99.02%、80.78%，即上游 XX05 横切面的 MR 更低。香溪河库湾 MR 平均值为 91.63%，最大值出现在 CJXX（99.64%），最小值出现在 XX00（65.83%）。

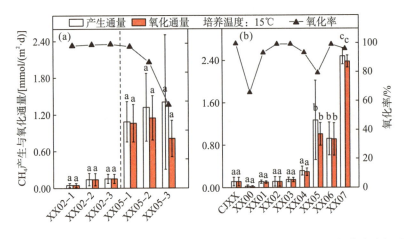

图 7-19   泄水期（2022 年）15℃时沉积物-水界面 CH_4 产生、氧化通量及氧化率空间分布

在 20℃下，MP 和 MO 分别是 $(0.70\pm0.57)\,mmol/(m^2\cdot d)$ 与 $(0.66\pm0.77)\,mmol/(m^2\cdot d)$，从下游到上游整体呈上升趋势，其最大值均出现在上游 XX05，最小值均出现在 XX00。如图 7-20 所示，典型横切面 XX02 与 XX05 的 MP（MO）平均值依次为 $0.10\,mmol/(m^2\cdot d)$ $[0.10\,mmol/(m^2\cdot d)]$、$2.62\,mmol/(m^2\cdot d)\,[2.38\,mmol/(m^2\cdot d)]$。在典型横切面 XX02 上，MP、MO 呈河道两边低、中间高分布趋势，而 XX05 变化趋势正好相反。另外，XX02、XX05 横切面 MR 平均值依次为 97.91%、90.62%，即上游 XX05 横切面的 MR 更低。香溪河库湾 MR 平均值为 96.99%，最大值出现在 CJXX（99.58%），最小值出现在 XX05（90.91%）。

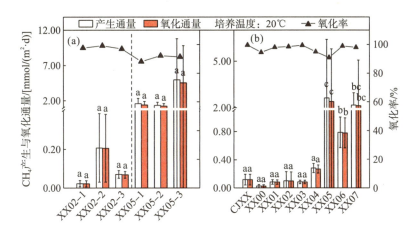

图 7-20　泄水期(2022 年)20℃时沉积物-水界面 CH₄ 产生、氧化通量及氧化率空间分布

在 22.5℃下，MP、MO 分别是 (0.89 ± 0.42) mmol/(m²·d) 与 (0.79 ± 0.16) mmol/(m²·d)，从下游到上游整体呈上升趋势，其最大值均出现在上游 XX07，最小值均出现在 XX03。如图 7-21 所示，典型横切面 XX02 与 XX05 的 MP(MO)平均值依次为 0.07mmol/(m²·d) [0.07mmol/(m²·d)]、0.80mmol/(m²·d) [0.68mmol/(m²·d)]。在典型横切面 XX02 上，MP、MO 呈河道两边低、中间高分布趋势，而 XX05 的 MP、MO 在河道从左向右呈下降趋势。另外，XX02、XX05 横切面 MR 平均值依次为 95.81%、90.79%。香溪河库湾 MR 平均值为 94.97%，最大值出现在 CJXX(99.41%)，最小值出现在 XX07(85.05%)。

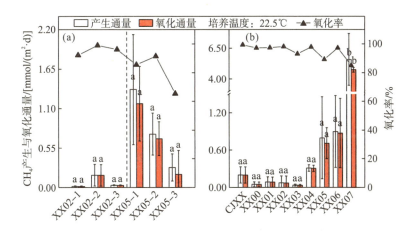

图 7-21　泄水期(2022 年)22.5℃时沉积物-水界面 CH₄ 产生、氧化通量及氧化率空间分布

在 25℃下，MP 和 MO 分别是 (0.52 ± 0.33) mmol/(m²·d) 与 (0.37 ± 0.25) mmol/(m²·d)，从下游到上游整体呈上升趋势，其最大值均出现在上游 XX07，MP 最小值出现在 XX03，MO 最小值出现在 XX02。如图 7-22 所示，典型横切面 XX02 与 XX05 的 MP(MO)平均值依次为 0.03mmol/(m²·d) [0.03mmol/(m²·d)]、0.75mmol/(m²·d) [0.70mmol/(m²·d)]。在 XX02、XX05 典型横切面上，MP、MO 均呈河道两边低、中间高分布趋势。另外，XX02、

XX05 横切面 MR 平均值依次为 62.84%、87.51%。香溪河库湾 MR 平均值为 87.33%，最大值出现在 XX01(98.49%)，最小值出现在 XX07(52.35%)。

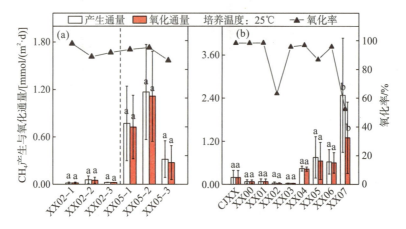

图 7-22　泄水期(2022 年)25℃时沉积物-水界面 CH_4 产生、氧化通量及氧化率空间分布

在 30℃下，MP、MO 分别是 $(1.06\pm0.62)\,\mathrm{mmol/(m^2\cdot d)}$ 与 $(0.64\pm0.42)\,\mathrm{mmol/(m^2\cdot d)}$，从下游到上游整体呈上升趋势，其最大值均出现在上游 XX07，MP 最小值均出现在 XX03。如图 7-23 所示，典型横切面 XX02 与 XX05 的 MP(MO)平均值依次为 0.07mmol/(m²·d) [0.06mmol/(m²·d)]、1.27mmol/(m²·d) [0.88mmol/(m²·d)]。在 XX02、XX05 典型横切面上，MP、MO 均呈河道两边低、中间高分布趋势。另外，XX02、XX05 横切面 MR 平均值依次为 91.59%、60.30%。香溪河库湾 MR 平均值为 78.25%，最大值出现在 XX01(98.95%)，最小值出现在 XX07(54.73%)。

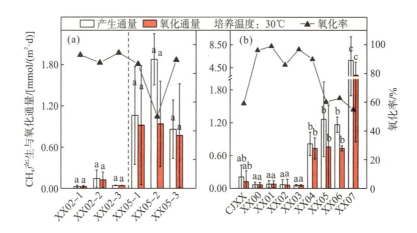

图 7-23　泄水期(2022 年)30℃时沉积物-水界面 CH_4 产生、氧化通量及氧化率空间分布

由以上结果发现，在 2022 年泄水期不同培养温度下，香溪河库湾和 XX02、XX05 典型横切面 MP 和 MO 分布特征与 2021 年泄水期基本一致。随着培养温度的上升，MP 整体

呈上升变化趋势，具体表现为 15℃最小[0.62mmol/(m²·d)]，30℃最大[1.06mmol/(m²·d)]，然而 MP 在 25℃出现下降，这与同一批沉积物按从小到大温度培养有关。同时，随着培养温度的上升，MO 呈先上升后下降变化趋势；与之基本对应的是，随着培养温度的上升，MR 也呈先上升后下降变化趋势。

7.4.2　蓄水期沉积物-水界面 CH_4 通量特征

蓄水期(2021 年)原位温度为 22.5℃，与 2022 年泄水期相对应，培养温度依次为 15℃、20℃、25℃、30℃，具体结果如下。

在 15℃下，MP 和 MO 分别是(0.87±0.83)mmol/(m²·d)与(0.72±0.64)mmol/(m²·d)，从下游到上游整体呈上升趋势，其最大值均出现在上游 XX07，最小值出现在 CJXX。如图 7-24 所示，典型横切面 XX02 与 XX05 的 MP(MO)平均值依次为 0.05mmol/(m²·d)[0.04mmol/(m²·d)]、1.11mmol/(m²·d)[1.01mmol/(m²·d)]，且上游 XX05 的 MP(MO)大于下游 XX02 的 MP(MO)。在典型横切面 XX02 上，MP 和 MO 整体呈河道两边低中间高分布趋势，而 XX05 恰好相反。另外，XX02、XX05 横切面 MR 平均值依次为 68.65%、86.90%，即相较于下游，上游横切面的 MR 更高。香溪河库湾 MR 平均值为 75.71%，从下游到上游整体呈上升趋势，且其最大值出现在 XX06(96.96%)，最小值出现在XX04(35.56%)。

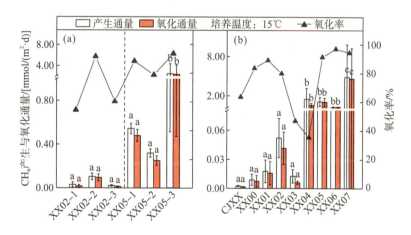

图 7-24　蓄水期(2021 年)15℃时沉积物-水界面 CH_4 产生、氧化通量及氧化率空间分布

在 20℃下，MP、MO 分别是(1.00±1.32)mmol/(m²·d)与(0.69±0.88)mmol/(m²·d)，从下游到上游整体呈上升趋势，其最大值均出现在上游 XX07，最小值均出现在 CJXX。如图 7-25 所示，典型横切面 XX02 与 XX05 的 MP(MO)平均值依次为 0.03mmol/(m²·d)[0.01mmol/(m²·d)]、0.95mmol/(m²·d)[0.92mmol/(m²·d)]。在 XX05 典型横切面上，MP和 MO 整体呈河道两边高中间低分布趋势。另外，XX02、XX05 横切面 MR 平均值依次为 59.77%、94.08%，即上游 XX05 横切面 MR 更高。香溪河库湾 MR 平均值为 74.30%，最大值出现在 XX06(98.50%)，最小值出现在 XX03(31.95%)。

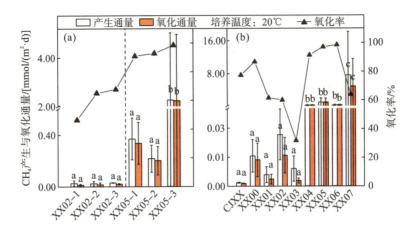

图 7-25　蓄水期（2021 年）20℃时沉积物-水界面 CH_4 产生、氧化通量及氧化率空间分布

在 22.5℃下，MP 和 MO 分别是 (1.48 ± 1.72) mmol/$(m^2\cdot d)$ 与 (1.44 ± 1.69) mmol/$(m^2\cdot d)$，从下游到上游整体呈上升趋势，其最大值均出现在上游 XX07，最小值均出现在 CJXX。如图 7-26 所示，典型横切面 XX02 与 XX05 的 MP（MO）平均值依次为 0.04mmol/$(m^2\cdot d)$ $[0.03mmol/(m^2\cdot d)]$、0.79mmol/$(m^2\cdot d)$ $[0.78mmol/(m^2\cdot d)]$。在典型横切面 XX02 上，MP 和 MO 整体呈河道两边低、中间高分布趋势，而 XX05 恰好相反。另外，XX02、XX05 横切面 MR 平均值依次为 82.33%、97.89%，即相较于下游，上游横切面的 MR 更高。香溪河库湾 MR 平均值为 78.31%，最大值出现在 XX05（99.26%），最小值出现在 XX04（40.74%）。

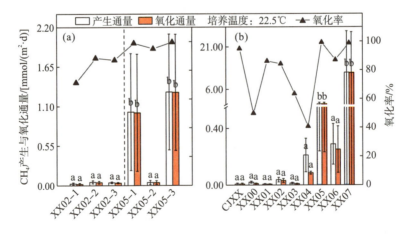

图 7-26　蓄水期（2021 年）22.5℃时沉积物-水界面 CH_4 产生、氧化通量及氧化率空间分布

在 25℃下，MP、MO 分别是 (1.42 ± 1.22) mmol/$(m^2\cdot d)$ 与 (1.32 ± 1.25) mmol/$(m^2\cdot d)$，从下游到上游整体呈上升趋势，其最大值均出现在上游 XX07，最小值均出现在 XX01。如图 7-27 所示，典型横切面 XX02 与 XX05 的 MP（MO）平均值依次为 0.03mmol/$(m^2\cdot d)$ $[0.02mmol/(m^2\cdot d)]$、1.26mmol/$(m^2\cdot d)$ $[1.21mmol/(m^2\cdot d)]$。在典型横切面 XX05 上，MP

和 MO 整体呈河道两边高中间低分布趋势，而 XX02 恰好相反。另外，XX02、XX05 横切面 MR 平均值依次为 70.40%、96.44%，即上游 XX05 横切面的 MR 更高。香溪河库湾 MR 平均值为 78.86%，从下游到上游整体呈上升趋势，且其最大值出现在 XX05（96.44%），最小值出现在 XX01（43.12%）。

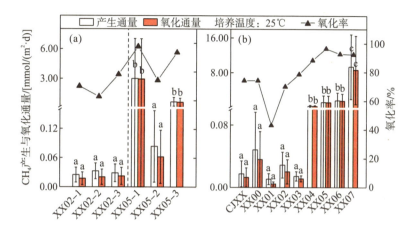

图 7-27　蓄水期（2021 年）25℃时沉积物-水界面 CH_4 产生、氧化通量及氧化率空间分布

在 30℃下，MP、MO 分别是（0.62±0.62）$mmol/(m^2 \cdot d)$ 与（0.39±0.41）$mmol/(m^2 \cdot d)$，从下游到上游整体呈上升趋势，其最大值均出现在上游 XX05，最小值均出现在 XX03。如图 7-28 所示，典型横切面 XX02 与 XX05 的 MP（MO）平均值依次为 0.05$mmol/(m^2 \cdot d)$ [0.03$mmol/(m^2 \cdot d)$]、2.45$mmol/(m^2 \cdot d)$ [2.08$mmol/(m^2 \cdot d)$]。同时，在典型横切面 XX02 上，MP 和 MO 整体呈河道两边低、中间高分布趋势，XX05 的 MP、MO 在河道从左向右呈下降趋势。XX02、XX05 横切面 MR 平均值依次为 57.42%、56.25%，即上游 XX05 横切面的 MR 更低。香溪河库湾 MR 平均值为 64.25%，最大值出现在 CJXX（96.13%），最小值出现在 XX04（33.45%）。

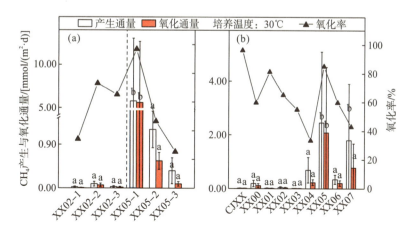

图 7-28　蓄水期（2021 年）30℃时沉积物-水界面 CH_4 产生、氧化通量及氧化率空间分布

由 2021 年蓄水期研究结果发现，在不同培养温度下，香溪河库湾和 XX02、XX05 典型横切面 MP 和 MO 空间分布规律与 2022 年泄水期基本一致。但是，随着培养温度的上升，MP、MO 总体均呈先上升后下降的变化趋势，MP 具体表现为 30℃最小 [0.62mmol/(m²·d)]，22.5℃最大 [1.48mmol/(m²·d)]。与之基本对应的是，随着培养温度的上升，MR 也呈先上升后下降变化趋势。同时，蓄水期 MP 和 MO 总体大于泄水期。

7.4.3　不同时期沉积物-水界面 CH₄ 氧化率时空规律

Lofton 等[47]研究表明，CH₄ 氧化通量与产生通量呈极显著正相关关系。通过对 2021 年泄水期 MO 与 MP 进行线性拟合，发现 15℃、20℃、25℃的 MO 与 MP 均呈极显著的线性相关关系（$P < 0.01$）。如图 7-29（a）所示，随着温度的增加，其增加幅度呈下降趋势（斜率即为 MR，依次为 0.97、0.93 和 0.88）。而 MR 与温度呈极显著线性负相关关系 [$P < 0.01$，图 7-29（b）]，进一步说明随着温度的升高，MR 会变得更小。CH₄ 氧化速率随温度的升高会更强烈[24]，然而有研究表明，当 CH₄ 供应不足时，CH₄ 氧化与温度无关，而受控于 CH₄ 的供应[48]，这可能是 MO 随着温度的上升而上升，但 MR 却下降的原因。

基于温度与 CH₄ 氧化率关系，得出 12.65℃时沉积物产生的 CH₄ 会被完全氧化。三峡水库泄水期香溪河库湾平均温度为 15.6℃，可以推断这个时期香溪河沉积物 CH₄ 氧化率约为 96.62%。

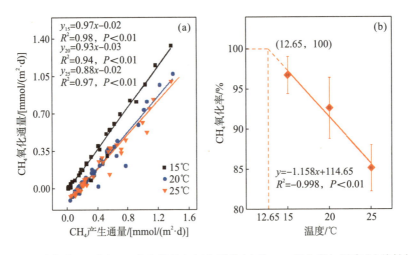

图 7-29　泄水期（2021 年）CH₄ 产生通量与氧化通量（a）及 CH₄ 氧化率与温度（b）线性拟合

由上文得知，15℃、20℃和 25℃ 3 个培养温度下 MR 与温度呈极显著线性负相关关系，而 MR 与温度可能不仅是简单的线性相关关系。研究发现，CH₄ 氧化速率随温度的升高会加大，使温度与 CH₄ 氧化速率呈非线性关系[24]。对 2021 年蓄水期沉积物的培养增加了 22.5℃和 30℃ 2 个温度，结果发现，2021 年蓄水期各培养温度下 MO 与 MP 均呈极显著的线性相关关系（$P < 0.01$），如图 7-30（a）所示，但是随着培养温度的增加，其增加幅度却呈现出先上升后下降的变化趋势。与之相对应，随着温度的增加，MR 呈先上升后下降

趋势，并在 22.5～25℃时，MR 达到最大水平。温度升高会增加甲烷氧化菌的活性，而温度过高会抑制 CH$_4$ 氧化，同时 20～22.5℃可能是水体氧化的最适宜温度[47]。由图 7-30(b) 可知，这一温度水平与本书研究基本相符。

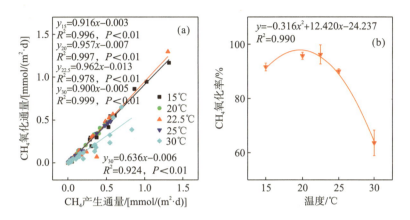

图 7-30　蓄水期(2021 年)CH$_4$ 产生通量与氧化通量(a)及 CH$_4$ 氧化率与温度(b)线性拟合

与 2021 年蓄水期培养温度一致，对 2022 年泄水期不同温度培养下的 MO、MP 及 MR 进行研究，发现泄水期 15℃、20℃、22.5℃、25℃及 30℃的 MO 与 MP 均呈极显著的线性相关关系($P<0.01$)，如图 7-31 所示，随着温度的增加，MR 呈非线性下降趋势，15℃的 MR 最大，而 30℃的 MR 最小。这一趋势与 2021 年泄水期基本一致。

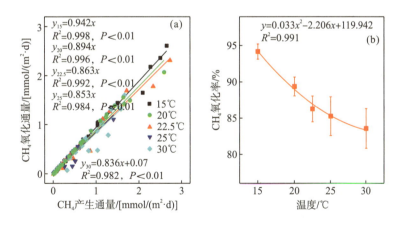

图 7-31　泄水期(2022 年)CH$_4$ 产生通量与氧化通量(a)及 CH$_4$ 氧化率与温度(b)线性拟合

同时，各时期 MP 均大于 MO，但 MP 与 MO 相差不大。在厌氧条件下，CH$_4$ 产生速率会随着温度升高而变大，而在有氧条件下，CH$_4$ 产生量在一个很低的水平[51]，而这与 TOC 含量无关，这是 MP 与 MO 变化不大的主要原因。

7.4.4　沉积物-水界面 CH_4 通量影响因素

对 CH_4 通量的调查能够有效反映碳代谢的有效途径[99,100]。在沉积物中，CH_4 产生受到 TOC、温度及微生物活动等诸多因素的影响。TOC 作为 CH_4 产生基质，其含量越高，CH_4 产生量就越大，相应地，较高的温度、高 CH_4 产生菌活性、缺氧环境、黏土型沉积物等均有利于 CH_4 产生。

1. MP 与 TOC、温度的响应关系

在三峡水库泄水期(2021 年)，不同培养温度下(15℃、20℃及 25℃)MP 与 TOC 呈极显著线性正相关关系[$P<0.01$，图 7-32(a)]。有研究也表明，CH_4 产生量与沉积物 TOC 呈正相关关系[101]。同时，沉积物 TOC 是复杂的混合物，其来源和数量对 CH_4 产生有重要的影响[45]。

随着温度的升高，MP 随 TOC 的增加其增幅先下降后上升，到 25℃时达到最大。研究发现，当 TOC 含量不足以支持 CH_4 产生的菌群时，CH_4 产生能力将会受到限制[101]。同时，15～25℃的 Q_{10} 为 6.1，大于 1.5，进一步说明 MP 与温度呈正相关关系。如图 7-32(b)所示，单位 TOC 的 MP 随温度的升高呈指数上升变化趋势。

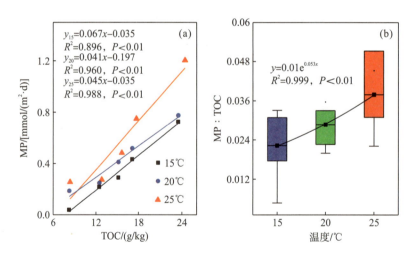

图 7-32　泄水期(2021 年)沉积物-水界面 CH_4 通量与 TOC、温度关系

与 2021 年泄水期结果相似，由 2022 年泄水期(在 15℃、20℃和 25℃基础上，增加了 22.5℃和 30℃两个培养温度)研究发现，MP 与 TOC 均呈极显著线性正相关关系[$P<$ 0.01，图 7-33(a)]。同时，2022 年泄水期 15～25℃的 $Q_{10}=0.84$(在 0.8～1.5)，说明 MP 与温度没有必要联系；而 20～30℃的 Q_{10} 为 1.51，大于 1.50，说明 MP 与温度呈正相关关系。研究表明，温度会促进有机物分解和产甲烷菌的活性，从而影响 CH_4 产生，导致 CH_4 率随温度升高而增加[101-105]。随着温度的升高，2022 年泄水期 MP 随 TOC 增加其增幅呈非线性缓慢上升趋势，最大值出现在 30℃[图 7-33(a)]。在 2021 年泄水期和 2022

年泄水期，单位 TOC 含量的 MO 随温度的升高呈非线性上升趋势。研究表明，沉积物 CH_4 产生速率与温度的关系并不是均呈线性增加的趋势[52]。这在 2022 年泄水期的研究结果中得到验证。

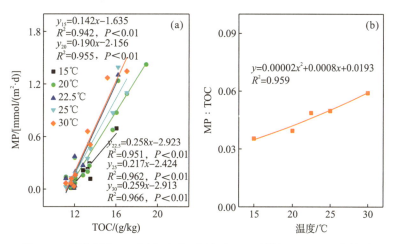

图 7-33　泄水期(2022 年)沉积物-水界面 CH_4 通量与 TOC、温度关系

由三峡水库 2021 年蓄水期研究发现，MP 与 TOC 均呈极显著线性正相关关系[$P<$ 0.01，图 7-34(a)]。15~25℃的 Q_{10} 为 1.63，大于 1.5，说明 MP 与温度呈正相关关系，20~30℃的 Q_{10} 为 0.62(在 0.2~0.8)，说明 MP 与温度呈负相关关系。但是，与两个泄水期相比，在 2021 年蓄水期，随着温度的升高，MP 随 TOC 增加其增幅呈先上升后下降趋势，其最大释放区间在 20~25℃[图 7-34(b)]。研究表明，TOC 来源的差异会直接影响不同产甲烷菌的代谢功能，进而影响产甲烷菌的群落组成，最终影响 CH_4 产量[67]。由此可知，对同一批短柱进行培养，产甲烷菌最先和最容易利用的是内源 TOC(如藻类、水生植物等)，而未降解充分的 TOC 即使在较高温度下也不利于被产甲烷菌利用，这可能是 25℃下 MP 开始下降的原因。

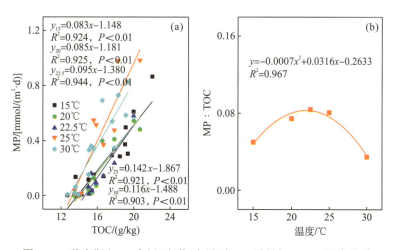

图 7-34　蓄水期(2021 年)沉积物-水界面 CH_4 通量与 TOC、温度关系

2. 甲烷菌群对 CH_4 产生、氧化的影响

沉积物 CH_4 产生是自然源 CH_4 的重要来源之一。CH_4 产生主要受到环境条件变化、产甲烷菌分布及基质 TOC 的可利用性的影响，是一个很复杂的生物地球化学过程[6]。而 CH_4 氧化是甲烷氧化菌以 CH_4 作为碳源和能源，在好氧和厌氧环境中将 CH_4 彻底氧化为 CO_2，从而减少 CH_4 排放，这一现象广泛且大量存在于不同环境中[22]。此外，沉积物产甲烷菌和甲烷氧化菌对沉积物 CH_4 产生和氧化消耗具有重要的影响。

由图 7-35 可知，香溪河库湾产甲烷菌主要优势菌种是甲烷球菌目和甲烷杆菌目，其占比从下游到上游整体呈上升趋势，并在 XX07 达到最大，与 2021 年蓄水期 CH_4 产生潜力（MP_s）、MP 在香溪河库湾的分布趋势基本相同，这在一定程度上说明，产甲烷菌的优势菌种会直接影响 CH_4 产生量。研究表明，产甲烷菌更容易利用内源 TOC（如藻类、水生植物等）[67]，而上游正好具备这一条件——容易暴发水华。同时，甲烷氧化菌优势菌种主要为甲烷根瘤菌目（各横切面均在 50% 左右），从下游到上游呈先上升后下降变化趋势，其中 XX05 处最大。这与 2021 年蓄水期 MP_s 在 XX05，MP 在 XX05 有直接关系。相关研究表明，沉积物 CH_4 氧化过程中温度具有十分关键的作用，随着温度升高，甲烷氧化菌的活性明显变大[102]。香溪河库湾沉积物-水界面以上的上覆水均处于有氧状态，说明香溪河库湾 CH_4 氧化以有氧氧化为主。有研究表明，在沉积物中也可以发生厌氧氧化[103]。相较于 CH_4 有氧氧化，CH_4 厌氧氧化更为复杂，主要由厌氧甲烷氧化古菌完成[22]。

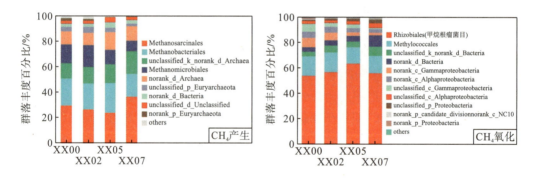

图 7-35　微生物群落组成图

3. CH_4 产生、氧化其他影响因素分析

香溪河库湾 MP 与采样点水深呈显著负相关关系（$P<0.05$）。研究表明，CH_4 产生量在不同水深下是高度变化的，最大值往往出现在浅水区，且水深小于 5m 的水域 CH_4 排放量约是水深大于 5m 水域的 35 倍[81]。原位条件下，水深会影响沉积物 CH_4 的排放途径和沉积物中 CH_4 含量，进而影响沉积物中 CH_4 产生与氧化[98]。同时，粒度组分的不同会影响库湾 TOC 分布，进而间接影响库湾 CH_4 产生分布。

MP 的主要影响因素除了 TOC、温度、水深、甲烷菌落等外，还与人类活动、富营养化、水动力条件等多种因素有关[104]。研究表明，城市污水排放可以直接增大水域 CH_4 排

放量[105]。XX05 位于兴山县峡口镇，2018 年以前两岸岸坡未治理，集镇污水直接排放进入 XX05 点位水域，这可能是此处 MP 较大的原因。有研究表明，沉积物中营养物质是限制其 CH_4 产生的关键因子[106]，而在香溪河库湾，TN、TP 均处于较高水平。此外，在三峡水库不同水位运行期，干流水位波动会改变水流特性[107]，对支流库湾进行倒灌，进而使库湾水体富氧，这不利于 CH_4 产生，且会促进 CH_4 氧化。

参 考 文 献

[1] Downing J A, Cole J J, Middelburg J J, et al. Sediment organic carbon burial in agriculturally eutrophic impoundments over the last century[J]. Global Biogeochemical Cycles, 2008, 22 (1): GB1018.

[2] Biderre-Petit C, Jézéquel D, Dugat-Bony E, et al. Identification of microbial communities involved in the methane cycle of a freshwater meromictic lake[J]. Fems Microbiology Ecology, 2011, 77 (3): 533-545.

[3] West W E, Creamer K P, Jones S E. Productivity and depth regulate lake contributions to atmospheric methane[J]. Limnology and Oceanography, 2016, 61 (S1): S51-S61.

[4] Bertolet B L, Koepfli C, Jones S E. Lake sediment methane responses to organic matter are related to microbial community composition in experimental microcosms[J]. Frontiers in Environmental Science, 2022, 10: 834829.

[5] Bastviken D, Cole J J, Pace M L, et al. Fates of methane from different lake habitats: connecting whole-lake budgets and CH₄ emissions[J]. Journal of Geophysical Research-Biogeosciences, 2008, 113 (G2): 61-74.

[6] Liikanen A, Flöjt L, Martikainen P. Gas dynamics in eutrophic lake sediments affected by oxygen, nitrate, and sulfate[J]. Journal of Environmental Quality, 2002, 31 (1): 338-349.

[7] Capone D G, Kiene R P. Comparison of microbial dynamics in marine and freshwater sediments: contrasts in anaerobic carbon catabolism[J]. Limnology and Oceanography, 1988, 33 (4): 725-749.

[8] Liikanen A, Martikainen P J. Effect of ammonium and oxygen on methane and nitrous oxide fluxes across sediment-water interface in a eutrophic lake[J]. Chemosphere, 2003, 52 (8): 1287-1293.

[9] Burns S J. Carbon isotopic evidence for coupled sulfate reduction-methane oxidation in Amazon fan sediments[J]. Geochimica Et Cosmochimica Acta, 1998, 62 (5): 797-804.

[10] Le Mer J, Roger P. Production, oxidation, emission and consumption of methane by soils: a review[J]. European Journal of Soil Biology, 2001, 37 (1): 25-50.

[11] 方晓瑜, 李家宝, 芮俊鹏, 等. 产甲烷生化代谢途径研究进展[J]. 应用与环境生物学报, 2015, 21 (1): 1-9.

[12] Lenhart K, Bunge M, Ratering S, et al. Evidence for methane production by saprotrophic fungi[J]. Nature Communications, 2012, 3 (3): 1046.

[13] Althoff F, Benzing K, Comba P, et al. Abiotic methanogenesis from organosulphur compounds under ambient conditions[J]. Nature Communications, 2014, 5: 4205.

[14] del Valle D A, Karl D M. Aerobic production of methane from dissolved water-column methylphosphonate and sinking particles in the north pacific subtropical gyre[J]. Aquatic Microbial Ecology, 2014, 73 (2): 93-105.

[15] Damm E, Rudels B, Schauer U, et al. Methane excess in Arctic surface water- triggered by sea ice formation and melting[J]. Scientific Reports, 2015, 5: 16179.

[16] Damm E, Thoms S, Beszczynska-Möller A, et al. Methane excess production in oxygen-rich polar water and a model of cellular conditions for this paradox[J]. Polar Science, 2015, 9(3): 327-334.

[17] 段昌海, 张翠景, 孙艺华, 等. 新型产甲烷古菌研究进展[J]. 微生物学报, 2019, 59(6): 981-995.

[18] Conrad R, Klose M, Claus P, et al. Methanogenic pathway, ^{13}C isotope fractionation, and archaeal community composition in the sediment of two clear-water lakes of Amazonia[J]. Limnology and Oceanography, 2010, 55(2): 689-702.

[19] 承磊, 郑珍珍, 王聪, 等. 产甲烷古菌研究进展[J]. 微生物学通报, 2016, 43(5): 1143-1164.

[20] Conrad R. Contribution of hydrogen to methane production and control of hydrogen concentrations in methanogenic soils and sediments[J]. Fems Microbiology Ecology, 1999, 28(3): 193-202.

[21] Morrissey L A, Livingston G P. Methane emissions from Alaska Arctic tundra-an assessment of local spatial variability[J]. Journal of Geophysical Research Atmospheres, 1992, 97(D15): 16661-16670.

[22] Segers R. Methane production and methane consumption: a review of processes underlying wetland methane fluxes[J]. Biogeochemistry, 1998, 41(1): 23-51.

[23] Dunfield P, Knowles R, Dumont R, et al. Methane production and consumption in temperate and subarctic peat soils: response to temperature and pH[J]. Soil Biology & Biochemistry, 1993, 25(3): 321-326.

[24] Zheng J, Roychowdhury T, Yang Z M, et al. Impacts of temperature and soil characteristics on methane production and oxidation in Arctic tundra[J]. Biogeosciences, 2018, 15(21): 6621-6635.

[25] Delsontro T, Mcginnis D F, Sobek S, et al. Extreme methane emissions from a swiss hydropower reservoir: contribution from bubbling sediments[J]. Environmental Science & Technology, 2010, 44(7): 2419-2425.

[26] Deemer B R, Harrison J A, Li S Y, et al. Greenhouse gas emissions from reservoir water surfaces: a new global synthesis[J]. Bioscience, 2016, 66(11): 949-964.

[27] Yang L B, Li X Y, Yan W J, et al. CH$_4$ concentrations and emissions from three rivers in the Chaohu Lake watershed in Southeast China[J]. Journal of Integrative Agriculture, 2012, 11(4): 665-673.

[28] Xu X F, Elias D A, Graham D E, et al. A microbial functional group-based module for simulating methane production and consumption: application to an incubated permafrost soil[J]. Journal of Geophysical Research Biogeosciences, 2015, 120(7): 1315-1333.

[29] Phelps T J, Zeikus J G. Influence of pH on terminal carbon metabolism in anoxic sediments from a mildly acidic lake[J]. Applied & Environmental Microbiology, 1984, 48(6): 1088-1095.

[30] Ivanov M V, Pimenov N V, Rusanov I I, et al. Microbial processes of the methane cycle at the North-western shelf of the black sea[J]. Estuarine, Coastal & Shelf Science, 2002, 54(3): 589-599.

[31] Beaulieu J J, Arango C P, Hamilton S K, et al. The production and emission of nitrous oxide from headwater streams in the Midwestern United States[J]. Global Change Biology, 2008, 14(4): 878-894.

[32] Crawford J T, Loken L C, Stanley E H, et al. Basin scale controls on CO$_2$ and CH$_4$ emissions from the upper Mississippi River[J]. Geophysical Research Letters, 2016, 43(5): 1973-1979.

[33] Shi W Q, Chen Q W, Yi Q T, et al. Carbon emission from cascade reservoirs: spatial heterogeneity and mechanisms[J]. Environmental Science & Technology, 2017, 51(21): 12175-12181.

[34] Morris R, Schauer-Gimenez A, Bhattad U, et al. Methyl coenzyme M reductase (mcrA) gene abundance correlates with activity measurements of methanogenic H$_2$/CO$_2$-enriched anaerobic biomass[J]. Microbial Biotechnology, 2014, 7(1): 77-84.

[35] 李煜珊, 李耀明, 欧阳志云. 产甲烷微生物研究概况[J]. 环境科学, 2014, 35(5): 2025-2030.

[36] Sakai S, Imachi H, Hanada S, et al. Methanocella paludicola gen. nov., sp. nov., a methane-producing archaeon, the first isolate of the lineage 'Rice Cluster I', and proposal of the new archaeal order Methanocellales ord. nov[J]. International Journal of Systematic Evolutionary Microbiology, 2008, 58(4): 929-936.

[37] Dridi B, Raoult D, Drancourt M. Matrix-assisted laser desorption/ionization time-of-flight mass spectrometry identification of Archaea: towards the universal identification of living organisms[J]. Apmis, 2012, 120(2): 85-91.

[38] Rowe A, Urbanic M, Trutschel L, et al. Sediment disturbance negatively impacts methanogen abundance but has variable effects on total methane emissions[J]. Frontiers in Microbiology, 2022, 13: 796018.

[39] 李玲玲, 薛滨, 姚书春. 湖泊沉积物甲烷的产生和氧化研究的意义及应用[J]. 矿物岩石地球化学通报, 2016, 35(4): 634-645.

[40] Karvinen A, Lehtinen L, Kankaala P. Variable effects of iron (Fe (III)) additions on potential methane production in boreal lake littoral sediments[J]. Wetlands, 2015, 35(1): 137-146.

[41] 胡敏杰, 仝川, 邹芳芳. 氮输入对土壤甲烷产生、氧化和传输过程的影响及其机制[J]. 草业学报, 2015, 24(6): 204-212.

[42] 毛婉琼, 夏银行, 马冲, 等. 稻田微氧层和还原层土壤有机碳矿化对氮素添加的响应[J]. 环境科学, 2023, 44(11): 6248-6256.

[43] Miller L G, Sasson C, Oremland R S. Difluoromethane, a new and improved inhibitor of methanotrophy[J]. Applied & Environmental Microbiology, 1998, 64(11): 4357-4362.

[44] Bennett A F. Thermal dependence of locomotor capacity[J]. American Journal of Physiology, 1990, 139(4): 613-614.

[45] Berberich M E, Beaulieu J J, Hamilton T L, et al. Spatial variability of sediment methane production and methanogen communities within a eutrophic reservoir: importance of organic matter source and quantity[J]. Limnology and Oceanography, 2020, 65(6): 1336-1358.

[46] Duc N T, Crill P, Bastviken D. Implications of temperature and sediment characteristics on methane formation and oxidation in lake sediments[J]. Biogeochemistry, 2010, 100(1): 185-196.

[47] Lofton D D, Whalen S C, Hershey A E. Effect of temperature on methane dynamics and evaluation of methane oxidation kinetics in shallow Arctic Alaskan lakes[J]. Hydrobiologia, 2014, 721(1): 209-222.

[48] Avery B G, Shannon R D, White J R, et al. Controls on methane production in a tidal freshwater estuary and a peatland: methane production via acetate fermentation and CO_2 reduction[J]. Biogeochemistry, 2003, 62(1): 19-37.

[49] 杨平, 仝川. 淡水水生生态系统温室气体排放的主要途径及影响因素研究进展[J]. 生态学报, 2015, 35(20): 6868-6880.

[50] Borrel G, Jézéquel D, Biderre-Petit C, et al. Production and consumption of methane in freshwater lake ecosystems[J]. Research in Microbiology, 2011, 162(9): 832-847.

[51] Liikanen A, Murtoniemi T, Tanskanen H, et al. Effects of temperature and oxygenavailability on greenhouse gas and nutrient dynamics in sediment of a eutrophic mid-boreal lake[J]. Biogeochemistry, 2002, 59(3): 269-286.

[52] Yang S S. Methane production in river and lake sediments in Taiwan[J]. Environmental Geochemistry & Health, 1998, 20(4): 245-249.

[53] Zeikus J G, Winfrey M R. Temperature limitation of methanogenesis in aquatic sediments[J]. Applied & Environmental Microbiology, 1976, 31(1): 99-107.

[54] Thebrath B, Rothfuss F, et al. Methane production in littoral sediment of Lake Constance[J]. Fems Microbiology Letters, 1993, 102(3/4): 279-289.

[55] Xing Y P, Xie P, Yang H, et al. Methane and carbon dioxide fluxes from a shallow hypereutrophic subtropical Lake in China[J]. Atmospheric Environment, 2005, 39(30): 5532-5540.

[56] Boetius A, Ravenschlag K, Schubert C J, et al. A marine microbial consortium apparently mediating anaerobic oxidation of methane[J]. Nature, 2000, 407(6804): 623-626.

[57] 沈李东, 胡宝兰, 郑平. 甲烷厌氧氧化微生物的研究进展[J]. 土壤学报, 2011, 48(3): 619-628.

[58] Crowe S A, Katsev S, Leslie K, et al. The methane cycle in ferruginous Lake Matano[J]. Geobiology, 2011, 9(1): 61-78.

[59] Wilkinson J, Maeck A, Alshboul Z, et al. Continuous seasonal river ebullition measurements linked to sediment methane formation[J]. Environmental Science & Technology, 2015, 49(22): 13121-13129.

[60] Wang C H, Xiao S B, Li Y C, et al. Methane formation and consumption processes in Xiangxi Bay of the Three Gorges Reservoir[J]. Scientific Reports, 2014, 4(1): 4449.

[61] 汪嘉宁, 赵亮, 魏皓. 潮滩动力过程影响下扩散边界层和沉积物-水界面扩散通量的变化[J]. 科学通报, 2012, 57(8): 656-665.

[62] 刘畅, 刘晓波, 周怀东, 等. 水库缺氧区时空演化特征及驱动因素分析[J]. 水利学报, 2019, 50(12): 1479-1490.

[63] 纪道斌, 方娇, 龙良红, 等. 三峡水库不同支流库湾蓄水期溶解氧分层特性及差异性[J]. 环境科学, 2022, 43(7): 3543-3551.

[64] 王凯. 三峡水库香溪河库湾溶解有机质动态过程及控制因素[D]. 杭州: 浙江大学, 2020.

[65] Yan X C, Xu X G, Ji M, et al. Cyanobacteria blooms: a neglected facilitator of CH_4 production in eutrophic lakes[J]. Science of The Total Environment, 2019, 651: 466-474.

[66] Liu J, Xiao S B, Wang C H, et al. Spatial and temporal variability of dissolved methane concentrations and diffusive emissions in the Three Gorges Reservoir[J]. Water Research, 2021, 207: 117788.

[67] Grasset C, Mendonça R, Villamor Saucedo G, et al. Large but variable methane production in anoxic freshwater sediment upon addition of allochthonous and autochthonous organic matter[J]. Limnology and Oceanography, 2018, 63(4): 1488-1501.

[68] Dang H, Li J. Climate tipping-point potential and paradoxical production of methane in a changing ocean[J]. Science China Earth Sciences, 2018, 61(12): 1714-1727.

[69] Reeburgh W S. Oceanic methane biogeochemistry[J]. ChemInform, 2007, 107: 486-513.

[70] 贠娟莉, 王艳芬, 张洪勋. 好氧甲烷氧化菌生态学研究进展[J]. 生态学报, 2013, 33(21): 6774-6785.

[71] 蔡朝阳, 何崭飞, 胡宝兰. 甲烷氧化菌分类及代谢途径研究进展[J]. 浙江大学学报(农业与生命科学版), 2016, 42(3): 273-281.

[72] 秦宇, 黄璜, 李哲, 等. 内陆水体好氧甲烷氧化过程研究进展[J]. 湖泊科学, 2021, 33(4): 1004-1017.

[73] Deutzmann J S, Womer S, Schink B. Activity and diversity of methanotrophic bacteria at methane seeps in eastern lake constance sediments[J]. Applied and Environmental Microbiology, 2011, 77(8): 2573-2581.

[74] Costello A M, Auman A J, Macalady J L, et al. Estimation of methanotroph abundance in a freshwater lake sediment[J]. Environmental Microbiology, 2002, 4(8): 443-450.

[75] Topp E, Pattey E. Soils as sources and sinks for atmospheric methane[J]. Canadian Journal of Soil Science, 1997, 77(2): 167-177.

[76] Born M, Dörr H, Levin I. Methane consumption in aerated soils of the temperate zone[J]. Tellus B, 1990, 42(1): 2-8.

[77] Bretz K, Whalen S. Methane cycling dynamics in sediments of Alaskan Arctic Foothill lakes[J]. Inland Waters, 2014, 4(1): 65-78.

[78] Deutzmann J S, Schink B. Anaerobic oxidation of methane in sediments of lake constance, an oligotrophic freshwater lake[J]. Applied and environmental microbiology, 2011, 77(13): 4429-4436.

[79] Norði KÀ, Thamdrup B, Schubert C J. Anaerobic oxidation of methane in an iron-rich danish freshwater lake sediment[J]. Limnology & Oceanography, 2013, 58(2): 546-554.

[80] Sawakuchi H O, Bastviken D, Sawakuchi A O, et al. Oxidative mitigation of aquatic methane emissions in large Amazonian rivers[J]. Global Change Biology, 2016, 22(3): 1075-1085.

[81] Rosa L P, Dos Santos M A, Matvienko B, et al. Biogenic gas production from major Amazon reservoirs, Brazil[J]. Hydrological Processes, 2003, 17(7): 1443-1450.

[82] Pimenov N V, Kallistova A Y, Rusanov I I, et al. Methane formation and oxidation in the meromictic oligotrophic Lake Gek-Gel (Azerbaijan)[J]. Microbiology, 2010, 79(2): 247-252.

[83] He R, Wooller M J, Pohlman J W, et al. Shifts in identity and activity of methanotrophs in Arctic lake sediments in response to temperature changes[J]. Applied and Environmental Microbiology, 2012, 78(13): 4715-4723.

[84] Whalen S C, Reeburgh W S. Moisture and temperature sensitivity of CH₄ oxidation in boreal soils[J]. Soil Biology & Biochemistry, 1996, 28(10-11): 1271-1281.

[85] Sundh I, Bastviken D, Tranvik L. Abundance, activity, and community structure of pelagic methane-oxidizing bacteria in temperate lakes[J]. Applied and Environmental Microbiology, 2005, 71(11): 6746-6752.

[86] Moore T R, Heyes A, Roulet N T. Methane emissions from wetlands, southern Hudson Bay lowland[J]. Journal of Geophysical Research Atmospheres, 1994, 99(D1): 1455-1467.

[87] Fuchs A, Lyautey E, Montuelle B, et al. Effects of increasing temperatures on methane concentrations and methanogenesis during experimental incubation of sediments from oligo trophic and mesotrophic lakes: temperature effects on CH₄[J]. Journal of Geophysical Research: Biogeosciences, 2016, 121(5): 1394-1406.

[88] Reeburgh W. Global methane biogeochemistry[M]//Holland H D, Turekian K K. Treatise on Geochemistry. Amsterdam: Elsevier, 2014: 71-94.

[89] Reeburgh W S. "Soft spots" in the global methane budget[M]//Lidstrom M E, Tabita F R. Microbial Growth on C1 Compounds. Dordrecht: Springer Netherlands, 1996: 334-342.

[90] 范成新. 湖泊沉积物-水界面研究进展与展望[J]. 湖泊科学, 2019, 31(5): 1191-1218.

[91] Murase J, Sakai Y, Kametani A, et al. Dynamics of methane in mesotrophic Lake Biwa, Japan[J]. Ecological Research, 2005, 20(3): 377-385.

[92] Frenzel P, Thebrath B, Conrad R. Oxidation of methane in the oxic surface layer of a deep lake sediment (Lake Constance)[J]. FEMS Microbiology Letters, 1990, 73(2): 149-158.

[93] Pelletier L, Moore T R, Roulet N T, et al. Methane fluxes from three peatlands in the La Grande Riviere watershed, James Bay lowland, Canada[J]. Journal of Geophysical Research: Biogeosciences, 2007, 112: G01018.

[94] Turetsky M R, Treat C C, Waldrop M P, et al. Short-term response of methane fluxes and methanogen activity to water table and soil warming manipulations in an Alaskan peatland[J]. Journal of Geophysical Research: Biogeosciences, 2008, 113: G00A10.

[95] Treat C C, Wollheim W M, Varner R K, et al. Temperature and peat type control CO₂ and CH₄ production in Alaskan permafrost peats[J]. Global Change Biology, 2014, 20(8): 2674-2686.

[96] Yvon-Durocher G, Allen A P, Bastviken D, et al. Methane fluxes show consistent temperature dependence across microbial to ecosystem scales[J]. Nature, 2014, 507(7493): 488-491.

[97] Cui M M, Ma A Z, Qi H Y, et al. Warmer temperature accelerates methane emissions from the Zoige wetland on the Tibetan Plateau without changing methanogenic community composition[J]. Scientific Reports, 2015, 5: 11616.

[98] Bodmer P, Wilkinson J, Lorke A. Sediment properties drive spatial variability of potential methane production and oxidation in small streams[J]. Journal of Geophysical Research: Biogeosciences, 2020, 125(1): e2019JG005213.

[99] Tan D, Li Q G, Wang S L, et al. Diel variation of CH_4 emission fluxes in a small artificial lake: toward more accurate methods of observation[J]. Science of the Total Environment, 2021, 784: 147146.

[100] Maher D T, Cowley K, Santos I R, et al. Methane and carbon dioxide dynamics in a subtropical estuary over a diel cycle: insights from automated in situ radioactive and stable isotope measurements[J]. Marine Chemistry, 2015, 168: 69-79.

[101] Crawford J T, Stanley E H, Spawn S A, et al. Ebullitive methane emissions from oxygenated wetland streams[J]. Global Change Biology, 2014, 20(11): 3408-3422.

[102] Reddy K R, Rai R K, Green S J, et al. Effect of temperature on methane oxidation and community composition in landfill cover soil[J]. Journal of Industrial Microbiology and Biotechnology, 2019, 46(9-10): 1283-1295.

[103] Valentine D L. Biogeochemistry and microbial ecology of methane oxidation in anoxic environments: a review[J]. Antonie Van Leeuwenhoek, 2002, 81(1-4): 271-282.

[104] 赵小杰, 赵同谦, 郑华, 等. 水库温室气体排放及其影响因素[J]. 环境科学, 2008, 29(8): 2377-2384.

[105] Yang P, Yang H, Sardans J, et al. Large spatial variations in diffusive CH_4 fluxes from a subtropical coastal reservoir affected by sewage discharge in Southeast China[J]. Environmental Science & Technology, 2020, 54(22): 14192-14203.

[106] DelSontro T, Boutet L, St-Pierre A, et al. Methane ebullition and diffusion from northern ponds and lakes regulated by the interaction between temperature and system productivity[J]. Limnology and Oceanography, 2016, 61(S1): S62-S77.

[107] Long L H, Ji D B, Yang Z Y, et al. Tributary oscillations generated by diurnal discharge regulation in Three Gorges Reservoir[J]. Environmental Research Letters, 2020, 15(8): 084011.

第8章 水体 CH₄ 氧化消耗研究

湖泊、水库等淡水水体中富含有机物的沉积物所产生的 CH_4 会通过沉积物-水界面不断地向上扩散到水体中，并最终通过水-气界面进入大气[1]。而沉积物和水柱中微生物（如甲烷氧化菌等）所介导的 CH_4 被氧化消耗，会减少最终排放到大气中的 CH_4 的量（30%～99%）[2]，对水体 CH_4 排放起着十分重要的作用[3]。甲烷氧化菌广泛存在于大多数海洋和淡水等有氧环境中的氧化性沉积物和水体中，根据系统发育位置、碳同化途径和细胞内膜的排列方式，好氧甲烷细菌被分为Ⅰ型和Ⅱ型甲烷细菌，它们分别属于 γ-Proteobacteria 纲和 α-Proteobacteria 纲[4]。通常，在丰富的 CH_4 和充足的电子受体（如 O_2、硝酸盐和硫酸盐）供应的条件下，CH_4 氧化率最高[5]，但目前关于氧化是否明显依赖于温度的证据是矛盾的[6]。此外，根据对具有不同初级生产力的湖泊之间的 CH_4 氧化率的少数对比研究发现，水体营养状况也可能影响 CH_4 氧化[7,8]。另外，除了 CH_4 的有氧氧化，CH_4 也可以在无氧条件下被氧化，即在沉积物和缺氧水域中被氧化，特别是在沉积物中，主要由古细菌进行的氧化，从而在减少由沉积物进入水体的 CH_4 通量方面发挥着重要作用[9]。比如，在海洋水生系统的沉积物和水柱中观察到由硫酸盐作为电子受体驱动，并由厌氧甲烷氧化古菌单独或其与硫酸盐还原菌组成的联合体介导的 CH_4 厌氧氧化过程。另外的电子受体（如硝酸盐和亚硝酸盐等）可氧化水生系统沉积物中的 CH_4，但在水柱中目前没有观测到。铁（Fe^{3+}）和锰（Mn^{4+}）作为氧化剂的 CH_4 氧化过程已经在沉积物和水柱中被观察到[3]。

8.1 水体 CH₄ 氧化消耗研究进展

水柱中 CH_4 氧化与众多因素有关，CH_4 是甲烷氧化菌唯一的碳和能量来源[10]，CH_4 浓度越高，甲烷氧化菌生长越旺盛，沉积物中 CH_4 浓度越高，其氧化能力也越强[11,12]。气体在水中的溶解度明显受温度的影响，在大气压恒定的情况下，气体在水中的溶解度随温度的升高而逐渐降低[13]。另外，温度也会影响甲烷氧化菌的活性，温度升高时，甲烷氧化菌的活性显著提高[14]。同时，温度升高也可促进 CH_4 的有氧氧化，主要表现为促进甲烷氧化菌群落结构改变、增强其活性以及提高氧化酶的活性，但这些均建立在 CH_4 充足的条件下。Lofton 等[15]研究认为，当 CH_4 浓度不足时，CH_4 氧化受控于 CH_4 提供的量而与温度无关。此外，光合有效辐射可通过影响温度、植物以及微生物活性间接影响温室气体 CH_4 的地球化学过程而影响其产生与排放，较强的光合有效辐射可促进植物光合作用从而释放 O_2 加速 CH_4 氧化[16]。但相关研究指出，在较高的光照条件下［光照强度超过

$300\mu mol/(m^2 \cdot s)$〕，可见光对甲烷氧化菌的生长和活性具有抑制作用[17]，随着光照强度的增加，深水层中 CH_4 氧化受到越来越多的抑制，即使是最低的光照强度〔$4.1\mu mol/(m^2 \cdot s)$〕也在一定的程度上影响了 CH_4 的氧化。Murase 等[18]在日本琵琶湖研究中发现，当光照强度为 $57\mu mol/(m^2 \cdot s)$ 时，深水层中 CH_4 氧化被完全抑制，同时在黑暗条件下进行培养发现，CH_4 氧化有所增加，从而证实了可见光能够抑制 CH_4 氧化。

目前，国内外研究水体 CH_4 氧化及估算氧化速率的方法主要包括 $^{14}CH_4$ 转化法、稳定同位素法（^{13}C 分馏）、^3H 示踪剂法、多次顶空平衡法及添加 CH_4 氧化抑制剂法等。其中，$^{14}CH_4$ 转化法即将 ^{14}C 标记的 CH_4 加入瓶中，测量转化为 $^{14}CO_2$ 或 ^{14}C 标记的生物质量[19]。稳定同位素法[20]即向培养水体中加入 $^{13}C\text{-}CH_4$，$^{13}C\text{-}CH_4$ 以及天然无标记的 CH_4 以相同的速率转化为 $^{13}CO_2$ 和 $^{13}C\text{-}DIC$ 等，通过检测反应前后 $^{13}C\text{-}CH_4$ 含量的变化来计算 CH_4 的好氧氧化速率。^3H 示踪剂法[21]即向培养水体中加入 $^3H\text{-}CH_4$，在培养过程中 $^3H\text{-}CH_4$ 以及天然无标记的 CH_4 会以相同的速率转化为 ^3H_2O，通过检测氧化产物中 $^3H\text{-}CH_4$ 示踪剂的含量来计算 CH_4 氧化速率[22]。多次顶空平衡法即在普通顶空平衡法的基础上，取相等的时间间隔分步对样品瓶中顶空气体多次提取测定[23]。添加 CH_4 氧化抑制剂法即在对样品做添加与不添加 CH_4 氧化抑制剂条件下培养，定期抽取气体采用气相色谱仪分析，通过培养期内抑制剂添加前后 CH_4 排放通量浓度差求得消耗速率，主要的抑制剂有 CH_2F_2、CH_3F、2-溴乙烷磺酸钠、乙烯、乙炔等，其中 CH_2F_2 和 CH_3F 运用广。此外，也有人测定水体 $\delta^{13}C\text{-}CH_4$ 来表征 CH_4 氧化程度[24,25]，在微生物过程中，会发生同位素分级分离，因为生物会优先使用较轻的同位素。因此，在 CH_4 氧化过程中，细菌会优先使用 $^{12}C\text{-}CH_4$，剩余的 CH_4 会富含 ^{13}C，但其具体途径仍难以捉摸[26]。并且，上述方法在抽取气体时可能存在气密性差、耗时长、经济性差、人员操作不熟练引起的系统误差等问题。

8.2 水体 CH_4 氧化消耗影响因素及实例分析

8.2.1 影响因素

水体中溶解的 CH_4 在上升的过程中既可以发生有氧氧化，也能够在硫酸盐等的还原作用下发生厌氧氧化[27]。在湖泊、水库等淡水水体中，以有氧氧化为主，以下就湖泊、水库等淡水水体中 CH_4 氧化与众多因素的关系进行简要说明。

1. CH_4 浓度、温度

CH_4 是甲烷氧化菌唯一的碳和能量来源[10]，CH_4 浓度越高，甲烷氧化菌生长越旺盛，Matoušü 等[22]在德国易北河河口（Elbe estuary）运用 $^3H\text{-}CH_4$ 法测定了上河口和下河口的 CH_4 消耗速率，中值分别为 416nmol/L 和 40nmol/L，结果表明 CH_4 的氧化速率受 CH_4 浓度的显著影响（$R^2=0.54$）。温度会影响甲烷氧化菌的活性，温度升高时，甲烷氧化菌的活性显著提高[28]。同时，温度升高也可促进 CH_4 的需氧氧化，主要表现为促进甲烷氧化菌

群落结构改变、增强其活性以及提高氧化酶的活性，但这些均建立在 CH_4 充足的条件下，例如，Lofton 等[15]研究了温度对北极阿拉斯加湖泊 CH_4 动态的影响，研究认为，底物饱和的 CH_4 氧化速率对培养温度的升高呈正响应；徐轶群等[29]也使用 ^3H-CH_4 法研究了温度对德意志湾 CH_4 氧化速率的影响，结果表明它们之间呈正相关关系。

2. O_2 浓度、电子受体

有氧 CH_4 氧化主要依赖于湖中 CH_4 和 O_2 浓度，在冬季，好氧 CH_4 氧化主要受溶解氧浓度控制，而在夏季则主要受 CH_4 浓度控制，CH_4 浓度与溶解氧相比较为稀缺。通常在有氧/缺氧分界面存在更高的 CH_4 氧化率，在这个界面 CH_4 和 O_2 都存在[30-32]。在厌氧环境中，与厌氧氧化相关的电子受体（NO_3^-、NO_2^-、Fe^{3+}、SO_4^{2-}）浓度也是影响甲烷菌分布的重要因素[33]。

3. 光照强度

相关研究提出，甲烷氧化菌活性受到光抑制作用。例如，随着光照强度的增加，甲烷氧化菌生长受到越来越强的抑制，并且当光照强度超过 $150\mu mol/(m^2 \cdot s)$ 时，会极大地抑制甲烷营养菌的生长和活性[17]。此外，Murase 和 Sugimoto[18]在日本中营养湖泊发现，在光照强度为 $4.1 \sim 57\mu mol/(m^2 \cdot s)$ 时，湖下层中 CH_4 氧化会受到抑制，这种抑制作用即使是在最低的光照强度[$4.1\mu mol/(m^2 \cdot s)$]下也会发生；当强度到达 $12\mu mol/(m^2 \cdot s)$ 时，CH_4 氧化会被完全抑制；而在黑暗中 CH_4 浓度迅速下降。

4. 营养盐

有人研究过在土壤中 NH_4^+ 对 CH_4 通量的影响，例如，Li 等[34]模拟了氨氮（NH_4^+）沉积对 CH_4 吸收和 N_2O 排放的影响，结果表明，高浓度的 $(NH_4)_2SO_4$[$20kg$ N/($hm^2 \cdot a$)]显著增加土壤 NO_3^--N 浓度，CH_4 吸收率平均降低 20.01%。Yang 等[35]研究了中国北方温带落叶林土壤 CH_4 通量对受激氮沉降的响应，结果表明，高水平[$150kg$ N/($hm^2 \cdot a$)]的 $NaNO_3$、$(NH_4)_2SO_4$ 及 NH_4NO_3 均显著降低了 CH_4 的吸收量，不同氮素形态对抑制 CH_4 通量的影响大小顺序为 $(NH_4)_2SO_4 > NH_4NO_3 > NaNO_3$。有研究发现，甲烷氧化菌受到水环境中 NH_4^+ 的抑制[36]，NH_4^+ 浓度高的水体能明显地抑制 CH_4 氧化，从而增加 CH_4 的释放。Bosse 等[37]对沿海地区沉积物的研究显示，当沉积物孔隙水中 NH_4^+ 浓度小于 $4mmol/L$ 时，对 CH_4 氧化几乎没有影响；当 NH_4^+ 浓度为 $4 \sim 10mmol/L$ 时，CH_4 氧化速率降低 30%；当 NH_4^+ 浓度大于 $20mmol/L$ 时，则 CH_4 的氧化完全被抑制。然而，在土壤和荒地中的研究发现，NH_4^+ 浓度与 CH_4 氧化具有正相关关系，这取决于土壤性质以及养分的可利用性等[38]。但也有研究表明，铵盐会抑制 CH_4 氧化，例如，Murase 对日本中营养湖泊的研究表明，氨氮对湖下层 CH_4 氧化有显著的抑制作用[18]。此外，Grinsven 等[39]发现，甲烷菌能够以硝酸盐为末端电子受体进行氧化，高浓度硝氮（NO_3^-）的刺激能够提高 CH_4 氧化速率。

8.2.2 实例分析

1. 研究对象

研究对象为梅子垭水库和三峡水库香溪河库湾，具体内容详见第 7.2.2 小节。

2. 研究方法

1）水体 CH_4 氧化速率测定方法

采用自主研发的快速监测水体溶解痕量气体浓度的装置结合温室气体分析仪测定水体 CH_4 氧化速率。该方法与常用的平衡方法的主要区别在于，该装置不用使水气完全达到平衡。通过吹扫气体的部分平衡，此装置可以方便地测量水体溶解气体浓度。而且，它可以在水体中长期使用，不存在堵塞和生物污染问题，且具有快速、有效、连续等特性。测定装置如图 8-1 所示，包括水-气混合系统和水-气分离系统两部分，水-气混合系统包括混合室，混合室为容积为 3mL 的透明塑料容器，可以方便地观察混合室内的工作状态，混合室与进水管和混合管连接，进水管对水样进行输送，氮气瓶通过进气管与混合室连接，混合室内设有与进气管连接的曝气装置，在本例中，曝气装置为曝气石，曝气装置也可以用铺设在混合室内的曝气管以及设置在曝气管上的曝气喷头代替，进水管上设有第一输送泵，第一输送泵为蠕动泵，其流量设置为 500mL/min。水-气分离系统包括分离室，分离室顶部连接混合管和排气管，分离室底部连接排水管，排水管上设有第二输送泵，排气管与气体检测仪连接，气体检测仪型号为 Picarro 2301。具体使用时，打开第一输送泵，其流量为 500mL/min，将水样输送至混合室内，同时，打开氮气瓶上的阀门，将气体流量设置为 1L/min，将氮气充入混合室内与水样进行混合，通过曝气装置曝气后，氮气与水样充分混合、交换，水样中待测气体与顶空之间达到动态平衡；混合室内水样经过混合后

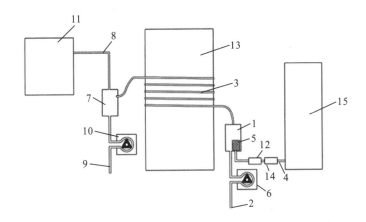

图 8-1 水体溶解 CH_4 浓度测定装置示意图

注：1.混合室；2.进水管；3.混合管；4.进气管；5.曝气装置；6.第一输送泵；7.分离室；8.排气管；9.排水管；10.第二输送泵；
11.气体检测仪；12.调压阀；13.支架；14.气体流量控制器；15.氮气瓶。

通过混合管排入分离室中，开启第二输送泵，第二输送泵的流量为 500mL/min，水样和水溶性气体(例如，CO_2、CH_4、N_2O 等)分离，分离后的气体通过排气管进入气体检测仪进行检测，分离后的水样通过排水管排出。采用上述装置测定袋中水体溶解 CH_4 浓度，通过拟合浓度与时间的变化得出水体 CH_4 氧化速率。

2)水体 CH_4 氧化速率培养实验

(1)水体不同溶解 CH_4 浓度。将水样通过自吸泵抽至数个不同气袋中，向每个气袋中注入不同量的纯 CH_4，开启所有气袋中的气泵与曝气石，使得每个气袋上方气相 CH_4 与下方水体 CH_4 不断交换。等待约 12h，水-气平衡后，分装至多个 10L 透明水袋中，水袋中的气泡排出后放置于恒温箱中。设置相同的温度条件(10℃)，遮光培养 24h，待水体中菌落稳定后每隔 12h 测定不同水袋中 CH_4 浓度。按照上述方法依次在其他不同的温度下(15℃、20℃ 及 25℃)培养及测定 CH_4 浓度。

(2)水体不同温度。将水样通过自吸泵抽至数个不同气袋中，向每个气袋中注入一定量的纯 CH_4，开启气袋中的气泵与曝气石，使得气袋上方气相 CH_4 与下方水体 CH_4 不断交换。等待约 12h，水-气平衡后，分装至多个 10L 透明水袋中，水袋中的气泡排出后放置于恒温箱中。在 5~30℃ 内设置不同的温度条件，遮光培养 24h，待水体中菌落稳定后每隔约 12h 测定水袋中 CH_4 浓度。

(3)不同光照。将水样通过自吸泵抽至数个不同气袋中，向每个气袋中注入一定量的纯 CH_4，开启气袋中的气泵与曝气石，使得气袋上方气相 CH_4 与下方水体 CH_4 不断交换。等待约 12h，水-气平衡后，分装至多个 10L 透明水袋中，水袋中的气泡排出后放置于恒温箱中。设置相同的温度条件(约为 20℃)，其中一个水袋为遮光培养，而恒温箱中则放置不同光照强度的灯(光照强度约为 369lx、1430lx、6100lx 及 11420lx)，培养 24h，待水体中菌落稳定后每隔约 12h 测定水袋中 CH_4 浓度。

(4)不同 NH_4^+ 浓度。将水样通过自吸泵抽至数个不同气袋中，向每个气袋中注入一定量的纯 CH_4。同时向不同气袋中注入不同浓度的 NH_4^+ 溶液(浓度为 0~22mg/L)，开启气袋中的气泵与曝气石，使得气袋上方气相 CH_4 与下方水体 CH_4 不断交换。等待约 12h，水-气平衡后，分装至多个 10L 透明水袋中，水袋中的气泡排出后放置于恒温箱中。设置相同的温度条件遮光培养 24h(约为 15℃)，待水体中菌落稳定后每隔约 12h 测定水袋中 CH_4 浓度。

(5)不同 NO_3^- 浓度。将水样通过自吸泵抽至数个不同气袋中，向每个气袋中注入一定量的纯 CH_4。同时向不同气袋中注入不同浓度的 NO_3^- 溶液(浓度范围为 0~4.5mg/L)，开启气袋中的气泵与曝气石，使得气袋上方气相 CH_4 与下方水体 CH_4 不断交换。等待约 12h，水-气平衡后，分装至多个 10L 透明水袋中，水袋中的气泡排出后放置于恒温箱中。设置相同的温度条件遮光培养 24h(约为 20℃)，待水体中菌落稳定后每隔约 12h 测定水袋中 CH_4 浓度。

(6)不同碳源种类。水样通过自吸泵抽至 4 个不同气袋中，其中一个气袋注入一定量的 CH_4，其他气袋则分别注入相近碳源浓度的葡萄糖溶液、淀粉溶液及蔗糖溶液。开启气袋中的气泵与曝气石，使得气袋上方气相 CH_4 与下方水体 CH_4 不断交换。等待约

12h，水-气平衡后，分装至多个 10L 透明水袋中，水袋中的气泡排出后放置于恒温箱中。设置相同的温度条件遮光培养 24h（约为 20℃），待水体中菌落稳定后每隔约 12h 测定水袋中 CH_4 浓度。

3）水体溶解 CH_4 浓度计算方法

水体中 CH_4 达到平衡时的顶空浓度 c_g，可以通过装置用吹扫水样气体的浓度 c_{pi} 和水样经过装置吹扫后分离出来的气体浓度 c_{pe} 估算得到[40]：

$$c_g = Kc_{pi} + (1-K)c_{pe} \tag{8-1}$$

式中，K 表示装置校准系数，可通过吹扫已知不同溶存 CH_4 浓度的水样，对装置进行校准得到。

根据亨利定律，水体溶解气体的浓度与该气体的分压成正比，气体在水体中的溶解浓度 c_a 与气相浓度 c_g 之间的关系表示为[41]

$$H^{cc} = c_a / c_g \tag{8-2}$$

理想气体的转换公式为

$$H^{cc} = H^{cp} \times R \times T \tag{8-3}$$

式中，H^{cc} 为无量纲亨利溶解度；H^{cp} 为亨利溶解度，$mol/(m^3 \cdot Pa^3)$；T 为温度，K；R 为气体常数，为 8.314J/(mol·K)；c_a 为水相浓度，$\mu mol/L$；c_g 为气相浓度，$\mu mol/L$。

对水体中 CH_4 达到平衡时的顶空浓度 c_g 通过式（8-1）进行估算后，根据亨利定律 [式（8-2）和式（8-3）] 计算待测水体溶存 CH_4 的浓度 c_a。

4）水体 CH_4 氧化速率计算方法

$$c = Y_0 + Ae^{R_0 t} \tag{8-4}$$

$$V = AR_0 e^{R_0 C} \tag{8-5}$$

式中，c 为浓度，$\mu mol/L$；Y_0、A、R_0 为常数；t 为时间，h；V 为氧化速率，$\mu mol/(L \cdot h)$。

5）水体 DO、TOC、NH_4^+ 及 NO_3^- 测定方法

DO 使用哈希便携式荧光溶氧仪测定（HQd-LDO），该仪器 DO 量程为 0.01～20mg/L，0～200%饱和度，分辨率为 0.01mg/L，温度量程为 0～50℃，温度分辨率为 0.1℃。

TOC 使用总有机碳分析仪测定，该仪器型号为 multi N/C 3100（德国），量程为 0.004～30000.000ppm，分辨率为 0.01mg/L。测定前对水样进行酸化处理（pH=2），使用邻苯二甲酸氢钾配制标准溶液。

NH_4^+ 使用紫外分光光度计测定，使用 0.45μm 针式过滤器对样品进行预处理。测定标准采用《水质 氨氮的测定 纳氏试剂分光光度法》（HJ 535—2009），波长 420mm。

NO_3^- 使用离子色谱仪（盛瀚 CIC-D160，中国）分析测定，使用 SH-AC-3 色谱柱，测试精度为 0.01mg/L，分析误差小于 5%。使用 0.22μm 针式过滤器对样品进行预处理。

6) 水体好氧甲烷氧化菌测定方法

(1) DNA 抽提与 *pmoA* 基因 PCR 扩增。使用 Power Soil DNA kit (Mo Bio Laboratories，Carlsbad，美国) 试剂盒对水体样品进行 DNA 提取，操作步骤按照试剂盒说明手册进行。选取的好氧甲烷氧化菌的 *pmoA* 基因扩增引物为 A189F (5′-GGNGACTGGGACTTCTGG-3′) 和 Mb661R (5′-ACRTAGTGGTAAC-CTTGYA-3′)。PCR 扩增的反应体系见表 8-1。

表 8-1　PCR 扩增反应体系 (20μL)

名称	体积/μL
FastPfu Buffer (5X)	4
dNTPs (2.5mmol/L)	2
Forward Primer (5μmol/L)	0.8
Reverse Primer (5μmol/L)	0.8
FastPfu Polymerase	0.4
BSA	0.2
H_2O	11.8

(2) Illumina 测序分析。将提取的 DNA 送到上海美吉生物医药科技有限公司 (中国上海)，利用标准 Illumina MiSeq 处理平台进行高通量测序，数据分析主要在美吉在线云平台 (www.i-sanger.com) 完成。

3. 研究结果

1) 环境因素对梅子垭水库水体 CH₄ 消耗的影响

(1) 温度对水体 CH₄ 消耗的影响。

5～30℃水体溶解 CH₄ 浓度随时间的变化、CH₄ 氧化速率随溶解 CH₄ 浓度的变化如图 8-2 和图 8-3 所示。5℃溶解 CH₄ 浓度为 0.578～0.616μmol/L，对应的氧化速率为 $2.578×10^{-4}$～$4.898×10^{-4}$μmol/(L·h)。10℃溶解 CH₄ 浓度为 0.416～0.518μmol/L，对应的氧化速率为 $8.102×10^{-4}$～$8.114×10^{-4}$μmol/(L·h)。15℃溶解 CH₄ 浓度为 0.170～0.505μmol/L，对应的氧化速率为 0.002～0.003μmol/(L·h)。17.5℃溶解 CH₄ 浓度为 0.066～1.675μmol/L，对应的氧化速率为 0.012～0.017μmol/(L·h)。20℃溶解 CH₄ 浓度为 0.117～0.370μmol/L，对应的氧化速率为 $8.287×10^{-4}$～0.004μmol/(L·h)。22.5℃溶解 CH₄ 浓度为 0.049～0.555μmol/L，对应的氧化速率为 0.003～0.006μmol/(L·h)。25℃溶解 CH₄ 浓度为 0.314～0.597μmol/L，对应的氧化速率为 0.0035～0.0036μmol/(L·h)。30℃溶解 CH₄ 浓度为 0.524～0.820μmol/L，对应的氧化速率为 0.0023～0.0024μmol/(L·h)。相比于其他区域，梅子垭水库氧化速率处于中等水平 (表 8-2)。

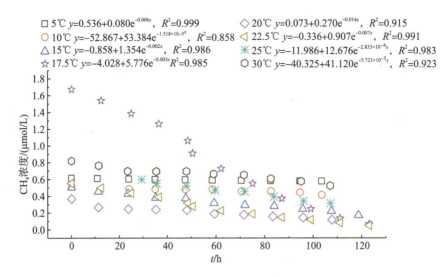

图 8-2　不同温度下溶解 CH_4 浓度随时间的变化

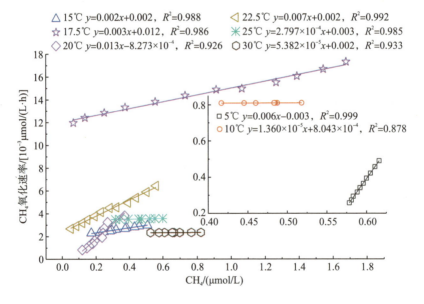

图 8-3　不同温度下 CH_4 氧化速率随溶解 CH_4 浓度的变化

表 8-2　不同研究区 CH_4 氧化速率对比

研究区域	水温/℃	溶解 CH_4 浓度/(nmol/L)	CH_4 氧化速率/[nmol/(L·d)]
基伍湖(非洲)	23±2	$19×10^3 \sim 50×10^3$	$43 \sim 890$
野尻湖(日本)	8	66	977.39
胶州湾(中国)	15	10.2	104.7
ELARP 池塘(加拿大)	18		$1.8×10^5$

续表

研究区域	水温/℃	溶解 CH₄ 浓度/(nmol/L)	CH₄ 氧化速率/[nmol/(L·d)]
ELARP 池塘(加拿大)	30		1.2×10^6
霞浦湖(日本)	4.6～27.6	80～410	$7.2 \sim 1.1 \times 10^3$
圣乔治湖(加拿大)	10	2.03×10^3	72.00±18
兰讷斯湾(BW)(丹麦)	7.8	125	2.3
兰讷斯湾(FW)(丹麦)	7.8	347	15.2
哈德逊河(美国)	26	48～938	18～115
Petit-Saut 水库(法国)	30	162.5×10^3	4.125×10^5
马塔诺湖(印度尼西亚)	13		$0.36 \sim 11.7 \times 10^4$
本书	5～30	48.7～1670	6.187～415.2

上述所有温度下溶解 CH₄ 浓度均随时间呈指数型减小，CH₄ 氧化速率与 CH₄ 浓度呈线性正相关关系。不同温度不同溶解 CH₄ 浓度下的氧化速率对比见表 8-3(溶解 CH₄ 浓度低于 0.5μmol/L，5℃时，CH₄ 氧化速率为负，故选取溶解 CH₄ 浓度为 0.5～0.8μmol/L 进行比较)，由于 17.5℃初始 CH₄ 浓度是其他温度下 CH₄ 浓度的近 3 倍多，相比于温度的影响，初始 CH₄ 浓度可能占主导作用，因此 17.5℃水体 CH₄ 氧化速率明显高于其他温度。Loften 等[15]提出一种特定的底物-温度相互作用，即只有 CH₄ 饱和时，CH₄ 氧化速率才会受温度影响。在本书研究中，所有温度下的初始 CH₄ 浓度均为饱和状态，而随着浓度的提高，温度影响也越来越大。除 17.5℃以外，在初始 CH₄ 浓度相近的条件下(均值约为 0.52μmol/L)，对其他温度下的氧化速率取对数得到温度与 CH₄ 氧化速率之间的关系如图 8-4 所示。当温度低于 20℃时，温度越高，氧化速率越大；而超过 20℃时，则呈相反趋势。可能是由于在一定温度范围内，温度升高会增强甲烷氧化菌的新陈代谢，从而提高活性，进而加强对底物的利用[42]；但温度过高则对菌落活性表现为抑制作用，故 20～22.5℃ 可能为甲烷氧化菌活性最强的温度条件。Whalen 和 Reeburgh[43]在一个北方泥炭沼泽中确定 CH₄ 氧化的最佳温度为 23℃。

表 8-3　不同温度下 CH₄ 氧化速率对比　　　　　[单位：μmol/(L·h)]

溶解 CH₄ 浓度/(μmol/L)	水温/℃							
	5	10	15	17.5	20	22.5	25	30
0.5	4.80×10^{-5}	8.11×10^{-4}	0.003	0.0135	0.0058	0.006	0.0035	0.0023
0.6	4.20×10^{-4}	8.12×10^{-4}	0.0032	0.0138	0.0071	0.0067	0.0036	0.0023
0.7	1.04×10^{-3}	8.14×10^{-4}	0.0034	0.0141	0.0084	0.0074	0.0036	0.0023
0.8	1.66×10^{-3}	8.15×10^{-4}	0.0037	0.0144	0.0097	0.0081	0.0036	0.0023

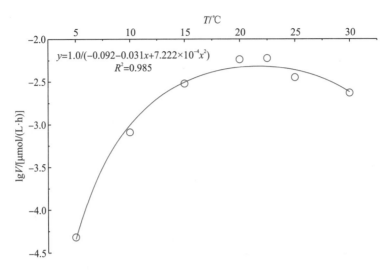

图 8-4 温度与 CH_4 氧化速率的关系

注：V 表示 CH_4 氧化速率，余同。

(2) 不同初始 CH_4 浓度条件下的水体 CH_4 消耗速率。

在 10℃、15℃、20℃和 25℃条件下，分别测定不同初始 CH_4 浓度的水体 CH_4 氧化速率，结果如图 8-5～图 8-8 所示。图 8-5～图 8-8 中 (a) 图为相应温度下溶解 CH_4 浓度随时间的变化，(b) 图和 (c) 图为对应温度下不同初始 CH_4 浓度时 CH_4 氧化速率随溶解 CH_4 浓度的变化。10℃下 CH_4 浓度变化为 0.416～1.920μmol/L，对应的氧化速率为 $8.092×10^{-4}$～0.005μmol/(L·h) (图 8-5)。15℃下 CH_4 浓度变化为 0.170～1.258μmol/L，对应的氧化速率为 0.002～0.004μmol/(L·h) (图 8-6)。20℃下 CH_4 浓度变化为 0.117～1.985μmol/L，对应的氧化速率为 $8.287×10^{-4}$～0.013μmol/(L·h) (图 8-7)。25℃下 CH_4 浓度变化为 0.151～0.597μmol/L，对应的氧化速率为 $4.730×10^{-4}$～0.004μmol/(L·h) (图 8-8)。

在上述温度条件下，CH_4 浓度随时间呈指数型减小，而随着 CH_4 浓度的升高，氧化速率均随之增大，二者具有显著相关性 (表 8-4)，故 CH_4 浓度对氧化速率表现为促进作用。CH_4 氧化是一阶反应，取决于底物浓度，CH_4 氧化速率与 CH_4 浓度存在正相关关系[42]。CH_4 浓度和可利用性是影响代谢过程的关键因素之一。甲烷氧化菌可以利用 CH_4 作为唯一碳源和能源，CH_4 浓度升高，促进甲烷氧化菌种群的增长，从而进一步提高 CH_4 氧化率[10]。有研究发现，在较高的 CH_4 浓度下，温度对 CH_4 氧化速率的影响似乎比在较低 CH_4 浓度下更为明显[12]。本书研究中除 10℃以外，其他温度条件下，初始 CH_4 浓度较高时，CH_4 氧化速率受其影响较小。Lofton 等[15]在北极浅水湖泊也发现了类似结果，在 20℃时对水体进行动力学试验，结果表明，随着 CH_4 浓度的增大，CH_4 氧化速率增加程度逐步减小。Barbosa 等[42]在研究巴西的河流时也发现氧化速率与 CH_4 浓度呈线性正相关。10℃时 CH_4 氧化速率受高 CH_4 浓度影响较为显著，有研究表明，底物饱和的 CH_4 氧化速率受底物和温度的相互作用控制，可能是因为此时甲烷氧化菌活性较低，而浓度占主导作用，相较于温度影响更大。

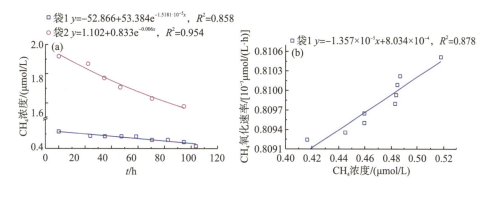

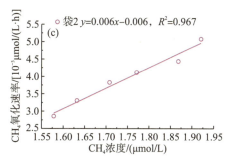

图 8-5　10℃时 CH₄ 浓度、CH₄ 氧化速率变化

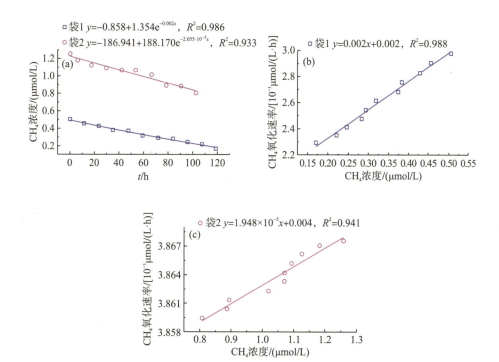

图 8-6　15℃时 CH₄ 浓度、CH₄ 氧化速率变化

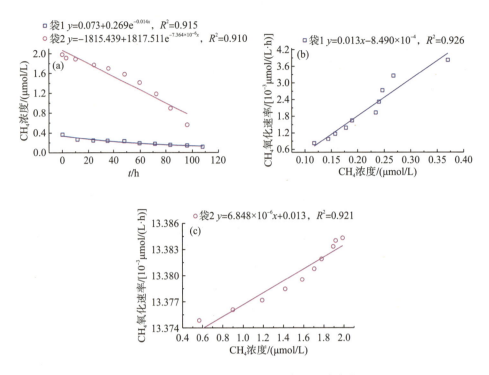

图 8-7　20℃时 CH_4 浓度、CH_4 氧化速率变化

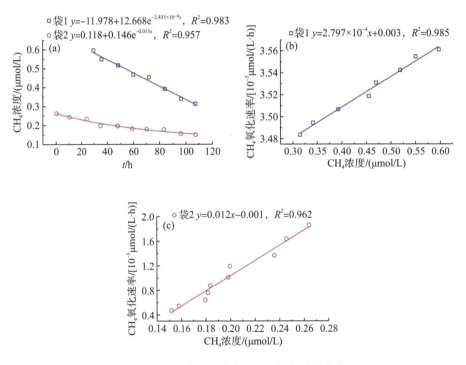

图 8-8　25℃时 CH_4 浓度、CH_4 氧化速率变化

表 8-4　CH₄ 氧化速率与水体溶解 CH₄ 浓度皮尔逊相关系数

	不同水温下相关系数			
	10℃	15℃	20℃	25℃
较低浓度	0.945**	0.995**	0.966**	0.983**
较高浓度	0.986**	0.974**	0.964**	0.994**

注：**表示相关性在 0.01 水平显著(双尾)。

(3)不同光照条件下的水体 CH₄ 消耗速率。

不同光照强度下的水体溶解 CH₄ 浓度随时间的变化、CH₄ 氧化速率随溶解 CH₄ 浓度的变化如图 8-9 和图 8-10 所示。遮光条件下，溶解 CH₄ 浓度为 0.154~0.271μmol/L，对应的 CH₄ 氧化速率为 $5.388×10^{-4}$~$1.856×10^{-3}$μmol/(L·h)。光照强度为 396lx 时，溶解 CH₄ 浓度为 0.133~0.246μmol/L，对应的 CH₄ 氧化速率为 $6.555×10^{-4}$~$1.664×10^{-3}$μmol/(L·h)。光照强度为 1430lx 时，溶解 CH₄ 浓度为 0.179~0.273μmol/L，对应的 CH₄ 氧化速率为 $3.869×10^{-4}$~$1.462×10^{-3}$μmol/(L·h)。光照强度为 6100lx 时，溶解 CH₄ 浓度为 0.429~0.477μmol/L，对应的 CH₄ 氧化速率为 $3.970×10^{-4}$~$8.616×10^{-4}$μmol/(L·h)。光照强度为 11420lx 时，溶解 CH₄ 浓度为 0.241~0.281μmol/L，对应的水体 CH₄ 氧化速率为 $5.322×10^{-4}$~$7.708×10^{-4}$μmol/(L·h)。

在上述所有光照强度下，溶解 CH₄ 浓度均随时间呈指数型减小，CH₄ 氧化速率与 CH₄ 浓度呈线性正相关关系。不同光照相同溶解 CH₄ 浓度下的氧化速率对比见表 8-5。当初始水体溶解 CH₄ 浓度较为接近(为 0.28μmol/L)，光照强度为 396lx 时，光照对 CH₄ 氧化速率表现为微弱的促进作用，而后随着光照强度增大，水体 CH₄ 氧化速率呈减小的趋势。在初始 CH₄ 浓度为 0.28μmol/L 时，对不同光照条件下的氧化速率取对数得到光照强度与 CH₄ 氧化速率关系如图 8-11 所示。整体上光照强度对水体 CH₄ 氧化速率表现为抑制作用，光照强度最大时，抑制率可达 58.21%。其中 6100lx 时的初始 CH₄ 浓度远高于其他光照强度，故未将其纳入比较。随着光照强度的增加，甲烷氧化菌生长受到越来越强的抑制，当光照强度超过 150μmol/(m²·s)(约为 11850lx)时，会极大地抑制甲烷营养菌的生长和活性，而在 2μmol/(m²·s)(约为 158lx)时，没有明显的抑制现象[17]。可见，光是控制 CH₄ 氧化的一个重要因素。图 8-12 为不同光照条件下对应的 DO 浓度变化，其中 396lx 由于仪器问题未进行监测。遮光条件下 DO 浓度随时间逐渐降低，而有光条件下(光照强度为 1430lx、6100lx 及 11420lx)，DO 浓度随时间逐渐升高，均为过饱和，表明此时存在光合作用，且光照强度越大，产氧速率越大。虽然 DO 是好氧 CH₄ 氧化必需的反应物，但浓度过高会影响甲烷氧化菌的活性从而降低氧化速率，故 DO 是水中 CH₄ 氧化的潜在抑制因素[44]。本书研究也表明，在遮光条件下，CH₄ 氧化速率与 DO 呈正相关，而在有光条件下则相反(表 8-6)。

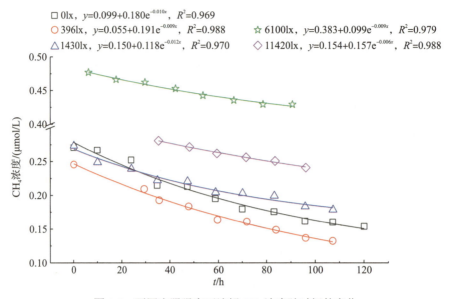

□ 0lx，$y=0.099+0.180e^{-0.010x}$，$R^2=0.969$
○ 396lx，$y=0.055+0.191e^{-0.009x}$，$R^2=0.988$　　☆ 6100lx，$y=0.383+0.099e^{-0.009x}$，$R^2=0.979$
△ 1430lx，$y=0.150+0.118e^{-0.012x}$，$R^2=0.970$　　◇ 11420lx，$y=0.154+0.157e^{-0.006x}$，$R^2=0.988$

图 8-9　不同光照强度下溶解 CH_4 浓度随时间的变化

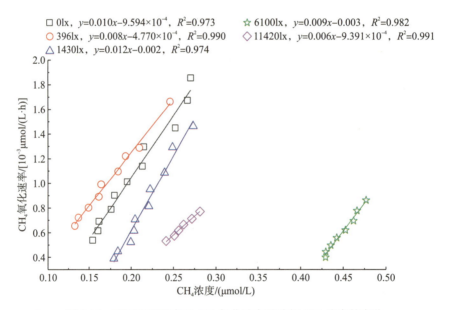

□ 0lx，$y=0.010x-9.594×10^{-4}$，$R^2=0.973$　　☆ 6100lx，$y=0.009x-0.003$，$R^2=0.982$
○ 396lx，$y=0.008x-4.770×10^{-4}$，$R^2=0.990$　　◇ 11420lx，$y=0.006x-9.391×10^{-4}$，$R^2=0.991$
△ 1430lx，$y=0.012x-0.002$，$R^2=0.974$

图 8-10　不同光照强度下 CH_4 氧化速率随溶解 CH_4 浓度的变化

表 8-5　不同光照强度下 CH_4 氧化速率对比

溶解 CH_4 浓度 /($\mu mol/L$)	不同光照强度下氧化速率对比/[$\mu mol/(L \cdot h)$]				
	0lx	396lx	1430lx	6100lx	11420lx
0.18	$8.41×10^{-4}$	$1.09×10^{-3}$	$3.78×10^{-4}$	—	$1.59×10^{-4}$
0.28	$1.84×10^{-3}$	$1.96×10^{-3}$	$1.59×10^{-3}$	—	$7.69×10^{-4}$
0.38	$2.84×10^{-3}$	$2.83×10^{-3}$	$2.80×10^{-3}$	—	$1.38×10^{-3}$
0.48	$3.84×10^{-3}$	$3.70×10^{-3}$	$4.01×10^{-3}$	$8.2×10^{-4}$	$1.99×10^{-3}$

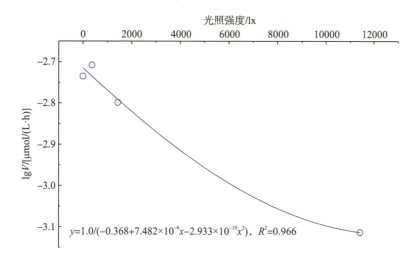

图 8-11　光照强度与 CH₄ 氧化速率的关系

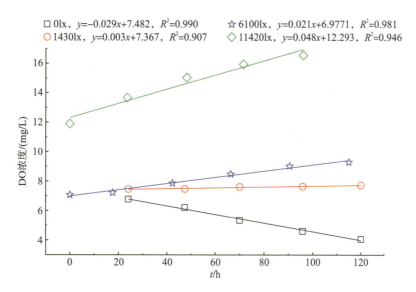

图 8-12　不同光照强度下的水体溶解氧浓度变化

表 8-6　CH₄ 氧化速率与水体 DO 浓度皮尔逊相关系数

	不同光照强度下相关系数			
	0lx	1430lx	6100lx	11420lx
DO	0.991**	−0.967*	−0.950*	−0.999*

注：**表示相关性在 0.01 水平显著(双尾)；*表示相关性在 0.05 水平显著(双尾)。

(4)不同碳源种类条件下的水体 CH₄ 消耗速率。

不同碳源种类下的水体溶解 CH₄ 浓度随时间的变化及水体 CH₄ 氧化速率随溶解 CH₄ 浓度的变化分别如图 8-13 和图 8-14 所示。其中 1#水袋中添加的碳源类型为葡萄糖，溶解 CH₄

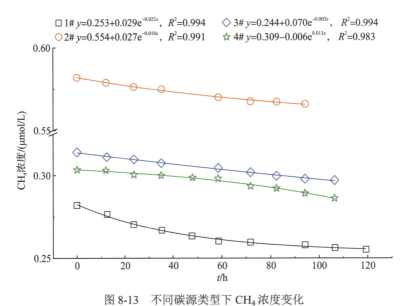

图 8-13　不同碳源类型下 CH_4 浓度变化

注：1#为葡萄糖；2#为蔗糖；3#为原水体，添加一定浓度 CH_4；4#为可溶性淀粉。余同。

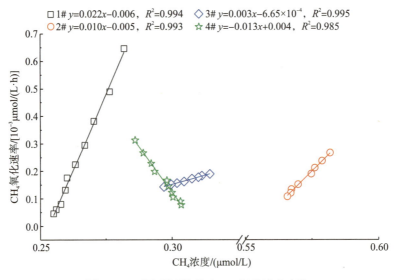

图 8-14　不同碳源类型下 CH_4 氧化速率变化

浓度为 $0.255 \sim 0.282 \mu mol/L$，对应的 CH_4 氧化速率为 $4.565 \times 10^{-5} \sim 6.460 \times 10^{-4} \mu mol/(L \cdot h)$。2#水袋添加的碳源类型为蔗糖，溶解 CH_4 浓度为 $0.566 \sim 0.582 \mu mol/L$，对应的 CH_4 氧化速率为 $1.065 \times 10^{-4} \sim 2.658 \times 10^{-4} \mu mol/(L \cdot h)$。3#水袋为原水体，注射了一定浓度的 CH_4，溶解 CH_4 浓度为 $0.297 \sim 0.314 \mu mol/L$，对应的 CH_4 氧化速率为 $1.414 \times 10^{-4} \sim 1.885 \times 10^{-4} \mu mol/(L \cdot h)$。4#水袋中添加的碳源类型为可溶性淀粉，溶解 CH_4 浓度为 $0.286 \sim 0.303 \mu mol/L$，对应的 CH_4 氧化速率为 $7.581 \times 10^{-5} \sim 3.117 \times 10^{-4} \mu mol/(L \cdot h)$。整个氧化过程中，各水袋中溶解氧浓度均随时间呈下降趋势［图 8-15(b)］，添加碳源的水体中溶解氧浓度变化较快，最大值为 8.23mg/L，最小值为 1.16mg/L；而原水体溶解氧变化较小，最大值为 9.41mg/L，最小值为

8.47mg/L，平均值为 8.96mg/L。TOC 浓度随时间变化如图 8-15（a）所示，1#和 2#水袋中 TOC 含量较高，均在 80mg/L 以上，3#和 4#水袋含量均小于 5mg/L（表 8-7）。

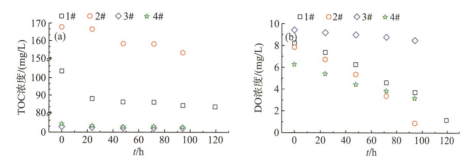

图 8-15　不同碳源类型下 DO、TOC 随时间变化

表 8-7　不同碳源 TOC 浓度

指标	葡萄糖	蔗糖	原水体	可溶性淀粉
最大值/(mg/L)	103.8	167.8	3.11	4.6
最小值/(mg/L)	83.4	153.2	2.29	2.76
平均值/(mg/L)	88.56	160.8	2.54	3.41
标准偏差/(mg/L)	6.97	5.52	0.31	0.65
变异系数/%	7.87	5.14	12.14	19.04

在上述所有碳源条件下，溶解 CH$_4$ 浓度随时间呈指数型降低。其中除可溶性淀粉外，其余水体 CH$_4$ 氧化速率随 CH$_4$ 浓度降低而减小，且氧化速率与溶解氧呈显著性正相关（表 8-8）。添加葡萄糖的水体 CH$_4$ 氧化速率对 DO 和 TOC 浓度的响应最为敏感，其次是可溶性淀粉和蔗糖。葡萄糖的添加促进了 CH$_4$ 氧化。魏聪和刘国生[45]对土壤中甲烷氧化菌利用碳源性能及生理特性进行研究，结果表明，该菌能够利用葡萄糖、蔗糖，当利用这两种糖类作碳源时，菌落生长滞后期很短，直接进入了对数期。而当 CH$_4$ 作为碳源时，菌落生长滞后期较长，两天后才进入对数生长期。在本书研究结果中，甲烷氧化菌对四种碳源类型的利用性大小顺序，为葡萄糖＞蔗糖＞CH$_4$＞淀粉，添加葡萄糖和蔗糖的水体 CH$_4$ 氧化速率与 TOC 呈显著正相关（表 8-8）。添加可溶性淀粉水体前期 CH$_4$ 浓度变化较为缓慢，而后期 CH$_4$ 氧化速率加快，在整个氧化过程中，氧化速率与 DO、TOC 浓度呈负相关，可能是由于甲烷氧化菌进入对数期较为缓慢。不同碳源条件下群落相对丰度如图 8-16 和图 8-17 所示，A1 与 A5、A2 与 A11、A3 与 A7、A4 与 A9 对应的碳源类型分别为淀粉、葡萄糖、CH$_4$、蔗糖，其中 A1～A4 为各水袋 CH$_4$ 浓度开始测定时的群落相对丰度，A5～A11 为结束时的群落相对丰度。纲水平上，α 变形菌丰度最高，其属于好氧甲烷氧化菌Ⅱ型[46]，相对丰度均大于 90%。属水平上，*Methylocystis* 相对丰度较高，均在 80%以上，其次是 unclassified_f_Methylocystaceae。在法属圭亚那的小苏特水库也观察到了Ⅱ型甲烷氧化菌占据主要 CH$_4$ 氧化活动的现象[47]。碳源加入水体培养 2 天后，各水袋

CH_4 浓度才开始测定，发现 α 变形菌相对丰度大小顺序为蔗糖＞葡萄糖＞CH_4＞淀粉，而测定结束时，淀粉和原水体 α 变形菌相对丰度均有所增加，葡萄糖、蔗糖则相反，这也表明了前期甲烷氧化菌对葡萄糖、蔗糖的利用性高。

表 8-8　CH_4 氧化速率与 DO、TOC 皮尔逊相关系数

指标	葡萄糖	蔗糖	原水体	可溶性淀粉
DO	0.879*	0.954*	0.996**	−0.967**
TOC	0.935**	0.953*	0.947	−0.822

注：**表示相关性在 0.01 水平显著（双尾）；*表示相关性在 0.05 水平显著（双尾）。

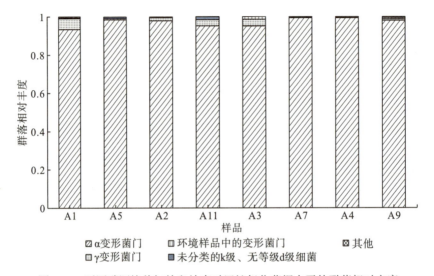

图 8-16　不同碳源培养初始和结束时甲烷氧化菌纲水平的群落相对丰度

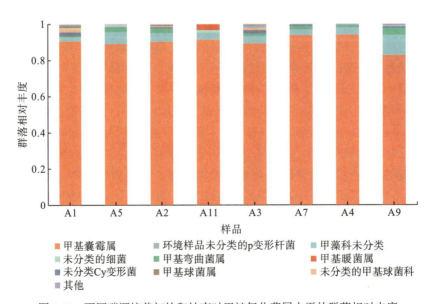

图 8-17　不同碳源培养初始和结束时甲烷氧化菌属水平的群落相对丰度

（5）不同 NO_3^- 浓度条件下的水体 CH₄ 消耗速率。

不同 NO_3^- 浓度下的水体溶解 CH₄ 浓度随时间的变化、CH₄ 氧化速率随溶解 CH₄ 浓度的变化及 NO_3^- 浓度随时间的变化分别如图 8-18、图 8-19、图 8-20（a）所示。1#~6#水袋中 NO_3^- 浓度依次递增。其中 1#水袋为未额外添加 NO_3^- 溶液的原水体，NO_3^- 浓度为 1.80mg/L，平均值为 1.82mg/L，溶解 CH₄ 浓度为 0.016~0.054μmol/L，对应的 CH₄ 氧化速率为 1.377×10^{-4}~8.64×10^{-4}μmol/(L·h)。2#水袋添加的初始 NO_3^- 浓度为 2.22mg/L，平均值为 2.26mg/L，溶解 CH₄ 浓度为 0.008~0.030μmol/L，对应的 CH₄ 氧化速率为 6.853×10^{-5}~5.643×10^{-4}μmol/(L·h)。3#水袋添加的初始 NO_3^- 浓度为 2.71mg/L，平均值为 2.75mg/L，溶解 CH₄ 浓度为 0.009~0.034μmol/L，对应的 CH₄ 氧化速率为 8.599×10^{-5}~7.308×10^{-4}μmol/(L·h)。4#水袋添加的初始 NO_3^- 浓度为 2.90mg/L，平均值为 2.98mg/L，溶解 CH₄ 浓度为 0.008~0.074μmol/L，对应的 CH₄ 氧化速率为 1.377×10^{-4}~2.118×10^{-3}μmol/(L·h)。5#水袋添加的初始 NO_3^- 浓度为 3.84mg/L，平均值为 3.82mg/L，溶解 CH₄ 浓度为 0.010~0.096μmol/L，对应的 CH₄ 氧化速率为 1.712×10^{-4}~2.665×10^{-3}μmol/(L·h)。6#水袋添加的初始 NO_3^- 浓度为 4.34mg/L，平均值为 4.38mg/L，溶解 CH₄ 浓度为 0.012~0.086μmol/L，对应的 CH₄ 氧化速率为 1.771×10^{-4}~2.121×10^{-3}μmol/(L·h)。此外，整个实验过程中所有水袋中 NO_3^- 浓度变化均不显著（表 8-9），标准偏差小于或等于 0.06，变异系数均在 3%以内。氧化期间，各水袋中的溶解氧浓度也均呈下降趋势［图 8-20（b）］，4#水袋中溶解氧为 9.58~9.94mg/L，平均值为 9.70mg/L；1#水袋中溶解氧为 8.63~9.10mg/L，平均值为 8.86mg/L；其他水袋中溶解氧为 10.02~10.46mg/L。

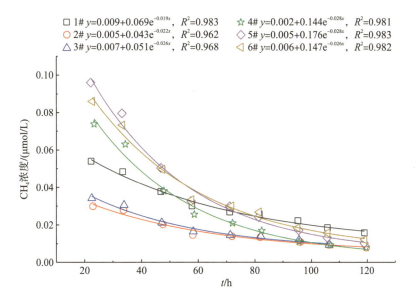

图 8-18　不同 NO_3^- 浓度下溶解 CH₄ 浓度随时间的变化

注：1#NO_3^- 浓度为 1.80mg/L；2#NO_3^- 浓度为 2.22mg/L；3#NO_3^- 浓度为 2.71mg/L；4#NO_3^- 浓度为 2.90mg/L；5#NO_3^- 浓度为 3.84mg/L；6#NO_3^- 浓度为 4.34mg/L。余同。

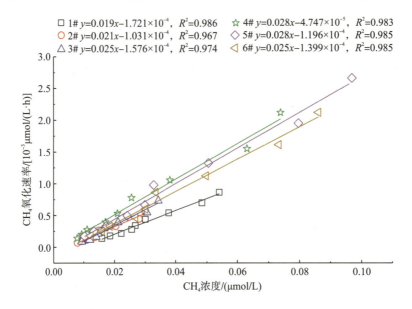

图 8-19　不同 NO_3^- 浓度下 CH_4 氧化速率随溶解 CH_4 浓度的变化

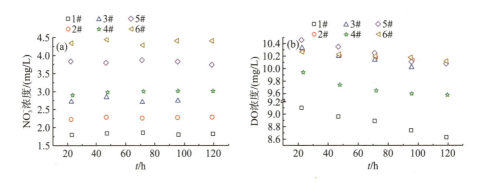

图 8-20　各水袋中 NO_3^-、DO 随时间的变化

表 8-9　不同水袋 NO_3^- 浓度变化

指标	1#	2#	3#	4#	5#	6#
最大值/(mg/L)	1.85	2.28	2.84	3.01	3.87	4.44
最小值/(mg/L)	1.8	2.22	2.71	2.9	3.74	4.28
平均值/(mg/L)	1.82	2.26	2.75	2.98	3.82	4.38
标准偏差/(mg/L)	0.02	0.03	0.06	0.05	0.05	0.06
变异系数/%	1.35	1.12	2.23	1.59	1.28	1.42

　　所有水袋中，溶解 CH_4 浓度均随时间呈指数型减小，CH_4 氧化速率与 CH_4 浓度呈线性正相关关系。溶解氧浓度也随时间下降，CH_4 氧化速率与溶解氧浓度呈显著性相关（P <0.05）。当初始 NO_3^- 浓度在 1.80～2.90mg/L 时，CH_4 氧化速率均随 NO_3^- 浓度升高而增大，二者呈正相关关系；当初始添加 NO_3^- 浓度超过 2.90mg/L 时，则相反（表 8-10）。相对于原

始水体，提高 NO_3^- 浓度整体表现为促进作用，只是当浓度过高（>2.90mg/L）时，这种促进作用减弱（图 8-21）。

表 8-10　不同 NO_3^- 浓度条件下 CH₄ 氧化速率对比

溶解 CH₄ 浓度 /(μmol/L)	不同 NO_3^- 浓度下 CH₄ 氧化速率对比/[μmol/(L·h)]					
	1.80mg/L	2.22mg/L	2.71mg/L	2.90mg/L	3.84mg/L	4.34mg/L
0.03	$3.92×10^{-4}$	$5.33×10^{-4}$	$5.92×10^{-4}$	$7.93×10^{-4}$	$7.20×10^{-4}$	$6.25×10^{-4}$
0.05	$7.68×10^{-4}$	$9.57×10^{-4}$	$1.09×10^{-3}$	$1.35×10^{-3}$	$1.28×10^{-3}$	$1.14×10^{-3}$
0.07	$1.14×10^{-3}$	$1.38×10^{-3}$	$1.59×10^{-3}$	$1.91×10^{-3}$	$1.84×10^{-3}$	$1.65×10^{-3}$
0.09	$1.52×10^{-3}$	$1.81×10^{-3}$	$2.09×10^{-3}$	$2.47×10^{-3}$	$2.40×10^{-3}$	$2.16×10^{-3}$
0.10	$1.71×10^{-3}$	$2.02×10^{-3}$	$2.34×10^{-3}$	$2.75×10^{-3}$	$2.68×10^{-3}$	$2.41×10^{-3}$

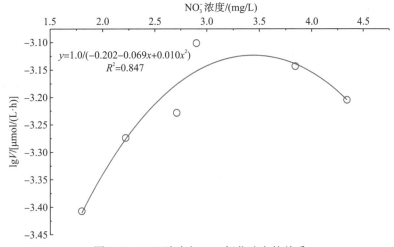

图 8-21　NO_3^- 浓度与 CH₄ 氧化速率的关系

$$y=1.0/(-0.202-0.069x+0.010x^2)$$
$$R^2=0.847$$

不同 NO_3^- 浓度下纲水平上的群落相对丰度如图 8-22 所示，图 8-22(a)、图 8-22(b)分别代表了各水袋 CH₄ 浓度开始测定和结束时的情况。A1 与 A7、A2 与 A8、A3 与 A9、A4 与 A10、A5 与 A11、A6 与 A12 对应上述 1#、2#、3#、4#、5#、6#水袋。水体中甲烷营养菌以好氧甲烷氧化菌为主[46]，各水袋开始测定时 II 型的 α 变形菌丰度较高（50.25%～81.54%），I 型的 γ 变形菌丰度较低（1.13%～7.93%）。而测定结束时 α 变形菌和 γ 变形菌的丰度分别为 30.58%～75.95%和 20.07%～60.23%。原水体 α 变形菌丰度无明显变化，而添加了 NO_3^- 的其他水袋中 α 变形菌丰度均下降。各水袋中 γ 变形菌丰度均升高，其中原水体丰度增幅最小。Yang 等[48]研究了不同 NH_4^+ 剂量对土壤表层中好氧甲烷氧化菌群落组成分布，发现 II／I 型甲烷氧化菌的比例受铵态氮剂量显著影响，NH_4^+ 对 I 型甲烷氧化菌生长有促进作用，会抑制 II 型甲烷氧化菌。NO_3^- 的施加可能也通过影响甲烷氧化菌类型的相对比例从而间接影响 CH₄ 氧化速率。van Grinsven 等[39]在缺氧湖泊中发现，甲烷菌能够以硝酸盐为末端电子受体进行缺氧氧化，当 CH₄ 浓度饱和时，高浓度（10 倍自然浓度，74～146μmol/L）NO_3^- 的刺激能够提高 CH₄ 氧化速率。也有研究表明温跃层的 CH₄ 氧化不受无机氮的限制，而湖下层无机氮对 CH_4 氧化表现出显著的抑制性[18]。在本书研究中，NO_3^- 浓度可能是 CH_4 氧化的潜在控制因素，提高 NO_3^- 浓度对低浓度 CH_4 氧化和高浓度 CH_4 氧化均有促进作用。只是当 NO_3^- 浓度高于 2.90mg/L 时，这种促进作用减弱。氮在整个氧化过程中充当了营养物质，被甲烷营养菌所利用，甲烷营养菌具有相对高的氮需求，同化 1mol C 需要吸收 0.25mol N[49]。有研究发现，冬季和夏季所有厌氧 CH_4 氧化速率的峰值会伴随有 NO_3^- 还原的峰值，而秋季只出现过一次，表明 CH_4 氧化与 NO_3^- 还原存在耦合作用[24]。在本书研究中，NO_3^- 浓度未发生明显变化，DO 含量较高，饱和度为 75%～111%，未发生反硝化作用。

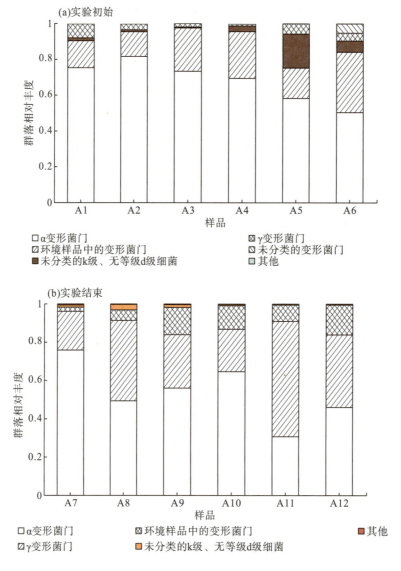

图 8-22　不同 NO_3^- 浓度培养实验初始和结束时的甲烷氧化菌纲水平群落相对丰度

注：A1：1.80mg/L；A2：2.22mg/L；A3：2.71mg/L；A4：2.90mg/L；A5：3.84mg/L；A6：4.34mg/L；A7：1.80mg/L；A8：2.22mg/L；A9：2.71mg/L；A10：2.90mg/L；A11：3.84mg/L；A12：4.34mg/L。

（6）不同 NH_4^+ 浓度下的水体 CH₄ 氧化速率。

不同 NH_4^+ 浓度下的水体溶解 CH₄ 浓度随时间的变化及 NH_4^+ 浓度随时间的变化分别如图 8-23 和图 8-24（a）所示。其中 1#水袋为原水体，初始 NH_4^+ 浓度为 0.21mg/L，平均值为 0.21mg/L，溶解 CH₄ 浓度为 0.115～0.184μmol/L。2#水袋添加的初始 NH_4^+ 浓度为 4.98mg/L，平均值为 4.74mg/L，溶解 CH₄ 浓度为 0.239～0.265μmol/L。3#水袋添加的初始 NH_4^+ 浓度为 9.63mg/L，平均值为 9.18mg/L，溶解 CH₄ 浓度为 0.262～0.279μmol/L。4#水袋添加的初始 NH_4^+ 浓度为 13.90mg/L，平均值为 13.41mg/L，溶解 CH₄ 浓度为 0.198～0.227μmol/L。5#水袋添加的初始 NH_4^+ 浓度为 17.14mg/L，平均值为 16.64mg/L，溶解 CH₄ 浓度为 0.226～0.259μmol/L。6#水袋添加的初始 NH_4^+ 浓度为 22.65mg/L，平均值为 22.25mg/L，溶解 CH₄ 浓度为 0.221～0.253μmol/L。在整个氧化期间，各水袋中溶解氧浓度随时间呈下降趋势 ［图 8-24（b）］，1#水袋溶解氧浓度最大值为 10.22mg/L，最小值为 8.37mg/L，平均值为 9.69mg/L；2#水袋溶解氧浓度最大值为 9.98mg/L，最小值为 9.18mg/L，平均值为 9.64mg/L；3#水袋溶解氧浓度最大值为 9.74mg/L，最小值为 9.23mg/L，平均值为 9.46mg/L；4#水袋溶解氧浓度最大值为 9.10mg/L，最小值为 8.13mg/L，平均值为 9.01mg/L；5#水袋溶解氧浓度最大值为 9.54mg/L，最小值为 8.15mg/L，平均值为 9.02mg/L；6#水袋溶解氧浓度最大值为 8.86mg/L，最小值为 6.66mg/L，平均值为 7.76mg/L。

原水体 1#水袋中溶解 CH₄ 浓度随时间呈指数型降低，其氧化速率随 CH₄ 浓度降低而减小，速率范围为 $4.533×10^{-4}～8.691×10^{-4}$μmol/(L·h)。额外添加 NH_4^+ 的水体溶解 CH₄ 浓度随时间变化较小（2#～6#），未呈现明显的下降趋势，标准偏差均小于 0.03，变异系数均小于 5%（表 8-11）。所有水袋中 NH_4^+ 浓度变化幅度也较小，标准偏差均小于 0.5，变异系

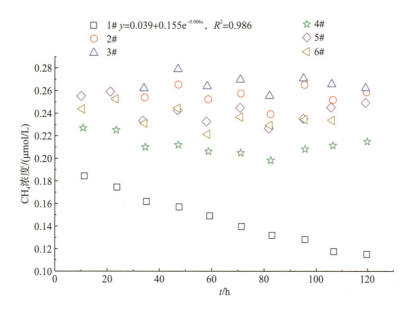

图 8-23　不同 NH_4^+ 浓度下溶解 CH₄ 浓度随时间的变化

注：1#NH_4^+ 浓度为 0.21mg/L；2#NH_4^+ 浓度为 4.98mg/L；3#NH_4^+ 浓度为 9.63mg/L；4#NH_4^+ 浓度为 13.90mg/L；5#NH_4^+ 浓度为 17.14mg/L；6#NH_4^+ 浓度为 22.65mg/L。余同。

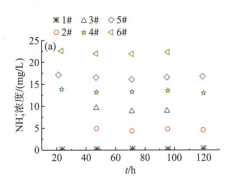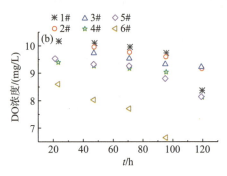

图 8-24　各水袋中 NH_4^+、DO 随时间的变化

数均小于 5.20%（表 8-12）。NH_4^+ 的施加对好氧 CH_4 氧化的影响存在很大的争议。有研究显示，向氧饱和的湖水中添加 NH_4^+ 会刺激 CH_4 氧化[44]，但也有研究表明，NH_4^+ 会抑制 CH_4 氧化，例如，Murase 等对日本中营养湖泊的研究表明，NH_4^+ 对湖下层 CH_4 氧化有显著的抑制性[18]。在本书研究中，相比未添加 NH_4^+ 的水体，添加 NH_4^+ 的水体 CH_4 浓度几乎没什么变化，可能是由于 NH_4^+ 对 CH_4 氧化表现出抑制性。有研究发现，添加少量 NH_4^+ 会促进 CH_4 氧化，而大量添加 NH_4^+ 会产生抑制作用[50]。添加 NH_4^+ 还会改变 CH_4 营养细菌群落组成的变化[49]。Bender 和 Conrad[51] 及 De Visscher 等[52]认为，CH_4 氧化需要氮源，但观察到的是氮源对 CH_4 氧化具有限制作用而不是刺激作用，随着 CH_4 浓度的增加，抑制作用加强。NH_4^+ 能够被催化 CH_4 氧化第一步反应的 CH_4 单加氧酶氧化，NH_4^+ 可能通过简单的酶底物竞争抑制 CH_4 氧化[53]。

表 8-11　不同水袋溶解 CH_4 浓度变化

指标	1#	2#	3#	4#	5#	6#
最大值/(μmol/L)	0.184	0.265	0.279	0.227	0.259	0.253
最小值/(μmol/L)	0.115	0.239	0.262	0.198	0.226	0.221
平均值/(μmol/L)	0.146	0.256	0.266	0.212	0.243	0.236
标准偏差/(μmol/L)	0.023	0.008	0.007	0.009	0.011	0.009
变异系数/%	16.00	3.29	2.65	4.15	4.31	3.97

表 8-12　不同水袋 NH_4^+ 浓度变化

指标	1#	2#	3#	4#	5#	6#
最大值/(mg/L)	0.22	4.98	9.63	13.9	17.14	22.65
最小值/(mg/L)	0.21	4.43	8.88	13.04	16.11	21.95
平均值/(mg/L)	0.21	4.74	9.18	13.41	16.64	22.25
标准偏差/(mg/L)	0	0.24	0.4	0.34	0.38	0.32
变异系数/%	2.10	5.14	4.38	2.56	2.26	1.42

2) CH$_4$ 消耗过程中的同位素富集

为了更好地理解 CH$_4$ 氧化机制, 稳定同位素分析是一个有价值的工具。在 CH$_4$ 氧化过程中, 相比于 ^{13}CH$_4$, ^{12}CH$_4$ 会被优先消耗, 因此剩余的 CH$_4$ 发生同位素富集[54]。溶解 CH$_4$ 浓度的强烈下降对应着 δ^{13}C-CH$_4$ 的正向变化[55]。溶解 CH$_4$ 的稳定碳同位素值既能反映产甲烷菌用于生产 CH$_4$ 的底物, 也能反映水柱中未氧化残留 CH$_4$ 的比例[56]。我们研究了不同温度、不同光照强度、不同 NO$_3^-$ 浓度下 CH$_4$ 稳定同位素组成变化, 具体如下。

(1) 温度对稳定碳同位素富集效应的影响。

在 10~30℃时, δ^{13}C-CH$_4$ 变化如图 8-25 所示。10℃时, 同位素为-40.60‰~-35.03‰; 15℃时, 同位素为-28.37‰~7.64‰; 17.5℃时, 同位素为-30.88‰~73.73‰; 20℃时, 同位素为-8.13‰~54.52‰; 22.5℃时, 同位素为-23.57‰~56.27‰; 25℃时, 同位素为-20.51‰~1.34‰; 30℃时, 同位素为-38.50‰~-30.84‰。上述所有温度条件下, 同位素占比随时间逐渐增大, 表现为富集作用。δ^{13}C-CH$_4$ 占比与 CH$_4$ 氧化比例之间有正相关关系 ($R^2 > 0.8$)(图 8-26)。Kankaala 等[57]研究芬兰南部的一个小型湖泊也发现了类似的现象, 二者的关系可能表明早期甲烷氧化菌生长不受 CH$_4$ 限制。在 10~20℃, 相同氧化量时, 随着温度的升高, 同位素富集越快; 而当温度大于 20℃时, 则呈相反趋势, 表明 20℃左右时富集速率最大。这与 8.2.2 小节中 CH$_4$ 最大氧化速率发生在 20~22.5℃相吻合。在一定温度范围内, 温度升高会增强甲烷氧化菌的新陈代谢和提高活性, 进而加强其对底物的利用[42], CH$_4$ 氧化速率得以提高, δ^{13}C-CH$_4$ 富集速率得以加快。

(2) 光照对稳定碳同位素富集效应的影响。

光照强度为 0lx、396lx、1430lx 的 δ^{13}C-CH$_4$ 变化如图 8-27 所示。光照强度 0lx 时, 同位素为-8.64‰~14.36‰; 光照强度 396lx 时, 同位素为-9.05‰~25.11‰; 光照强度 1430lx 时, 同位素为-4.95‰~9.42‰。同位素占比均随时间逐渐增大, 表现为富集作用。δ^{13}C-CH$_4$ 与 CH$_4$ 氧化比例之间有正相关关系 ($R^2 > 0.9$)(图 8-28), 这与 Kankaala 等[57]的研

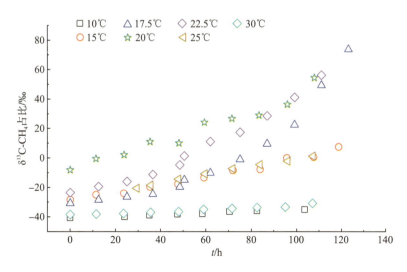

图 8-25　不同温度下 δ^{13}C-CH$_4$ 占比随时间变化

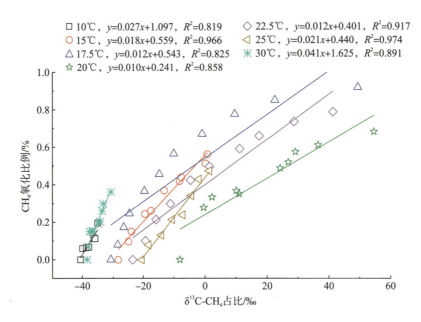

图 8-26　不同温度下 δ^{13}C-CH$_4$ 占比与 CH$_4$ 氧化比例的关系

究结果一致。相同氧化量时，同位素富集速率大小顺序为 396lx＞0lx＞1430lx。而 8.2.2 小节中相同初始 CH$_4$ 浓度时，氧化速率也呈现相同的趋势，表明了氧化速率越大，δ^{13}C-CH$_4$ 富集也越快。相关性分析显示，遮光条件下，δ^{13}C-CH$_4$ 与溶解氧浓度呈负相关关系（R^2=0.984，$P＜0.05$），而 1430lx 则呈现正相关关系（R^2=0.926，$P＜0.05$）。光照强度可能通过影响溶解氧浓度从而间接影响富集速率。

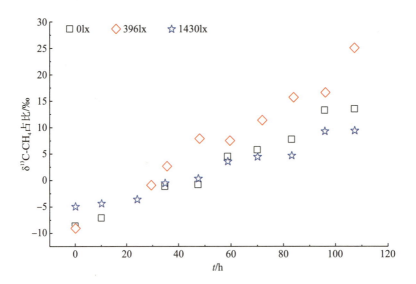

图 8-27　不同光照强度下 δ^{13}C-CH$_4$ 占比随时间变化

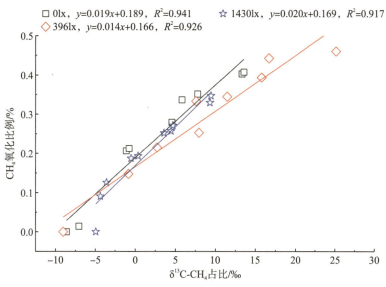

图 8-28 不同光照强度下 $\delta^{13}C$-CH₄ 占比与 CH₄ 氧化比例的关系

(3) NO_3^- 浓度对稳定碳同位素富集效应的影响。

不同 NO_3^- 浓度下 $\delta^{13}C$-CH₄ 占比变化如图 8-29 所示，1#～6#对应的初始 NO_3^- 浓度分别为 1.80mg/L（原水体）、2.22mg/L、2.71mg/L、2.90mg/L、3.84mg/L 及 4.34mg/L。其中 1#水袋同位素占比为 52.57‰～231.12‰，2#水袋同位素占比为 78.62‰～388.79‰，3#水袋同位素占比为 81.53‰～336.88‰，4#水袋同位素占比为 28.00‰～429.95‰，5#水袋同位素占比为-13.16‰～319.13‰，6#水袋同位素占比为 14.64‰～265.54‰。同位素占比均随时间逐渐增大，表现为富集作用。当 CH₄ 氧化比例较小时，$\delta^{13}C$-CH₄ 随 CH₄ 氧化比例增大而增大（图 8-30）。当 CH₄ 氧化比例小于 80%时，NO_3^- 浓度大的水体 $\delta^{13}C$-CH₄ 富集越快。这与 8.2.2 小节中提高 NO_3^- 浓度促进 CH₄ 氧化速率相一致，表明氧化速率越大，$\delta^{13}C$-CH₄ 富集越快。

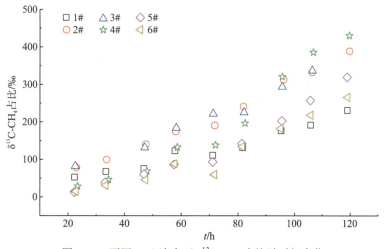

图 8-29 不同 NO_3^- 浓度下 $\delta^{13}C$-CH₄ 占比随时间变化

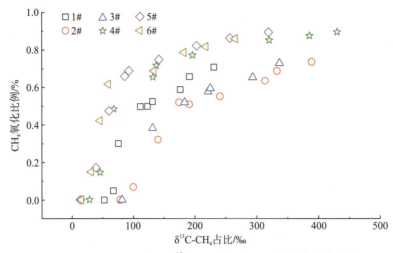

图 8-30　不同 NO_3^- 浓度下 $\delta^{13}C\text{-}CH_4$ 占比与 CH_4 氧化比例的关系

3) 香溪河库湾水体 CH_4 氧化速率

(1) 正常水位运行期水体 CH_4 氧化速率。

正常水位运行期不同温度和浓度条件下，水体 CH_4 消耗速率见图 8-31。根据香溪河水体溶解 CH_4 浓度分布特征，分别调配高溶解浓度和低浓度水体代表底层水体和中上层水体进行培养。低浓度时，10℃和 15℃条件下水体 CH_4 氧化速率为 $1.5\times10^{-3}\sim2.2\times10^{-3}\mu mol/(L\cdot d)$；高浓度时，在 10℃、15℃、20℃条件下，水体 CH_4 氧化速率则分别是 $6.9\times10^{-3}\mu mol/(L\cdot d)$、$10.9\times10^{-3}\mu mol/(L\cdot d)$ 和 $17.7\times10^{-3}\mu mol/(L\cdot d)$。低浓度时，随着温度上升，水体 CH_4 消耗速率呈现出小幅度上升的趋势；而在高浓度时，随着温度上升，水体 CH_4 消耗速率的增长趋势要高于低浓度，说明高浓度水体的 CH_4 消耗速率比低浓度水体有更高的温度敏感性。对正常水位运行期不同温度的水体 CH_4 消耗速率计算平均值，再以该时期库湾内高浓度水体和低浓度水体的体积进行加权，得到在该时期水体 CH_4 平均消耗速率为 $1.9\times10^{-3}\mu mol/(L\cdot d)$。

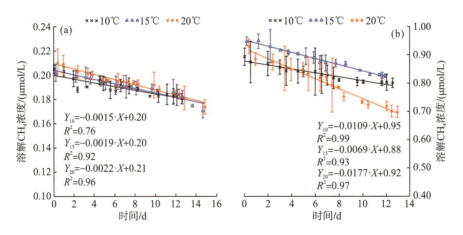

图 8-31　正常水位运行期水体 CH_4 消耗速率

注：图中斜率的绝对值即为水体中 CH_4 的消耗速率，下同。

(2)泄水期水体 CH_4 氧化速率。

泄水期不同温度和浓度条件下水体 CH_4 消耗速率如图 8-32 所示。低浓度时，15℃和20℃条件下，水体 CH_4 氧化速率是 $5.1×10^{-3}μmol/(L·d)$ 和 $4.6×10^{-3}μmol/(L·d)$；高浓度时，15℃和20℃条件下，水体 CH_4 消耗速率则是 $6.53×10^{-2}μmol/(L·d)$ 和 $9.16×10^{-2}μmol/(L·d)$。在浓度相对较低时，水体 CH_4 消耗速率随温度升高略有降低；而在高浓度水体中表现出 CH_4 氧化速率随温度上升，对 CH_4 消耗速率的影响更大。泄水期的水体平均 CH_4 消耗速率为 $1.75×10^{-2}μmol/(L·d)$。

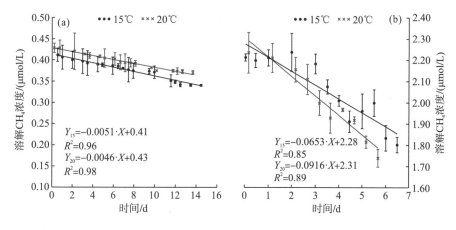

图 8-32　泄水期水体 CH_4 消耗速率

(3)汛期水体 CH_4 氧化速率。

汛期不同温度和浓度条件下水体 CH_4 消耗速率如图8-33所示。在低浓度时，20℃和25℃条件下，水体 CH_4 氧化速率是 $1.1×10^{-3}μmol/(L·d)$ 和 $1.6×10^{-3}μmol/(L·d)$；在中等浓度时，25℃和20℃条件下，水体 CH_4 消耗速率则是 $9.7×10^{-3}μmol/(L·d)$ 和 $6.7×10^{-3}μmol/(L·d)$；在高浓度时，25℃和 20℃条件下，水体 CH_4 消耗速率分别是 $9.12×10^{-2}μmol/(L·d)$ 和 $9.97×10^{-2}μmol/(L·d)$。在该时期内，浓度的提升仍然是影响 CH_4 消耗速率的主要因素之一，但当水体浓度为0.54μmol/L 时，温度上升使得水体 CH_4 消耗速率有所下降。汛期的水体平均 CH_4 消耗速率为 $7.7×10^{-3}μmol/(L·d)$。

(4)汛后蓄水期水体 CH_4 氧化速率。

汛后蓄水期不同温度和浓度条件下水体 CH_4 消耗速率如图 8-34 所示。在低浓度时，15℃和20℃条件下，水体 CH_4 氧化速率是 $9×10^{-4}μmol/(L·d)$ 和 $2.7×10^{-3}μmol/(L·d)$；在高浓度时，15℃和 20℃条件下，水体 CH_4 消耗速率则是 $1.13×10^{-2}μmol/(L·d)$ 和 $1.14×10^{-2}μmol/(L·d)$。在该时期内，浓度的提升仍然是影响 CH_4 消耗速率的主要因素之一。而与汛期相似，温度上升使得水体 CH_4 消耗速率与其他时期有所不同，表现为当水体浓度为0.54μmol/L 时，水体 CH_4 消耗速率随温度几乎不变化。汛后蓄水期水体平均 CH_4 消耗速率为 $1.9×10^{-3}μmol/(L·d)$，与正常水位运行期一致。

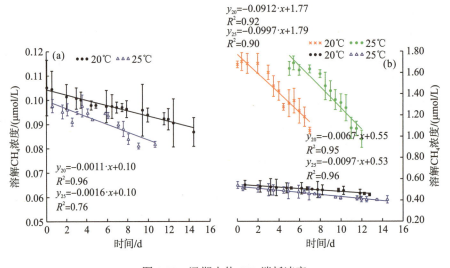

图 8-33　汛期水体 CH_4 消耗速率

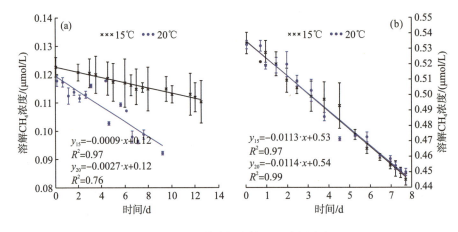

图 8-34　汛后蓄水期水体 CH_4 消耗速率

参 考 文 献

[1] Kelley C. Methane oxidation potential in the water column of two diverse coastal marine sites[J]. Biogeochemistry, 2003, 65(1): 105-120.

[2] Bastviken D, Cole J J, Pace M L, et al. Fates of methane from different lake habitats: connecting whole-lake budgets and CH_4 emissions[J]. Journal of Geophysical Research, 2008, 113(G2): G02024.

[3] Zigah P K, Oswald K, Brand A, et al. Methane oxidation pathways and associated methanotrophic communities in the water column of a tropical lake[J]. Limnology and Oceanography, 2015, 60(2): 553-572.

[4] Bowman J. The Methanotrophs: the Families Methylococcaceae and Methylocystaceae[M]//The Prokaryotes. New York: Springer, 2006: 266-289.

[5] van Grinsven S, Sinninghe Damsté J S, Harrison J, et al. Impact of electron acceptor availability on methane-influenced microorganisms in an enrichment culture obtained from a stratified lake[J]. Frontiers in Microbiology, 2020, 11: 715.

[6] D'Ambrosio S L, Harrison J A. Methanogenesis exceeds CH₄ consumption in eutrophic lake sediments[J]. Limnology and Oceanography Letters, 2021, 6(4): 173-181.

[7] Sepulveda-Jauregui A, Hoyos-Santillan J, Martinez-Cruz K, et al. Eutrophication exacerbates the impact of climate warming on lake methane emission[J]. Science of the Total Environment, 2018, 636: 411-419.

[8] Yang Y Y, Chen J F, Tong T L, et al. Eutrophication influences methanotrophic activity, abundance and community structure in freshwater lakes[J]. Science of the Total Environment, 2019, 662: 863-872.

[9] Krüger M, Treude T, Wolters H, et al. Microbial methane turnover in different marine habitats[J]. Palaeogeography, Palaeoclimatology, Palaeoecology, 2005, 227(1-3): 6-17.

[10] Le Mer J, Roger P. Production, oxidation, emission and consumption of methane by soils: a review[J]. European Journal of Soil Biology, 2001, 37(1): 25-50.

[11] Moore T R, Heyes A, Roulet N T. Methane emissions from wetlands, Southern Hudson Bay lowland[J]. Journal of Geophysical Research: Atmospheres, 1994, 99(D1): 1455-1467.

[12] Duc N T, Crill P, Bastviken D. Implications of temperature and sediment characteristics on methane formation and oxidation in lake sediments[J]. Biogeochemistry, 2010, 100(1/3): 185-196.

[13] 赵小杰, 赵同谦, 郑华, 等. 水库温室气体排放及其影响因素[J]. 环境科学, 2008, 29(8): 2377-2384.

[14] 丁维新, 蔡祖聪. 温度对甲烷产生和氧化的影响[J]. 应用生态学报, 2003, 14(4): 604-608.

[15] Lofton D D, Whalen S C, Hershey A E. Effect of temperature on methane dynamics and evaluation of methane oxidation kinetics in shallow Arctic Alaskan lakes[J]. Hydrobiologia, 2014, 721(1): 209-222.

[16] Natchimuthu S, Panneer Selvam B, Bastviken D. Influence of weather variables on methane and carbon dioxide flux from a shallow pond[J]. Biogeochemistry, 2014, 119(1-3): 403-413.

[17] Dumestre J F, Guézennec J, Galy-Lacaux C, et al. Influence of light intensity on methanotrophic bacterial activity in Petit Saut Reservoir, French Guiana[J]. Applied and Environmental Microbiology, 1999, 65(2): 534-539.

[18] Murase J, Sugimoto A. Inhibitory effect of light on methane oxidation in the pelagic water column of a mesotrophic lake (Lake Biwa, Japan)[J]. Limnology and Oceanography, 2005, 50(4): 1339-1343.

[19] Bédard C, Knowles R. Some properties of methane oxidation in a thermally stratified lake[J]. Canadian Journal of Fisheries and Aquatic Sciences, 1997, 54(7): 1639-1645.

[20] Savvichev A S, Kadnikov V V, Kallistova A Y, et al. Light-dependent methane oxidation is the major process of the methane cycle in the water column of the bol'shie khruslomeny polar lake[J]. Microbiology, 2019, 88(3): 370-374.

[21] Bussmann I, Matousu A, Osudar R, et al. Assessment of the radio ³H-CH₄ tracer technique to measure aerobic methane oxidation in the water column[J]. Limnology and Oceanography: Methods, 2015, 13(6): 312-327.

[22] Matoušü A, Osudar R, Šimek K, et al. Methane distribution and methane oxidation in the water column of the Elbe estuary, Germany[J]. Aquatic Sciences, 2017, 79(3): 443-458.

[23] 杨博道, 吕锋. 顶空平衡法研究现状综述[J]. 化学工程与装备, 2016(7): 206-207.

[24] Roland F A E, Darchambeau F, Morana C, et al. Emission and oxidation of methane in a meromictic, eutrophic and temperate lake (Dendre, Belgium)[J]. Chemosphere, 2017, 168: 756-764.

[25] Cadieux S B, White J R, Sauer P E, et al. Large fractionations of C and H isotopes related to methane oxidation in Arctic lakes[J]. Geochimica Et Cosmochimica Acta, 2016, 187: 141-155.

[26] Tang K W, McGinnis D F, Ionescu D, et al. Methane production in oxic lake waters potentially increases aquatic methane flux to air[J]. Environmental Science & Technology Letters, 2016, 3(6): 227-233.

[27] Blumenberg M, Seifert R, Michaelis W. Aerobic methanotrophy in the oxic–anoxic transition zone of the Black Sea water column[J]. Organic Geochemistry, 2007, 38(1): 84-91.

[28] Xu X F, Elias D A, Graham D E, et al. A microbial functional group-based module for simulating methane production and consumption: application to an incubated permafrost soil[J]. Journal of Geophysical Research Biogeosciences, 2015, 120(7): 1315-1333.

[29] 徐轶群, 熊慧欣, 赵秀兰. 底泥磷的吸附与释放研究进展[J]. 重庆环境科学, 2003, 25(11): 147-149.

[30] Utsumi M, Nojiri Y, Nakamura T, et al. Oxidation of dissolved methane in a eutrophic, shallow lake: Lake Kasumigaura, Japan[J]. Limnology and Oceanography, 1998, 43(3): 471-480.

[31] Utsumi M, Nojiri Y, Nakamura T, et al. Dynamics of dissolved methane and methane oxidation in dimictic Lake Nojiri during winter[J]. Limnology and Oceanography, 1998, 43(1): 10-17.

[32] Schubert C J, Lucas F S, Durisch-Kaiser E, et al. Oxidation and emission of methane in a monomictic lake (Rotsee, Switzerland)[J]. Aquatic Sciences, 2010, 72(4): 455-466.

[33] Achtnich C, Bak F, Conrad R. Competition for electron donors among nitrate reducers, ferric iron reducers, sulfate reducers, and methanogens in anoxic paddy soil[J]. Biology and Fertility of Soils, 1995, 19(1): 65-72.

[34] Li H Y, Liu L, Li M Y, et al. Effects of pH, temperature, dissolved oxygen, and flow rate on phosphorus release processes at the sediment and water interface in storm sewer[J]. Journal of Analytical Methods in Chemistry, 2013(1): 104316.

[35] Yang X T, Wang C M, Xu K. Response of soil CH_4 fluxes to stimulated nitrogen deposition in a temperate deciduous forest in Northern China: a 5-year nitrogen addition experiment[J]. European Journal of Soil Biology, 2017, 82: 43-49.

[36] Conrad R, Rothfuss F. Methane oxidation in the soil surface layer of a flooded rice field and the effect of ammonium[J]. Biology and Fertility of Soils, 1991, 12(1): 28-32.

[37] Bosse U, Frenzel P, Conrad R. Inhibition of methane oxidation by ammonium in the surface layer of a littoral sediment[J]. FEMS Microbiology Ecology, 1993, 13(2): 123-134.

[38] Kruse C W, Iversen N. Effect of plant succession, ploughing, and fertilization on the microbiological oxidation of atmospheric methane in a heathland soil[J]. Fems Microbiology Ecology, 1995, 18(2): 121-128.

[39] van Grinsven S, Sinninghe Damsté J S, Abdala Asbun A, et al. Methane oxidation in anoxic lake water stimulated by nitrate and sulfate addition[J]. Environmental Microbiology, 2020, 22(2): 766-782.

[40] Xiao S B, Liu L, Wang W, et al. A fast-response automated gas equilibrator (FaRAGE) for continuous in situ measurement of CH_4 and CO_2 dissolved in water[J]. Hydrology and Earth System Sciences, 2020, 24(7): 3871-3880.

[41] Sander R. Compilation of Henry's law constants (version 4.0) for water as solvent[J]. Atmospheric Chemistry and Physics, 2015, 15(8): 4399-4981.

[42] Barbosa P M, Farjalla V F, Melack J M, et al. High rates of methane oxidation in an Amazon floodplain lake[J]. Biogeochemistry, 2018, 137(3): 351-365.

[43] Whalen S C, Reeburgh W S. Moisture and temperature sensitivity of CH_4 oxidation in Boreal soils[J]. Soil Biology and Biochemistry, 1996, 28(10-11): 1271-1281.

[44] Rudd J W M, Furutani A, Flett R J, et al. Factors controlling methane oxidation in shield lakes: the role of nitrogen fixation and oxygen concentration1[J]. Limnology and Oceanography, 1976, 21(3): 357-364.

[45] 魏聪, 刘国生. 甲烷氧化菌的筛选与生理特性研究[J]. 安徽农业科学, 2013, 41(7): 2832-2851.

[46] 负娟莉, 王艳芬, 张洪勋. 好氧甲烷氧化菌生态学研究进展[J]. 生态学报, 2013, 33(21): 6774-6785.

[47] Guérin F, Abril G. Significance of pelagic aerobic methane oxidation in the methane and carbon budget of a tropical reservoir[J]. Journal of Geophysical Research: Biogeosciences, 2007, 112(G3): G03006.

[48] Yang N, Lü F, He P, et al. Response of methanotrophs and methane oxidation on ammonium application in landfill soils[J]. Applied Microbiology and Biotechnology, 2011, 92(5): 1073-1082.

[49] Bodelier P L E, Laanbroek H J. Nitrogen as a regulatory factor of methane oxidation in soils and sediments[J]. Fems Microbiology Ecology, 2004, 47(3): 265-277.

[50] Veraart A J, Steenbergh A K, Ho A, et al. Beyond nitrogen: the importance of phosphorus for CH₄ oxidation in soils and sediments[J]. Geoderma, 2015, 259: 337-346.

[51] Bender M, Conrad R. Effect of CH₄ concentrations and soil conditions on the induction of CH₄ oxidation activity[J]. Soil Biology and Biochemistry, 1995, 27(12): 1517-1527.

[52] De Visscher A, Thomas D, Boeckx P, et al. Methane oxidation in simulated landfill cover soil environments[J]. Environmental Science & Technology, 1999, 33(11): 1854-1859.

[53] Gulledge J, Schimel J P. Low-concentration kinetics of atmospheric CH₄ oxidation in soil and mechanism of NH_4^+ inhibition[J]. Applied and Environmental Microbiology, 1998, 64(11): 4291-4298.

[54] Venkiteswaran J J, Schiff S L. Methane oxidation: isotopic enrichment factors in freshwater boreal reservoirs[J]. Applied Geochemistry, 2005, 20(4): 683-690.

[55] Whiticar M J, Faber E. Methane oxidation in sediment and water column environments: isotope evidence[J]. Organic Geochemistry, 1986, 10(4): 759-768.

[56] Whiticar M J. Carbon and hydrogen isotope systematics of bacterial formation and oxidation of methane[J]. Chemical Geology, 1999, 161(1–3): 291-314.

[57] Kankaala P, Taipale S, Nykänen H, et al. Oxidation, efflux, and isotopic fractionation of methane during autumnal turnover in a polyhumic, boreal lake[J]. Journal of Geophysical Research: Biogeosciences, 2007, 112(G2): G02033.

第 9 章　碳通量与水库管理的关系

水库作为人类活动改变土地利用的方式之一，是内陆水域的重要组成部分[1]。当前水库提供了全球 30%～40%的灌溉用水[2]和 16.6%的电力供应[1]。未来，在《巴黎协定》和对清洁能源需求的推动下，水库大坝修建仍将继续，至 2030 年全球河流的破碎化程度将会翻倍，全球将有超过 1000km 的长河流约 2/3 将不再自由流动[3,4]，这使得水库成为河流中营养物质的反应器和储存库，也促进河流中营养物质从溶解到颗粒物形式的转变[5]。我们通常会考虑水库的修建对水质的影响，但缺乏对营养物质循环的评估，对温室气体排放的关注则更少[4,6]。陆地生态系统每年向水生态系统输送 $2.9 \times 10^{15}gC$，其中有 $1.4 \times 10^{15}gC$ 会被重新释放到大气，$0.9 \times 10^{15}gC$ 汇入海洋，有 $0.6 \times 10^{15}gC$ 沉积储存到水库和湖泊沉积物中[7]，这使得水库成为碳循环过程极其强烈的区域之一，其中进入水库中的有机碳，经系列水解、发酵等过程后产生 CO_2 和 CH_4[8]。越来越多的研究证明，水库是温室气体的排放源，其排放量短期内还将因全球更多大坝的修建而快速上升，鉴于此，部分学者质疑水电的清洁能源属性，提出反对水库修建的言论[9-12]。因此，削减水库碳通量至关重要。

水库中的 CO_2 和 CH_4 既可以以产自流域土壤的气体随降雨径流以溶解于水的方式输入，也可以产生于水库内沉积物有机碳的降解过程。来源于外源的 CO_2 和 CH_4 进入水库前后对大气而言无碳排放增量，控制水库碳排放量的关键仍在于降低水库中营养物质的有效负荷。因此，要缩减水库内 CO_2 和 CH_4 的排放，实现水库内营养物质的有效管理相当重要。当前水库管理的目标是实现水资源的高效利用以提高经济效益，水库调度过程主要考虑防洪、发电、供水和航运等综合效益，鲜有考虑水库内营养物质循环问题及其温室气体排放问题。鉴于此，本书基于已有的研究，初步探讨水库管理对水库内温室气体排放的影响。

图 9-1 展示了水库中 CH_4 和 CO_2 与水体碳循环相关的地球化学过程。降低水库碳通量最直接的途径是降低污染物的负荷，减少有机碳的输入，主要途径包括：控制点源和面源污染、降低淹没降解有机碳、控制水库岸线水土流失等。另外，水库排放 CO_2 不额外增加大气负荷，由于 CH_4 对大气的增温效应是 CO_2 的 30 倍左右，单分子的有机碳转变成 CH_4 则大大增加水库的碳排放通量，降低水库 CH_4 的排放量同样关键，例如，水体溶氧水平升高可降低 CH_4 产生、极端水位波动减少可降低 CH_4 冒泡释放并控制消落带 CH_4 排放等。在前人研究的基础上，本书梳理近年来水库采用不同管理方式对水库碳通量释放的影响，旨在为水库管理、降低碳排放提供参考。

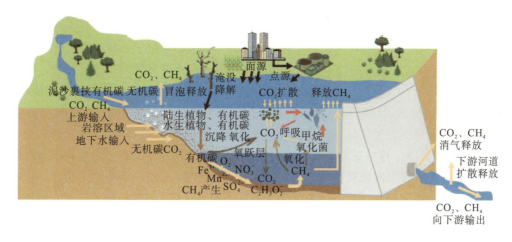

图 9-1 CH_4 和 CO_2 与水体碳循环相关的地球化学过程

9.1 控制点源和面源污染

水库内面源污染主要来源于农业活动，农业活动会强烈影响河网内的碳循环过程，加剧水库内面源营养物富集，潜在地刺激微生物过程并促进 CH_4 和 CO_2 的产生。据统计，在三峡水库中农业面源污染的总磷和总氮占比分别达 91%和 79%，是三峡库区水体富营养化的主要来源。农业活动是影响内陆淡水系统健康的最关键因素，其对水体碳循环的影响受到广泛关注。在一些亚热带农业小流域水体温室气体排放研究中发现，农业活动覆盖率高、氮肥施用量大会极大地促进 CH_4 排放增加。在美国受农业活动影响较大的哈沙水库研究发现，CH_4 和 CO_2 的排放速度高于其他水库，作者认为农业水库中 CH_4 排放是 CH_4 人为排放源的重要组成部分[13,14]。此外，农田中高排放的 CH_4 可以随壤中流或地下水进入水库中，进而提高水库 CH_4 的排放。在我国巢湖流域的研究表明，农业面源污染致使水体是 CH_4 显著排放源，也是区域 CH_4 收支估算不可忽视的组成部分[15]。

水库中点源污染一般来源于城市的工业废水及城市生活污水。根据《城镇污水处理厂污染物排放标准》（GB 18918—2002），污水中 CH_4 浓度不超过 1%。作者在三峡水库溶存 CH_4 浓度分布的研究中发现，每日约 200 万 t 污水排入三峡水库中[16]，重庆市排放的废水（2017 年废水总量为 2007 亿 t）中平均每年有约 2000 万 t 溶解性 CH_4 排入三峡水库再释放到大气中，由点源污染造成的温室气体排放是三峡水库温室气体排放的主要来源。由此可见，控制点源污染对改善水库温室气体排放同样关键。

9.2 减少淹没降解有机碳

充足的有机碳是 CH_4 和 CO_2 产生的必要条件。在当前的全球估计中，不同维度区域的水库的温室气体排放存在显著差异，表现为热带地区水库的碳排放量高于寒带和温带水库，然而，这一规律在我国不适用，其关键原因在于我国的水库管理政策要求在洪水前清除植被和生物群落，这使得与其他国家温室气体排放相比，我国的水库温室气体排放明显较低[1]。例如，在密云水库的调查研究发现，如果在水位上升之前将消落带植物去除，其 CH_4 排放量会降低 50%左右；水位上升后非耐淹植物会快速腐烂分解消耗水体溶解氧量，为 CH_4 的产生提供厌氧环境和充足有机质，会极大地增加 CH_4 排放量[17]。减少淹没降解有机碳对改善消落区温室气体排放尤为重要，这是因为淹没初期植物腐烂会降解大量有机质，可导致水库 CH_4 排放量急剧上升。因此，减少淹没降解有机碳关键是降低淹没量，例如，提前清理水库沿岸或对水库水面进行漂浮物打捞等。另外，部分学者提出，在水库沿岸消落区种植耐淹植物，可降低消落带复淹后的温室气体排放量。除此之外，植物根系还将固定水库两岸岸坡，以防水土流失发生增加水库内污染负荷。

9.3　水库调度改善水体环境

水库内水质恶化是 CH_4 和 CO_2 排放增强的根本原因之一，此前已有学者提出通过水库调度的形式改善水体环境，例如，降低水温分层和减少水华暴发。研究指出，三峡水库自蓄水以来，干流水体没有明显的水温分层现象，在干流中也尚未发现有水体处于低氧状态，而富氧环境下 CH_4 产量与厌氧环境的差别可达 10 倍以上，CH_4 在严格的厌氧环境中生成，富氧环境中电子受体浓度较高，将底物氧化，使得 CH_4 的产生受到抑制[12]。增加水体的垂向掺混使得水库垂向混合更加均匀，底部水体受富氧作用保持高溶解氧浓度，可以减少 CH_4 的产生。在三峡水库的调查研究还发现，支流库湾内水华暴发严重，持续的富营养化使浮游生物群落能够增加光合作用强度，推动水库内生产力向自养作用方向转变，也增加了水库碳封存[1]。但这类被封存的碳往往是沉积物 CH_4 产生的优良基质，会极大地促进 CH_4 产生[18,19]。在太湖的相关研究也发现，蓝藻水华暴发极大地促进了沉积物 CH_4 的产生，沉积物间隙水中 CH_4 浓度是其他区域的 2.5 倍，表层水体 CH_4 浓度差则是 12.7 倍[20]。有学者提出，可以通过水库的"潮汐式"调度来缓解这一问题，"潮汐式"调度是指通过水库短时间内水位抬升和下降实现对生境的适度扰动、增大干支流间的水体交换、破坏库湾水体分层状态等机制，以抑制藻类水华，从而改善水体环境[21]。由此，通过水库调度可改善水体环境，从而实现水库的碳减排。

参 考 文 献

[1] Maavara T, Chen Q W, Van Meter K, et al. River dam impacts on biogeochemical cycling[J]. Nature Reviews Earth & Environment, 2020, 1(2): 103-116.

[2] Yoshikawa S, Cho J, Yamada H G, et al. An assessment of global net irrigation water requirements from various water supply sources to sustain irrigation: rivers and reservoirs (1960-2050)[J]. Hydrology and Earth System Sciences, 2014, 18(10): 4289-4310.

[3] Grill G, Lehner B, Lumsdon A E, et al. An index-based framework for assessing patterns and trends in river fragmentation and flow regulation by global dams at multiple scales[J]. Environmental Research Letters, 2015, 10(1): 015001.

[4] Hermoso V. Freshwater ecosystems could become the biggest losers of the Paris Agreement[J]. Global Change Biology, 2017, 23(9): 3433-3436.

[5] Poff N L, Olden J D, Merritt D M, et al. Homogenization of regional river dynamics by dams and global biodiversity implications[J]. Proceedings of the National Academy of Sciences of the United states of America, 2007, 104(14): 5732-5737.

[6] Grumbine R E, Pandit M K. Ecology threats from India's Himalaya dams[J]. Science, 2013, 339(6115): 36-37.

[7] Tranvik L J, Downing J A, Cotner J B, et al. Lakes and reservoirs as regulators of carbon cycling and climate[J]. Limnology and Oceanography, 2009, 54: 2298-2314.

[8] Bastviken D, Tranvik L J, Downing J A, et al. Freshwater methane emissions offset the continental carbon sink[J]. Science, 2011, 331(6013): 50.

[9] Kirschke S, Bousquet P, Ciais P, et al. Three decades of global methane sources and sinks[J]. Nature Geoscience, 2013, 6(10): 813-823.

[10] Zarfl C, Lumsdon A E, Berlekamp J, et al. A global boom in hydropower dam construction[J]. Aquatic Sciences, 2015, 77(1): 161-170.

[11] Paranaíba J R, Barros N, Mendonça R, et al. Spatially resolved measurements of CO_2 and CH_4 concentration and gas-exchange velocity highly influence carbon-emission estimates of reservoirs[J]. Environmental Science & Technology, 2018, 52(2): 607-615.

[12] Deemer B R, Harrison J A, Li S Y, et al. Greenhouse gas emissions from reservoir water surfaces: a new global synthesis[J]. BioScience, 2016, 66(11): 949-964.

[13] Beaulieu J J, Smolenski R L, Nietch C T, et al. High methane emissions from a midlatitude reservoir draining an agricultural watershed[J]. Environmental Science & Technology, 2014, 48(19): 11100-11108.

[14] Tian L L, Cai Y J, Akiyama H. A review of indirect N_2O emission factors from agricultural nitrogen leaching and runoff to update of the default IPCC values[J]. Environmental Pollution, 2019, 245: 300-306.

[15] 刘臻婧. 典型面源污染小流域水体甲烷溶存浓度及其扩散排放[D]. 南京: 南京信息工程大学, 2022.

[16] Liu J, Xiao S, Wang C, et al. Spatial and temporal variability of dissolved methane concentrations and diffusive emissions in the Three Gorges Reservoir[J]. Water Research, 2021, 207: 117788.

[17] Yang M, Geng X M, Grace J, et al. Spatial and seasonal CH_4 flux in the littoral zone of miyun reservoir near Beijing: the effects of water level and its fluctuation[J]. PLoS One, 2014, 9(4): e94275.

[18] Maeck A, Delsontro T, Mcginnis D F, et al. Sediment trapping by dams creates methane emission hot spots[J]. Environmental Science & Technology, 2013, 47(15): 8130-8137.

[19] Mcginnis D F, Bilsley N, Schmidt M, et al. Deconstructing methane emissions from a small Northern-European river: hydrodynamics and temperature as key drivers[J]. Environmental Science & Technology, 2016, 50(21): 11680-11687.

[20] Yan X C, Xu X G, Ji M, et al. Cyanobacteria blooms: a neglected facilitator of CH_4 production in eutrophic lakes[J]. Science of the Total Environment, 2019, 651: 466-474.

[21] 刘德富, 杨正健, 纪道斌, 等. 三峡水库支流水华机理及其调控技术研究进展[J]. 水利学报, 2016, 47(3): 443-454.